ARENA2036

Reihe herausgegeben von

ARENA2036 e.V., Stuttgart, Deutschland

Die Buchreihe dokumentiert die Ergebnisse eines ambitionierten Forschungsprojektes im Automobilbau. Ziel des Projekts ist die Entwicklung einer nachhaltigen Industrie 4.0 und die Realisierung eines Technologiewandels, der individuelle Mobilität mit niedrigem Energieverbrauch basierend auf neuartigen Produktionskonzepten realisiert. Den Schlüssel liefern wandlungsfähige Produktionsformen für den intelligenten, funktionsintegrierten, multimaterialen Leichtbau. Nachhaltigkeit, Sicherheit, Komfort, Individualität und Innovation werden als Einheit gedacht.

Wissenschaftler verschiedener Disziplinen arbeiten mit Experten und Entscheidungsträgern aus der Wirtschaft auf Augenhöhe zusammen. Gemeinsam arbeiten sie unter einem Dach und entwickeln das Automobil der Zukunft in der Industrie 4.0.

The book series presents the results of an ambitious research project in automotive production. The goal of the project is the development of a sustainable Industry 4.0 and the realization of a technology shift that will realize the mobility of the future with low energy consumption based on innovative production concepts. The key is provided by intelligent and flexible forms of production. Sustainability, safety, comfort, individuality and innovation are conceived as a unity. Scientists from various disciplines work together with experts and decision-makers from industry on an equal footing. Together, they work under one roof and develop the automobile of the future in Industry 4.0.

Thomas Bauernhansl • Anwar Al Assadi
Hrsg.

Fluide Fahrzeugproduktion für die Mobilität der Zukunft

Entwicklung und Implementierung eines menschzentrierten cyberphysischen Produktionskonzeptes

Springer Vieweg

Hrsg.
Thomas Bauernhansl
Fraunhofer-Institut für Produktionstechnik
und Automatisierung IPA
Stuttgart, Deutschland

Anwar Al Assadi
Fraunhofer-Institut für Produktionstechnik
und Automatisierung IPA
Stuttgart, Deutschland

ISSN 2524-7247 ISSN 2524-7255 (electronic)
ARENA2036
ISBN 978-3-662-70846-0 ISBN 978-3-662-70847-7 (eBook)
https://doi.org/10.1007/978-3-662-70847-7

Die Deutsche Nationalbibliothek verzeichnet diese Publikation in der Deutschen Nationalbibliografie; detaillierte bibliografische Daten sind im Internet über https://portal.dnb.de abrufbar.

Springer Vieweg ist ein Imprint der eingetragenen Gesellschaft Springer-Verlag GmbH, DE und ist ein Teil von Springer Nature.
Die Anschrift der Gesellschaft ist: Heidelberger Platz 3, 14197 Berlin, Germany

Wenn Sie dieses Produkt entsorgen, geben Sie das Papier bitte zum Recycling.

Geleitwort

Ende 2018 hatten die zahlreichen Partner des Forschungscampus ARENA2036 e. V. aus Industrie und Wissenschaft das Projekt ***Fluide Fahrzeugproduktion für die Mobilität der Zukunft*** beim Bundesministerium für Bildung und Forschung beantragt. Nun liegt der Abschlussbericht in Form dieses Buches vor.

Die wissenschaftlichen Teams aus kleinen, mittleren und großen Unternehmen sowie von Fraunhofer und aus den beteiligten Universitäten haben Erstaunliches geleistet.

Das BMBF-Projekt Fluide Produktion hat ein menschzentriertes cyberphysisches Produktionskonzept entwickelt und implementiert. Dazu wurden alle Produktionsmittel als Industrie-4.0-Komponenten organisiert, um dynamisch Maschinen bilden und auflösen zu können. So wurde die heute übliche Trennung zwischen Wertschöpfung und Logistik aufgehoben.

Das zentrale Augenmerk des Projektes lag von Anfang an auf der Rolle des Menschen als aktivem Gestalter der Produktionsumgebung. Das Ergebnis, das hier in 16 ausführlichen Kapiteln vorgestellt wird, ist ein neuartiges resilientes Produktionssystem, das mit minimalen Festlegungen auskommt und Entscheidungen noch während der eigentlichen Produktion ermöglicht.

Die Automobilproduktion der Zukunft und die hier arbeitenden Menschen werden sich – das ist ganz offensichtlich – permanent an geänderte Rahmenbedingungen anpassen müssen. Die Vision des Projekts *Fluide Produktion* ist ein Produktionssystem, das komplett aus cyberphysischen Systemen besteht. Es kann schnell auf Änderungen reagieren, jederzeit und ohne Unterbrechung der Produktion neue Produkte aufnehmen und Verschwendung auf ein Minimum reduzieren.

Ich danke allen Beteiligten, wünsche den Leserinnen und Lesern aus der Industrie, dass sie sich von dieser Vision inspirieren lassen und ihr Unternehmen mit der Fluiden Produktion zukunftsfähig aufstellen können. Den Kolleginnen und Kollegen aus der Forschung danke ich für ihre guten Ideen und wünsche ihnen, dass die Umsetzung in die Praxis rasch gelingt.

Stuttgart, Deutschland Thomas Bauernhansl

Inhaltsverzeichnis

Herausgeber- und Autorenverzeichnis

Über die Herausgeber

Anwar Al Assadi Fraunhofer-Institut für Produktionstechnik und Automatisierung IPA, Stuttgart, Deutschland

Thomas Bauernhansl Fraunhofer-Institut für Produktionstechnik und Automatisierung IPA, Stuttgart, Deutschland

Institut für Industrielle Fertigung und Fabrikbetrieb IFF, Universität Stuttgart, Stuttgart, Deutschland

Autorenverzeichnis

Clemens Ackermann ARENA2036 e. V., Stuttgart, Deutschland

Jonas Arnold Institut für Erziehungswissenschaft, Universität Stuttgart, Stuttgart, Deutschland

Anwar Al Assadi Fraunhofer-Institut für Produktionstechnik und Automatisierung IPA, Stuttgart, Deutschland

Ali Bozkurt Institut für Fördertechnik und Logistik (IFT), Universität Stuttgart, Stuttgart, Deutschland

Eduardo Colangelo Fraunhofer-Institut für Produktionstechnik und Automatisierung IPA, Stuttgart, Deutschland

Stefanie Findeisen Fraunhofer-Institut für Arbeitswirtschaft und Organisation IAO, Stuttgart, Deutschland

Christian Fries Fraunhofer-Institut für Produktionstechnik und Automatisierung IPA, Stuttgart, Deutschland

Institut für Industrielle Fertigung und Fabrikbetrieb IFF, Universität Stuttgart, Stuttgart, Deutschland

Florian Grabi Fraunhofer-Institut für Produktionstechnik und Automatisierung IPA, Stuttgart, Deutschland

Manuel Hagg Institut für Fördertechnik und Logistik (IFT), Universität Stuttgart, Stuttgart, Deutschland

Theresa-Franziska Hinrichsen Fraunhofer-Institut für Produktionstechnik und Automatisierung IPA, Stuttgart, Deutschland

Markus Joos Bär Automation GmbH, Gemmingen, Deutschland

Steffen Kappes FARO Europe GmbH, Korntal-Münchingen, Deutschland

Daniel Kessler Balluff GmbH, Neuhausen a.d.F., Deutschland

Chee Hung Koo Franka Emika GmbH, München, Deutschland

Natascha Krüger Institut für Arbeitswissenschaft und Technologiemanagement IAT, Universität Stuttgart, Stuttgart, Deutschland

Nam-Hee Ku Fraunhofer-Institut für Arbeitswirtschaft und Organisation IAO, Stuttgart, Deutschland

Urs Leberle Robert Bosch GmbH, Renningen, Deutschland

Armin Lechler Institut für Steuerungstechnik der Werkzeugmaschinen und Fertigungseinrichtungen (ISW), Universität Stuttgart, Stuttgart, Deutschland

Bernd Neuschwander Pilz GmbH & Co. KG, Ostfildern, Deutschland

Abdul Rahman Abdel Razek FARO Europe GmbH, Korntal-Münchingen, Deutschland

Matthias Reichenbach Mercedes-Benz Group AG, Sindelfingen, Deutschland

Robert Schulz Institut für Fördertechnik und Logistik (IFT), Universität Stuttgart, Stuttgart, Deutschland

Tobias Stahl Fraunhofer-Institut für Produktionstechnik und Automatisierung IPA, Stuttgart, Deutschland

Timur Tasci Institut für Steuerungstechnik der Werkzeugmaschinen und Fertigungseinrichtungen (ISW), Universität Stuttgart, Stuttgart, Deutschland

Sascha Ulbrich KUKA Systems GmbH, Augsburg, Deutschland

Lara Waltersmann Fraunhofer-Institut für Produktionstechnik und Automatisierung IPA, Stuttgart, Deutschland

Bernd Zinn Institut für Erziehungswissenschaft, Universität Stuttgart, Stuttgart, Deutschland

1 Der Forschungscampus ARENA2036

Clemens Ackermann

Der Forschungscampus ARENA2036 blickt mit Abschluss der Verbundprojekte der zweiten Förderphase der Förderinitiative „Forschungscampus – öffentlich-private Partnerschaft für Innovationen“ des Bundesministeriums für Bildung und Forschung (BMBF) auf nunmehr zehn erfolgreiche Jahre der schrankenlosen Zusammenarbeit von Wissenschaft und Wirtschaft unter einem Dach zurück. Während Hoßfeld et al. nach Abschluss der ersten Förderphase im Jahr 2020 hervorhoben, dass ARENA2036 „Teil der Erprobung einer neuartigen, strategischen Forschungsstruktur in Deutschland“ war [1] kann heute festgehalten werden, dass es sich bei ARENA2036 um einen mittlerweile etablierten und vor allem arrivierten Innovationsort handelt. Während das Grundprinzip der Zusammenarbeit von Wissenschaft und Wirtschaft unter einem Dach auf Augenhöhe unverändert bleibt und die zentrale Zielsetzung durch die Umsetzung dieses Prinzips potenziell disruptive und Sprunginnovationen hervorzubringen nach wie vor Bestand hat, hat sich im Laufe der letzten fünf Jahre vor allem die Skala verändert mittels derer operiert wird. So konnte – um nur zwei Beispiele zu nennen – der Forschungscampus seine Anzahl an Mitglieder während der zweiten Förderphase von 32 auf circa 60 nahezu verdoppeln und das Projektvolumen gar vervielfachen. Gründe hierfür sind unter anderem, dass die strategische Ausrichtung der zweiten Förderphase mit einem Schwerpunkt auf die Themenkomplexe Produktion, Mobilität, Digitalisierung und Zukunft der Arbeit es den Mitgliedern ermöglichte, die sie zentral beschäftigenden Fragen im Kontext des Forschungscampus zu adressieren und gezielt an Lösungen zu arbeiten. Hinzu kommt aber auch, dass ARENA2036 über die letzten fünf Jahre eine zunehmend an Dynamik gewinnende Entwicklung hin zu einer

C. Ackermann (✉)
RKW Baden-Württemberg, Stuttgart, Deutschland
E-Mail: ackermann@rkw-bw.de

T. Bauernhansl, A. Al Assadi (Hrsg.), *Fluide Fahrzeugproduktion für die Mobilität der Zukunft*, ARENA2036, https://doi.org/10.1007/978-3-662-70847-7_1

Innovationsplattform beschreibt, die in das äußerst performante Innovations-Ökosystem der Region Stuttgart eingebettet ist.

Der Grundgedanke der Innovationsplattform im Sinne der ARENA2036 beschreibt den Umstand, dass die Geschäftsstelle basierend auf den im Rahmen der Förderinitiative Forschungscampus getroffenen strategischen Festlegungen das Vehikel Forschungscampus nutzt, um zahlreiche weitere, möglichst offene Projekte unter dem Dach der ARENA2036 zu fördern und zu verorten. Diese Tendenz sowie die zunehmende Offenheit der Projekte lässt sich bereits an zahlreichen Beispielen unter dem Dach der ARENA2036 erkennen. Für die dritte und voraussichtlich letzte Phase der Förderinitiative Forschungscampus wurde dieser Modus als zentrales Element für das Design der vier akquirierten Förderprojekte zu Grunde gelegt. Das bedeutet, dass die Projekte einerseits so eng miteinander verwoben sind, dass sie aufeinander – sprich auf Expertise und Ergebnisse der Schwesterprojekte – angewiesen sind und voneinander profitieren, sie aber andererseits so offen in ihrer Anlage sind, dass über die Projektlaufzeit weitere Partner an den Projekten mitarbeiten oder deren Fokus erweitern können. Die Grundlage für ein solches Projektdesign wurde im Laufe der zweiten Phase gelegt. Zum einen mittels eines tiefgreifenden Top-Down/Bottom-Up-Strategieprozesses und zum anderen basierend auf den strukturellen und methodischen Erkenntnissen der Phase-II-Förderprojekte *FlexCAR*, *Fluide Produktion*, *Digitaler Fingerabdruck* und *Agiler InnovationsHub*.

Im Folgenden werden die Ergebnisse des Phase-II-Projekts *Fluide Produktion* (FluPro) vorgestellt. Das vorliegende Buch ist Teil einer Reihe, die neben FluPro auch die weiteren Forschungsprojekte der zweiten und der ersten Phase sowie die Conference Proceedings der *Stuttgart Conference on Automotive Production* (SCAP2020 & SCAP2022) umfasst. Die Projekte FlexCAR, Digitaler Fingerabdruck und Agiler InnovationsHub werden dementsprechend in jeweils eigenen Bänden der Buchreihe besprochen.

Die Verbundprojekte der dritten Phase greifen die Ergebnisse der beiden Vorphasen auf und entwickeln diese konsequent weiter. Sie orientieren sich dabei an den neu formulierten strategischen Säulen der ARENA2036 – Mobilität2036, Produktion2036, Nachhaltigkeit2036 und Konnektivität2036. Die Projekte der dritten Phase sind:

CARpulse: Kapsel für autonome Fahrzeugplattformen für einen sicheren Individualverkehr in allen Lebensbereichen

Das Projekt CARpulse soll eine sichere, nachhaltige Fahrzeugarchitektur eines autonomen Fahrzeugs erforschen. Diese Fahrzeugarchitektur soll physisch und virtuell für unterschiedliche Use Cases unter einer nutzerzentrierten Perspektive, konzipiert, erarbeitet und dargestellt werden. Im Fokus steht eine „Kapsel" als Kern des Technologiedemonstrators, welcher für das Fahrzeug der Zukunft und dessen Interaktion mit Mensch und Umwelt steht. Die Erarbeitung einer nutzerzentrierten Forschungsplattform zur schnellen, iterativen, agilen und kosteneffizienten Entwicklung von Mobilitätskonzepten und Einsatzszenarien mit Technologien wie Virtual-, Argument- und Mixed-Reality ist neben der virtuellen Kapsel und der realen Teildemonstration einer nachhaltigen Türstruktur zentraler Forschungsschwerpunkt. Des Weiteren ist die Sicherheit der Nutzer bei autonomen

Fahrzeugen ein wichtiger Forschungsaspekt. Für eine künftig virtuelle Zulassung beim Insassenschutz ist die Erarbeitung eines Menschmodells für eine realitätsnahe virtuelle Simulation der Insassen notwendig.

Well-defined: Wertschöpfungsnetzwerk-Modellierung für die software-definierte resiliente Produktion der Zukunft
Well-defined setzt sich das Ziel, im standort- und unternehmensübergreifenden Produktionskontext wandlungsfähige und resiliente Wertschöpfungsketten zu realisieren. Dadurch können bestehende und zukünftige Produktionssysteme und Produktionsabläufe hinsichtlich unterschiedlichster Kriterien optimiert und gegenüber verschiedensten marktbeeinflussenden Ereignissen abgesichert werden. Well-defined überträgt, die im Vorgängerprojekt FluPro innerhalb einer einzelnen Fertigungseinheit erzielte Wandlungsfähigkeit und Flexibilität auf die gesamte Wertschöpfungskette. Eine Modellfabrik dient bei ARENA2036 sowohl als übergreifender Demonstrator für die übrigen Verbundprojekte als auch als Angliederungsmöglichkeit weiterer physischer oder digitaler Services, welche flexibel in das Gesamtsystem integrierbar sind.

Connect4HCA: Dezentrale technische Intelligenz für Human-Centered Automation 5.0
Das Projekt Connect4HCA zielt durch eine ganzheitliche Betrachtung von Konnektivität darauf ab, den Menschen in den Mittelpunkt der industriellen Automatisierung zu stellen. Die Vision ist die Gestaltung einer dezentralen technischen Intelligenz, welche gemeinsam mit dem Menschen die gesamte Wertschöpfungskette von Produkt, Prozess und Produktion entlang des Produktlebenszyklus gestaltet. Hierfür wird ein gesamtheitlicher Demonstrator als Forschungsplattform geschaffen, um Konnektivität in mehreren Dimensionen zu betrachten. Der Begriff der Konnektivität reicht hierbei von der Integration von Prozessen, Anlagen, Produktionslinien und -standorten sowie Lieferketten bis hin zu Systemen und Daten über deren Lebenszyklen. Des Weiteren umfasst der Begriff Konnektivität nicht nur Interaktion und Kommunikation von Technologie zu Technologie, sondern auch die Konnektivität zwischen menschlicher und künstlicher Intelligenz.

EcoFrame: Entwicklung eines Frameworks für die effiziente Generierung und Bereitstellung von belastbaren Nachhaltigkeitsinformationen für effektive EcoDesign- und Produktionsnetzwerke in der Automobilindustrie
In EcoFrame soll die Basis für eine klimaneutrale und durchgehend nachhaltige Automobilproduktion der Zukunft geschaffen werden. Dies soll durch die Entwicklung eines Frameworks für die effiziente Generierung und Bereitstellung von belastbaren Nachhaltigkeitsinformationen für effektive EcoDesign- und Produktionsnetzwerke erreicht werden. Der Fokus soll im Projekt auf die methodischen Schwerpunkte „Design4Sustainability“ und „Manufacturing4Sustainability“ gelegt werden. Durch verbessertes, gesamtheitliches, firmenübergreifendes Monitoring soll einerseits eine Optimierung von bestehenden Produkten und deren Produktion im Hinblick auf Nachhaltigkeitsparameter er-

möglicht werden. Andererseits soll das zu entwickelnde Framework eine verbesserte Entscheidungsunterstützung für die Entwicklung nachhaltiger Produkte und deren Produktion ermöglichen, die deutlich über das bisher Mögliche hinausgeht. Darüber hinaus soll das Thema Kreislaufwirtschaft (engl. „Circular Economy“) im Hinblick auf die sich im Kontext einer vernetzten automobilen Lieferkette ergebenden Möglichkeiten und Herausforderungen adressiert und methodisch integriert werden.

Literatur

1. Hoßfeld M, Ackermann C (2020) Der Forschungscampus ARENA2036. In: Entwicklung, Aufbau und Demonstration einer wandlungsfähigen (Fahrzeug-)Forschungsproduktion. Springer Vieweg, Berlin, Heidelberg, S. 1–3.

Einleitung 2

Christian Pollmann und Anwar Al Assadi

Die produzierende Industrie steht vor einer Vielzahl an Herausforderungen. Aufgrund des zunehmenden Wettbewerbs müssen sich die Unternehmen immer stärker auf die Bedürfnisse der Kunden konzentrieren, um langfristig wettbewerbsfähig zu bleiben. Eine ausschließliche Differenzierung über Produktpreis und -qualität ist nicht mehr ausreichend. Andererseits sind eine hohe Liefertreue und kurze Lieferzeiten zu einem anerkannten Wettbewerbsfaktor geworden.

Eine der wichtigsten Herausforderungen ist die zunehmende *Digitalisierung und Automatisierung*. Industrie-4.0-Technologien wie das Internet der Dinge (IoT), künstliche Intelligenz (KI) und fortschrittliche Robotik verändern die Fertigungsindustrie und erfordern Investitionen in neue Technologien. Diese Technologien bringen jedoch auch Risken. Insbesondere durch die zunehmende Digitalisierung der Lieferketten steigen die Risiken für die Cybersicherheit, und die Hersteller müssen robuste Sicherheitsmaßnahmen zum Schutz ihrer Netzwerke und Systeme einführen.

Ein Hauptmerkmal und große Herausforderung der Produktion im 21. Jahrhundert ist die *Wandlungsfähigkeit*. Die Fähigkeit, schnell auf Veränderungen in Bezug auf Produktionsmengen, -arten und -termine zu reagieren, wird immer wichtiger. Sich den sich ändernden Anforderungen des Marktes anzupassen, ermöglicht es, die Wettbewerbsfähigkeit zu erhalten. Gleichzeitig müssen die Unternehmen auf Kosteneffizienz achten und Maßnahmen ergreifen, um die Produktionskosten zu senken und die Rentabilität zu erhöhen.

Die *Veränderung des Arbeitsmarkts*, beispielsweise der Fachkräftemangel, fordert die deutsche Industrie heraus. Unternehmen müssen deshalb die Attraktivität steigern und

C. Pollmann · A. Al Assadi (✉)
Fraunhofer-Institut für Produktionstechnik und Automatisierung IPA, Stuttgart, Deutschland
E-Mail: anwar.alassadi@ipa.fraunhofer.de

T. Bauernhansl, A. Al Assadi (Hrsg.), *Fluide Fahrzeugproduktion für die Mobilität der Zukunft*, ARENA2036, https://doi.org/10.1007/978-3-662-70847-7_2

Mitarbeiter ausbilden, um qualifizierte Mitarbeiter zu gewinnen und zu halten (Stichwort: Retention is the New Recruiting). Die Einführung von Industrie-4.0-Technologien verstärkt dieses Problem zusätzlich, da Arbeitskräfte immer neue Fertigkeiten erlernen müssen.

Außerdem treibt die steigende Nachfrage nach *Nachhaltigkeit* und Umweltfreundlichkeit Unternehmen dazu, ihre Produktionsprozesse und -praktiken anzupassen, um die Umweltbelastung zu verringern. Rohstoffe müssen auf intelligente Weise gespart, bzw. beschafft werden. Aktuelle Krisen haben gezeigt, wie problematisch die Versorgung mit kritischen Rohstoffen sein kann. Ein mögliches Konzept ist hier die Kreislaufwirtschaft. Diese erlaubt die Wiederverwendung von Rohstoffen fast ohne Verluste und generiert Rohstoffquellen näher am Absatzmarkt. Außerdem können neuartige Materialien, bspw. auf Basis nachwachsender Rohstoffe, mit biotechnologischen Verfahren verarbeitet werden und so die Rohstoffsouveränität von Unternehmen unterstützen.

Allgemein steigt die Bedeutung der *Lieferketten* weiter. Die Globalisierung und die COVID-19-Pandemie haben die Notwendigkeit eines widerstandsfähigeren und flexibleren Lieferkettenmanagements deutlich gemacht. Bestehende Strukturen und Strategien des Supply Chain Managements müssen daher überdacht werden. Drei Aspekte sind dabei kritisch:

- Ökologisch: Im Rahmen der Prävention des fortschreitenden Klimawandels gilt es, in Zukunft vermehrt nachhaltige Lieferketten aufzubauen. Dabei spielen einerseits die direkt durch Transporte erzeugten Emissionen, aber auch die Emissionen der Lieferketten-Teilnehmer eine Rolle. Auch Verbraucher fordern zunehmend nachhaltige Produkte und Unternehmensprozesse, sodass diese zu einem entscheidenden Kaufkriterium geworden sind.
- Politisch: Künftig werden gesetzliche Regelungen die Anforderungen an Nachhaltigkeit weiter steigern. Sei es durch die Erhebung von Steuern wie der CO_2-Steuer oder durch Regelungen wie dem Lieferkettengesetz. Anhaltende globale Spannungen der letzten Monate führen außerdem zum Überdenken der Globalisierung und fordern ein umfassendes Risikomanagement.
- Ökonomisch: In China treiben soziale Entwicklungen und die Verlangsamung des Bevölkerungswachstums die Lohnkosten. Dies hat zur Folge, dass häufig in andere Niedriglohnländer ausgewichen wird. Alternativ müssen Produktionsstätten unter mit hohem Automatisierungsgrad rückverlagert werden. Hier ergeben sich Chancen für die deutsche Industrie, da Unternehmen durch optimierte und automatisierte Produktionsprozesse den Fachkräftemangel umgehen, Kosten sparen und so den Fertigungsstandort Deutschland attraktiver gestalten können.

Abb. 2.1 zeigt das Spannungsfeld zwischen den o. g. Herausforderungen in der produzierenden Industrie und stellt die Möglichkeiten und Charakteristiken zukünftiger Produktionen gegenüber.

Unternehmen müssen in der Lage sein, auf diese Herausforderungen zu reagieren, um wettbewerbsfähig zu bleiben und nachhaltig erfolgreich zu sein. Es erfordert enorme An-

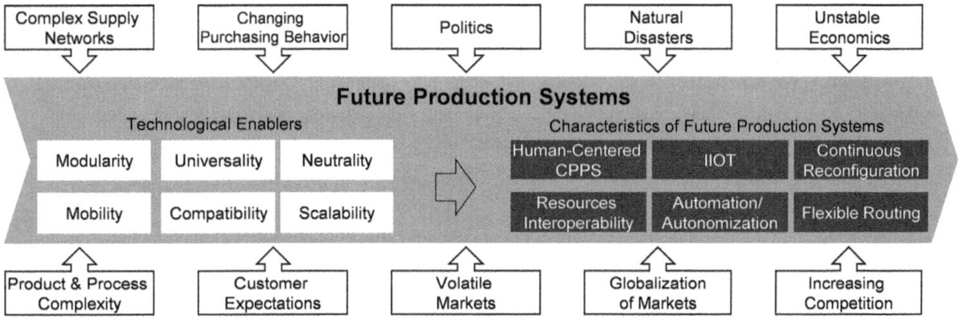

Abb. 2.1 Herausforderungen, Befähiger und Merkmale zukünftiger Produktionssysteme [1]

strengungen für Fertigungsunternehmen, ihre derzeitigen Produktionssysteme und Geschäftsmodelle an die sich ändernden Bedürfnisse anzupassen [2].

Aufgrund der technischen Grenzen traditioneller Produktionssysteme wie Dedicated Manufacturing Lines (DML) kann die für die Bewältigung der volatilen Umgebungen erforderliche Flexibilität nicht erreicht werden. Neue Produktionssysteme wie die Rekonfigurierbaren Fertigungssysteme (RMS) oder die Matrix-Strukturierten Fertigungssysteme (MMS) können hier Abhilfe schaffen [3, 4]. Simulationen haben gezeigt, dass die Leistung von MMS konventionelle Produktionsmethoden übertrifft, insbesondere bei hoher Produktvarianz und geringen Produktionsmengen pro Produkt [4].

Für die Unternehmen ist jedoch bisher nicht klar, welches Produktionssystem in Zukunft am erfolgversprechendsten sein wird und wie sie sich auf ungewisse zukünftige Entwicklungen vorbereiten können. Einerseits bieten neue Produktionstechnologien, insbesondere cyber physische Produktionssysteme (CPPS) [5], mehr Flexibilität und Anpassungsfähigkeit bei der Ressourcennutzung, schnellere Hochlaufzyklen und eine höhere Bandbreite der Produkte. Auf der anderen Seite birgt die Ungewissheit zukünftiger Trends und Marktentwicklungen ein gewisses Risiko bei der Einführung dieser – in den meisten Fällen – teureren und komplexeren Technologien.

In einer Umfrage konnten der aktuelle Stand der Industrie dargestellt und aktuelle Industriebedarfe bezüglich zukünftiger Produktionssysteme erörtert werden, vgl. [1, 6]. Stakeholder aus 72 Unternehmen und Forschungseinrichtungen in Österreich, Ungarn und Deutschland wurden gebeten, ihre Eindrücke zu schildern, ihre Meinungen zu beschreiben und zentrale Aussagen zu zukünftigen Produktionssystemen, Methoden und Trends zu bewerten. Die Befragten kommen überwiegend aus der verarbeitenden Industrie (83 %), 74 % von ihnen sind typische KMU, die in der Regel im Mittelpunkt nationaler und internationaler Förderprogramme für die Produktionsforschung stehen und daher von besonderem Interesse für die beteiligten Forschungsinstitute sind. Die Umfrage „Die intelligente Produktion der Zukunft“ besteht aus 24 Einzelfragen, die in vier Teile unterteilt sind. Der Fragebogen bewertet die Meinungen und Eindrücke der Fertigungsunternehmen direkt über eine Umfragevorlage mit Web-Interface. Er wurde in einer vollständig standardisierten Form mit einer vordefinierten Abfolge von 22 geschlossenen Fragen und vorgegebenen Antworten und zwei offenen Fragen entworfen. Unter Nutzung des Netzwerks der beiden Forschungspartner wurden mehr als 2000 Industrieunternehmen gebeten, ein Feedback zu ihrer aktuellen Umsetzungssituation in laufenden oder abgeschlossenen Projekten im Bereich der wandlungsfähigen Produktionssysteme zu geben.

Die Ergebnisse der Umfrage ergaben dabei, dass die meisten Unternehmen die Herausforderungen des neuen Industriezeitalters bereits spüren. Aus den eingegangenen Antworten geht jedoch auch hervor, dass die meisten betroffenen Akteure – abgesehen von einigen wenigen Vorreitern – noch nicht erkannt haben, wie dringend notwendig es ist, die Anpassung an das neue Unternehmensumfeld zu beschleunigen. In diesem Bereich brauchen sie offenbar gezielte Unterstützung.

Insgesamt betrachten etwa 75 % der Unternehmen rekonfigurierbare Produktionssysteme als vorteilhaft für ihren Betrieb. Für 50 % der Teilnehmer sind modulare Produktionszellen und der Materialtransport mit AGVs vielversprechend. Die Kombination der beiden Technologien verspricht eine leichtere Integration und höhere Anzahl neuer Produktvarianten sowie eine bessere Skalierbarkeit des Produktionsvolumens. Rund 65 % geben an, dass die flexible Verkettung von Produktionszellen aus verschiedenen Gründen von Vorteil sein könnte. Vor allem durch die leichtere Integration von hohen Variantenzahlen. Modulare Produktionszellen verschiedener Ausrüstungslieferanten in einer sich ständig konfigurierenden Fabrik erfordern flexible Kommunikationsarchitekturen. Daher geben 70 % der Befragten an, dass eine flexible Kommunikationsarchitektur für die erfolgreiche Umsetzung zukünftiger Produktionssysteme zwingend erforderlich ist. Somit lassen sich drei Lösungen für Produktionssysteme des 21. Jahrhunderts summieren:

- *Modulare Produktionszellen*, die aus cyber physischen Produktionssystemen (CPPS) bestehen, unterstützen die leichtere Integration neuer Produktvarianten, ein größeres Produktportfolio sowie eine höhere Ressourcenauslastung.
- Die *flexible Verkettung* von Produktionszellen und die inhärente Routing-Flexibilität ermöglichen dynamische, bedarfsgerechte Anpassungen des Materialflusses. Dies führt zu einer besseren Ressourcennutzung und einer leichteren Skalierbarkeit des Produktionsvolumens.
- Die *autonome Rekonfiguration* von Produktionszellen und ihrer Position auf dem Shopfloor-Layout verkürzt die Reaktionszeiten, die für die Anpassung an unterschiedliche Produktionsszenarien erforderlich sind, und ermöglicht somit kurze Durchlaufzeiten und optimale Betriebspunkte.

Literatur

1. Fries C, Fechter M, Nick G, Szaller A, Bauernhansl A (2021) "First Results of a Survey on Manufacturing of the Future". Procedia Computer Science 180:142–149. https://doi.org/10.1016/j.procs.2021.01.137
2. Mitrakis N (2019) Die Ausrichtung des IT-Service-Managements auf die Digitalisierung. Springer Fachmedien, Wiesbaden
3. Koren Y (2010) The Global Manufacturing Revolution. John Wiley & Sons, Inc, Hoboken, NJ/USA
4. Greschke P, Schönemann M, Thiede S, Herrmann C (2014) "Matrix Structures for High Volumes and Flexibility in Production Systems". Procedia CIRP 17:160–165
5. Monostori L (2014) "Cyber-physical Production Systems: Roots, Expectations and R&D Challenges". Procedia CIRP 17:9–13
6. Nick G et al (2020) "Intelligent production of the future – first results of a survey," in 17th IMEKO TC 10 and EUROLAB Virtual Conference Global Trends in Testing. Diagnostics and Inspection for 2030, 2020, pp. 402–407. [Online]. Available: www.scopus.com

3 Fluide Produktion als wandlungsfähiges Produktionssystem

Christian Pollmann, Theresa-Franziska Hinrichsen und Anwar Al Assadi

Das Montageband, eingeführt von Henry Ford, zeichnet sich durch eine sequenzielle Organisation von Mitarbeitern, Maschinen und Materialien aus. Die Arbeitsplätze sind nacheinander angeordnet und folgen dem Produktionsprozess des Produkts. Jeder Station ist ein gewisser Arbeitsumfang zugeordnet, der innerhalb eines bestimmten Zeitraums (Taktzeit) durchzuführen ist. Wird nur eine Produktvariante auf einer Montagelinie produziert, ist die jeweilige Taktzeit an derselben Station jeweils identisch. Die Produktion mehrerer Produktvarianten auf derselben Montagelinie führt aufgrund abweichender Montagezeiten zu unterschiedlichen Taktzeiten an derselben Station in mehr oder weniger zufälliger Reihenfolge. Dies führt zu sog. Taktzeitverlusten, da einige Arbeitsplätze ungenutzt sind und warten, während andere Bestand ansammeln. Die Leerlaufzeiten steigen überproportional mit der Differenz der Taktzeit pro Station. Neben den vorhersehbaren Störungen beeinträchtigen auch ungeplante Störungen wie Materialmangel oder Anlagenausfälle die Produktivität. Abb. 3.1 veranschaulicht die Problematik eingeschränkter Flexibilität an einem Beispiel der Fabrikplanung. Der reale und prognostizierte Absatz während der einzelnen Konjunkturzyklen ist dabei über der Zeit aufgetragen. Unter dem Begriff Konjunktur ist die Veränderung des Auslastungsgrades der Produktionskapazitäten durch die Nachfrage- und Produktionsschwankungen zu verstehen. Die Konjunkturzyklen sind dabei wiederkehrende wellenförmige Veränderungen des

T.-F. Hinrichsen

C. Pollmann (✉) · A. Al Assadi
Fraunhofer-Institut für Produktionstechnik und Automatisierung IPA, Stuttgart, Deutschland
E-Mail: anwar.alassadi@ipa.fraunhofer.de

T. Bauernhansl, A. Al Assadi (Hrsg.), *Fluide Fahrzeugproduktion für die Mobilität der Zukunft*, ARENA2036, https://doi.org/10.1007/978-3-662-70847-7_3

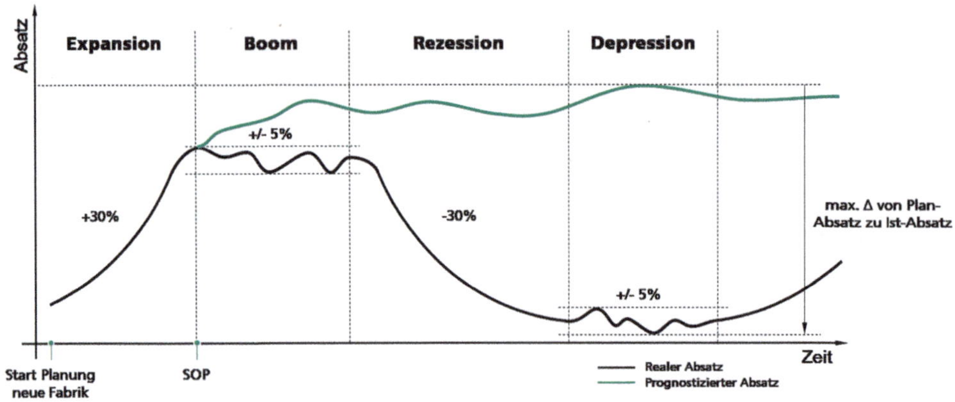

Abb. 3.1 Wirtschaftliche Flexibilität durch Vermeidung von Opportunitätskosten

wirtschaftlichen Aktivitätsniveaus innerhalb einer Marktwirtschaft. Die einzelnen Phasen eines Konjunkturzyklus lassen sich wie folgt unterscheiden:

- Aufschwungphasen (Expansion),
- Hochkonjunktur (Boom),
- Abschwungphasen (Rezession) und
- Tiefphasen (Depression).

Ein Automobilhersteller plant eine Fabrik während einer Aufschwungphase und legt seine Produktionslinie auf eine entsprechende Produktionsstückzahl aus. Nach dem Start of Production (SOP) verbleibt die Wirtschaft in einer Hochkonjunktur und die Fabrik erreicht fast den geplanten Absatz. Nach wenigen Jahren rutscht die Wirtschaft in eine Rezession und der Absatz bricht ein, sodass die Produktionslinie nun überdimensioniert ist. Die starre Produktionslinie ist in ihrer Ausbringung und der Betriebsmittelzuordnung nicht flexibel, sodass die fixen Kosten einen großen Teil der Gesamtkosten ausmachen. Eine Stückzahlskalierung ist einzig durch die Kapazitätsflexibilität der Mitarbeiter möglich, dies bedeutet, dass eine aus Betriebsratssicht kritische Flexibilisierung der Schichtanzahl notwendig ist (Sprungfunktion). Zur Vermeidung/Reduzierung von Kosten ist eine entsprechende Anpassungsfähigkeit notwendig.

3.1 Wandlungsfähige Produktionssysteme

Womack und Jones eröffnen in ihrer Studie „The machine that changed the world“ einen Einblick in die Stärken und Schwächen der Wirtschafts-Triade[1] [4]. Dabei stellen sie signifikante Unterschiede bei der Produktivität und Qualität, in den Werken japanischer,

[1] Dazu zählten die damaligen drei größten Volkswirtschaften: USA, Japan und Deutschland.

amerikanischer sowie deutscher Automobilhersteller fest [4, S. 92]. Dies begründet sich über die mangelnde Innovations- und Anpassungsfähigkeit der Unternehmen an die zunehmend dynamischen Märkte. Diese Dynamik in Kombination mit komplexen Marktzusammenhängen wird in der Literatur als turbulentes Umfeld bezeichnet. Seit Mitte des 20. Jahrhunderts haben sich verschiedenste Autoren bemüht, den Begriff „Turbulenz" aus der Physik auf die Probleme der Betriebswirtschaftslehre zu übertragen, siehe auch [5, S. 8]. Dass diese Turbulenz nicht nur eine Gefahr für Unternehmen darstellt, verdeutlicht u.a. Wiendahl H.-P.. So ergibt sich die Möglichkeit für Unternehmen in turbulenten Märkten, Marktanteile zu vergrößern. Als Voraussetzung nennt er die Fähigkeit eines Unternehmens, proaktiv (also vorausschauend) im Markt aufzutreten und darüber ggf. selbst Turbulenz im Markt auszulösen (bspw. durch die Halbierung der Lieferzeiten). Zur Beschreibung dieser Fähigkeit nutzt er den Begriff der Wandlungsfähigkeit[2] [6, S. 122 f].

Es werden viele verschiedene Begriffe und Definitionen verwendet, um die Fähigkeit der Produktion zur Veränderung zu beschreiben. Nach einer detaillierten Diskussion führt H.-P.Wiendahl daher fünf Veränderungstypen einer Fabrik ein, vgl. Abb. 3.2 [6, 7].

Im Folgenden sind diese Veränderungstypen jeweils kurz erläutert. *Agilität* ist die höchste Stufe der Veränderungsfähigkeit [6, 8] und „[...] bezeichnet die strategische Fähigkeit eines ganzen Unternehmens, überwiegend proaktiv neue Märkte zu erschließen,

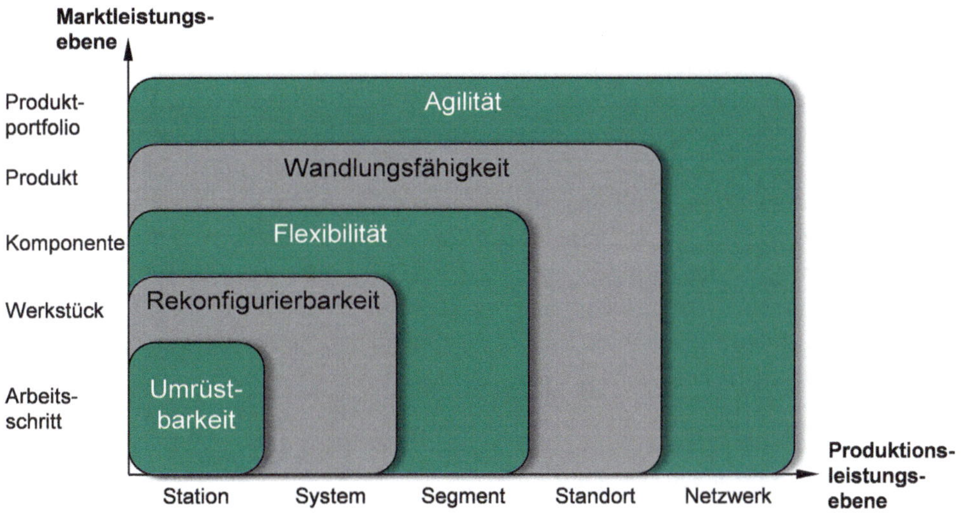

Abb. 3.2 Veränderungstypen einer Fabrik, in Anlehnung an [6]

[2] Die VDI 5201 definiert die Wandlungsfähigkeit wie folgt: „Wandlungsfähigkeit ist die strukturelle Veränderungsfähigkeit eines Produktionssystems zur aktiven Begegnung dynamischer Umfeldveränderungen. Sie lässt sich durch einen Vergleich spezifischer Kennzahlen des Produktionssystems vor und nach einer strukturellen Veränderung beschreiben." (Standard VDI 5201 Blatt 1 2017, S. 5).

die dazu erforderliche Marktleistung zu entwickeln und die notwendige Produktionsleistung aufzubauen, gegebenenfalls verteilt über mehrere Standorte.“ [6, S. 127]. Die *Umrüstbarkeit sowie Rekonfigurierbarkeit* beziehen sich auf einzelne Maschinen bzw. Fertigungs-/Montagesysteme. Sie beschreiben dabei die operative Fähigkeit, sich an vordefinierte Arbeitsoperationen oder vordefinierte Werkstücke anzupassen. [6, S. 127]. Bereits Anfang der 1980er Jahre thematisierte H.-J. Warnecke die *Flexibilität* in Produktionssystemen [9]. Die Flexibilität bezieht sich auf ganze Produktions- oder Logistikbereiche [6, S. 127]. Ein flexibles Produktionssystem beschreibt dabei die Anpassung des Produktionssystems innerhalb eines definierten Flexibilitätskorridors [1, 10]. Unter einem Flexibilitätskorridor wird eine kurzfristige Anpassung von Stückzahl, Varianten, Kosten, Lieferzeit oder auch von Prozessen verstanden [6, S. 127]. Die Flexibilität ist also die Eigenschaft, vorhandene Spielräume in einem etablierten System schnell und mit geringem Aufwand zu nutzen [10, 7 ff]. Sethi ergänzt: „Flexibility is a complex, multidimensional, and hard-to capture concept“, [12, S. 289]. Des Weiteren ist Flexibilität notwendig, um mit den internen Störungen (Turbulenzen) einer Produktion umgehen zu können [12, S. 295]. Bei den heutigen turbulenten Märkten ist ein Flexibilitätskorridor auf langfristige Sicht nicht ausreichend. Eine grundlegendere und nachhaltigere Veränderungsfähigkeit wird benötigt: die Wandlungsfähigkeit [13, 69 f]. Diese beschreibt das Potenzial, ein Unternehmen über die vorgehaltene Flexibilität (Spielräume) hinaus effektiv anpassen zu können [14]. Da Kunden immer individuellere und personalisiertere Produkte [2] zu niedrigeren Preisen in kürzerer Zeit fordern [15], müssen Unternehmen diese Kundenbedürfnisse möglichst effizient und effektiv bedienen, um wettbewerbsfähig zu bleiben [16]. Bereits in den 1990er Jahren hat sich daher der Begriff der *Wandlungsfähigkeit* zur Beschreibung der Fähigkeit, sich reaktionsschnell an sich verändernde Rahmenbedingungen anzupassen etabliert [13, 17–27]. Seitdem wird der Begriff als einer der zentralen Erfolgsfaktoren für Produktionsunternehmen bezeichnet und es wurden verschiedene Systematiken dazu entwickelt [28, 29, S. 29 ff., 30–32]. So beschreibt Reinhart Wandlungsfähigkeit als Voraussetzung für den Erfolg eines Unternehmens im turbulenten Umfeld. Er definiert sie dabei als Kombination von Flexibilität und Reaktionsfähigkeit [27, S. 1 ff., 29, S. 24 f.]. Aufbauend auf Industriebeispielen leitet er die fünf wichtigsten Fähigkeiten eines Unternehmens hinsichtlich des Wandels ab [29, S. 31]:

- Fähigkeit zur Kooperation,
- Fähigkeit zum kreativen Gestalten,
- Fähigkeit zur ständigen Veränderung und zum immerwährenden Lernen,
- Fähigkeit zur transparenten Gestaltung der Wirkzusammenhänge,
- Fähigkeit zum Managen von Erfahrungen.

Aufbauend auf H.-P. Wiendahl nennt P. Nyhuis sog. Wandlungsbefähiger, über die ein Produktionssystem verfügen muss, um eine angemesse Reaktionsfähigkeit zu besitzen: Universalität, Mobilität, Skalierbarkeit, Modularität und Kompatibilität [17, 23, 33].

Herkömmliche Produktionssysteme, wie die *Dedicated Manufacturing Lines* (DML), können aufgrund ihrer technischen Grenzen nicht die erforderliche Wandlungsfähigkeit erreichen, um diesen Anforderungen gerecht zu werden, vor allem nicht in der High-Mix-Low-Volume-Produktion. Daher wurden im Laufe der Zeit neue, veränderbare Produktionssysteme entwickelt. Bereits in den 1990er Jahren wurde der Begriff „Wandelbarkeit" verwendet, um die Fähigkeit zur schnellen Anpassung an sich ändernde Einflüsse zu beschreiben. Seitdem ist die Wandbarkeit einer der wichtigsten Erfolgsfaktoren für Fertigungsunternehmen und es wurden verschiedene Systeme entwickelt. Das *Flexible Fertigungssystem* (FMS) ermöglicht die Anpassung von Produktionskapazität und Funktionalität innerhalb eines festgelegten Flexibilitätskorridors (z. B. einer Teilefamilie). Dies erfordert den Einsatz von vordefinierten Funktionalitäten, was zu zusätzlichen Kosten und höherer Komplexität führt. Das Umrüsten eines FFS über den Flexibilitätskorridor hinaus dauert mehrere Wochen oder Monate [13, 34–39]. FFS sind also innerhalb eines Korridors konfigurierbar, aber nicht darüber hinaus. Die *rekonfigurierbaren Fertigungssysteme* (RMS) können diese Einschränkung aufheben. Im Gegensatz zu FMS erlaubt ein RMS die Anpassung des Produktionssystems über feste Flexibilitätsgrenzen hinweg. Koren bezeichnet dies als kundenspezifische Flexibilität. RMS kombiniert somit die Vorteile von DML und FMS [40, 41]. Nach Koren ist die Produktivität eines RMS höher als die einer Linie, zum Beispiel in großen komplexen Systemen [2]. Allerdings sind für die Echtzeitsteuerung eines RMS effiziente Algorithmen notwendig. Diese sind auch dementsprechend komplex [42, 43]. Das *Matrix Manufacturing System* (MMS) besteht aus flexibel verketteten, meist dedizierten Prozessmodulen. Jedes Prozessmodul stellt vordefinierte Sätze von technologischen Funktionalitäten bereit, die für die Produktion notwendig sind. Ein MMS ermöglicht neue Produktionssteuerungsfunktionen, da jedes Produkt durch die Auswahl seiner Prozessmodule einen individuellen Produktionspfad bestimmen kann, abhängig von den verfügbaren Prozessmodulfunktionen, dem Montagevorranggraphen und dem aktuellen Zustand der Produktionsressourcen. Die Zykluszeiten der Prozessmodule sind nicht mehr einheitlich [44, 45]. Beim *Holonic Manufacturing System* (HMS) bestehen die Produktionskomponenten aus autonomen, kollaborativen Einheiten (Agenten), den sog. Holonen. Das Produktionsauftrags-Holon fordert die erforderlichen Ressourcen (Ressourcen-Holonen) sowie das Produktions-Know-how (Produkt-Holonen) an und plant die aufeinanderfolgenden Produktionsschritte. Personal-Holonen wie bspw. Produktionsplaner können zentralisiert steuernd eingreifen. Ein verteiltes Multi-Agenten-System[3] unterstützt die Produktionsausführung und koordiniert und steuert die Interaktionen zwischen den Holonen, um die Vorteile von hierarchischer und heterarchischer Steuerung zu verbinden [48]. Die resultierende Architektur hat einen hohen Grad an Selbstähnlichkeit, was die Komplexität zur Integration neuer Komponenten reduziert und eine einfache Rekonfiguration des Systems ermöglicht [49]. Die Holarchie dient auch als Grundlage weiterer Produktionskonzepte, bspw. des Biological bzw. Bionic Manufacturing System (BMS) und der fraktalen Fabrik. Das *Biological/Bionic Manufacturing*

[3] Siehe auch Agent-Based Manufacturing Systems [49, 50].

System (BMS) zielt darauf ab, die in biologischen Organismen vorhandenen Funktionen wie Selbstorganisation, Lernen und Evolution zu nutzen, um die Komplexität bei der Verwaltung des Systems in unvorhergesehenen Situationen zu überwinden. BMS nutzen Konzepte wie evolutionäre Berechnung, Selbstorganisation und Reinforcement Learning [50–55]. Die Steuerung eines solch komplexen Produktionskonzepts aufgrund der hohen Anzahl an Freiheitsgraden selbst ist zu komplex; eine Selbstorganisation des Systems ist daher notwendig [50, S. 319 f.]. Die *Fraktale Fabrik* baut auf den mathematischen Überlegungen von Mandelbrot [56] zu Fraktalen auf. Basierend hierdrauf entwickelt Warnecke die sog. Fraktale Fabrik [57, 58]. Das Konzept der fraktalen Fabriken macht sich die Eigenschaften von Fraktalen (Selbstorganisation, -ähnlichkeit und -optimierung) zunutze und schlägt ein aus kleinen Komponenten oder fraktalen Entitäten zusammengesetztes Produktionsunternehmen vor. Die Ziele der Einzelsysteme müssen dabei widerspruchsfrei und dem Ziel des Gesamtsystems entsprechen. Dazu sind die Fraktale über effiziente Informations- und Kommunikationssysteme miteinander verbunden [57, 70 f].

Darüber hinaus existieren weitere Produktionskonzepte, die an dieser Stelle nicht weiter ausgeführt werden: *Agent-Based Manufacturing* [46, 47], *Virtual Manufacturing* [59], *Random Manufacturing* [60], *Molecular Production* [61].

Alle o. g. Produktionssysteme fokussieren einen bestimmten Anwendungsbereich und haben daher Vor- und Nachteile in bestimmten Aspekten. Zur objektiveren Bewertung ihrer jeweiligen Eignung dient eine Expertenbefragung. Abb. 3.3 stellt die Produktionssysteme nach verschiedenen Kriterien einander gegenüber. Die Kriterien wurden ausgewählt, um eine qualitative Grundlage für den Vergleich gängiger Produktionssysteme hin-

Table 1: Comparison of DML, FMS, RMS and MMS

	DML	FMS	RMS	MMS
High capacity	●	◔	◕	◕
Permanent availability of full set of functionalities	◔	●	◑	◑
Ability to integrate multiple products and variants	○	●	◕	●
Flexibility to volatile market demand	◔	◑	◕	●
Flexibility to variance-mix	○	●	◕	◕
Integration of personalized products	○	●	◑	◕
Ability for reconfiguration	○	◔	◕	●
Integration of new technologies	◔	◑	●	●
Low operative complexity	●	◕	◑	◑
Granularity of adaption / reconfiguration	◔	◑	◕	◕
Low transition time for adaption	○	◑	◑	◕
Responsiveness to turbulence	○	◑	◑	◕
Low operation costs	●	○	◑	◑
Short lead times	●	◕	◕	◑
Suitability to produce in lot-size one	◔	◕	◑	◕

Legend: ●: well suited, ◕: mainly suited, ◑: partly suited, ◔: fractionally suited, ○: not suited

Abb. 3.3 Vergleich von DML. FMS, RMS und MMS [62]

sichtlich ihrer Eignung für die Massenproduktion individualisierter Produkte zu definieren. Dazu gehören bspw. Kriterien, die auf die Fähigkeit hinweisen, hohe Stückzahlen zu wettbewerbsfähigen Preisen zu produzieren. Weitere Indikatoren, wie die Flexibilität gegenüber Varianz und die Fähigkeit zur Rekonfiguration, werden im Hinblick auf die Anpassungsfähigkeit des Systemdesigns und den erforderlichen Aufwand für Anpassungen bewertet.

Das *Fluid Manufacturing System* (FLMS) basiert auf dem Prinzip der Ad-hoc-Ressourcenzuweisung und Rekonfiguration zu einzelnen Prozessmodulen für eine optimale Fertigungsleistung [63] und entwickelt das MMS-Konzept weiter. Durch die umfassende Nutzung der Vorteile von cyber physischen Systemen [3, 64] und ihrer Fähigkeit zur Selbstintegration und Selbstparametrisierung können Prozessmodule leicht von einzelnen Ressourcen zu fortschrittlichen Fertigungssystemen [65] aggregiert werden. Um das Potenzial von FLMS voll auszuschöpfen, müssen alle Prozessmodule modular und mobil sein. Die Voraussetzungen für Mobilität und Modularität sind bedarfsgerechte Anpassungen von Fähigkeiten und Funktionalitäten sowie anpassbare Produktionslayouts. Damit ist das Fertigungssystem in der Lage, iterativ in variablen Schritten auf die aktuell benötigte Produktkonfiguration umkonfiguriert zu werden. Diese Rekonfigurierbarkeit erfordert eine komplexe Produktionsplanungs- und Steuerungslogik, die bisher unbekannte Freiheitsgrade bei der Gestaltung von Produktionssystemen berücksichtigt. Die neuen Freiheitsgrade sind [63, 66]:

- **Operationssequenz** (legt die Reihenfolge der Arbeitsvorgänge fest),
- **Arbeitsverteilung** (ordnet die Prozessmodule dem Produktionsauftrag zu),
- **Arbeitsinhalt** (definiert die Kompetenzen eines bestimmten Prozessmoduls),
- **Layoutposition** (definiert die Position der Produktionsmittel auf dem Shop Floor).

Damit ist das Fertigungssystem in der Lage, sich iterativ in variablen Schritten auf die aktuell benötigte Produktkonfiguration umzukonfigurieren. Diese Rekonfigurierbarkeit erfordert eine komplexe Produktionsplanungs- und Steuerungslogik. Für das Verständnis der Funktionsfähigkeit der genannten Produktionssysteme ist es wichtig, drei Haupttypen von Prozessmodulen zu unterscheiden, siehe Abb. 3.4.

- **Dedizierte Prozessmodule (DPM)** führen jeweils eine einzelne Prozessaufgabe aus. Funktionale Änderungen sind mit hohem Aufwand verbunden und dauern lange.
- **Dedizierte Technologiemodule (DTM)** stellen die funktionale Basis von FMS dar. DTM sind in der Lage, ein breites Spektrum an eingebauten Funktionen zu liefern, erfordern jedoch einen hohen Aufwand an Ressourcen und Zeit während der Entwicklung und Implementierung.
- **Rekonfigurierbare Technologiemodule (RTM)** sind mit engem Funktionsumfang, aber großer Modularität hinsichtlich der elektrischen und mechanischen Schnittstellen definiert. Durch den umfassenden Einsatz von CPPS (z. B. Selbstbeschreibung von Ressourcen) beim Entwurf und der Implementierung von Prozessmodulen, ist der Änderungsaufwand deutlich geringer.

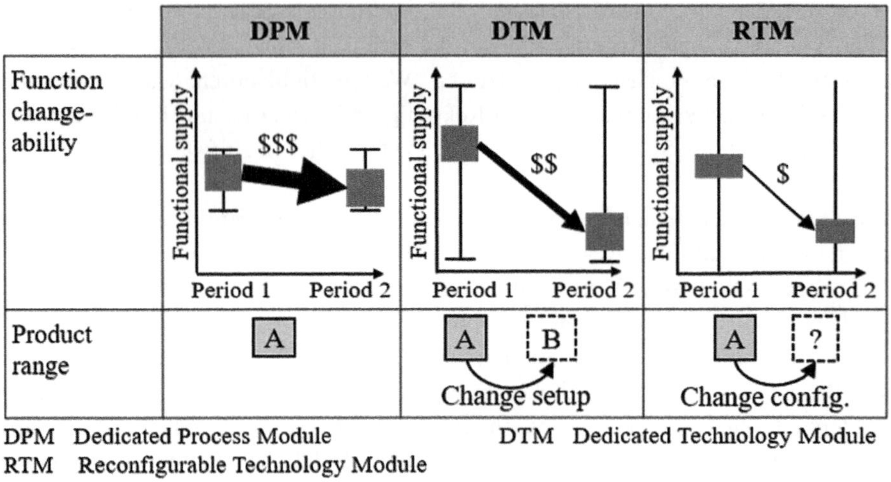

Abb. 3.4 Vergleich der verschiedenen Prozessmodultypen [62]

Des Weiteren unterscheidet das FLMS die Einbindung des Menschen in den Produktionsprozess in zwei Stufen:

- **Hochautomatisierte Fluide Arbeitsstationen** sind bedienerunabhängig. Solche Arbeitsplätze können mit ihrer Umgebung kommunizieren und Aufträge ohne menschliche Interaktion erfüllen. Ein solcher Arbeitsplatz erfüllt Aufgaben, die bspw. für Menschen zu gefährlich sind oder eine besondere Genauigkeit erfordern.
- **Menschzentrierte Fluide Arbeitsstationen** bestehen aus meist komplizierten, schwer zu automatisierenden Prozessen. Daher sind die Aufgaben der menschzentrierten fluiden Arbeitsstation sehr vielfältig und zeichnen sich durch eine hohe Produktvarianz aus. Um diese Varianzen abzudecken, ist eine breite Palette von Produktionsanlagen und Kompetenzen erforderlich. Um Investitionsaufwände zu reduzieren und hohe Wirkungsgrade aufrechtzuerhalten, stellt ein Katalog die notwendigen Betriebsmittel bereit, anstatt jeden Arbeitsplatz mit jedem möglicherweise benötigten Betriebsmitteltyp auszustatten. Wird ein am Arbeitsplatz nicht vorhandenes Betriebsmittel benötigt, bietet ein Assistenzsystem dem Bediener einen Vorschlag für verfügbare Betriebsmittel, die für die jeweilige Aufgabe geeignet sind. Ein Bediener kann den gewünschten Betriebsmitteltyp aus dem Katalog auswählen und bestellen, dieser wird dann entweder über ein FTS bereitgestellt oder vom Bediener im Gerätelager abgeholt.

Abb. 3.5 zeigt die Klassifizierung von FLMS im Vergleich zu alternativen Produktionssystemen. Die Systemreaktion von FLMS verläuft fließender und wird nicht durch ein sprungförmiges Verhalten dargestellt, das den externen Triggern folgt, die z. B. durch schwankende Anforderungen oder technischen Fortschritt ausgelöst werden. Dementsprechend wird die Lücke zwischen den funktionalen Anforderungen (graue Linie) und dem

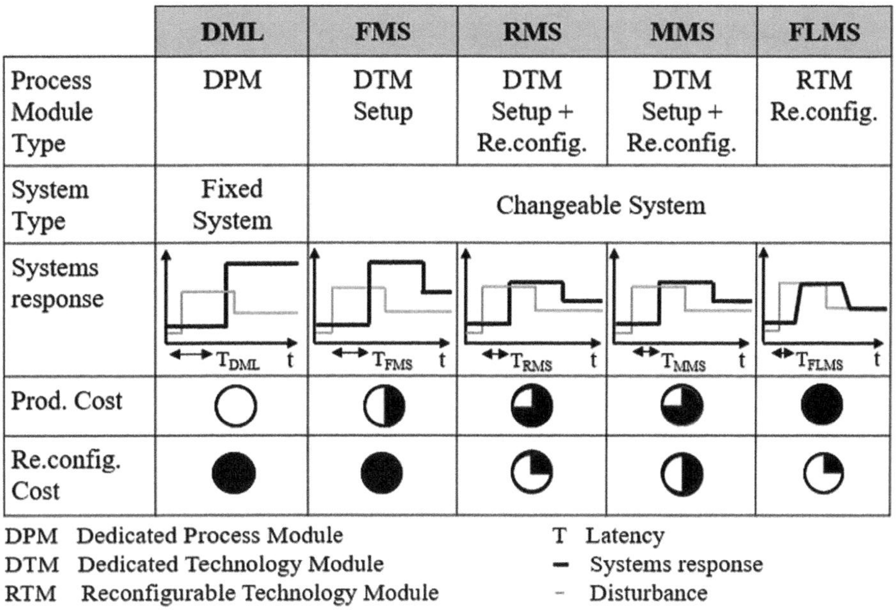

Abb. 3.5 Vergleich der Fertigungssysteme [62]

Funktionsumfang (schwarze Linie) kleiner und ein Over-Engineering beim Systementwurf wird vermieden. Nach Gl. (3.1) ist die systemdefinierte unproduktive Stillstandszeit aufgrund von Anpassung und Rekonfiguration (TFLMS) für FLMS kürzer als in jedem anderen Produktionssystem. Die unproduktive Ausfallzeit, ein wichtiger Kostentreiber in Produktionssystemen, wird als die Zeit zwischen dem Eingang eines Änderungsauftrags und dem Beginn der Produktion betrachtet.

$$\text{TDML} > \text{TFMS} > \text{TRMS}, \text{TMMS} > \text{TFLMS} \tag{3.1}$$

Der Hauptgrund liegt in der FLMS-Architektur, die vollständig aus CPPS als grundlegendem Prozessmodul besteht. Diese Architektur impliziert die Verwendung von RTM anstelle von DPM oder DTM und einen geringeren technischen Aufwand bei der Rekonfiguration, um eine reibungslose Anpassung des Funktionsumfangs an externe Anforderungen zu gewährleisten.

3.2 Methodik zur qualitativen Bewertung der Wandlungsfähigkeit von Produktionskonzepten

Die Entwicklung alternativer Produktionsformen, die auf die dynamischen Marktanforderungen schnell und flexibel reagieren können, stehen im Zielkonflikt mit den Erfolgsfaktoren Variabilität, Qualität, Wirtschaftlichkeit und Geschwindigkeit. In Zusam-

Zieldimension	Anforderung	Kriterien	Messgrößen	Bewertung			Notiz
				0	1	2	Begründung
Variabilität	Das Montagesystem muss stückzahl- bzw. kapazitätsflexibel sein.	Ist die Nutzung der organisatorische Flexibilität zur Anpassung der Mitarbeiterkapazität möglich?	±20%				
		Kann die technische Kapazität der Anlagen und der Fördertechnik nach Bedarf angepasst werden?					
		Können die montageunterstützenden Logistik- bzw. Materialbereitstellungsprozesse flexibel an Kapazitätsschwankungen angepasst werden?					
	Das Montagesystem muss eine hohe Varianten-/ Produktflexibilität vorweisen.	Sind die Montagemitarbeiter qualifiziert verschiedene Varianten/ Produkte zu produzieren?	erfüllt				
		Ist das Montagesystem fähig verschiedene Produkte und Produktvarianten zu montieren?	erüllt				
		Können die montageunterstützenden Logistik- bzw. Materialbereitstellungsprozesse eine hohe Anzahl an Varianten bereitstellen?	erüllt				
	Das Montagesystem muss wandlungsfähig sein, um über den Flexibilitätskorridor hinaus sich an Bedarfsschwankungen anzupassen.	Können die Kompetenzen des Montagesystems mit geringem Investitionsaufwand verändert bzw. erweitert werden?	erfüllt				
	Die Nachhaltigkeit der Montage muss durch die Nachfolgefähigkeit gewährleistet werden.	Ist das Montagesystem nachfolgefähig?	mind. Zweiter Produktlebenszyklus				
Qualität	Die Prozessqualität des Montagesystems muss hoch sein.	Ist die Bereitstellung des benötigten Materials fehlerfrei und montagegerecht?	erfüllt				
		Wird beim Montagesystem die Null-Fehler-Strategie, durch die Umsetzung von Fehlervermeidungsmaßnahmen, verfolgt? (Wenig Ausschuss & Nacharbeit)	FTT > 90%				
		Ist die Montage mit den vor- und nachgelagerten Bereichen synchronisiert?	erfüllt				
		Kann die Liefertreue zu 100% eingehalten werden?	erfüllt				
		Können die Auswirkungen einer Störung auf das gesamte Montagesystem minimal gehalten werden?	erfüllt				
		Sind alle Stationen und Prozesse einheitlich, standardisiert und dokumentiert?	erfüllt				
	Eine hohe Prozesstransparenz ist gefordert.	Ist die verfügbare Datengrundlage ausreichend für die Transparenz über alle Montageprozesse?	erfüllt				
		Gibt es eine einfache und eindeutige Visualisierung aller relevanten Informationen für alle Mitarbeiter?	erfüllt				
	Eine hohe Produkttransparenz muss gegeben sein.	Werden alle relevanten Daten produktspezifisch für eine Produkt- und Teilerückverfolgbarkeit erfasst?	erfüllt				
Geschwindigkeit	Das Montagesystem muss variantenunabhängig kurze Durchlaufzeiten ermöglichen.	Entspricht die Durchlaufzeit jeder Variante dem jeweiligen Arbeitsumfang?	erfüllt				
	Der Lean-Gedanke muss im Montagesystem verankert sein.	Wird Überproduktion durch eine bedarfsgerechte Herstellung vermieden (make to order)?	erfüllt				
		Werden die Bestände vor der Montage, im Umlauf und im Versand möglichst gering gehalten?	erfüllt				
		Wird die Anzahl und die Länge der Transportwege möglichst gering gehalten?	erfüllt				
		Sind die Bewegungen der Mitarbeiter auf ein Minimum begrenzt?	erfüllt				
		Werden Wartezeiten durch geeignete Maßnahmen minimiert?	erfüllt				
		Werden die Stationen von jedem Produkt nur einmal angefahren?	erfüllt				
		Werden die Stationen und Mitarbeiter maximal ausgelastet?	> 85%				

Abb. 3.6 Kriterienkatalog zur qualitativen Bewertung der fluiden Produktion [67]

menarbeit mit einem Automobilhersteller wurde daher eine qualitative Bewertungsmethodik zur Bestimmung der Wirtschaftlichkeit entwickelt. Abb. 3.6 zeigt den entsprechenden Kriterienkatalog.

Der Kriterienkatalog dient der qualitativen Bewertung der Wandlungsfähigkeit unter dem Aspekt der Zieldimensionen: Variabilität, Qualität und Geschwindigkeit. Die quantitative Bewertung der Wirtschaftlichkeit ist in Kap. 15 beschrieben, siehe hierzu auch [68].

Aufgrund des Zielkonflikts zwischen Variabilität, Qualität, Wirtschaftlichkeit und Geschwindigkeit ist für die weitere Bewertung eine Zielgewichtung notwendig. Herrscht nämlich zwischen zwei Zielen ein Konflikt, ist es notwendig, den Zielen eine Gewichtung zuzuteilen. Diese Gewichtung erfolgt durch das Einfließen der Ansprüche und Wertvorstellungen des Entscheidungsträgers. Im Rahmen der Zielgewichtung ist es wichtig, die Beziehungen zwischen den einzelnen Zielgrößen näher zu beschreiben.

Variabilität und Qualität. Eine Einteilung der Zielbeziehung zwischen Variabilität und Qualität in komplementär, indifferent und konkurrierend ist nicht eindeutig möglich. Daher ist eine Einzelbetrachtung der Einflüsse sinnvoll. Eine hohe Qualität kann die Zieldimension Variabilität durchaus positiv beeinflussen und die Erfüllung des Zielwerts begünstigen. Eine hohe Prozessqualität, -transparenz sowie standardisierte Prozesse erleichtern die Einführung einer variantenreichen Montage. Wird hingegen der Einfluss der Variabilität auf die Qualität betrachtet, so ist mit steigender Variabilität ein Mehraufwand zur Sicherung der Qualitätsziele zu erwarten. Dies gilt für die Logistiker, die deutlich variantenreicheres Material bereitstellen müssen, für die Montagewerker, die eine zusätzliche Qualifizierung benötigen sowie für die Planung und Steuerung der Montage, um alle Einbaukomponenten zum benötigten Zeitpunkt und in der richtigen Reihenfolge zu steuern.

Variabilität und Geschwindigkeit: konkurrieren vorwiegend. Eine höhere Anzahl an Montagevarianten erhöht in den meisten Fällen die Durchlaufzeit. Dies liegt an den unterschiedlichen Arbeitsumfängen und zusätzlichen Sonderausstattungen, die die Taktzeiten stärker spreizen. Das Konzept der fluiden Montage soll genau dieses Problem umgehen. Entkoppelte Stationen verlängern aber die Transportzeiten zwischen den Stationen, was wiederum die Durchlaufzeiten erhöht. Demnach konkurriert die variantenreiche Montage teilweise mit den Lean-Zielen von kurzen Durchlaufzeiten und Transportwegen.

Qualität und Geschwindigkeit: Die Beziehung zwischen den Zieldimensionen Qualität und Geschwindigkeit ist dagegen kongruent. Eine hohe Prozessqualität, mehr Transparenz und Standardisierung verringern in der Regel Störanfälligkeit und Fehlerquote und damit meist auch die Montagedurchlaufzeit, da Störungen und Fehler immer längere Wartezeiten verursachen. Tritt dies dennoch ein, ist eine schnelle Reaktionsgeschwindigkeit von Vorteil, um die Wartezeiten minimal zu gestalten und die Prozessqualität zu erhöhen.

Zur Sicherstellung einer industrienahen Bewertungsmethodik halfen Industrieexperten eines Automobilherstellers bei der Zielgewichtung. Ein paarweiser Vergleich erlaubt den direkten Vergleich zweier Kriterien und damit eine objektivierte Zielgewichtung. Der paarweise Vergleich wurde mit den befragten Personen jeweils einzeln durchgeführt. Um ein einheitliches Ausfüllen des Kriterienkatalogs zu ermöglichen, fand vor jeder Befragung eine kurze Einführung in die Thematik der Fluiden Produktion und die einzelnen Zieldimensionen statt. Durch den paarweisen Vergleich ergab sich folgende Rangordnung der Zieldimensionen:

1. Qualität mit 60 %: Die Qualität stellt die wichtigste Zieldimension dar, da die Einhaltung der Liefertreue und der Liefertermine die Kundenzufriedenheit ermöglicht.
2. Variabilität mit 33,3 %: Die Variabilität gewinnt, aufgrund von zunehmenden Kundenanforderungen, immer mehr an Bedeutung für produzierende Unternehmen.
3. Geschwindigkeit mit 6,6 %: Die Geschwindigkeit rückt in den Hintergrund, da die Relevanz für die Erfüllung der kundenindividuellen Wünsche und die Forderung nach einer hohen Qualität überwiegen.

Literatur

1. Mitrakis N (2019) Die Ausrichtung des IT-Service-Managements auf die Digitalisierung. Springer Fachmedien, Wiesbaden
2. Koren Y (2010) The global manufacturing revolution. John Wiley & Sons, Hoboken
3. Monostori L (2014) Cyber-physical production systems: roots, expectations and R&D challenges. Proc CIRP 17:9–13
4. Womack JP, Jones DT, Roos D (1991) The machine that changed the world: the story of lean production, 1. Aufl. Harper Perennial, New York. [Online]. Available: http://www.loc.gov/catdir/description/hc044/91055106.html. Zugegriffen am 04.07.2025
5. Mintzberg H (1994) That's not „turbulence," Chicken Little, it's really opportunity. Plan Rev 22(6):7–9
6. Wiendahl H-P (2002) Wandlungsfähigkeit: Schlüsselbegriff der zukunftsfähigen Fabrik. WT Werkstattstech 2002(4):122–127
7. Wiendahl H-P et al (2007) Changeable manufacturing – classification, design and operation. https://doi.org/10.1016/J.CIRP.2007.10.003
8. Ramsauer C, Rabitsch C (2016) Agile Produktion – Ein Produktionskonzept für gesteigerten Unternehmenserfolg in volatilen Zeiten. In: Biedermann H (Hrsg) Industrial Engineering und Management. Springer Fachmedien, Wiesbaden, S 63–81
9. Warnecke H-J, Bullinger H-J, Koelle JH (1981) German manufacturing industry approaches to increasing flexibility and productivity. In: Spring annual conference proceedings, May, 17–20, Detroit. – New York, S 643–651
10. Zäh MF, Möller N, Vogl W (2005) Symbiosis of changeable and virtual production – emperor's new clothes or key factor for future success. In: Zäh M, Reinhart G (Hrsg) 1st international conference on changeable, agile, reconfigurable and virtual production (CARV 2005). Utz, München, S 3–10
11. Spath D (2008) Ausgangslage, Zielsetzung und Methodik der Voruntersuchung. In: Spath D, Hirsch-Kreinsen H, Kinkel S (Hrsg) Organisatorische Wandlungsfähigkeit produzierender Unternehmen: Unternehmenserfahrungen, Forschungs- und Transferbedarfe. Fraunhofer IRB, Stuttgart
12. Sethi A, Sethi S (1990) Flexibility in manufacturing: a survey. Int J Flex Manuf Syst 2(4)
13. Westkämper E, Löffler C (2016) Strategien der Produktion. Springer, Berlin/Heidelberg
14. Reinhart G (1997) Innovative Prozesse und Systeme – Der Weg zu Flexibilität und Wandlungsfähigkeit. In: Reinhart G (Hrsg) Mit Schwung zum Aufschwung: Information – Inspiration – Innovation. mi Verl. Moderne Industrie, Landsberg/Lech, S 173–202
15. Booth R (1996) Agile manufacturing. Eng Manag J 6(2):105. https://doi.org/10.1049/em:19960206
16. Nyhuis P (Hrsg) (2010) Wandlungsfähige Produktionssysteme. GITO-Verl, Berlin
17. Wiendahl H-P, Hernández R, Scheffczyk H (1999) Die Wandlungsfähige Fabrik: Ansätze und Lösungen. In: Tagungsband zur Fachkonferenz „Verschwendung vermeiden in der Produktion". Management Circle 26, Bd 1999. Weka Media, Kissing
18. Westkämper E (1999) Die Wandlungsfähigkeit von Unternehmen. WT Werkstattstech 1999(89):131–140
19. Spath D, Baumeister M, Dill C (2001) Ist Flexibilität genug? ZWF 96(5):235–241. https://doi.org/10.3139/104.100417
20. Westkämper E, Zahn E, Balve P, Tilebein M (2000) Ansätze zur Wandlungsfähigkeit von Produktionsunternehmen: Ein Bezugsrahmen für die Unternehmensentwicklung im turbulenten Umfeld. WT Werkstattstech 2000(90):22–26

21. Hartmann M (1995) Merkmale zur Wandlungsfähigkeit von Produktionssystemen bei turbulenten Aufgaben, Unveränd. Wiedergabe der Diss.: Magdeburg, Univ., Diss., 1995. Ges. für Innovative Systeme, Barleben
22. Westkämper E (2000) Kontinuierliche und partizipative Fabrikplanung: Continuous and team-based factory planning (in Deutsch). WT Werkstattstech 2000(3):92–95
23. Nyhuis P, Heinen T, Reinhart G, Rimpau C, Abele E, Wörn A (2008) Wandlungsfähige Produktionssysteme: Theoretischer Hintergrund zur Wandlungsfähigkeit von Produktionssystemen. WT Werkstattstech 89(1/2):85–91
24. Westkämper E, Winkler R (2002) Praxisbeispiel und Nutzen der objektorientierten Konzeption für die Fabriksimulation: Flexibilität und Wandlungsfähigkeit als Anforderungen an Fabrikstrukturen und Produktionssysteme. WT Werkstattstech 92(3):52–56
25. Reinhart G, Berlak J, Effert C, Selke C (2002) Wandlungsfähige Fabrikgestaltung. ZWF 97(1–2):18–23
26. Wiendahl H-P, Hernández R, Grienitz V (2002) Planung wandlungsfähiger Fabriken. ZWF 97(1–2):12–17
27. Reinhart G, Hirschberg A, Effert C (2000) Wandlungsfähigkeit – Antwort auf Turbulenz. In: Reinhart G, Wildemann H (Hrsg) TCW-Report, Virtuelle Fabrik: Wandlungsfähigkeit durch dynamische Unternehmenskooperationen, Bd 21. TCW Transfer-Centrum, München
28. Hernández Morales R (2003) Systematik der Wandlungsfähigkeit in der Fabrikplanung, Zugl.: Hannover, Univ., Diss., 2002. VDI-Verl., Düsseldorf
29. Reinhart G (2000) Im Denken und Handeln wandeln. In: Reinhart G (Hrsg) … nur der Wandel bleibt: Wege jenseits der Flexibilität; Münchener Kolloquium, München, 16./17. März 2000. Utz, München, S 19–40
30. Matt D (2002) Planung autonomer, wandlungsfähiger Produktionsmodule. ZWF 97(4):173–177. https://doi.org/10.3139/104.100527
31. Reinhart G, Prasch M, Krüger A, Wiendahl H-P (2003) Stückzahl- und variantenflexible Montage. In: Die wandlungsfähige Fabrik. IFA, Hannover, S 183–215
32. Zäh MF, Müller N, Prasch M, Sudhoff W (2004) Methodik zur Erhöhung der Wandlungsfähigkeit von Produktionssystemen. ZWF 99(4):173–177. https://doi.org/10.3139/104.100761
33. Nyhuis P, Heinen T, Brieke M (2007) Adequate and economic factory transformability and the effects on logistical performance. Int J Flex Manuf Syst 19(3):286–307
34. ElMaraghy HA (2007) Reconfigurable process plans for responsive manufacturing systems. In: Cunha PF, Maropoulos PG (Hrsg) Digital enterprise technology. Springer US, Boston, S 35–44
35. Abele E, Wörn A, Martin P, Klöpper R (2006) Performance evaluation methods for mechanical interfaces in reconfigurable machine tools. In: International symposium on flexible automation, Osaka, Japan.
36. Landers RG, Ruan J, Liou F (2006) Reconfigurable manufacturing equipment. In: Dashchenko AI (Hrsg) Reconfigurable manufacturing systems and transformable factories. Springer, Berlin/Heidelberg, S 79–110
37. Katz R (2007) Design principles of reconfigurable machines. Int J Adv Manuf Technol 34(5–6):430–439
38. Heisel U, Meitzner M (2004) Progress in reconfigurable manufacturing systems. J Manuf Sci Prod 6(1–2):1–8. https://doi.org/10.1515/IJMSP.2004.6.1-2.1
39. Buzacott JA, Yao DD (1986) Flexible manufacturing systems: a review of analytical models. Manag Sci 32(7):890–905. https://doi.org/10.1287/mnsc.32.7.890
40. Koren Y et al (1999) Reconfigurable manufacturing systems. CIRP Ann 48(2):527–540. https://doi.org/10.1016/S0007-8506(07)63232-6
41. ElMaraghy HA (2009) Changeable and reconfigurable manufacturing systems. Springer, London

42. Koren Y, Gu X, Guo W (2018) Reconfigurable manufacturing systems: principles, design, and future trends. Front Mech Eng 13(2):121–136
43. Mehrabi MG, Ulsoy AG, Koren Y (2000) Reconfigurable manufacturing systems: key to future manufacturing. J Intell Manuf 11(4):403–419
44. Greschke P (2015) Matrix-Produktion als Konzept einer taktunabhängigen Fließfertigung. Dissertation, Technische Universität Braunschweig, Braunschweig
45. Foith-Förster P, Bauernhansl T (2016) Changeable assembly systems through flexibly linked process modules. Proc CIRP 41:230–235
46. Monostori L, Kádár B, Hornyák J (1998) Approaches to managing changes and uncertainties in manufacturing. CIRP Ann 47(1):365–368. https://doi.org/10.1016/S0007-8506(07)62852-2
47. Monostori L, Váncza J, Kumara S (2006) Agent-based systems for manufacturing. CIRP Ann 55(2):697–720. https://doi.org/10.1016/j.cirp.2006.10.004
48. van Brussel H (2014) Holonic manufacturing systems. In: Laperrière L, Reinhart G (Hrsg) Springer reference, CIRP encyclopedia of production engineering. Springer, Berlin, S 654–659
49. van Brussel H, Wyns J, Valckenaers P, Bongaerts L, Peeters P (1998) Reference architecture for holonic manufacturing systems: PROSA. Comput Ind 37(3):255–274. https://doi.org/10.1016/S0166-3615(98)00102-X
50. Ueda K, Hatono I, Fujii N, Vaario J (2001) Line-less production system using self-organization: a case study for BMS. CIRP Ann 50(1):319–322
51. Ueda K, Vaario J, Ohkura K (1997) Modelling of biological manufacturing systems for dynamic reconfiguration. CIRP Ann 46(1):343–346. https://doi.org/10.1016/S0007-8506(07)60839-7
52. Ueda K (1992) A concept for bionic manufacturing systems based on DNA-type information. In: Human aspects in computer integrated manufacturing. Elsevier, S 853–863
53. Okino N (1995) Conception of bionic systems. Trans Inst Syst Control Inf Eng 8(8):381–390. https://doi.org/10.5687/iscie.8.381
54. Okino N (1993) Bionic manufacturing system. In: Peklenik J (Hrsg) Flexible manufacturing systems: past, present, future. Faculty of Mechanical Engineering, S 73–95
55. Ueda K, Fujii N, Hatono I, Kobayashi M (2002) Facility layout planning using self-organization method. CIRP Ann 51(1):399–402
56. Mandelbrot BB (1977) Fractals: form, chance, and dimension. Freeman, San Francisco
57. Warnecke H-J (1992) Die Fraktale Fabrik. Springer, Berlin/Heidelberg
58. Warnecke H-J (1993) Revolution der Unternehmenskultur. Springer, Berlin/Heidelberg
59. Kimura F (1993) Product and process modelling as a Kernel for virtual manufacturing environment. CIRP Ann 42(1):147–150. https://doi.org/10.1016/S0007-8506(07)62413-5
60. Iwata K, Onosato M, Koike M (1994) Random manufacturing system: a new concept of manufacturing systems for production to order. CIRP Ann 43(1):379–383. https://doi.org/10.1016/S0007-8506(07)62235-5
61. Pokorni B, Zwerina J (2020) Molecular production system – flexible and attractive manufacturing systems of the future. In: Ahram T, Falcão C (Hrsg) Advances in intelligent systems and computing, advances in usability, user experience, wearable and assistive technology. Springer International Publishing, Cham, S 837–844
62. Fries C et al (2021) Fluid manufacturing systems (FLMS). In: Weißgraeber P, Heieck F, Ackermann C (Hrsg) ARENA2036, advances in automotive production technology – theory and application. Springer, Berlin/Heidelberg, S 37–44
63. Fries C, Wiendahl H-H, Foith-Förster P (2020) Planung zukünftiger Automobilproduktionen. In: Bauernhansl T, Fechter M, Dietz T (Hrsg) ARENA2036, Entwicklung, Aufbau und Demonstration einer wandlungsfähigen (Fahrzeug-)Forschungsproduktion. Springer, Berlin/Heidelberg, S 19–43

64. Bauernhansl T, ten Hompel M, Vogel-Heuser B (2014) Industrie 4.0 in Produktion, Automatisierung und Logistik: Anwendung, Technologien, Migration. Springer Fachmedien, Wiesbaden
65. Fries C et al (2019) Fluide Fahrzeugproduktion.: BMBF-geförderter Forschungscampus für die Mobilität der Zukunft. VDI-Z(in German) 161(12):78–81. [Online]. https://www.scopus.com/inward/record.uri?eid=2-s2.0-85099091618&partnerID=40&md5=6cb5385e726f999849c180ccd13f422e. Zugegriffen am 04.07.2025
66. Fries C, Wiendahl H-H, Foith-Förster P (2020) Planung zukünftiger Automobilproduktionen. In: Bauernhansl T, Fechter M, Dietz T (Hrsg) Entwicklung, Aufbau und Demonstration einer wandlungsfähigen (Fahrzeug-)Forschungsproduktion. Springer Vieweg, Wiesbaden, S 19–43
67. Adam A, Helten E, Scholl F (Hrsg) (1970) Kybernetische Modelle und Methoden. VS Verlag für Sozialwissenschaften, Wiesbaden
68. Fries C, Hölscher P, Brützel O, Lanza G, Bauernhansl T (2023) Approach for evaluating changeable production systems in a battery module production use case. In: Kim K-Y, Monplaisir L, Rickli J (Hrsg) Lecture notes in mechanical engineering, flexible automation and intelligent manufacturing: the human-data-technology nexus. Springer International Publishing, Cham, S 207–216
69. Krauß J, Dorißen J, Mende H, Frye M, Schmitt RH (2019) Maschinelles Lernen in der Produktion: Anwendungsgebiete und frei verfügbare Datensätze. I40M 2019(4):39–42. https://doi.org/10.30844/I40M_19-4_S39-42
70. Staud JL (2005) Datenmodellierung und Datenbankentwurf, 1. Aufl. Springer, S 1. [Online]. http://gbv.eblib.com/patron/FullRecord.aspx?p=418284. Zugegriffen am 04.07.2025

Produktionsmittel als Industrie-4.0-Komponenten 4

Ali Bozkurt, Anwar Al Assadi, Timur Tasci, Urs Leberle, Daniel Kessler, Markus Joos, Bernd Neuschwander, Steffen Kappes, Sascha Ulbrich, Manuel Kaiser, Nan Chen, Martin Musser und Matthias Reichenbach

A. Bozkurt (✉)
Institut für Fördertechnik und Logistik (IFT), Universität Stuttgart, Stuttgart, Deutschland
E-Mail: ali.bozkurt@ift.uni-stuttgart.de

A. Al Assadi
Fraunhofer-Institut für Produktionstechnik und Automatisierung IPA, Stuttgart, Deutschland
E-Mail: anwar.alassadi@ipa.fraunhofer.de

T. Tasci · U. Leberle
Robert Bosch GmbH, Renningen, Deutschland
E-Mail: Timur.tasci@de.bosch.com; Urs.Leberle@de.bosch.com

D. Kessler
Balluff GmbH, Neuhausen a.d.F, Deutschland
E-Mail: Daniel.Kessler@balluff.de

M. Joos
Bär Automation GmbH, Gemmingen, Deutschland
E-Mail: Markus.Joos@baer-automation.de

B. Neuschwander
Pilz GmbH & Co. KG, Ostfildern, Deutschland
E-Mail: b.neuschwander@pilz.de

S. Kappes
FARO Europe GmbH, Korntal-Münchingen, Deutschland
E-Mail: steffen.kappes@faro.com

T. Bauernhansl, A. Al Assadi (Hrsg.), *Fluide Fahrzeugproduktion für die Mobilität der Zukunft*, ARENA2036, https://doi.org/10.1007/978-3-662-70847-7_4

4.1 Einführung

Der aktuelle Trend zu individualisierten Produkten, kürzeren Produktlebenszyklen und schnellen technologischen Innovationen führte die Unternehmen dazu, ihre Strategien zu überdenken [1, 2]. Diese Entwicklungen erfordern eine verstärkte-Aufmerksamkeit auf alternative Produktionssysteme wie beispielsweise das Matrix-Produktionssystem oder die Fluide Produktion [3, 4]. Diese Produktionssysteme zeichnen sich primär durch den Einsatz von Cyber physischen Systemen (CPS) aus und werden daher auch oftmals als Cyber physische Produktionssysteme (CPPS) bezeichnet [5, 6]. Sie spielen eine wesentliche Rolle in der Industrie-4.0-Strategie der Bundesregierung zur Sicherung der langfristigen Wettbewerbsfähigkeit des produzierenden Gewerbes. CPS werden als Verknüpfung der physischen mit der virtuellen Welt beschrieben [6–9]. Sie initiieren Aktionen, können sich untereinander dezentral steuern und ermöglichen den Informationsaustausch über das Internet, welches oft auch als „Industrial Internet of Things (IIoT)" oder zu Deutsch „Internet der Dinge" bezeichnet wird. Durch den Einsatz von CPS wird die schnelle und einfache Rekonfiguration von Produktions- und Logistiksystemen möglich [10].

Dabei werden die relevanten Daten und Informationen von Sensoren und Aktoren generiert und anschließend genutzt, um beispielsweise Big-Data-Anwendungen zu befähigen und neue Wettbewerbsvorteile zu generieren [7]. Darüber hinaus werden die Daten und Informationen auch verwendet, um ein virtuelles Abbild der physischen Komponente zu erstellen, das als „Digitaler Zwilling" bezeichnet wird [11].

CPS bieten viele Vorteile für Kunden, Hersteller und Betreiber zugleich. Allerdings haben die Randbedingungen und die neuen Freiheitsgrade in einem fluiden Produktionssystem zu neuen Anforderungen an zukünftige CPS geführt [12]. Diese Anforderungen betreffen insbesondere die Flexibilität und die Rekonfiguration der verschiedenen Ressourcen in der Produktion und Logistik wie z. B. Fahrerlosen Transportfahrzeuge (FTF), Maschinen, Lagersysteme und Sensoren. Einige dieser Anforderungen beziehen sich auf

S. Ulbrich
KUKA Systems GmbH, Augsburg, Deutschland
E-Mail: Sascha.ulbrich@kuka.com

M. Kaiser · M. Reichenbach
Mercedes-Benz Group AG, Sindelfingen, Deutschland
E-Mail: manuel.kaiser@daimler.com; matthias.reichenbach@mercedes-benz.com

N. Chen
DXC Technology, Böblingen, Deutschland
E-Mail: nan.chen2@dxc.com

M. Musser
Schunk SE & Co. KG, Lauffen am Neckar, Deutschland
E-Mail: martin.musser@dxc.com

die Hardware und andere auf die Software, die im Folgenden näher beschrieben werden [4, 12]:

- Flexibilität ist die Eigenschaft, sich innerhalb definierten Systemgrenzen schnell an Veränderungen anzupassen [13]. Dabei kann die Flexibilität zum Beispiel durch eine logische Umprogrammierung, Umsteuerung und Neuplanung desselben Systems erreicht werden [13, 14].
- Rekonfigurierbarkeit ist die Fähigkeit, sich schnell zu verändern und weiterzuentwickeln, um Produktivität, Kapazität und Funktionalität anzupassen [15]. CPS haben daher die Aufgabe, diese Anforderungen zu erfüllen, zum Beispiel durch die Anpassung der Software und der Hardware an unterschiedliche Produkte und Teile mit einem breiten Spektrum an Abmessungen und Gewichtsgrößen, sowie an die jeweiligen Randbedingungen des Produktionssystems [12].
- Modularität ist das integrierende Element, das auf hochgradig anpassbare Strukturen der Fertigungstechnik abzielt [16]. In einem Fluiden Produktionssystem sind alle Einheiten, einschließlich CPS, modular und können ausgetauscht, hinzugefügt, entfernt oder ad-hoc zu neuen Ressourcen kombiniert werden [12, 14].
- Mobilität stellt die ungehinderte Bewegung von Gegenständen in einem System sicher. Sie umfasst alle Produktions- und Hilfsmittel, einschließlich Gebäuden und Gebäudeelementen, die je nach Bedarf und mit geringstem Aufwand an verschiedenen Orten platziert werden können [14].
- Kompatibilität ermöglicht die Interaktionen von verschiedenen Ressourcen innerhalb und außerhalb des Systems. Darüber hinaus ermöglicht sie eine Kommunikation zwischen Materialien, Informationen und Mitarbeitenden über eine einheitliche Schnittstelle, wie z. B. die Verwaltungsschale, die im folgenden Abschnitt näher beschrieben wird [14, 17].

4.2 Die Verwaltungsschale als Industrie-4.0-Komponente

Die physische Welt besteht aus Gegenständen, die im Rahmen von Industrie 4.0 als Assets bezeichnet werden [18]. Für die Integration der Assets in die RAMI-4.0-Architektur wird diese mit einer Verwaltungsschale (VWS) oder engl. Asset Administration Shell (AAS) ausgestattet. Ein Asset kann dabei durch einen Menschen, eine Maschine oder ein Produkt repräsentiert werden [5, 19] Die Kombination aus den physischen Komponenten und der VWS bildet die Industrie-4.0-Komponente. Die VWS bildet als ein etablierter Standard für einen Digitalen Zwilling die Schnittstelle in der Kommunikationsschicht der RAMI-Architektur. Die einzelnen VWS können innerhalb des dreidimensionalen Rahmens des RAMI-Modells lokalisiert und verglichen werden, Abb. 4.1 [20]. Die VWS enthält die Selbstbeschreibung der physischen Komponente mit den zugehörigen Funktionen und Eigenschaften [21].

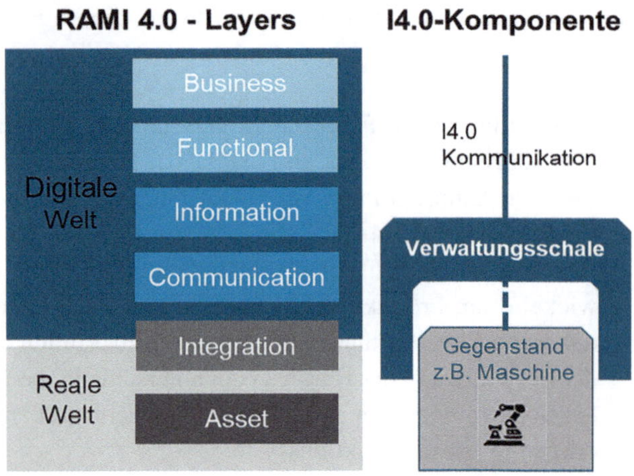

Abb. 4.1 Einordnung der Verwaltungsschale in RAMI 4.0 in Anlehnung an [23]

Eine VWS kann sowohl einzeln als auch im Rahmen des Schachtelungskonzepts mit mehreren VWS im Verbund existieren. Der Grad der Granularität ist dabei vom jeweiligen Anwendungsfall abhängig [21, 22]. Die VWS ermöglicht einen Austausch von Informationen wie z. B. Betriebszuständen und die Bereitstellung von Funktionen wie z. B. die Kontrolle über die Industrie-4.0-Komponente. Die VWS stellt eine Interoperabilität und Datentransparenz über alle an der Wertschöpfungskette beteiligten Betriebsmittel und Prozessschritte hinweg sicher [22, 23]. Die einzelnen VWS können innerhalb des RAMI-4.0 Modells eingeordnet und verglichen werden [20].

Teilmodelle

Ein Teilmodell (engl. Submodel) spezifiziert genau einen domänenorientierten Aspekt einer I4.0-Komponente. Zu diesem Zweck spezifiziert es die Eigenschaften, die mit dem Attribut verbunden sind, die auftretenden Ereignisse und die bereitgestellten Operationen [24]. Die einzelnen Elemente werden im Folgenden erläutert.

Eigenschaften

Ein Submodul kann eine beliebige Anzahl von Eigenschaften (engl. Properties) beschreiben. Eine Eigenschaft kann ein variables Attribut, z. B. Position, Farbe oder Seriennummer sein. Wenn eine I4.0-Komponente eine Eigenschaft mitteilt, wird die Spezifikation als gültig angesehen, bis die Komponente eine Aktualisierung sendet. Jede Eigenschaft hat einen eindeutigen Namen und einen Datentyp innerhalb ihres Submodels. Die Datentypen basieren auf dem JavaScript-Object-Notation- (JSON)-Schema, nicht-primitive Datentypen können optional vom Benutzer weiter spezifiziert werden [23, 24].

Ereignisse

Im Gegensatz zu Eigenschaften haben Ereignisse (engl. Events) einen eindeutigen Zeitbezug. Daher enthält das Ereignis einen Zeitstempel. Beispiele für Ereignisse sind die Ankunft eines FTS an seinem Ziel, der Abschluss eines Montagevorgangs oder ähnliches. Ereignisse haben auch einen eindeutigen Namen und können andere Datenfelder kommunizieren. Jedes Datenfeld wird auf die gleiche Weise angegeben wie eine Eigenschaft angegeben [23, 24].

Operationen

Während Eigenschaften und Ereignisse die ausgehende Kommunikation beschreiben, spezifizieren Operationen (engl. Operations) Dienste, die von anderen Komponenten aufgerufen werden können. So kann zum Beispiel ein Fertigungsprozess eingeleitet werden. Operationen werden durch ihren eindeutigen Namen innerhalb desls identifiziert. Optional können auch Parameter angegeben werden. Im Gegensatz zu Ereignissen kann auch ein Rückgabewert angegeben werden, z. B., um zu melden, ob der Vorgang erfolgreich war [23, 24].

Implementierung

Für die Implementierung wurde das Konzept mit dem Message Queuing Telemetry Transport (MQTT) Protokoll verwendet, wobei der Inhalt mit JavaScript Object Notation (JSON) serialisiert wird [5, 25]. Für die Implementierung wurde MQTT aufgrund seiner hohen Verbreitung, Effektivität und Einfachheit gewählt [24]. Prinzipiell ist aber auch eine Abbildung auf andere Kommunikationsprotokolle möglich. Das vorliegende Submodelkonzept wird wie folgt auf MQTT-Themen abgebildet:

<Namespace>/
<I4.0-Component>/
<Submodel>/
<Submodelelement>

In vorliegenden Fall beschreiben diese [23]:

- Namespace beschreibt eine eindeutige Kennung zur Gruppierung von
- Komponenten, z. B. nach Anwendung, Organisationszugehörigkeit etc.
- I4.0-Komponente ist der Name der Komponente und innerhalb des Namensraumes eindeutig.
- Submodel ist der Name des jeweiligen von der I4.0-Komponente implementierten Submodels, wie es in der zugehörigen Submodel-Spezifikation definiert ist.
- Submodel-Element ist der Name der jeweiligen Eigenschaft, des Ereignisses oder der Operation. Bei Operationen sind die Unterthemen Request (REQ) und Response (RESP) eingeführt, um zwischen Aufruf und Antwort der Operation unterscheiden zu können.

Produktions- und Ablaufsteuerung

Die Produktionssteuerung und die Ablaufsteuerung der einzelnen CPS in einer Fluiden Produktion wurden in Node-RED modelliert. Node-RED ist eine browserbasierte, graphische Low-code-Umgebung. Dabei werden die Prozesse anhand der durch die verschiedenen VWS bereitgestellten Properties, Operations und Events, in sogenannten Flows modelliert und anschließend in Server Engines verarbeitet [26, 27].

4.3 Smarte Montagemodule

Ein wichtiger Aspekt bei der Realisierung einer Fluiden Produktion ist die Modularisierung der beteiligten Prozesse. Bei klassischen Montagesystemen sind diese üblicherweise fest integriert und schwer anzupassen. Der Einsatz der in diesem Abschnitt vorgestellten Smarten Montagemodule erlaubt genau diese Modularisierung. Bei der Modularisierung werden Aspekte aus der Elektrotechnik, Mechanik, Informatik und Prozesstechnik betrachtet. Die Smarten Montagemodule werden nachfolgend als Mechatronische Objekte (MO) bezeichnet. Ein MO ist ein alleinstehendes Gerät, besitzt eine eigene Steuerung und kann einfach in ein übergeordnetes Gesamtsystem integriert werden. Das Gesamtsystem, in dem diese MO integraler Bestandteil sind, wird bei Bosch als CESA^{3}R bezeichnet. CESA^{3}R steht für *Concept for Engineering free, Scalable, Advanced Automated Assembly system for Rapid ramp up*.

Ein Mechatronisches Objekt (MO) kann prozessspezifisch beschrieben und aufgebaut werden. Es stellt einen oder mehrere Teilprozessschritte bereit, die speziell konzipiert werden. Ein MO besteht i. A. aus zwei wichtigen Komponenten Abb. 4.2.

1. **Standardisierter Prozessträger:** Auf der linken Seite ist der standardisierte Teil eines MO zu sehen. Jedes MO hat einen eingebauten Positionssensor für das Lokalisierungssystem sowie ein Fixierungssystem über Vakuum. Außerdem ist ein Steuerungssystem integriert, das während der Integration bzw. des Betriebs die Zustandsmaschine steuert und die digitale Selbstbeschreibung liefert.
2. **Prozesseinheit:** Jedes MO mit einem standardisierten Prozessträger kann prozessspezifisch und unabhängig vom standardisierten Teil erweitert werden. Die Erweiterung

Abb. 4.2 Aufbau eines Mechatronischen Objekts [13]

wird in Form der Prozesseinheit realisiert. In Abb. 4.2 ist als Beispiel ein Vibrationswendelförderer zu sehen, der für die Zuführung von Bauteilen konzipiert wurde. Die elektrischen Ein- und Ausgänge zur Ansteuerung der Antriebseinheit werden beim Aufbau an die Steuerung des Prozessträgers angebunden. Softwaretechnisch können die spezifischen Prozesse auch in den digitalen Modellen beschrieben werden.

Durch die Kombination standardisierter und spezifischer Teile kann ein Mechatronisches Objekt in einer modularen und prozessspezifischen Weise eingebaut und in Betrieb genommen werden.

Die Grundlage für die digitale Selbstbeschreibung eines MO bilden die VWS und deren Submodelle. Diese definieren in standardisierter Weise die datentechnische Beschreibung technischer Aspekte, beispielsweise einer Pose im Raum eines Montagemoduls. Im Kontext der öffentlichen Diskussion zur VWS wird das hier verwendete Montagemodul auch als Industrie-4.0-Komponente beschrieben [17, 28].

Die Modellierung des technischen Aspekts erfolgt dabei anhand von Eigenschaften (Properties), Ereignissen (Events) und Operationen (Operations):

- Die „Properties" beschreiben die Eigenschaften des Montagemoduls, wobei diese statisch (z. B. CAD-Modell der Kontur) oder dynamisch (z. B. aktuelle Position des Ursprungs) sein können.
- Mithilfe von „Ereignissen" ist das Montagemodul befähigt, andere Teilnehmer im System über Änderungen zu informieren, wie beispielsweise die Fertigstellung eines Montageauftrags.
- Durch den Aufruf von „Operationen" von extern führt das Montagemodul vorher definierte Funktionen aus. Dies könnte im Falle eines Industrieroboters das Anfahren einer Position sein.

Idealerweise beschränkt sich der Umfang der modellierten Inhalte innerhalb eines Submodels auf eine einzelne Funktion des Montagemoduls (z. B. Positionsdaten). Durch den so erreichten hohen Grad an Kohäsion wird die Wiederverwendung im Kontext von anderen Montagemodulen ermöglicht. Um verschiedene Aspekte eines Montagemoduls zu beschreiben, kann eine beliebige Anzahl von unterschiedlichen Submodellen implementiert werden.

In Abb. 4.3 wird das Konzept eines MO am Beispiel eines Teileförderers vorgestellt. Das in der Abbildung gezeigte Teilmodelldiagramm visualisiert die entsprechenden Teilmodelle. Jedes MO hat ein Teilmodell für den Prozessträger und ein oder mehrere zusätzliche Teilmodelle, je nach den erforderlichen Fähigkeiten der ausgestatteten Prozesseinheit. Das vorgestellte MO für den Teileförderer steuert also ein Teilmodell für das orientierte Lagern bei.

Zur Validierung der erarbeiteten Konzepte für Smarte Montagemodule wurde ein Forschungsdemonstrator mit einem sechsachsigen Industrieroboter der Fa. KUKA aufgebaut und als Montageaufgabe die Montage einer Leiterplatte in das FluPro-Demoprodukt

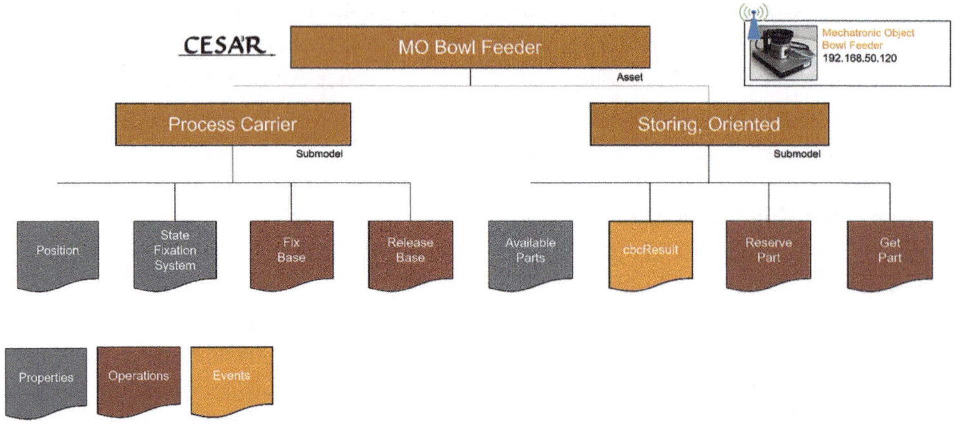

Abb. 4.3 Modellierungsbeispiel für die Verwaltungsschale eines Mechatronischen Objekts zum geordneten Speichern bzw. Bereitstellen von Bauteilen mit den beiden Submodellen „Process Carrier“ und „Storing, Oriented“ [13]

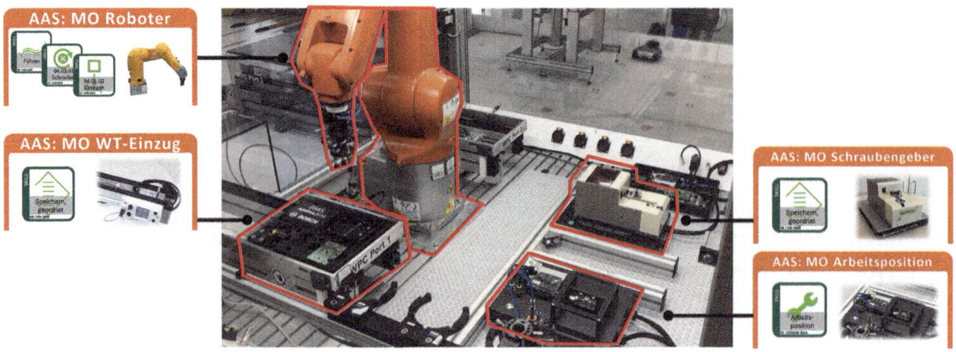

Abb. 4.4 FluPro-Demonstrator und Mechatronische Objekte (MO) für die Montage der Leiterplatte des Demoprodukts Batterie-Management-System (BMS) [13]

Batterie-Management-System (BMS) definiert. Für die Umsetzung dieser Montageaufgabe wurden die folgenden MO entwickelt (siehe auch Abb. 4.4):

- Das MO „Roboter“ dient zur Durchführung der Pick&Place-Aufgaben und der Schraubvorgänge.
- Das MO „WT-Einzug“ bzw. Werkstückträgereinzug ist für die Bereitstellung der zu montierenden Bauteile zuständig.
- Das MO „Schraubgeber“ ist für die Zuführung der Schrauben während der Schraubvorgänge zuständig. Die Zuführung kann durch eine in der VWS angebotenen Operation getriggert werden.

- Das MO „Arbeitsposition" dient als eine gemeinsame Arbeitsfläche zur Erledigung der Montageaufgaben. Dieses MO hat die Aufgabe, das Gehäuse während des Montagevorgangs mit Hilfe einer Vakuumspannung zu fixieren.

Die Montage beginnt mit dem Herausnehmen des Gehäuses aus dem Werkstückträger-Einzug und dem Fixieren auf einem MO in der entsprechenden Arbeitsposition. Die Leiterplatte wird anschließend mit vier Schrauben im Gehäuse befestigt. Die Schrauben werden vom entsprechenden MO geliefert. Das montierte Gehäuse wird anschließend wieder auf dem Werkstückträger abgelegt, der für weitere Montageaufgaben automatisch aus der Roboterzelle herausgefahren wird.

Im Rahmen der Validierung konnte gezeigt werden, dass die für den Einsatz Smarter Montagemodule relevanten Software-Konzepte, Modellierungen und Abläufe in der Fluiden Produktion eingesetzt werden können. Die Anwendung der VWS für die MO liefert dabei einen wichtigen Beitrag für den einfachen Aufbau und Betrieb von vernetzten CPPS.

4.4 Montageprozess

Intelligente Sensoren spielen eine wichtige Rolle bei der Erfüllung der Anforderungen an die Rekonfigurierbarkeit, schnelle Inbetriebnahme und Flexibilität in einer Fluiden Produktion. Dazu müssen die vorhandenen Sensoren wesentlich flexibler als herkömmliche Sensoren sein und eine stärkere Integration in das Gesamtsystem ermöglichen [29]. Ein möglicher Ansatz hierfür ist beispielsweise die Erweiterung der Schnittstellen, um eine geräte- und systemübergreifende Kommunikation und damit eine schnelle Rekonfiguration auf einen neuen Anwendungsfall in sehr kurzer Zeit zu gewährleisten.

Im Rahmen eines CPPS wird die Balluff Smart Camera BVS002F eingesetzt. Für Positionierungsaufgaben im Nahbereich wird ein Weitwinkelobjektiv mit einer Brennweite von 8 mm eingesetzt, um eine große Schärfentiefe zu erzielen und den gesamten Arbeitsbereich immer scharf zu halten, ohne dass eine Nachfokussierung erforderlich ist. Die Bilder und Ergebnisse der Kamera werden über eine Schnittstelle an einen Edge Computer, der durch einen Raspberry Pi realisiert ist, gesendet und zur weiteren Auswertung weiterverarbeitet. Der Raspberry Pi ist in der Lage, die Informationen zu extrahieren und den anderen Komponenten des CPPS zur Verfügung zu stellen. Die Kamera kann durch Aufrufen verschiedener Operationen über die VWS rekonfiguriert werden [24]. Dadurch ist es beispielsweise möglich, zwischen verschiedenen Inspektionsprogrammen und Konfigurationen zu wechseln. Dies ermöglicht zudem eine Anpassung an Umgebungsbedingungen bei starken oder schwachen Lichtverhältnissen oder den Wechsel zwischen verschiedenen Anwendungsfällen. Die Smart Camera kann folgende Operationen direkt auf der Kamera ausführen:

- Inspektion von Objekten,
- Farbanalyse,

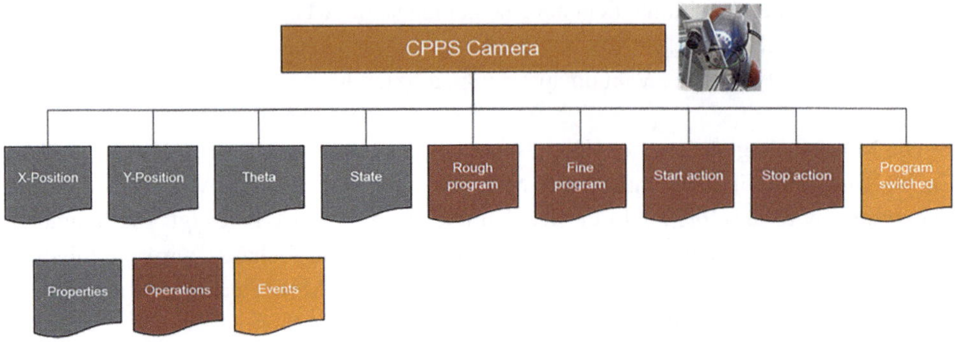

Abb. 4.5 Modellierungsbeispiel für die VWS der Smart Camera [13]

- Messung im Bild,
- Objekterkennung und
- Barcode, 2D, OCR-Identifikation, QR-Code.

Die VWS der Kamera stellt die beiden Eigenschaften X-Position und Y-Position eines Objekts in Metern bereit (siehe Abb. 4.5).

4.4.1 Anwendungsfall – Robotergestützte Montage

Um mehr Flexibilität und einen reibungslosen Produktionsprozess zu erreichen, ist es wichtig, dass verschiedene Anlagen miteinander kommunizieren können. Aus diesem Grund wurde folgender Anwendungsfall im Rahmen einer Batterieproduktion definiert: Eine präzise Positionierung für eine Roboter-Montagestation soll mit Hilfe eines Fahrerlosen Transportfahrzeugs (FTF) getestet werden. Obwohl die Genauigkeit des FTF für die meisten Transportprozesse ausreicht, wird für eine höhere Präzision ein zusätzlicher Sensor benötigt. Daher wird eine mobile Kamera auf einem Roboter eingesetzt. Abb. 4.6 gibt einen Überblick über alle an der Positionieraufgabe beteiligten Betriebsmittel.

Grobpositionierung: Zur groben Positionierung des FTF wird ein ArUco-Marker [3] auf einem Batteriegehäuse angebracht. Mittels ArUco-Marker können die Ausrichtung und der Abstand zwischen dem Batteriegehäuse und der Kamera bestimmt werden. Da die Kamera die Erkennung des ArUco-Markers nicht direkt unterstützt, werden für diesen Anwendungsfall lediglich die Rohbilder der Kamera verwendet und verarbeitet. Die Auswertung des ArUco-Markers erfolgt über die VWS und die Daten werden an das MQTT-Topic „rough_position“ übergeben. Das FTF abonniert dieses Topic und leitet daraus den notwendigen Fahrbefehl ab. Hierbei werden die X-Position (Verschiebung rechts/links im Bild) und die Y-Position (Abstand Kamera-FTF), jeweils in Metern angegeben. Zusätzlich kann der Theta-Winkel, der die Drehung des FTFs im Bild angibt, zur Ableitung des Fahrbefehls genutzt werden. Da Kamera und FTF unterschiedliche Koordinatensysteme ver-

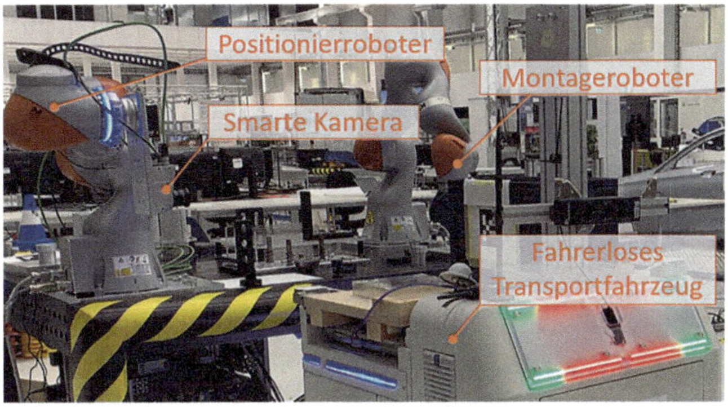

Abb. 4.6 Genaue Positionierung für die Montagestation, Bär FTF und Balluff Smart Camera [13]

wenden, ist eine Transformation der Daten vor der Übertragung durch die VWS erforderlich. Das FTF kann diese Daten direkt für die Fahrbefehle nutzen. Nach Erreichen der groben Zielposition durch das FTF wird die Position der Kamera mithilfe des Positionierroboters so verändert, dass sie direkt senkrecht über dem FTF mit dem Batteriegehäuse steht, um eine anschließende Feinpositionierung zu ermöglichen.

Feinpositionierung: Nachdem der Roboter mit der Kamera die neue Position erreicht hat, wird das Prüfprogramm auf der Kamera über die VWS umgestellt, um die Feinpositionierung durchzuführen. Dabei können die Bildverarbeitungsalgorithmen direkt auf der Kamera genutzt werden, da der Abstand zwischen Kamera und Werkstück beim Feinpositionieren unverändert bleibt. Um die Feinpositionierung durchzuführen, muss die aktuelle Position des Batteriegehäuses ermittelt werden. Der erste Schritt besteht darin, das Batteriegehäuse im Bild zu suchen und die Abweichung vom Zentrum des Bildes zu berechnen. Daraus ergeben sich die X- und Y-Abweichungen sowie die Theta-Abweichung vom gelernten Zielzustand in der Mitte des Bildes. Fahrbefehle für das FTF werden aus diesen Abweichungen abgeleitet. Das FTF erhält die Bewegungsbefehle für die Feinpositionierung über den Aufruf von Operationen der Kamera. Das FTF versucht, diese Abweichungen durch geeignete Fahrmanöver so weit wie möglich zu minimieren. Wenn sich der Positionierroboter mit der montierten Kamera in Richtung Tisch bewegt, werden die Abweichungen größer und das FTF muss der Bewegung des Positionierroboters folgen und nachjustieren. Sobald der Positionierroboter seine endgültige Position erreicht hat, wird dies über ein Ereignis gemeldet. Das FTF fährt dann die verbleibende Strecke bis zur gewünschten Endposition und verbleibt dort für die weitere Montage.

4.5 KI-Inspektor

Auch in einer Fluiden Produktion wird die Überprüfung von Qualitätskriterien manueller oder automatisierter Prozesse Bedeutung behalten. Wie kann jedoch mit stark unterschiedlichen Aufbauorten und Änderungen des Produktionsportfolios umgegangen werden?

Hierzu wurde die Peripheriekomponente „KI-Assistent“ als CPS entwickelt, welches aus einer Kamera mit zugehörigem Edge Computing Device oder Cloudanbindung besteht.

Ziel des Systems ist ein genereller Einsatz am manuellen sowie am automatisierten Arbeitsplatz zur Sicherstellung der Qualität vorangegangener Arbeitsschritte. Hiermit kann auf eine optische Sichtprüfung durch die Mitarbeitenden im Arbeitsablauf verzichtet und durch kamerabasierte Kontrolle inklusive Bewertung der Bauteile auf Basis von KI-Technologie umgestellt werden. Diese werden dazu genutzt, ohne Einstellung von Parametern (wie herkömmlich Kontrast und Helligkeit, sowie Grauwertbereiche), Bauteile auf deren Eigenschaften hin zu untersuchen.

Um den Assistenten an wechselnde Einsatzorte und Anwendungen in der Fluiden Produktion schnell anpassen zu können, hat der Demonstrator eine technologieneutrale Technologieschnittstelle Abb. 4.7 über die VWS sowie das Einrichten der Technologie ohne Expertenwissen zum Ziel. Hierüber kann der Status der Anlage sowie z. B. die Aufnahme eines Bildes gestartet werden. Ebenso können Folgeaktivitäten an einem PLC (Programmable Logic Controller) angesprochen werden.

Das System kann an verschiedenen Positionen aufgenommene Bilder inspizieren und durch Bilderkennungsalgorithmen auswerten lassen. Die Qualitätsprüfung verwendet ak-

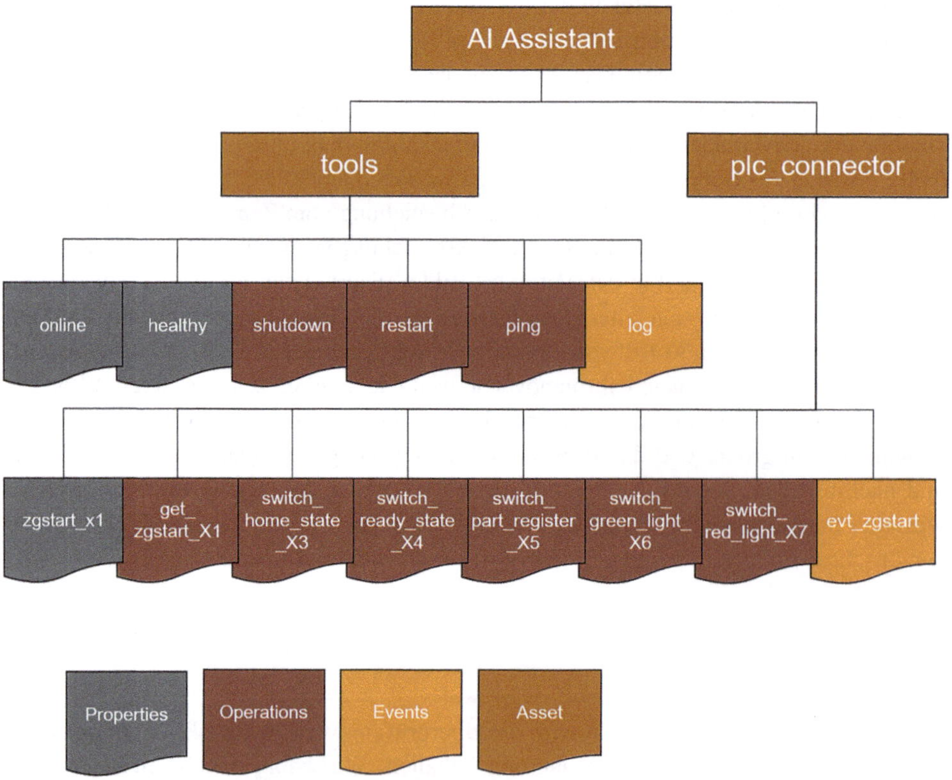

Abb. 4.7 Verwaltungsschale des KI-Assistenten

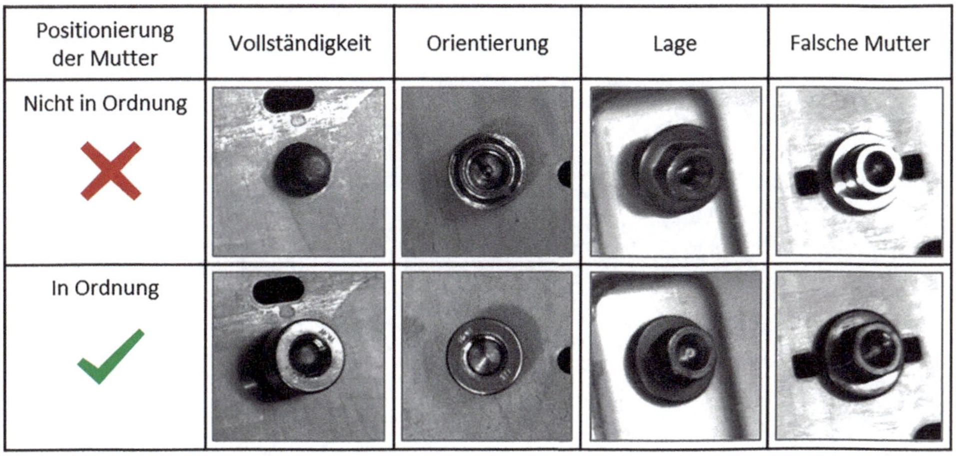

Abb. 4.8 Beispielhafte iO- und niO -Bilder

tuelle Erkenntnisse aus dem Bereich des maschinellen Lernens und ganz speziell aus dem Bereich der Convolutional Neural Networks (CNN). Dabei verlagert sich der Aufwand vom manuellen Finden von Merkmalen hin zum durch Datenakquise und Datenannotation automatisch gelernten Finden von Merkmalen in den aufgenommenen Bildern.

In einer Referenzanwendung soll die korrekte Lage und Orientierung von Muttern auf einem Blechbauteil überprüft werden. Hierzu werden Bilder von allen möglichen Fehlerfällen aufgenommen und in der Klasse „nicht in Ordnung" (niO) gespeichert. Zudem werden Bilder ohne Fehler erzeugt und der Klasse „in Ordnung" (iO) zugeordnet, wie in Abb. 4.8 dargestellt.

Aus diesen klassifizierten Daten werden, ergänzt durch zusätzlich annotierte Bilddaten, verschiedene CNN-Architekturen trainiert. Hierzu wird eine Zuführpipeline mit zufälliger Bildannotation verwendet, um die Variabilität in den Daten zu erhöhen. Das Ergebnis ist ein CNN, welchem man ein Bild einer Mutter übergeben kann. Als Ausgabe erhält man eine robuste Vorhersage, ob eine Mutter korrekt platziert wurde oder nicht – siehe Abb. 4.9. Ein komplettes Bauteil kann dann ausgewertet werden, indem ein Bild jeder einzelnen platzierten Mutter durch das CNN geschickt wird. Somit wird für jede Position eine Bewertung der richtigen Mutter an der richtigen Position abgegeben.

Dies wurde in eine für den Mitarbeitenden übersichtlich gestalteten Softwareoberfläche integriert. Es können zur besseren Visualisierung von Fehlern noch externe Lampen über die VWS angesteuert werden.

Abb. 4.9 Klassifikation am Bauteil

4.6 Smarte Vorrichtung

Im Folgenden wird der Ansatz von KUKA beschrieben, wie eine Bauteilbereitstellung als ein CPPS als Smarte Vorrichtung ausgeführt wurde.

Vorüberlegungen:

- Das mechanische Grundgerüst soll ohne Anpassung eine kleine Varianz an Bauteilen bzw. durch nur geringen und schnellen Umbauaufwand eine große Varianz von Bauteilen bereitstellen können.
- Die wandlungsfähige Vorrichtung soll eine flexible mechanische Schnittstelle zum übergeordneten Asset besitzen.
- Die elektrische Anbindung sowie die steuerungs- und softwareseitige Schnittstelle folgen demselben Prinzip.

4.6.1 Mechanische Umsetzung

Um die mechanischen Voraussetzungen für die Wandlungsfähigkeit der Vorrichtung zu erreichen, wurde als Basis das „Eurogreifer-Baukastensystem" verwendet. Es ist flexibel und relativ einfach erweiterbar und bietet ausreichend Stabilität, auch bei perspektivisch

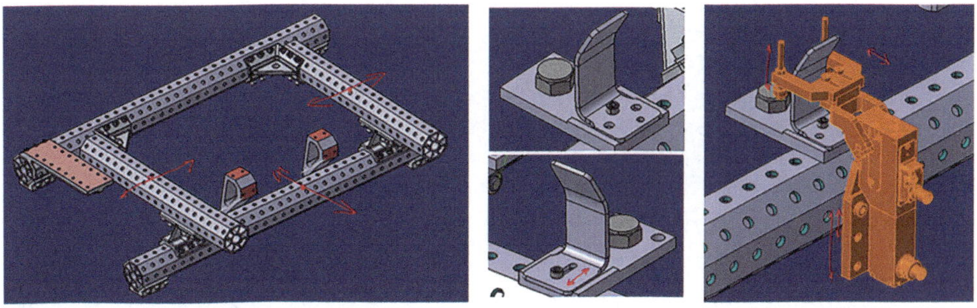

Abb. 4.10 Spannvorrichtung

größeren Bauteilen. Durch das 30-mm-Lochraster ist es möglich, die Vorrichtung in überschaubarer Zeit auf ein kleineres bzw. auch größeres Bauteil umzubauen Abb. 4.10.

Die Bauteilpositionierung/-spannung besteht aus Einzelelementen, welche entlang der Sechskantprofile frei platziert werden können. Hierbei bilden die Positionierelemente eine Baugruppe, die Spannelemente eine zweite Baugruppe. Die Positionierelemente selbst werden dabei noch nach Festanschlag und einstellbarem Anschlag Abb. 4.10 unterschieden. Der einstellbare Anschlag hat dabei einen Einstellbereich von 30 mm. Dies dient der Überbrückung des 30-mm-Rasters der Profilstangen. Somit ist eine stufenlose Positionierung von Bauteilen möglich. Weiterhin bieten alle Auflagen eine Montagemöglichkeit für Bauteilabfragen, sodass auch hier eine maximale Flexibilität gewährleistet ist.

Die Spannbaugruppe lässt sich ebenfalls frei entlang der Sechskantprofile positionieren (idealerweise an der Stelle einer Positionierbaugruppe, Abb. 4.10). Da auch hier eine Einstellbarkeit gewährleistet wurde, können in der aktuellen Ausführung Bauteile mit einer Spannhöhe von 0 bis 80 mm stufenlos gespannt werden.

Das Grundgerüst der Spannvorrichtung besitzt drei Schnittstellen, um diese entweder an einem Industrieroboter, auf einem Spanntisch oder auf einer selbstfahrenden Plattform zu befestigen.

4.6.1.1 Elektrische Umsetzung

Die elektrische Installation Abb. 4.11 erfolgt hier direkt auf der Vorrichtung und nicht in einem externen Schaltschrank. Für die Befestigung der elektrischen Komponenten wurden zwei übereinander angeordnete Hutschienen vorgesehen. Im Rahmen des Baukastenprinzips und unter der Voraussetzung einer entsprechend flexiblen Verkabelung ist diese Einheit ebenfalls an anderen Stellen der Eurogreifer-Profile montierbar Abb. 4.11.

Da das übergeordnete Asset der Vorrichtung ein selbstfahrendes Transportsystem mit eigener Energieversorgung ist, konnte hier die nötige Spannungsversorgung abgegriffen werden.

4.6.1.2 Umsetzung der Steuerung

Damit eine herstellerunabhängige Ansteuerung der Vorrichtung möglich und keine Echtzeit-Kommunikation nötig ist, wurde auf eine klassische speicherprogrammierbare

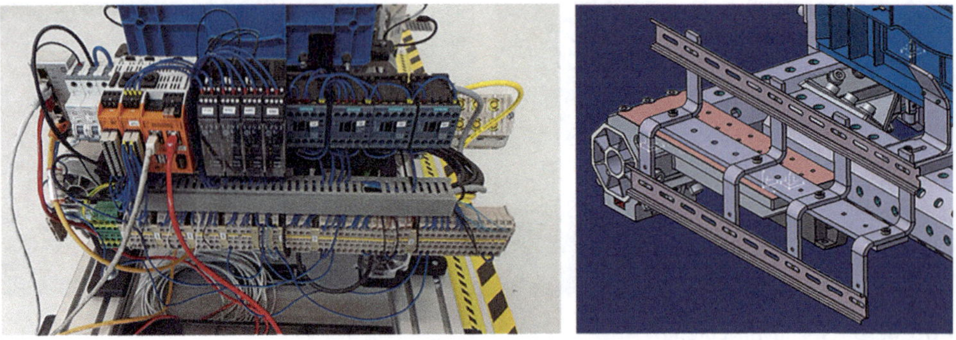

Abb. 4.11 Elektrische Installation links und Eurogreifer-Profile rechts

Steuerung verzichtet. Als Hardware zur Steuerung wurde ein sogenanntes Edge Device, das Modell Revolution Pi der Firma Kunbus, ausgewählt.

Zwei Ethernet-Buchsen ermöglichen dem Gerät, zeitgleich im Automatisierungsnetz und im IT-Netz eingebunden zu sein, um z. B. Maschinendaten aus dem Shopfloor in die Cloud oder ein übergeordnetes IT-System zu übermitteln.

Als Hardware-Schnittstelle ist das Erweiterungsmodul RevPi DIO verbaut. Mit diesem in seiner Anzahl erweiterbaren digitalen I/O-Modul lassen sich die Revolution-Pi-Basismodule mit jeweils 14 digitalen Eingängen und Ausgängen ausstatten. Dies ist die Voraussetzung für eine skalierbare industrielle Kleinsteuerung.

Auch ermöglicht sie dem Anwender durch ihr offenes Plattformkonzept maximale Gestaltungsfreiheit bei der Umsetzung von IIoT-Projekten. Es kann frei über das Laufzeitsystem der Steuerung entschieden werden. Folgende Umsetzungen wurden hier betrachtet.

Die Ausführung ist möglich als:

- speicherprogrammierbare Steuerung mit der Software logi.CAD 3
- → nicht gewählt, da SPS-Kenntnisse notwendig sind und keine Echtzeitanforderung vorliegt
- Programmierung via Hochsprache – C, Python
- → nicht gewählt, da hoher Programmieraufwand und hohen Anforderungen an Kenntnisse in C oder Python
- Programmierung via Programmierwerkzeug Node-RED

Da es sich bei Node-RED, wie eingangs erwähnt, um eine Open Source Software handelt, die zur Verknüpfung unterschiedlicher Hardware-Systeme relativ viele offene Programmierschnittstellen – application programming interface (API) – in Form von importierfähigen Flows und Onlinediensten hat, wurde diese Plattform gewählt.

Folgenden Entitäten, Aktoren und Sensoren werden für das übergeordnete CPPS bereitgestellt:

- passive Einheit, z. B. die mechanische Vorrichtung mit ihren Basisinformationen und den verbauten Unterkomponenten

- Steuerungseinheiten der elektromechanischen Spanner
- induktive Sensoren zur Bauteilerkennung
- RFID-Sensoren zur exakten Bauteilzuordnung (wg. Lieferschwierigkeiten nicht umgesetzt)

Die verbauten elektromechanischen Spanner werden über eine Kombination aus Leistungsschützen und Steuerungseinheiten angesteuert Abb. 4.11 links. Die Steuerungseinheit hat wiederum eine eigene herstellerspezifische Schnittstelle. Diese wird mit dem CPS der Smarten Vorrichtung gespiegelt und angesprochen. Um den Leitgedanken sich selbst beschreibender VWS von CPPS vollständig gerecht zu werden, müssten die Steuerungen der Spanneinheiten ebenfalls eine eigene VWS besitzen und so als eigenständiges Asset auftreten.

4.6.1.3 Softwareumsetzung

Alle untergeordneten CPS sowie die Vorrichtung als übergeordnetes CPS beschreiben sich selbst durch JSON-Meta-Daten in Form von sogenannten Submodels und kommunizieren via das Kommunikationsprotokoll MQTT mit dem übergeordnete CPPS:

- clampController_Meta
- partSensor_Meta
- RFID_Sensor_Meta
- KMP1500_Meta

Die Erzeugung sowie die Bereitstellung der Meta-Daten erfolgt mit Flows in Node-RED. Jedes Submodel beinhaltet folgende Elemente:

- Properties – feste Eigenschaften, z. B. Hersteller, Version, mögliche Zustände (Ein/Aus; Zu/Offen)
- Events – Vorkommnisse (Zustandsänderungen von Properties mit Zeitstempel)
- Operations – Funktionen/Ausführungen. (beeinflussbare Zustände der Properties, z. B. öffne Spanner)

In der Abb. 4.12 ist die VWS der Smarten Vorrichtung dargestellt, wobei Aktoren alle drei Elemente, Sensoren nur die ersten zwei Elemente und passive Einheiten nur Eigenschaften besitzen.

Im Verlauf des Projekts wurden weitere für alle Teilnehmer vereinheitlichte ergänzende Submodelle implementiert:

- Geräteinformationen:
- → nameplate_Meta
- Betriebsstatus (Betriebsstatus des Assets):
- → machinestate_Meta

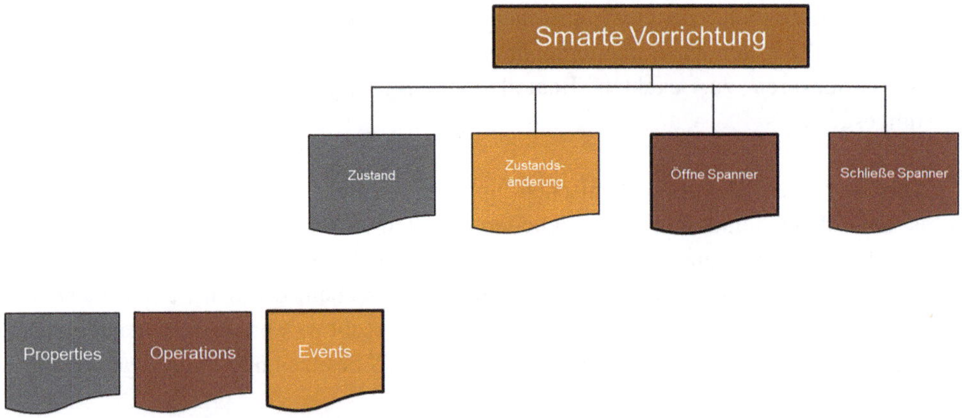

Abb. 4.12 VWS der Smarten Vorrichtung

- Prozessinformationen (Bereitstellung von Produktionsprozessdaten für die Bildung von Kennzahlen und Verwendung von betriebswirtschaftlichen Anwendungen):
- → process_information_Meta
- Financial_KPI (wirtschaftliche Kennzahlen des Assets für das Rechnungswesen. Die beiden Merkmale machinehourly_rate und payperuse_rate sind für das Geschäftsmodell Pay per Use essenziell. Die anderen Merkmale werden dazu genutzt, die beiden erstgenannten Merkmale auszurechnen):
- → financial_kpi_Meta

Der Logik der Meta-Daten folgende, kann ein übergeordnetes CPPS frei auf die Funktionen und Eigenschaften der Smarten Vorrichtung zugreifen. Damit sind alle Voraussetzungen für den Betrieb in einer Fluiden Produktion erfüllt. Auch kann dieses CPPS im Sinne von I4.0 Daten für etwaige Datenmehrwertdienste abgreifen.

4.7 Smart Safety (Laserscanner)

Zur Absicherung eines mobilen Assets, im vorliegenden Fall das Regalbediengerät, vgl. Abb. 4.13, des Instituts für Fördertechnik und Logistik der Universität Stuttgart, wurde die Anlage mit Pilz Laserscannern, Typ PSENscan, ausgestattet. Diese bieten sichere Ausgänge zur Abschaltung der gesamten Anlage, 275 Grad-Öffnungswinkel sowie die Möglichkeit, mehrere Warn- und Schutzbereiche zu konfigurieren.

Für die Absicherung der Anlage waren zwei Laserscanner notwendig, die in die bestehende Steuerung der Anlage integriert werden konnten. Neben der Integration der klassischen Sicherheitstechnik wurden die Scanner mit einer ROS-Schnittstelle (Robot Operating System) ausgestattet, um die Scanner einfach in die ROS-Umgebung einbinden zu können. Über den dazugehörigen ROS-Knoten können zusätzliche Daten aus dem Laser-

Abb. 4.13 Absicherung des Mini-Regalbediengeräts

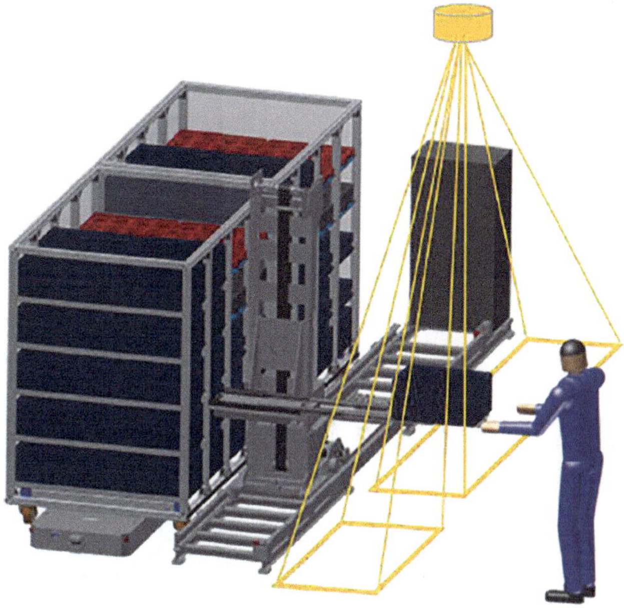

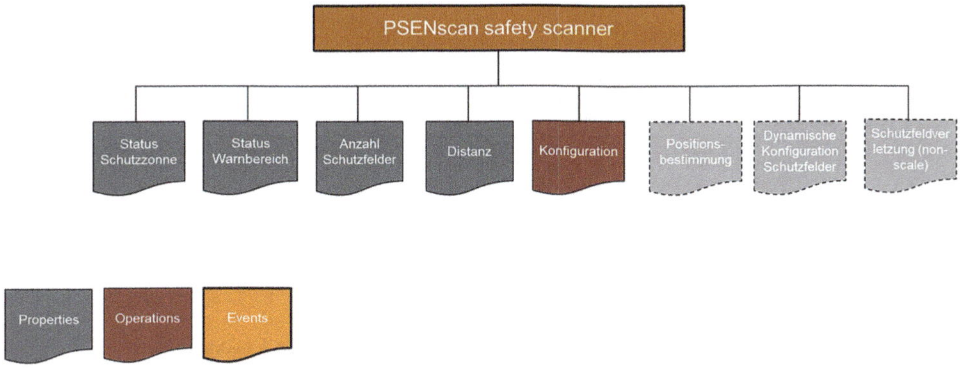

Abb. 4.14 Verwaltungsschale des Laserscanners PSCENscan

scanner ausgelesen werden (nicht sicherheitsrelevant). Dazu zählen der Status der Schutz- und Warnbereiche, also an welcher Stelle diese Bereiche verletzt oder frei sind, die Spannweite sowie die Distanz zu einem erkannten Objekt. Darüber hinaus wird eine exakte Positionsbestimmung eines Objektes möglich, siehe Abb. 4.14. Eine dynamische Rekonfiguration von Schutzfelder ist ebenfalls vorgesehen.

Da zur Absicherung des Regalbediengerätes (RBG) zwei Laserscanner notwendig waren, musste in ROS eine Möglichkeit geschaffen werden, beide Scanner zeitgleich auszulesen und in eine Applikation zu integrieren, da sich die Bereiche der beiden Scanner

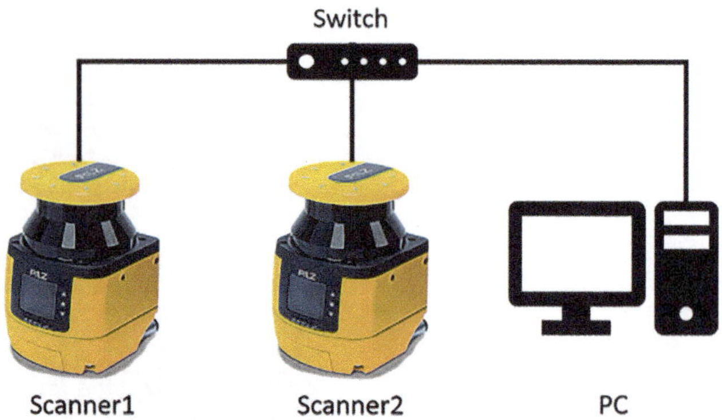

Abb. 4.15 Aufbau des Prototyps mit zwei Laserscanner

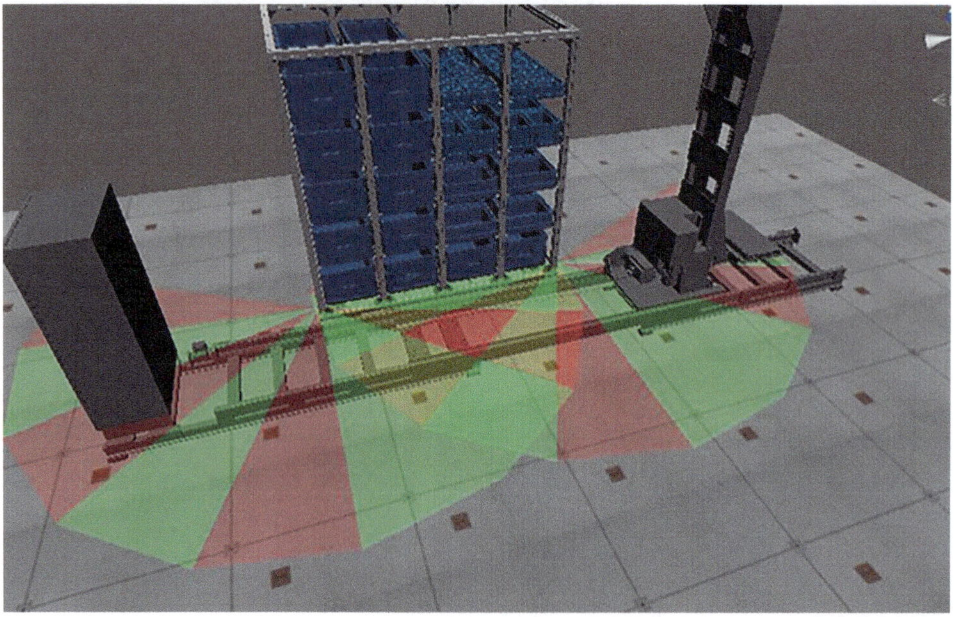

Abb. 4.16 Visualisierung des Mini-Regalbediengeräts mit den beiden Laserscannern

überschneiden. Das gesamte ROS-Package samt Tutorial wurde mittlerweile in der ROS-Community veröffentlicht und ist dort frei zugänglich. Auf einem separaten Industrie-PC wurde ROS samt den notwendigen Komponenten (die verschiedenen ROS-Knoten) aufgesetzt. Die beiden Scanner werden dabei über einen Ethernet-Switch an das System angebunden, vgl. Abb. 4.15. Die Kommunikation erfolgt über ein User Datagram Protocol (UDP). Die sicherheitstechnisch relevante Verbindung zur Steuerung der Anlage bleibt parallel bestehen.

Die Visualisierung der Scanner lief zunächst über RVIZ, der ROS-internen Visualisierung. Im Rahmen des FluPro-Projektes [4] wurde das RBG und mit ihm auch die Laserscanner in die Bosch-Visualisierung (vgl. Abb. 4.16) eingebunden.

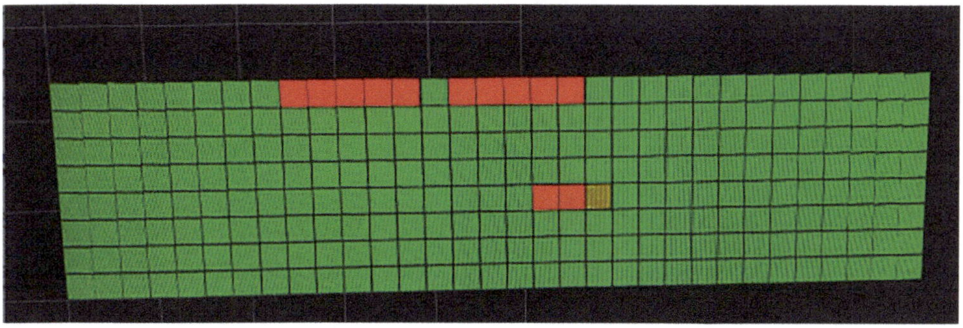

Abb. 4.17 Visualisierung der Warn- und Schutzfelder

Die Anbindung an den Broker der Firma Bosch erfolgte über MQTT. Dafür wurde ein bestehendes ROS-Package genutzt und in die Applikation integriert. Zunächst wurden die Schutz- und Warnfelder als Kuchenstücke modelliert, den Strahlen der Laserscanner entsprechend (vgl. Abb. 4.17) Praktikabler ist aber die Umsetzung als Schachbrett. Hier können die Positionen exakter modelliert werden.

Die in Abb. 4.17 Rot dargestellten Felder sind belegt, die grünen sind frei. Hier wurde auf die Unterscheidung in Schutz- und Warnzone verzichtet, was bei Bedarf angepasst werden kann.

4.8 FARO-Scanner

Der Digitale Zwilling erlaubt es, Produkte, Prozesse und Produktionssysteme intuitiv zu nutzen. Durch technische Intelligenz wird die Realität zum Spiegel der optimierten digitalen Welt. Der Digitale Zwilling wird durch zwei an der Produktionshallendecke installierte FARO-Scanner erzeugt. Die beiden Scanner sind die „Augen" der Produktion (Abb. 4.18).

In der VWS laufen die Daten im MQTT-Broker zusammen und werden im System verarbeitet. So können die einzelnen Anwendungen von den Daten profitieren und das System kann selbstgesteuert Entscheidungen treffen, basierend auf den Sensordaten (Abb. 4.19).

Wann immer es notwendig ist, kann ein Digitaler Zwilling der aktuellen Situation in der Produktion erstellt werden. Die Scanner sind mit einem übergeordneten IOT-System verbunden. Über eine Anfrage im IOT-System können Scans gestartet werden, so dass jederzeit ein neuer Digitaler Zwilling erstellt werden kann (Abb. 4.20).

Dies wird durch eine kontinuierliche Erfassung der Produktionsfläche erreicht. Die erfassten Daten werden mit Unterstützung von KI-Technologien ausgewertet. Es kann also anhand vorher trainierter Bilder eine KI trainiert werden. Mit diesem Ansatz kann eine

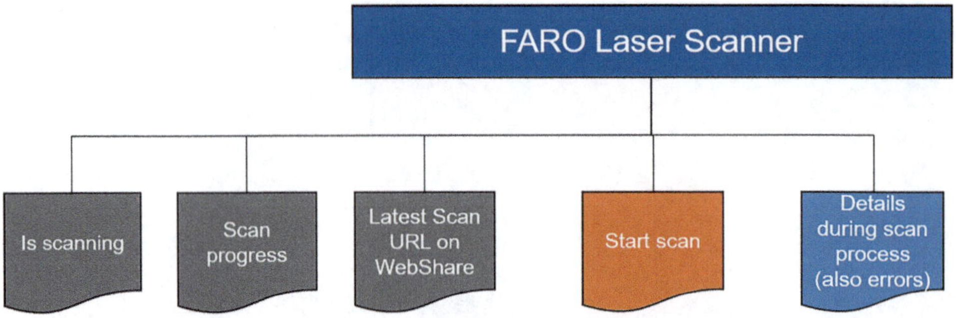

Abb. 4.18 Verwaltungsschale des FARO-Laserscanners

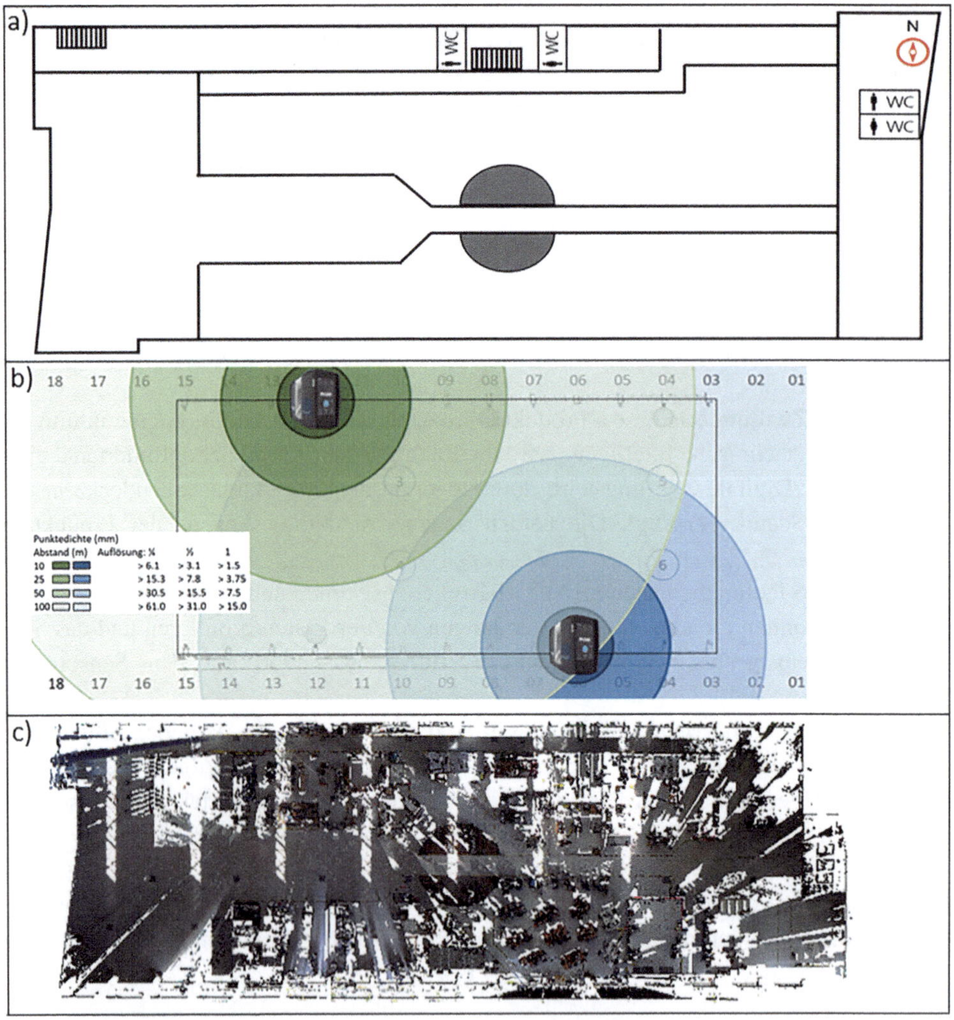

Abb. 4.19 (**a**) Hallenlayout (**b**) Scanner Positionen in der ARENA2036 (**c**) 3D Digital Twin

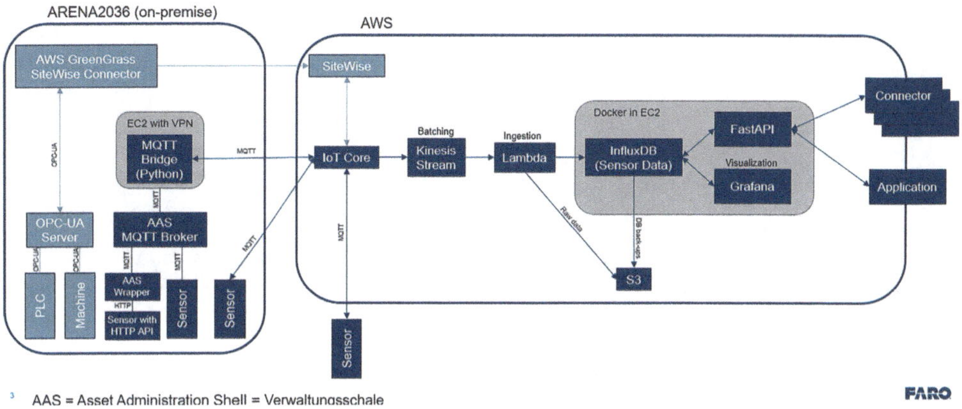

Abb. 4.20 FARO VWS und AWS-Verbindung

Abb. 4.21 Gabelstapler in Punktewolke identifiziert

Punktewolke segmentiert werden, so dass man anhand der vorher trainierten Daten Objekte in einer Punktewolke finden kann (Abb. 4.21).

In unserem Use Case wird zum Beispiel ein Scan erzeugt. Die Daten werden mit einer KI ausgewertet, um Objekte oder auch freie Flächen in der Produktion zu finden (Abb. 4.22).

Mit diesen Informationen kann die Logistik sehr gut arbeiten. Es kann zum Beispiel in der Punktewolke Equipment gefunden werden, wie Messequipment, Gabelstapler und jede Art von Objekten, die vorher trainiert wurden. Mit dieser Technologie soll der Mensch in Zukunft unterstützt werden, jederzeit komplexe Vorgänge durch Assistenz einer technischen Intelligenz durchzuführen. Dadurch wird die Produktion sich in der Zukunft zu einem großen Teil selbst optimieren, ohne den direkten Eingriff durch einen Menschen.

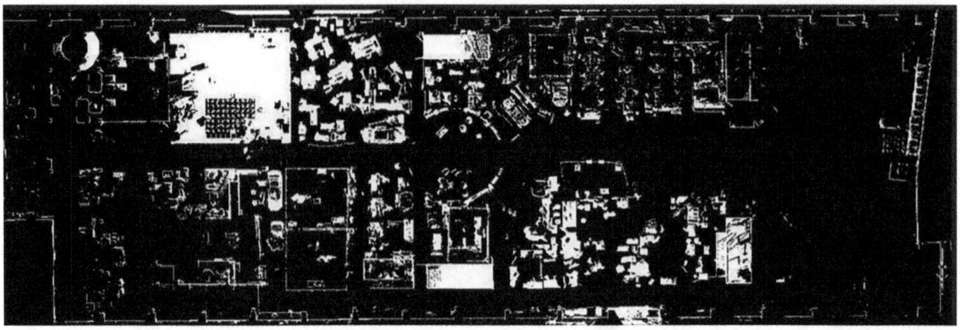

Abb. 4.22 Freiflächenerkennung. (Weiße Flächen sind belegte Flächen, schwarze Flächen sind freie Flächen)

4.9 Intelligentes Lagersystem

Für die Realisierung der Fluiden Produktion sind neben Produktionsmitteln auch wandlungsfähige und flexible Logistiksysteme, bestehend aus verschiedenen CPS, erforderlich. Hierzu zählt neben dem smarten Ladungsträger und autonomen mobilen Roboter (engl. autonomous mobile robots, AMR), das intelligente Lager. Für das Intelligente Lagersystem wurden die einzelnen Lagerplätze des Riegelmoduls mit Sensoren von Balluff Smart Reordering Systems (SRS) ausgestattet [30]. Das Riegelkonzept ist ein flexibles und mobiles Supermarktkonzept [31]. Das SRS dagegen ist ein e-Kanban-System mit Time-of-Flight-Sensoren, mit dem Materialbestände in Echtzeit ermittelt werden [30, 31]. Über die Cloud-Applikation werden zunächst die Einrichtung der SRS sowie Eingriffs- und Meldegrenzen definiert [31]. Die ToF-Sensoren messen dabei die Echolaufzeit eines ausgesendeten Lichtsignals zur Objektoberfläche [34]. Die Sensordaten werden anschließend über eine LTE-M-Verbindung über den LoRa-Netzwerkserver an die Cloud-Applikation übermittelt. Anschließend wird die Messlänge anhand der bereits vorher definierten Regaltiefe und der Behälterlänge für die einzelnen Lagerplätze ermittelt. Die ermittelte Messlänge wird in der Software mit Hilfe der Regaltiefe und der Behälterlänge zum Füllgrad der einzelnen Lagerplätze übersetzt.

In der Applikation können die Füllstandsdaten mit weiteren Metadaten des gemessenen Materials (z. B. Bestellmenge, Lieferant oder Besteller) angereichert und alle Informationen an der Standard-Schnittstelle des SRS bereitgestellt werden. Die Lokalisierung des smarten Lagersystems erfolgt über einen Ultrabreitband-(engl. ultra-wideband) Tag. Im nächsten Schritt werden die verarbeiteten Daten über die API abgerufen und mit der VWS des Intelligenten Lagersystems, neben Materialinformationen, mit weiteren Informationen des smarten Lagers z. B. max. Gewicht, Maße und Positionsdaten erweitert und an den MQTT-Broker übermittelt [30]. In der folgenden Abb. 4.23 ist die VWS des Intelligenten Lagersystems dargestellt.

Die aktuellen Bestände sowie die Meldebestände des smarten Lagers werden in der InfluxDB aufgezeichnet und über das Dashboard visualisiert. Dadurch können die Bestandsentwicklung und der Materialverbrauch über einen längeren Zeitraum analysiert

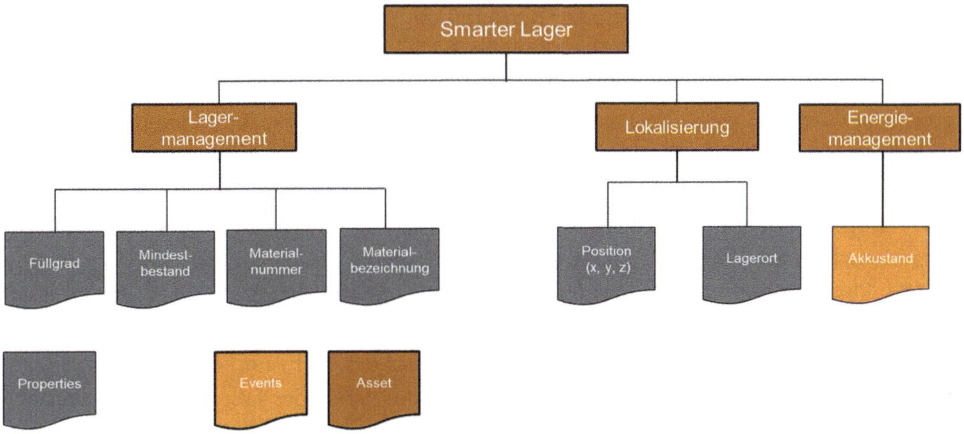

Abb. 4.23 Verwaltungsschale des Smarten Lagers

werden. Simultan zum smarten Ladungsträger kann mithilfe des Intelligenten Lagersystems ebenfalls eine ereignisgesteuerte dezentrale Materialflusssteuerung implementiert werden [23].

4.10 Automated Mobile Robot

Das Ziel des AMR war es, die Umwandlung des FTF von seinen aufgabenbasierten Anwendungen zu einer intelligenten und sicheren mobilen Roboterplattform, dem sogenannten AMR, zu ermöglichen. Dadurch sollte das System zu einem wesentlichen Bestandteil des Flottenmanagementsystems werden. Der AMR ist eine autonome Logistikeinheit, die für Abhol- und Transportaufgaben zuständig ist [32].

Je nach Größe und Aufgabe ist der AMR in der Lage, unterschiedliche Größen von Ladungsträgern bis hin zu ganzen Karosserien zu transportieren. Dies ermöglicht mehr Flexibilität und hat weitere Vorteile im Logistik- und Produktionsprozess. Auch diese Systeme können modular aufgebaut sein. Das mobile Robotersystem besteht aus zwei Antriebs-Dreh-Achs-Einheiten, die die AMR-Flächenkinematik ermöglichten. Im Vergleich zur Differenzialkinematik hat das AMR die Möglichkeit, in Y-Richtung zu fahren sowie die Orientierung während der Fahrt zu ändern oder beizubehalten. Darüber hinaus verfügt das AMR über zwei Sicherheitslaserscanner, die für das Sicherheitsfeld und die Navigation genutzt werden. Um den AMR in ein CPS zu verwandeln, werden folgende Kernpunkte betrachtet, die in den folgenden Abschnitten dargestellt werden:

- Kommunikationsschnittstelle zu Industrie 4.0
- Übergeordnete Steuerung
- Zielgerichtete Navigation

Für eine einheitliche semantische Beschreibung werden die Schnittstellen des AMR durch eine VWS realisiert. Die Abb. 4.24 zeigt die jeweiligen Submodelle des smarten FTF.

Ein Vorteil der VWS ist, dass jede beliebige Datengröße in die Beschreibung aufgenommen werden kann. So kann die Schnittstelle stark eingeschränkt sein oder vollen Zugriff auf allen Ebenen der Steuerungshierarchie bis hinunter zur Sensorebene erlauben. Ebenso bietet sie den anderen Teilnehmern im Netzwerk die Möglichkeit, Informationen der Komponenten zu empfangen sowie Steuerbefehle wie z. B. unterschiedliche Bewegungsarten oder Feinpositionierung an bestimmten Positionen an den AMR zu senden.

Das übergeordnete Leitsystem hat die Aufgabe, AMRs innerhalb eines Produktionsbereichs zu planen und zu koordinieren. In der Regel handelt es sich um eine übergeordnete Steuerung oder ein Flottenmanagement, das mithilfe des FTF- und FTS-Standards VDA 5050 [33] eingesetzt wird. Mit dieser Norm ist es möglich, jedes fahrerlose Transportfahrzeug unabhängig von den Herstellern miteinander und untereinander zu koordinieren. Das bedeutet, dass nicht jeder Hersteller sein eigenes Steuerungssystem verwenden muss, sondern mit einem einzigen herstellerunabhängigen Steuerungssystem oder einem einzigen Hardwaregerät wie einem Kamerasystem koordiniert werden kann.

Die Navigation ist ein wichtiger Bestandteil eines AMRs, der als eines der Hauptmerkmale für die Umwandlung in ein CPS bezeichnet werden kann. Die Lokalisierung und Routenplanung gehen Hand in Hand. Das Ziel ist es, ausgehend von der Ausgangsposition, autonom und kollisionsfrei die vorgegebene Zielposition zu erreichen. Das Robot Operating System (ROS) bietet eine breite Palette von Paketen, mit denen eine Navigation des AMRs sicher erreicht werden kann. Es bietet unterschiedliche Möglichkeiten, einen Navigationsstack zu verwenden. Dazu werden verschiedene Sensorinformationen verwendet, wie z. B. Laserscanner, Kamerasysteme. Move_Base benötigt hingegen eine Karte der Umgebung, die mit den Laserscannern und der Radiometrie des AMR erfasst wurde [34].

Für die Lokalisierung bietet das Robot Operating System verschiedene Softwarepakete an. In diesem Fall verwendet das mobile Robotersystem die slam_toolbox, die über die Modi „Mapping“ und „Lokalisierung“ verfügt [35]. Mit dieser Kombination aus Lokalisierung und Navigation kann das fahrerlose Transportsystem seine jeweilige Arbeitsstation in der Fluiden Produktion anfahren.

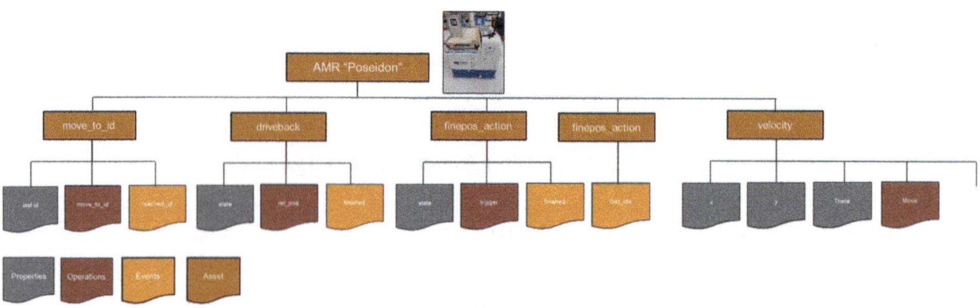

Abb. 4.24 Verwaltungsschale des AMR (Poseidon) [13]

4.11 Smarter Ladungsträger

Ladungsträger sind ein tragendes Transporthilfsmittel für die Zusammenfassung von Gütern zu einer Ladeeinheit. Beispiele für Ladungsträger sind Paletten, Container und Sattelauflieger [36–38]. Smarte Ladungsträger dagegen sind Ladungsträger, die mit einer Recheneinheit und je nach Anwendungsfall mit einer Vielzahl an Sensoren ausgestattet sind, um Smart Services anzubieten. Smart Services (dt. Datenmehrwertdienste) bieten dem Kunden, neben dem physischen Produkt, durch digitale Dienstleistungen einen weiteren Mehrwert [39]. Bisher wurden Smarte Ladungsträger in verschiedensten Anwendungen, wie z. B. für die lückenlose, unternehmensübergreifende Lokalisierung oder für das Condition Monitoring, eingesetzt [40, 41]. Zudem tragen sie zur Kostenoptimierung bei und erhöhen die Rückverfolgbarkeit [40]. Um ein flexibles und wandlungsfähiges Logistiksystem in einem fluiden Produktionssystem zu realisieren, sind smarte Ladungsträger essentiell. Für die Entwicklung und die Integration des Smarten Ladungsträgers als Produktionsmittel der Fluiden Produktion wurden folgende Anforderungen definiert:

- Rekonfiguration für unterschiedliche Ladungsträger und Bauteile
- Speicherung und Visualisierung von Zustandsdaten
- Dezentrale Steuerung des Materialflusses
- Modularität durch einzelne smarte Logistikmodule
- Ortung und Lokalisierung für eine ortsflexible Materialversorgung
- Bereitstellung von Stammdaten, z. B. die Stückliste und CAD-Modelle

Basierend auf den Anforderungen wurden verschiedene physische und virtuelle smarte Logistikmodule für den Smarten Ladungsträger entwickelt. Die smarten Logistikmodule sind modular aufgebaut und können daher einzeln oder zusammen eingesetzt werden. Dazu gehören Module für die Zustandsüberwachung, das Behältermanagement, die Lokalisierung, das Energiemanagement und das Stammdatenmanagement über die VWS wie in Abb. 4.25 [12, 23].

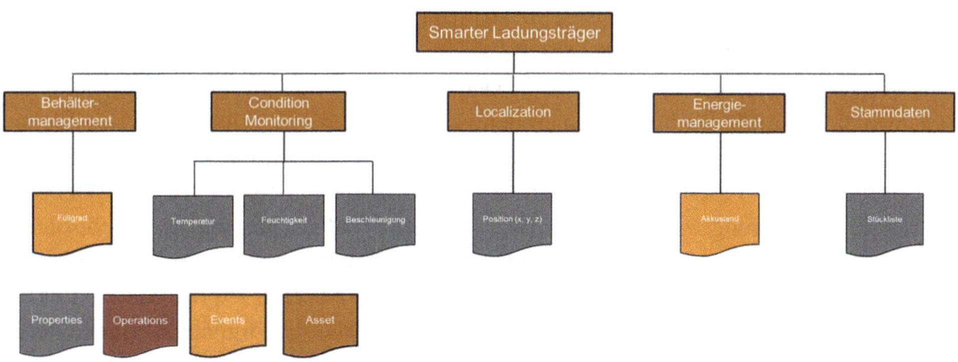

Abb. 4.25 Verwaltungsschale des Smarten Ladungsträgers [13]

4.12 Semi-automatische Registrierung von Shop Floor Assets in einer Cloudumgebung über IoT und MQTT

Für effiziente und standortübergreifende Lösungen der Fluiden Produktion muss es möglich sein, auf Assets auch außerhalb eines lokalen Netzwerks zuzugreifen und Informationen außerhalb einer Produktionsstätte hinweg zu teilen. Um die Integration eines möglichen neuen Produktionsmoduls zu validieren oder neue Funktionalitäten für ein Asset updaten zu können, ist daher eine Registrierung und Vernetzung zwischen verschiedenen Assets durch eine cloudbasierte Softwareumgebung notwendig. Des Weiteren ermöglicht es die Sammlung und Bereitstellung von Daten innerhalb einer Fabrik oder eines Unternehmens für weitere Geschäftsprozesse (IoT). Im Folgenden wird eine Softwarelösung für die Registrierung von Shop Floor Assets in einer Cloudumgebung und die Ankopplung in eine Betriebsdateninstanz (hier: SAP) beschrieben.

Auf dem Forschungscampus ARENA2036 kommunizieren Maschinen auf Ebene des Shop Floors mit einem zentralen Broker über das MQTT-Protokoll und stellen die Daten über Software für die weitere Verwendung der Enterprise-Applikationen bereit. Die Entwicklung der Cloudumgebung basiert auf der Beschreibung von Verwaltungsschalen durch das Assets2036-submodels-Schema [42]. Die in der GitHub-Repository zur Verfügung gestellten Schemata bieten eine formal definierte Vorlage für IoT-Geräte, um ihre Fähigkeiten standardisiert innerhalb der ARENA2036 via MQTT zur Verfügung zu stellen. Die Schemata setzen für eine einfache Lesbarkeit und hohe Kompatibilität auf das JSON-Format. Die beschriebenen Produktionsmodule werden innerhalb der ARENA2036 „Asset" genannt (vgl. Verwaltungsschalen). Durch die Python-Bibliothek „assets2036py" kann eine einfache Kommunikation durch MQTT-Befehle mit Assets erfolgen [43] Dazu stellt die Bibliothek zwei neue Objekttypen zur Verfügung: einen Asset Manager und ein Asset. Der Asset Manager ist das Kommunikationswerkzeug, um mit dem Arena-Broker via MQTT zu kommunizieren. Durch ihn können existierende Assets abgerufen, bearbeitet oder auch neue Assets erstellt werden. Metadaten über das Arena-Asset können abgerufen und vordefinierte Aktionen aus den Arena-Asset-Schemata können ausgeführt werden.

Da für diese Anwendungen eine Verbindung mittels IPSec-basierten Virtual Private Network (VPN)-Clients nicht dauerhaft stabil gehalten werden konnte, wurde für die Kommunikation mit dem Arena-MQTT-Broker eine MQTT-Bridge verwendet. Dazu wird ein Mosquitto-Container eingesetzt [44]. Durch die Weiterleitung des Arena-Assets erscheinen diese im Mosquitto-Container identisch zum Arena-MQTT-Broker. Der Aufbau dieser Struktur kann in Abb. 4.26 betrachtet werden.

Um Produkt- und Produktions-Assets vom beschriebenen IT-System in ein System zur Betriebsdatenerfassung zu vernetzen, wurde eine cloudbasierte Enterprise-Resource-Planning- Integration realisiert. Dazu wurde eine Asset Intelligence Network (AIN) Equipment API in einer SAP-Cloud verwendet und ein python-basiertes Workaround von DXC entwickelt (siehe Abb. 4.27). In dieser SAP-Umgebung werden Digitale Zwillinge durch sogenanntes „Equipment" repräsentiert. Das Equipment stellt ein SAP-eigenes Daten-

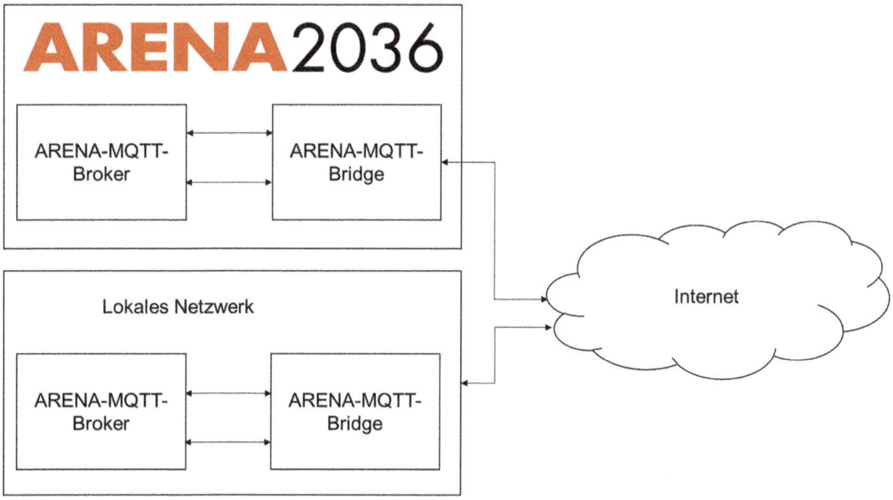

Abb. 4.26 Schematische Darstellung des Netzwerks zum Austausch von Verwaltungsschalen

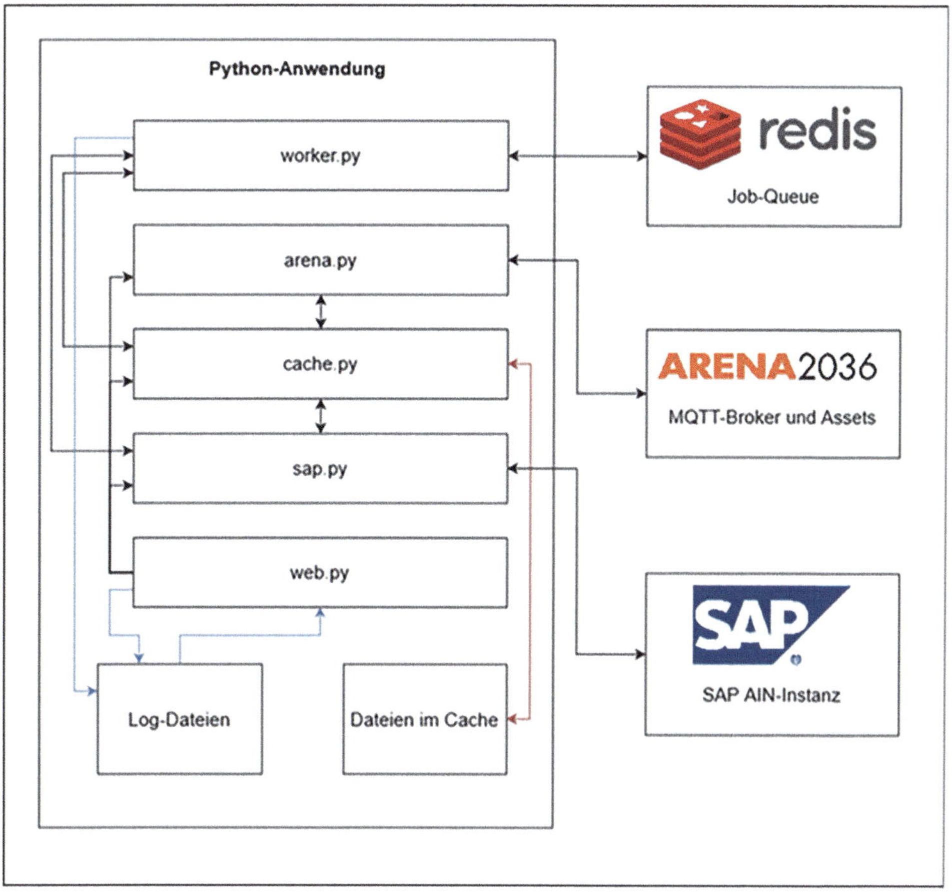

Abb. 4.27 Strukturübersicht der implementierten Anbindung des eines Betriebsdatensystems

modell für Digitale Zwillinge dar [45]. Es kann eine Vielzahl von physischen Aspekten eines Objekts digital replizieren. Dazu zählen Informationen über das Gerät (z. B. Produktnamen, Seriennummern, Baujahr), aber auch Daten über die Instandhaltung und Wartungstermine.

Das entworfene IT-System und die dazugehörige lokale Python-Software wurde einem Dauertest unterzogen. In der linuxbasierten Laufzeitumgebung konnte die Software stabil eingesetzt werden nach der Behebung von Autorisierungsproblemen und dem Abfangen von TypeError-Problemen der MQTT-Asset- Übertragung. Um eine hardware- und betreibsystemunabhängigere Lösung zu realisieren und damit die Portabilität der Anwendung und eine Verwendung durch weitere Nutzer zu begünstigen, wurde diese containerisiert. Um die Software in einem Container betreiben zu können, muss ein Container-Abbild mit der Software als Inhalt geschaffen werden. Für die Generierung dieser Abbilder werden „Dockerfiles" verwendet. In ihnen werden alle Eigenschaften und Inhalte des Abbilds festgelegt. Auf Basis dieser Datei kann dann eine spezialisierte Anwendung ein entsprechendes Container-Abbild erzeugen. Hierfür wurde mit einem Tool zum Containern auf Linux-Systemen namens „podman" gearbeitet. Als Basis für das eigene Abbild wurde ein Python-Container-Abbild mit Alpine Linux verwendet. Um den Betrieb und den Ablauf der Container-Abbild-Generierung zu vereinfachen, wird auf docker-compose zurückgegriffen (Umgebungsvariablen liegen in der Datei docker-compose.yml) [46]. Ein mehrtägiger Test des Container-Abbild wies das gleiche fehlerfreie Verhalten wie ein Test außerhalb von Containern auf. Dieser Container kann nun durch ein GitHub-Repository, ein mögliches Zielsystem, geklont werden.

Die entwickelte Software wurde vollfunktionsfähig in einer ARENA-Testumgebung eingesetzt und kann nun auf weiteren Systemen angewendet werden. Weitere Ziele könnten zyklische, nicht ereignisdiskrete, regelmäßigen Übertragungen von aktuellen Echtzeitdaten der Assets in die SAP-Umgebung sein.

4.13 Zusammenfassung und Ausblick

Im Rahmen dieses Kapitels wurden verschiedene CPS für die Vision einer Fluiden Produktion vorgestellt. Am Beispiel einer Dummy-Batterieproduktion wird die schnelle Adaption, Interoperabilität, sowie die Ad-hoc-Zusammensetzung der verschiedenen Produktionsmittel gezeigt. Des Weiteren wurde die Wandlungsfähigkeit, eine Prämisse der Fluiden Produktion, validiert. Hierfür erfolgte die Rekonfiguration eines zum Produktionsstart der Fluiden Produktion unbekannten zweiten Produktes [12]. Als zweites Produkt wurde die Batterie aus dem Schwesterprojekt FlexCar ausgewählt. Nach dem erfolgreichen Start der Produktion des zweiten Produktes wurden die Aufwände für die Rekonfiguration ermittelt und für zukünftige Ereignisse evaluiert. Zudem wurde für eine Vielzahl der vorgestellten CPS Submodelle für die Realisierung von Datenmehrwertdiensten entwickelt, auf die in Kap. 11 näher eingegangen wird.

Literatur

1. Reinhard Geissbauer, Stefan Schrauf, Jochen-Thomas Morr et al. (2019) Digital Product Development 2025
2. Groß E, Siegert J, Bauernhansl T (2017) Changing requirements of competence building due to an increase of personalized products. Procedia Manufacturing 9:291–298. https://doi.org/10.1016/j.promfg.2017.04.012
3. Greschke P (2020) Matrix-Produktion: Konzept einer taktunabhängigen Fließfertigung. Books on eDemand, Norderstedt
4. Fries C, Al Assadi A, Fechter M et al (2019) Fluide Fahrzeugproduktion. VDI-Z 161:78–81. https://doi.org/10.37544/0042-1766-2019-12-78
5. Al Assadi A, Fries C, Fechter M et al (2020) User-friendly, requirement based assistance for production workforce using an asset administration shell design. Procedia CIRP 91:402–406. https://doi.org/10.1016/j.procir.2020.02.192
6. Monostori L, Kádár B, Bauernhansl T et al (2016) Cyber-physical systems in manufacturing. CIRP Annals 65:621–641. https://doi.org/10.1016/j.cirp.2016.06.005
7. Lee EA (2019) Cyber physical systems: design challenges. In: Schnittstelle zur Kommunikation zwischen Fahrerlosen Transportfahrzeug (FTF) und einer Leitsteuerung: VDA 5050. VDI, Berlin, S 363–369
8. Hetterscheid E, Schlüter F (2019) Morphology for designing cyber-physical systems in supply chain planning and control processes. Logistics Journal: nicht referierte Veröffentlichungen 2019. https://doi.org/10.2195/lj_NotRev_hetterscheid_en_201903_01
9. Kagermann H, Helbig J, Hellinger A et al (2013) Recommendations for implementing the strategic initiative INDUSTRIE 4.0: Securing the future of German manufacturing industry; final report of the Industrie 4.0 Working Group. Forschungsunion, Frankfurt
10. Fries C, Fechter M, Ranke D et al (2021) Fluid Manufacturing Systems (FLMS). In: Weißgraeber P, Heieck F, Ackermann C (Hrsg) Advances in automotive production technology – theory and application. Springer, Berlin Heidelberg, Berlin, Heidelberg, S 37–44
11. Biesinger F, Meike D, Kraß B et al (2019) A digital twin for production planning based on cyber-physical systems: a case study for a cyber-physical system-based creation of a digital twin. Procedia CIRP 79:355–360. https://doi.org/10.1016/j.procir.2019.02.087
12. Bozkurt A, Fries C, Tasci T et al. (2023) Cyber-physical-systems for fluid manufacturing systems. Proceedings of the Conference on Production Systems and Logistics
13. Zaeh MF, Reinhart G (eds) (2005) 1st International Conference on Changeable, Agile, Reconfigurable and Virtual Production (CARV 2005). utzverlag GmbH, München
14. ElMaraghy HA (2009) Changeable and Reconfigurable Manufacturing Systems. Springer, London
15. Koren Y (2010) The global manufacturing revolution: Product-process-business integration and reconfigurable systems. Wiley series in systems engineering and management, Wiley
16. Svetlík J (2020) Modularity of Production Systems. In: Machine Tools [Working Title]. IntechOpen
17. Marcon P, Diedrich C, Zezulka F et al. (2018) The asset administration shell of operator in the platform of industry 4.0. In: 2018 18th international conference on mechatronics-mechatronika (me), pp 1–5
18. Heidel R, Hoffmeister M, Hankel M et al (Hrsg) (2017) Industrie 4.0 Basiswissen RAMI 4.0: Referenzarchitekturmodell mit Industrie4.0-Komponente, 1. Aufl. DIN. Beuth Verlag GmbH/VDE Verlag GmbH, Berlin/Wien/Zürich/Offenbach
19. Fechter M (2022) Entwicklung einer automatisierten Methode zur Grobplanung hybrider Montagearbeitsplätze. Universität Stuttgart, Stuttgart

20. Boss B, Bader SR, Orzelski A et al (2020) Verwaltungsschale. In: Hompel M ten, Vogel-Heuser B, Bauernhansl T (Hrsg) Handbuch Industrie 4.0. Springer, Berlin/Heidelberg, S 1–27
21. Adolphs P et al (2016) Struktur der Verwaltungsschale: Fortentwicklung des Referenzmodells für die Industrie 4.0-Komponente. Bundesministerium für Wirtschaft und Energie (BMW), Berlin, S 345–361
22. Ewert D, Jung T, Stiedl T et al (2020) Assets2036 – Eine leichtgewichtige Implementierung der Verwaltungsschale für einfache Adaption. In: Automation 2020. VDI, Baden-Baden, S 359–372
23. Bozkurt A, Tasci T, Schulz R et al. (2021) Designing of smart logistics modules as cyber-physical systems for load carriers. https://doi.org/10.2195/LJ_PROC_BOZKURT_EN_202112_01
24. Ewert D, Jung T, Tasci T et al (2021) Assets2036 – Lightweight implementation of the asset administration shell concept for practical use and easy adaptation. In: Weißgraeber P, Heieck F, Ackermann C (Hrsg) Advances in Automotive Production Technology – Theory and Application. Springer, Berlin Heidelberg, S 153–161
25. Banks A, Gupta R (2014) MQTT Version 3.1. 1. OASIS standard 29:89
26. Bartmann E (2018) IoT-Programmierung mit Node-RED, 1. Aufl. Elektor, Aachen
27. Hagino T (2021) Practical Node-RED Programming: Learn powerful visual programming techniques and best practices for the web and IoT. Packt Publishing, Birmingham
28. Elektroindustrie ZE (2017) Beispiele zur Verwaltungsschale der Industrie 4.0-Komponente-Basisteil. Fortentwicklung des Referenzmodells für die Industrie, Berlin
29. Frei R, Ferreira B, Di Marzo SG et al (2009) An architecture for self-managing evolvable assembly systems. In: 2009 IEEE International Conference on Systems. Man and Cybernetics, IEEE, S 2707–2712
30. Bozkurt A, Schulz R (2023) Asset Administration Shell and Knowledge Graph-based Production Logistics Planning in Fluid Manufacturing Systems. Wissenschaftliche Gesellschaft für Technische Logistik
31. Balluff GmbH (2023) Smart Reordering System: Den Materialfluss optimieren und die Materialverfügbarkeit absichern - dynamisch und intelligent. https://www.balluff.com/de-de/software-und-systemloesungen/smart-reordering-system. Zugegriffen am 29.04.2023
32. Robotnik Automation S.L. (2022) What is the difference between AGVs vs. AMR? https://robotnik.eu/what-is-the-difference-between-agvs-vs-amr/#:~:text=The%20main%20difference%20between%20an,must%20have%20a%20predictable%20route
33. Verband der Automobilindustrie (2019) Schnittstelle zur Kommunikation zwischen Fahrerlosen Transportfahrzeug (FTF) und einer Leitsteuerung: VDA 5050. VDI, Berlin
34. Robot Operating System (2022) move_base. http://wiki.ros.org/move_base
35. Macenski S, Jambrecic I (2021) SLAM Toolbox: SLAM for the dynamic world. JOSS 6:2783. https://doi.org/10.21105/joss.02783
36. DIN Deutsches Institut für Normung e.V (1989) DIN 30781-1:1989-05, Transportkette; Grundbegriffe. Beuth Verlag GmbH, Berlin
37. Hompel M ten, Schmidt T, Dregger J (2018) Materialflusssysteme: Förder- und Lagertechnik, 4. Aufl. VDI-Buch/Springer Vieweg, Berlin
38. Klug F (2018) Logistikmanagement in der Automobilindustrie: Grundlagen der Logistik im Automobilbau, 2. Aufl. VDI-Buch/Springer Vieweg, Berlin
39. Schweitzer H, Peitz M (2017) Datenmärkte in der digitalisierten Wirtschaft: Funktionsdefizite und Regelungsbedarf?
40. Kessler R, Suske J, Gómez JM (2021) Einbindung von intelligenten Ladungsträgern in Prozesse der Intralogistik. In: Meinhardt S, Wortmann F (Hrsg) IoT – Best Practices. Springer Fachmedien, Wiesbaden, S 209–222

41. Zeiler J, Fottner J (2019) Architectural Design for Special Load Carriers as Smart Objects in a Cloud-based Service System: ICIEA 2019: April 12-15, 2019, Tokyo, Japan. IEEE Press, Piscataway, NJ
42. Ewert D, Jung T (2021) assets2036-submodels – Open-Source-Implementierung von Teilmodellen für Industrie 4.0. Bosch Research. https://github.com/boschresearch/assets2036-submodels. Zugegriffen am 20.10.2023
43. Ewert D, Jung T (2021) light.json – Beispiel-Teilmodell für Assets 2036. Bosch Research. https://github.com/boschresearch/assets2036-submodels/blob/master/light.json. Zugegriffen am 20.10.2023
44. Eclipse Foundation Inc. Eclipse Mosquitto. https:// mosquitto.org/. Zugegriffen am 27.07.2023
45. SAP SE Equipment – SAP Library. https://help.sap. com/doc/saphelp_nw70/7.0.12/ja-JP/01/d544ef4ab311d189740000e8322d00/ content.htm?no_cache=true. Zugegriffen am 27.07.2023
46. Docker Inc. Compose file version 3 reference. https://docs.docker.com/compose/composefile/compose-file-v3/. Zugegriffen am 27.07.2023

Bewertung und Auswahl von Logistikkonzepten für eine Fluide Produktion

5

Ali Bozkurt und Robert Schulz

5.1 Einführung

Seit der Einführung der Massenproduktion im Jahr 1913 durchläuft die Automobilindustrie ihren größten Wandel. Die Fließbandfertigung nach Henry Ford war zu seiner Zeit eine Revolution und die wirtschaftlichste Methode, um homogene Fahrzeuge in einer Massenproduktion zu fertigen [1, 2]. Jedoch haben sich die Kundenbedürfnisse mit der Zeit verändert. Die Beispiele sind nicht nur Interieur und Exterieur der Fahrzeuge beschränkt, sondern auch die alternativen Motorisierungen [3]. Deshalb werden im Premiumsegment der Automobilindustrie in immer kürzer werdenden Produktlebenszyklen mehr Modelle in verschiedenen Varianten eingeführt, um den Kundenwünschen gerecht zu werden. Dies führte jedoch zu einer kundenindividuellen Fertigung in Stückzahl eins und zu einer Veränderung der Produktions- und Logistikprozesse [3]. Um die steigende Anzahl an unterschiedlichen Materialien in der Logistik zu bewältigen, wurden in der Vergangenheit die Konzepte Just-in-Time (JIT) und Just-in-Sequence (JIS) eingeführt [4]. Beide Ansätze erfordern verschiedene Rahmenbedingungen für die Produktionslogistik, die bislang durch die Unterstützung der verschiedenen Partner entlang der gesamten Lieferkette, OEM, Zulieferer und Logistikdienstleister, wirtschaftlich zu bewältigen war [5]. Allerdings wird dies durch die steigende Produktindividualisierung und der Teilevielfalt in der Produktion zunehmend erschwert. Hinzu kommt, dass Veränderungen in der

A. Bozkurt (✉)
Institut für Fördertechnik und Logistik, Universität Stuttgart, Stuttgart, Deutschland
E-Mail: ali.bozkurt@ift.uni-stuttgart.de

R. Schulz
Institut für Fördertechnik und Logistik (IFT), Universität Stuttgart, Stuttgart, Deutschland
E-Mail: robert.schulz@ift.uni-stuttgart.de

T. Bauernhansl, A. Al Assadi (Hrsg.), *Fluide Fahrzeugproduktion für die Mobilität der Zukunft*, ARENA2036, https://doi.org/10.1007/978-3-662-70847-7_5

Kundennachfrage eine höhere Flexibilität und Wandlungsfähigkeit erfordern [6–8]. Deshalb nehmen wandelbare Produktionssysteme wie z. B. die Matrixproduktion oder die Fluide Produktion weiter an Bedeutung zu [9, 10]. Als Folge wurden verschiedene wandelbare Logistikkonzepte entwickelt, um diesen Anforderungen weiter gerecht zu werden [2, 11]. Die neuen Logistikkonzepte sowie die Einführung neuer Geschäftsmodelle wie z. B. Pay-per- Use oder das Leasing erfordern neue Methoden für die Bewertung und Auswahl von Logistikkonzepten, die in diesem Kapitel näher erläutert werden.

5.2 Auswirkungen der Fluiden Produktion auf die Wirtschaftlichkeitsbetrachtung in der Produktionslogistik

Die Fluide Produktion zeichnet sich gegenüber der klassischen Linienfertigung durch ihre hohe Wandlungsfähigkeit aus. Diese hat jedoch weitreichende Auswirkungen auf die Logistik und deren Wirtschaftlichkeitsbetrachtung, die in der Bewertung und Auswahl von Materialbereitstellungskonzepten berücksichtigt werden müssen. Im Folgenden werden die Auswirkungen auf die Wirtschaftlichkeit beschrieben:

- **Planung und Auslegung eines Logistikkonzeptes** – Bisher wird bei der Planung einer Fertigungs- oder Montagelinie der Fokus auf geringe Investitionen in die Infrastruktur und Anlagentechnik gelegt. Es wird versucht, eine hohe Auslastung der Anlagen zu erzielen. Flexibilität in den Produktionsstückzahlen wird durch ein „Atmen" im Arbeitszeitmodell erreicht. Ene spätere Änderung der Montageprozesse, zum Beispiel aufgrund der Einführung neuer Produkte oder einem erforderlichen Umbau einzelner Fertigungsstationen, konnte vom Aufwand her nahezu mit der Auslegung einer neuen Anlage gleichgesetzt werden [11]. In einer fluiden Logistik mit einer schnellen Adaptionsfähigkeit an neue Anforderungen, reicht es aus, nur die Kosten einzelner modularer Logistikkonzepte zu betrachten und nicht die Investitionskosten [12].
- **Aufhebung der klassischen Trennung zwischen Produktion und Logistik** – Durch die Fluide Produktion erfolgt eine Aufhebung der klassischen Trennung zwischen Produktion und Logistik. Durch die intelligente Kopplung verschiedener Komponenten können sowohl logistische als auch produktionstechnische Arbeitsinhalte separat und simultan durchgeführt werden [2]. Es können beispielsweise auf mobilen Montageinseln oder Groß-Fahrerlose Transportfahrzeuge (Groß-FTF) während der Fahrt Montagetätigkeiten durchgeführt werden [2, 13–15].
- **Transportlogistik** – Für die geforderte Wandlungsfähigkeit und die Rekonfiguration in einer Fluiden Produktion müssen mehr Teile für unterschiedliche Produkte und Varianten bereitgestellt werden. Als Folge wird die Menge an gleichen Teilen eines Produktes abnehmen und die Transporthäufigkeit durch die steigende Varianz weiter zunehmen.
- **Bestände** – Um eine möglichst hohe Flexibilität in der Produktion zu gewährleisten und eine hohe Anzahl an unterschiedlichen Teilen bereitzustellen, müssen im Vergleich zu den heutigen Just-in-Time/Just-in-Sequence-Konzepten eine deutlich höhere Varianz

an Teilen in Zwischenlagern oder in Supermärkten gelagert werden. Die erhöhten Bestände können wiederum zu höheren Kosten in der Logistik führen.

- **Produktionslogistik** – Durch die Fluide Produktion und die daraus resultierenden Anforderungen an die Materialbereitstellung werden verstärkt neuartige und wandlungsfähige Logistikkonzepte eingesetzt. Es werden autonome Transportsysteme wie beispielsweise FTF, Riegelkonzepte, fahrerlose Routenzüge oder bereits am Fertigungsmodul integrierte Fördermittel eingesetzt [16, 17]. Die Logistiksysteme können sich dabei an die jeweiligen Anforderungen der Produktion anpassen und eine effiziente Materialbereitstellung an jeden beliebigen Übergabepunkt in der Produktion durchführen [4, 18, 19]. Zudem wird der Wandel vom Stetigförderer hin zum Unstetigförderer zu höheren Kosten in der Logistik führen. Der Grund hierfür ist der vergleichsweise geringere Durchsatz von FTF im Vergleich zu klassischen Fördersystemen unter gleichen Bedingungen.
- **Rekonfiguration und Wandelbarkeit** – Flexibilität ist die Eigenschaft, sich schnell in definierten Systemgrenzen an Veränderungen anzupassen [20]. Rekonfiguration ist die Fähigkeit, sich schnell zu verändern und weiterzuentwickeln, um durch den Austausch von Modulen oder Anpassung des Systems, die Produktivität, Kapazitäten und Funktionalitäten eines Produktionssystems anzupassen [21–23]. Wandelbarkeit beinhaltet dagegen die Flexibilität und die Rekonfiguration und bedeutet, unter Anwendung der sogenannten Wandlungsbefähiger Modularität, Universalität, Neutralität, Skalierbarkeit, Kompatibilität und Mobilität die Systemgrenzen zu erweitern [24–26]. Cyber physische Produktionssysteme (CPPS) haben daher die Aufgabe, diese Anforderungen zu erfüllen. Zum Beispiel durch die software- oder hardwareseitige Rekonfiguration des Systems an unterschiedliche Produkte und Komponenten mit verschiedenen Maßen, Gewichten und Fähigkeiten. Dabei müssen die Kosten für die erneute Rekonfiguration und Steuerung der Logistik im Vorfeld berücksichtigt werden.
- **Modularität der Komponenten** – Durch den modularen Aufbau der zukünftigen Komponenten können Fördermittel, wie z. B. FTF für verschiedene Zwecke genutzt werden. Die einzelnen FTF können möglicherweise als Transport FTF, Schlepper FTF oder als mobile Plattform für Roboter genutzt werden. Dadurch kann insbesondere die Auslastung einzelner Fördermittel gesteigert werden [15, 25].
- **Höhere Komplexität** – Durch die Fluide Produktion ist eine Komplexitätszunahme in der Logistik zu erwarten. Die Gründe dafür sind beispielsweise der erhöhte Steuerungsaufwand, z. B. durch eine dynamische Routensteuerung, oder der erhöhte Transportaufwand. Dadurch werden ggf. einzelne Fahrten infolge von Kreuzungen sowie Gegenverkehr einzelner FTF länger dauern.
- **Retooling/Wiederverwendung von Komponenten** – Die klassischen Fördertechnologien, wie beispielsweise Rollen- und Kettenförderer, Schubplattform, Elektrohängebahn, etc. werden oftmals für den Produktionslebenszyklusspezifisch für eine Fertigungs- bzw. Montagelinie ausgelegt. Nach Ende des Produktionslebenszyklus werden die einzelnen Komponenten verschrottet. Jedoch können heutige Fördermittel insbesondere Unstetigförderer wie z. B. Schlepper für Routenzüge oder FTF durch die

wandlungsfähige Konstruktion in den meisten Fällen wiederverwendet werden (Retooling). Dadurch können der Lebenszyklus der Fördertechnik verlängert und somit die Investitionskosten in die Anlagentechnik reduziert werden [12, 27, 28].

- **Logistikfläche** – Durch die dynamische Steuerung der einzelnen Logistik- und Produktionsmodule in Folge der steigenden Mobilität sowie durch die Vielzahl an Konfigurationsmöglichkeiten müssen voraussichtlich mehr Logistikflächen für die Wandlungsfähigkeit vorgehalten werden [29, 30]
- **Dezentrale Steuerung** – Die Logistiksteuerung koordiniert in einem CPPS neben dem Verkehrsfluss die verschiedenen FTF und die Bereitstellung von Materialien, Werkzeugen und anderer Vorrichtungen, die für eine Fluide Produktion essentiell sind. Der Transportprozess kann dabei durch verschiedene intelligente Komponenten (z. B. Smarter Ladungsträger) oder durch das Produkt ausgelöst werden [16, 31]. Der Smarte Ladungsträger beinhaltet dabei Informationen über seine Zielposition und ist in der Lage ein geeignetes Transportmittel zu beauftragen, um an den festgelegten Bedarfsort transportiert zu werden [31]. Für eine kostenoptimale Lösung kann die Auswahl des Transportmittels hierbei in Abhängigkeit mit der Größe und dem Gewicht des Ladungsträgers bzw. Produktes sowie durch die Abstimmung weiterer Bedarfe für denselben Zielort erfolgen.
- Im Rahmen der dezentralen Steuerung spielen insbesondere die Kennzahlen Flächeneffizienz, Flexibilität, Wandlungsfähigkeit, Durchlaufzeit, Auslastungsgrad sowie der Koordinations- und Steuerungsaufwand eine wichtige Rolle. Die dezentrale Steuerung ist mit einem komplexen Planungs- und Steuerungsaufwand verbunden, bietet aber auch neue Potenziale. Im Rahmen einer dezentralen Steuerung können z. B. Fahraufträge in der Auftragssteuerung kurzfristig priorisiert werden oder ein beschädigtes Produkt und Komponenten erkannt und schneller ausgetauscht werden [31]. Nacharbeiten können dadurch verringert werden, am Ende trägt dies auch wieder zu kürzeren Durchlaufzeiten bei. Dezentrale Steuerungsansätze können über die gestiegene Transporteffizienz, Auslastung einzelner Fördermittel, Nachhaltigkeit, Ergonomie, sinkende Kosten und Durchlaufzeit gemessen und verglichen werden [16].
- **Datentransparenz** – Mit zunehmender Datentransparenz in Produktion und Logistik können die Kosten verursachungsgerecht auf das jeweilige Produkt bzw. deren Komponenten zugeordnet werden. Die notwendigen Daten können dabei aus den jeweiligen Betriebsmitteln, wie z. B. einem FTF oder Smarten Ladungsträger, entnommen werden, wie sie z. B. in einer Verwaltungsschale (VWS) hinterlegt sind. Durch die Daten aus der VWS können die Kosten eines Transportauftrages ermittelt und ein kosteneffizientes Flottenmanagement realisiert werden. Mithilfe eines effizienten Flottenmanagements kann zudem eine lokale und globale Optimierung in der Logistik erfolgen [32]. Dadurch können beispielsweise die Investitionskosten in neue FTF reduziert werden. Durch die zunehmende Datenmenge und -transparenz können insbesondere Trade-offs, wie z. B. Flächenbedarf und Materialbestände oder eine höhere Anzahl an FTF, analysiert und infolge die wirtschaftlichste Lösung gewählt werden.

5.3 Vergleich verschiedener Methoden für die Bewertung und Auswahl von Logistikkonzepten

Für die Auswahl und Bewertung von Logistikkonzepten existieren verschiedene Verfahren, die sich durch ihre jeweils unterschiedlichen Vor- und Nachteile auszeichnen. Das bekannteste Verfahren ist die klassische Investitionsrechnung, die in die statische und dynamische Investitionsrechnung unterteilt werden kann [33]. Die statische Investitionsrechnung betrachtet die Wirtschaftlichkeit bzw. die Rentabilität einer Investition für eine bestimmte Periode. Die dynamische Investitionsrechnung berücksichtigt bei der Investitionsentscheidung den Zeitwert des Geldes [33]. Im Bereich der Intralogistik sind Investitionskosten die Anschaffungskosten für Förder- und Förderhilfsmittel. Neben der klassischen Investitionsrechnung ist die Realoptionsstrategie zu erwähnen. Die Realoption ist ein Verfahren aus der Finanztheorie, bei der die verschiedenen Investitionsstrategien, wie z. B. Investitions-, Warte- oder Schließungsoption, betrachtet werden [34]. Ziel der Realoptionsstrategie ist es, die möglichen Kosten zukünftiger Ereignisse, wie beispielsweise die notwendige Rekonfiguration des Produktionssystems und der damit verbundenen Unterbrechungs- und Anlaufphase, bereits bei der Entscheidung zu berücksichtigen [35, 36].

Die beschriebenen Verfahren sind rein monetäre Verfahren, die den Fokus auf Investitionskosten legen, welches – wie im vorherigen Abschnitt beschrieben – als kritisch betrachtet werden kann [24]. Zudem wird bei den beschriebenen Verfahren das Planungsexpertenwissen unzureichend berücksichtigt.

Ein Verfahren, welches das Expertenwissen berücksichtigt, ist der Analytische Hierarchieprozess (AHP) [37]. Die AHP- Methode bietet die Möglichkeit, bei einer begrenzten Anzahl von Alternativen, die Wichtigkeit der Kriterien anhand der eigenen Präferenzen und Bedürfnisse zu ermitteln. Es ermöglicht eine systematische und strukturierte Bewertung von Optionen [38, 39]. Die AHP- Methode wird eingesetzt, um Planungsfachleute bei der Auswahl zwischen Möglichkeiten zu unterstützen.

Die Nutzwertanalyse ist ein weiteres Verfahren bei demr jeweils der Grad der Zielerfüllung verschiedener Lösungsvarianten verglichen wird. Die Nutzwertanalyse findet eine Anwendung, wenn nicht ausreichend Informationen vorhanden sind, um monetäre Bewertungskriterien zu berücksichtigen. Daher liegt der Schwerpunkt dieser Entscheidungstechniken auf der praktischen Umsetzbarkeit und Tauglichkeit der ursprünglichen Lösungsvorschläge. Während des Entscheidungsfindungsprozesses sind keine Anpassungen vorgesehen [33].

Das letzte Verfahren ist die Auswahl der Logistikkonzepte nach dem Verfahren des Operations Research (OR). In der Literatur existieren zahlreiche Verfahren für die Lösung eines Optimierungsproblems, die dem Bereich des OR zugeordnet werden können [40–42]. Diese werden nach exakten Verfahren und Heuristiken sowie approximiertem Problem unterschieden. Heuristische Verfahren werden eingesetzt, wenn eine exakte Lösung nicht möglich ist. Es können sowohl allgemeine Algorithmen wie z. B. das Branch-and-bound-Verfahren als auch anwendungsspezifische Algorithmen wie beispielsweise das

Bin-Packing-Problem eingesetzt werden. Die Verfahren können einzeln und in Kombination eingesetzt werden [43–46]. Ist auch der Einsatz von heuristischen Verfahren nicht möglich, so wird eine exakte Lösung auf ein approximiertes Problem gesucht [42, 47]. Das gemeinsame Ziel dieser Verfahren ist es, durch Eingangsgrößen, Zielgrößen sowie die erforderliche Genauigkeit und Ausgangsgröße, das vorliegende Optimierungsproblem zu lösen [45].

5.3.1 Bewertung und Auswahl von Logistikkonzepten für eine Fluide Produktion

In diesem Abschnitt wird für die Auswahl von Logistikkonzepten für eine Fluide Produktion eine neue Methodik vorgestellt, welche auf der Kombinatorik beruht. Zu Beginn müssen hier die notwendigen Eingangsgrößen und Nebenbedingungen ermittelt werden. Im nächsten Schritt des Verfahrens erfolgt für jedes Bauteil eine Ladungsträgerplanung. Im nächsten Schritt wird für jedes Produktionsmodul die Anzahl an möglichen Kombinationen von Logistikkonzepten ermittelt. Beispielhaft werden die nachfolgenden Logistikkonzepte (Riegel-, Einzel-FTF- und Warenkorbkonzept) betrachtet:

Riegelkonzept: Das Riegelkonzept besteht aus einem Mini-Regalbediengerät und einer Lagereinheit, welche ortsflexibel und skalierbar sind. Das Material wird hierbei direkt am Verbauort nach Bedarf ausgelagert und bereitgestellt [2, 13].

Einzel-FTF-Konzept: Beim Einzel-FTF-Konzept erfolgt die Materialbereitstellung mittels eines FTF oder AMR [2, 13].

Warenkorbkonzept: Das Warenkorbkonzept oder Car-Set-Konzept beschreibt die vorkommissionierte und fahrzeugspezifische Bereitstellung von Bauteilen für einen Bandabschnitt oder Produktionsmodul. Dabei wird der Warenkorb entweder pro Fahrzeug oder für mehrere Fahrzeuge pro Takt aufgelegt [2, 13, 48]

Das Verfahren kann auf weitere Logistikkonzepte übertragen werden. Anschließend werden Auswahlvarianten verschiedener Logistikkonzepte anhand der Kosten erstellt [12, 13]. In der Abb. 5.1 ist der Methodenablauf dargestellt.

1. In der ersten Stufe des Problems werden die Eingangsgrößen für die verschiedenen Kleinladungsträger (KLT) definiert. Dabei wird anhand der folgenden Zielfunktion $x = 1$,

$$x \in \{0{,}1\} \, \forall i \in I$$

$$i: Ladungsträgerindex \qquad i \in I, I = \{1, \ldots, n \mid n \in \mathrm{N}$$

ein passender Ladungsträger nach Größe und Gewicht ermittelt.

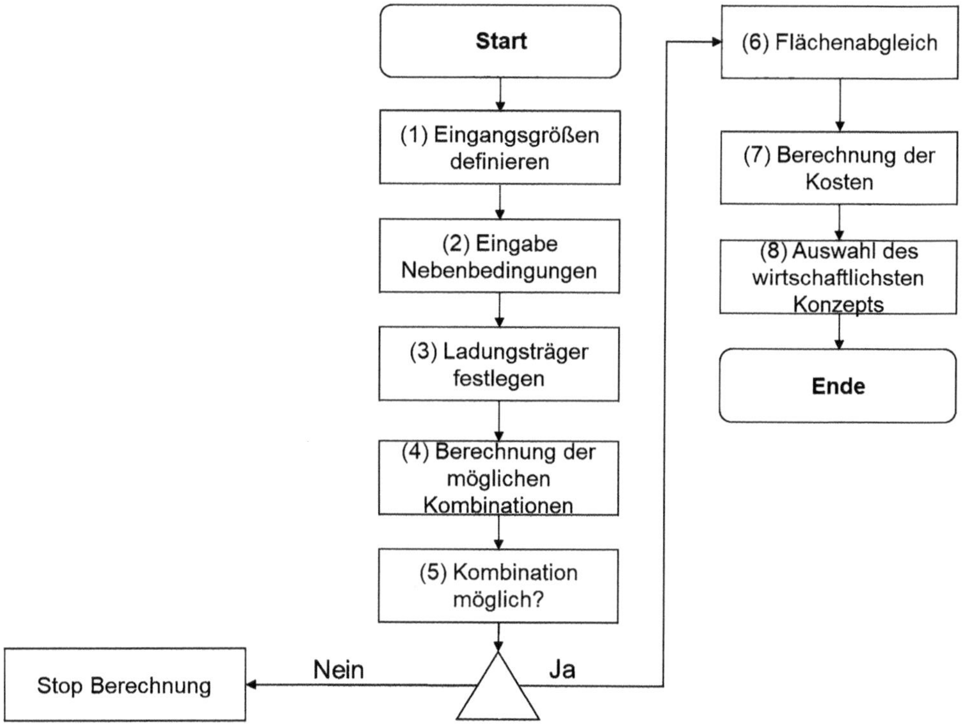

Abb. 5.1 Ablauf des Auswahlverfahrens [13]. (© 2021 IEEE)

2. Die Nebenbedingungen ergeben sich aus der Materialbedarfsplanung und den daraus resultierenden Maßen und Gewichten der Bauteile [12]. Dabei werden die folgenden Nebenbedingungen berücksichtigt:

$$Gewicht_k \leq \text{Max}.\, Gewicht_i$$

$$Volumen_k \leq \text{Max}.\, Volumen_i$$

$$Länge_k \leq \text{Max}.\, Volumen_i$$

$$Breite_k \leq \text{Max}.\, Breite_i$$

$$Höhe_k \leq \text{Max}.\, Volumen_i$$

$$\forall k \in K \forall, a \in A, \forall b \in B, \forall h \in H, \forall g \in G$$

$$k : Bauteilindex \qquad k \in K, K = \{1, \ldots, n \mid n \in \text{N}\}$$

$$a : Längenindex \qquad a \in A, A = \{1, \ldots, n \mid n \in \text{N}\}$$

$$b : Breitenindex \qquad b \in B, B = \{1, \ldots, n \mid n \in \text{N}$$

$$h: Höhenindex \qquad h \in H, H = \{1, \ldots, n | n \in \mathrm{N}$$

$$g: Gewichtsindex \qquad g \in G, G = \{1, \ldots, n | n \in \mathrm{N}\}$$

3. Im Gegensatz zum klassischen Bin-Packing-Problem, wird keine exakte Größe für einen Ladungsträger ermittelt, sondern bestimmt, welcher Standard KLT nach Größe (LxBxH) und Gewicht alle vorliegenden Bedingungen erfüllt.

   Die Variable x steht dabei für diskrete ganzzahlige Werte mit 0 oder 1, die jeweils einen Kleinladungsträger (KLT) nach VDA darstellen. Ein Ladungsträger wird dabei ausgewählt oder ignoriert.

$$x = x_1, x_2, x_3, x_n$$

$$x_1 = \mathrm{S} - \text{Kleinladungsträger} - (300\text{x}200\text{x}147)\,\text{mm, Traglast}\,(20)\,\text{kg}$$

$$x_2 = \mathrm{M} - \text{Kleinladungsträger} - (400\text{x}300\text{x}147)\,\text{mm, Traglast}\,(20)\,\text{kg}$$

$$x_3 = \mathrm{L} - \text{Kleinladungsträger} - (600\text{x}400\text{x}280)\,\text{mm, Traglast}\,(20)\,\text{kg}$$

$$x_n = \text{Sonderladungsträger}$$

   Dieser Schritt wird so oft iteriert bis ein KLT gefunden wird, der alle Bedingungen erfüllt wird. Falls keine passende Lösung gefunden wurde, muss ein Sonderladungsträger mit individueller Größe und Gewicht definiert werden.

4. In der zweiten Stufe des Verfahrens werden die ermittelten Ladungsträger mit den Logistikkonzepten kombiniert. Hierfür erfolgt ein Vergleich der beladenen Ladungsträger mit den zulässigen Größen und Gewicht der Logistikkonzepte (Gl. 5.1) [12].

$$j_i = Min\ \sum y(x) \qquad x \in \{0,1\}\, \forall i \in I \tag{5.1}$$

   Unter Berücksichtigung der folgenden Nebenbedingungen:

$$\text{Gewicht}_\text{k} \leq \text{Max. Gewicht}_\text{i}$$

$$\text{Volumen}_\text{k} \leq \text{Max. Volumen}_\text{i}$$

$$\text{Länge}_\text{k} \leq \text{Max. Volumen}_\text{i}$$

$$\text{Breite}_\text{k} \leq \text{Max. Breite}_\text{i}$$

$$\text{Höhe}_\text{k} \leq \text{Max. Volumen}_\text{i}$$

$$\forall a \in A, \forall b \in B, \forall c \in C, \forall h \in H, \forall g \in G$$

$$\sum_l \leq \text{max}.\ zulässige\ Anzahl\ Logistikkonzepte\ x \in \{0,1\}\, \forall i \in I, \forall j$$

$$l : Ladungsträgerindex$$

$$a : Längenindex\ (belandener\ Ladungsträger)$$

$$b : Breitenindex\ (belandener\ Ladungsträger)$$

$$c : Höhenindex\ (belandener\ Ladungsträger)$$

$$g : Gewichtsindex\ (belandener\ Ladungsträger)$$

Bei einigen der Logistikkonzepte wie z. B. dem Warenkorb oder Riegelkonzepten treten weitere Nebenbedingungen auf. Beim Riegel ist als Nebenbedingung die max. Anzahl der Lagerplätze zu berücksichtigen

$$\Sigma_l \leq \text{max, Lagerplätze Riegelkonzept} \tag{5.2}$$

Zusätzlich gilt es beim Logistikkonzept „Warenkorb" die erforderliche minimale Teilanzahl je Produktionsmodul zu berücksichtigen.

$$\min \sum x_i \tag{5.3}$$

5. Die Entscheidungsvariable x steht in diesem Fall für die verschiedenen Logistikkonzepte.

$$j_{i_1} = \text{Einzel} - \text{FTF} - \text{Konzept}$$

$$j_{i_2} = \text{Riegel} - \text{Konzept}$$

$$j_{i_3} = \text{Warenkorb} - \text{Konzept}$$

$$j_{i_n} = \text{Weitere Logistikkonzepte}$$

6. Im nächsten Schritt erfolgt der Flächenabgleich. Dabei wird geprüft, ob die erforderliche Flächengröße die zulässige Fläche überschreitet.

$$A_x \leq A_{\text{max. .Produktionsmodul}} \tag{5.4}$$
$$A = Fläche$$

7. In der letzten Stufe des Verfahrens erfolgt die Berechnung der Kosten für die ermittelten Logistikkonzepte. Hierfür wird die Anzahl der zulässigen Logistikkonzepte mit der Kostenfunktion multipliziert. Die Kostenfunktion j_i für jedes Logistikkonzept setzt sich unter anderem aus den folgenden Parametern zusammen, Tab. 5.1 [12].

$$j_i = Tj_i + Sj_i + Uj_i + \text{U}j_i + Wj_i + Pj_i + Dj_i + Ej_i \tag{5.5}$$
$$j_i = Kosten\ in\ €\ je\ Logistikkonzept$$

Tab. 5.1 Berechnung der Logistikkosten

Kostenart	Parameter	Formel
Transportkosten	*(T)*	Gabelstapler [Euro/m] * Strecke [m]
Lagerhaltungskosten	*(S)*	Kostenlagerplatz [€/m²/h] + Flächenbedarf [m²] * Stapelfaktor + Lagerdauer [h] * Lagerfüllgrad
Handlingkosten (Einlagerung)	*(U)*	automatisierte Einlagerung: Roboter [€/h] * Entstapelzeit [s/Teil] oder bei manuelle Einlagerung Gabelstapler [€/h] * Einlagerzeit [s/KLT]
Handlingkosten (Auslagerung)	*(W)*	automatisierte Einlagerung: Roboter [€/h] * Auslagerzeit [s/Teil] oder bei manuelle Auslagerung: Gabelstapler [€/h] * Einlagerzeit [s/KLT]
Personalkosten	*(P)*	Logmitarbeiter [€/h] * Einlagerzeit [s/Teil] + Logmitarbeiter [€/h] * Auslagerzeit [s/Teil]
Kommissionierkosten	*(D)*	Gabelstapler [€/m] * Strecke [m] + Kommissionierer [€/h] * Kommissionierzeit [s/Teil]
Innerbetrieblicher Transport	*(E)*	Fördermittel [€/m] * Betriebszeit min] alternativ Kosten für Betriebsmittel [€/m] * Strecke [m]

8. Im letzten Schritt wird anhand der vorliegenden Varianten für jedes Produktionsmodul das wirtschaftlichste Logistikkonzept ausgewählt.

5.4 Zusammenfassung und Ausblick

Das vorliegende Verfahren eignet sich, um die Anzahl an möglichen Varianten für den Planer in der Grobplanung zu reduzieren. Auf Grundlage dieser Ergebnisse kann im weiteren Schritt die Detailplanung z. B. durch eine Simulation erfolgen. Des Weiteren kann das Verfahren durch weitere Kriterien wie z. B. Energieeffizienz erweitert werden. Voraussetzung hierfür ist jedoch die Integration der jeweiligen Inputdaten, die für das jeweilige Kriterium notwendig sind. Für die Energieeffizienz muss beispielsweise die Eingangsgröße durchschnittliche Energieverbrauch pro Logistikkonzept ermittelt und integriert werden. Die vorliegende Methodik ermöglicht zudem, die verursachungsgerechte Zuordnung der Kosten. Der Planer/die Planerin hat durch die Gewichtung der einzelnen Kriterien, die Möglichkeit Einfluss auf das Optimierungsergebnis zu nehmen. Die dargestellte Methodik wurde auf 14 Logistikkonzepte angewendet und um den Aspekt des Transports zwischen verschiedenen Produktionsmodulen erweitert. Darüber hinaus kann die dargestellte Methodik mittels verschiedener Softwareumgebungen realisiert werden. Im vorliegenden Beispiel wurde zunächst in Matlab® umgesetzt und anschließend eine Python-Schnittstelle implementiert. Dadurch ist es möglich, Realdaten z. B. aus der Verwaltungsschale heranzuziehen und diese mit den Planungsdaten zu vergleichen.

Literatur

1. Womack JP, Jones DT, Roos D (2006) The machine that changed the world: how Japan's secret weapon in the global auto wars will revolutionize Western industry. Harper Perennial, New York
2. Wehking K-H, Popp J (2015) Changes in production logistics for automobile manufacturing. In: Bargende M, Reuss HC, Wiedemann J (eds) 15. Internationales Stuttgarter Symposium: Automobil- und Motorentechnik. Springer Vieweg, Wiesbaden, pp 1193–1200
3. Groß E, Siegert J, Bauernhansl T (2017) Changing requirements of competence building due to an increase of personalized products. Procedia Manufact 9:291–298. https://doi.org/10.1016/j.promfg.2017.04.012
4. Popp J (2018) Neuartige Logistikkonzepte für eine flexible Automobilproduktion. Dissertation, Universität Stuttgart, Stuttgart
5. Masayuki M (2002) The end of the 'mass production system' and changes in work practices. Japanese Business Management: Restruceturing for Low Growth and Globalisation
6. Vojdani N, Knop M (2018) Adaptive Materialbereitstellung – ein neuartiges Konzept für die Materialbereitstellungsplanung in veränderungsfähigen Produktionssystemen. https://doi.org/10.2195/lj_Proc_vojdani_de_201811_02
7. Battini D, Boysen N, Emde S (2013) Just-in-Time supermarkets for part supply in the automobile industry. J Manage Control 24:209–217. https://doi.org/10.1007/s00187-012-0154-y
8. Boysen N, Emde S, Hoeck M et al (2015) Part logistics in the automotive industry: decision problems, literature review and research agenda. Eur J Oper Res 242:107–120. https://doi.org/10.1016/j.ejor.2014.09.065
9. Fries C, Al Assadi A, Fechter M et al (2019) Fluide Fahrzeugproduktion: BMBF-geförderter Forschungscampus für die Mobilität der Zukunft. VDI-Z 161:78–81. https://doi.org/10.37544/0042-1766-2019-12-78
10. Fries C, Wiendahl H-H, Foith-Förster P (2020) Planung zukünftiger Automobilproduktionen. In: Bauernhansl T, Fechter M, Dietz T (Hrsg) Entwicklung, Aufbau und Demonstration einer wandlungsfähigen (Fahrzeug-)Forschungsproduktion, 1. Aufl. Springer Vieweg, Wien, S 19–43
11. Dürrschmidt S (2001) Planung und Betrieb wandlungsfähiger Logistiksysteme in der variantenreichen Serienproduktion. Zugl.: München, Techn. Univ., Diss., 2001. Forschungsberichte/Institut für Werkzeugmaschinen und Betriebswissenschaften, Technische Universität München, Bd 152. utzverlag GmbH, München
12. Bozkurt A, Popp J, Kueber C (2021) Innovative Selection Method for Internal Logistics Concepts Based on Material Data. In: 2021 IEEE 8th International Conference on Industrial Engineering and Applications: ICIEA 2021: April 23-26, 2021, virtual conference. IEEE, Piscataway, NJ, pp 621–626
13. Wehking K-H, Popp J (2016) Linked logistics concepts for future automobile manufacturing using innovative equipment. In: Bargende M, Reuss HC, Wiedemann J (eds) 16. Internationales Stuttgarter Symposium: Automobil- und Motorentechnik; Band 1. Springer Vieweg, Wiesbaden, pp 537–545
14. Wehking K-H, Hofmann M, Korte D et al (2018) Automobilproduktionslogistik im Wandel. In: VDI Wissensforum GmbH (Hrsg) 35. Deutscher Logistik-Kongress, Kongressband, Bd 35, Verlag: Bundesvereinigung Logistik (BVL), Berlin, S 299–322
15. Hofmann M (2018) Intralogistikkomponenten für die Automobilproduktion ohne Band und Takt – erste Prototypen. Wissenschaftliche Gesellschaft für Technische Logistik
16. Hagg M, Schulz R (eds) (2022) Concept for material supply in fluid manufacturing systems. Epubli
17. Kern W (2021) Modulare Produktion. Dissertation, Universität Stuttgart, Stuttgart

18. Heinecker M (2022) Methodik zur Gestaltung und Bewertung wandelbarer Materialflusssysteme, 2., unveränderte Auflage (Erstauflage 2006). Fördertechnik – Materialfluss – Logistik. utzverlag GmbH, München
19. Bozkurt A, Hagg M, Schulz R (2020) Innovative logistics concepts for a versatile and flexible manufacturing of lot size one. In: Nyhuis P, Herberger D, Hübner M (Hrsg) Proceedings conference on production systems and logistics. Leibniz Information Centre for Science and Technology, Leipzig
20. Zäh MF, Reinhart G (Hrsg) (2005) 1st International conference on changeable, agile, reconfigurable and virtual production (CARV 2005). Forschungs- und Tagungsberichte. utzverlag GmbH, München
21. Koren Y (2005) Reconfigurable manufacturing and beyond (Keynote paper). In: Proceedings of the CIRP 3rd international conference on reconfigurable manufacturing, Ann Arbor, Michigan, 11-12 May, pp 1–6
22. Koren Y (2006) General RMS Characteristics. Comparison with Dedicated and Flexible Systems. In: Dashchenko AI, Daščenko AI (Hrsg) Reconfigurable manufacturing systems and transformable factories, 46/1. Springer, Berlin, S 27–45
23. Koren Y, Heisel U, Jovane F et al (1999) Reconfigurable manufacturing systems. CIRP Annals 48:527–540. https://doi.org/10.1016/S0007-8506(07)63232-6
24. Westkämper E, Zahn E, Balve P et al (2000) Ansätze zur Wandlungsfähigkeit von Produktionsunternehmen: Ein Bezugsrahmen für die Unternehmensentwicklung im turbulenten Umfeld. wt 90:22–26. https://doi.org/10.37544/1436-4980-2000-1-2-22
25. Nyhuis P (Hrsg) (2010) Wandlungsfähige Produktionssysteme. Schriftenreihe der Hochschulgruppe für Arbeits- und Betriebsorganisation e.V. (HAB). GITO-Verl., Berlin
26. Nyhuis P, Heinen T, Brieke M (2007) Adequate and economic factory transformability and the effects on logistical performance. Int J Flex Manuf Syst 19:286–307
27. Heger CL (2007) Bewertung der Wandlungsfähigkeit von Fabrikobjekten. Zugl.: Hannover, Univ., Diss., 2006. Berichte aus dem IFA, vol 2007,1. PZH Produktionstechn. Zentrum, Garbsen
28. Youssef AM, ElMaraghy HA (2008) Performance analysis of manufacturing systems composed of modular machines using the universal generating function. J Manufact System 27:55–69. https://doi.org/10.1016/j.jmsy.2008.07.003
29. Erlach K, Foith-Förster P (2014) Dimensionierung wandlungsfähiger Fabriken. ZWF 109:125–128. https://doi.org/10.3139/104.111101
30. Hinrichsen T-F, Fries C, Hagg M et al (2023) Order management perspective on fluid manufacturing systems. Proced Comp Sci 217:413–422. https://doi.org/10.1016/j.procs.2022.12.237
31. Bozkurt A, Tasci T, Schulz R et al (2021) Designing of smart logistics modules as cyber-physical systems for load carriers. Logistics J: Proceed 2021. https://doi.org/10.2195/LJ_PROC_BOZKURT_EN_202112_01
32. Bozkurt A, Fries C, Tasci T et al. (2023) Cyber-physical-systems for fluid manufacturing systems. Proceedings of the conference on production systems and logistics. https://doi.org/10.15488/13484
33. Breiing A, Knosala R (1997) Bewerten technischer Systeme: Theoretische und methodische Grundlagen bewertungstechnischer Entscheidungshilfen. Springer eBook Collection Computer Science and Engineering. Springer, Berlin/Heidelberg, S 1
34. Hommel U, Vollrath R, Scholich M (Hrsg) (2001) Realoptionen in der Unternehmenspraxis: Wert schaffen durch Flexibilität. Springer eBook Collection Business and Economics. Springer, Berlin/Heidelberg
35. Sudhoff W (2008) Methodik zur Bewertung standortübergreifender Mobilität in der Produktion. Zugl.: München, Techn. Univ., Diss., 2007. Forschungsberichte/IWB, Bd 208. utzverlag GmbH, München

36. Amico M, Asl F, Pasek Z et al (2006) Real Options: an Application to RMS Investment Evaluation. In: Dashchenko AI, Daščenko AI (Hrsg) Reconfigurable manufacturing systems and transformable factories. Springer, Berlin, S 675–693
37. Ahlert M (2003) Einsatz des Analytic Hierarchy Process im Relationship Marketing: Eine Analyse strategischer Optionen bei Dienstleistungsunternehmen. Basler Schriften zum Marketing. Gabler, Wiesbaden
38. Saaty TL, Vargas LG (2012) Models, Methods, Concepts & Applications of the Analytic Hierarchy Process, 2nd ed. 2012. SpringerLink Bücher, vol 175. Springer US, Boston, MA
39. Fleischer-Dörr K, Jacobi C, Hermann R et al (2019) Quantitatives Entscheidungsmodell zur Wahl zwischen AKL und Shuttle-Lager. Logistics Journal: Proceedings 2019. https://doi.org/10.2195/lj_Proc_fleischerdoerr_de_201912_01
40. Domschke W, Drexl A, Klein R et al. (2015) Einführung in Operations Research, 9., überarb. u. verbess. Aufl. Springer Gabler, Berlin/Heidelberg
41. Werners B (2013) Grundlagen des Operations Research: Mit Aufgaben und Lösungen, 3., überarb. Aufl. Springer Gabler, Berlin/Heidelberg
42. Salhi S (2017) Heuristic Search: The emerging science of problem solving. Springer International Publishing, Cham
43. Morrison DR, Jacobson SH, Sauppe JJ et al (2016) Branch-and-bound algorithms: A survey of recent advances in searching, branching, and pruning. Discrete Optimization 19:79–102. https://doi.org/10.1016/j.disopt.2016.01.005
44. Tempelmeier H (2008) Material-Logistik: Modelle und Algorithmen für die Produktionsplanung und -steuerung in Advanced Planning-Systemen, 7. Aufl. Springer, Berlin/Heidelberg
45. Tempelmeier H (Hrsg) (2018) Modellierung logistischer Systeme. Fachwissen Logistik. Springer Vieweg, Berlin/Heidelberg
46. Tempelmeier H (Hrsg) (2018) Planung logistischer Systeme. Fachwissen Logistik. Springer Vieweg, Berlin/Heidelberg
47. Fechter M (2022) Entwicklung einer automatisierten Methode zur Grobplanung hybrider Montagearbeitsplätze. Dissertation, Universität Stuttgart, Stuttgart
48. Klug F (2018) Logistikmanagement in der Automobilindustrie: Grundlagen der Logistik im Automobilbau, 2. Aufl. VDI-Buch/Springer Vieweg, Berlin/Heidelberg

Materialverfügbarkeit in der Fluiden Produktion

6

Manuel Hagg und Robert Schulz

6.1 Einführung

Die der Fluiden Produktion zugrundeliegenden Freiheitsgrade, wie z. B. die Flexibilität hinsichtlich der Operationsreihenfolge oder der Arbeitsverteilung, erhöhen die Komplexität der logistischen Materialbereitstellung. Beispielsweise wird die Sicherstellung der Materialverfügbarkeit durch variierende Durchlaufzeiten und Montagepfade aufgrund zeitlich entkoppelter Prozessmodule oder schwankender und heterogener Materialbedarfe erschwert. Ferner können kurzfristige systemseitige Veränderungen auch zur Verschiebung der Materialbedarfsorte führen. Besonders ausgeprägt ist dieser Einfluss in der Montage, welche im Mittelpunkt der weiteren Ausführungen steht. Insbesondere bei für Montageprozesse charakteristischen konvergierende Materialflüssen [1] wird die Aufrechterhaltung der Materialverfügbarkeit unter Berücksichtigung der Freiheitsgrade zur Herausforderung. Zu früh bereitgestelltes Material hat Warte- bzw. Liegezeiten, Überbestände und damit gebundenes Kapital zur Folge [2, 3]. Lieferterminverzögerungen treten etwa auf, wenn Material falsch bzw. gar nicht bereitgestellt wird [4]. Darüber hinaus entstehen durch die Nichtverfügbarkeit von Materialien direkte oder indirekte Fehlmengenkosten, die sich negativ auf das Betriebsergebnis auswirken [5]. Direkte Fehlmengenkosten entstehen, wenn Materialien zum Bedarfszeitpunkt effektiv nicht verfügbar sind. Indirekte Fehlmengenkosten umfassen alle Aufwendungen, die erforderlich sind, um einen etwaigen Zusammenbruch der Materialbereitstellung zu verhindern. Folglich beeinflusst die Materialverfügbarkeit den Arbeitsablauf in der Montage [6]. Dies gilt insbesondere für fluide Montagesysteme,

M. Hagg (✉) · R. Schulz
Institut für Fördertechnik und Logistik (IFT), Universität Stuttgart, Stuttgart, Deutschland
E-Mail: robert.schulz@ift.uni-stuttgart.de

T. Bauernhansl, A. Al Assadi (Hrsg.), *Fluide Fahrzeugproduktion für die Mobilität der Zukunft*, ARENA2036, https://doi.org/10.1007/978-3-662-70847-7_6

weswegen die Sicherstellung der Materialverfügbarkeit im Kontext der Materialbereitstellung essentiell für den effizienten Betrieb eines fluiden Montagesystems ist. Die Materialbereitstellung wird als das verbindende Element zwischen der Materialversorgung und dem Montageprozess verstanden [7].

In der Literatur wird Materialverfügbarkeit meist nicht explizit definiert. Der Begriff Verfügbarkeit hingegen ist in verschiedenen Richtlinien und Normen beschrieben. Hierbei wird der Verfügbarkeitsbegriff überwiegend aus der Perspektive der Instandhaltung oder der technischen Produkt-, Komponenten- und Systemverfügbarkeit betrachtet [8, 9]. Beispielsweise ist die Verfügbarkeit im Kontext der Instandhaltung definiert als „Fähigkeit eines Objekts, unter gegebenen Bedingungen und wenn erforderlich in einem Zustand zu sein, eine geforderte Funktion zu erfüllen, vorausgesetzt, dass die erforderlichen externen Ressourcen bereitgestellt sind" [10]. Im Unterschied zu dieser oftmals störungszeitorientierten Betrachtungsweise stehen bei der intralogistischen Leistungsverfügbarkeit die Geschäftsprozesse der Betreiber im Mittelpunkt, wodurch sich Rückschlüsse auf die tatsächliche Nutzbarkeit einer Anlage ziehen lassen [11]. Darauf aufbauend lässt sich im Weiteren die Materialbereitstellung und -verfügbarkeit konkretisieren, wenn die bereitzustellenden Materialien als Objekte klassifiziert werden. Entsprechend beschreibt die materialbereitstellungsbezogene Verfügbarkeit die Fähigkeit der Materialien, unter gegebenen Bedingungen und bedarfsorientiert in einem Zustand zu sein, eine geforderte Funktion zu erfüllen. Die Funktion zielt auf die Erfüllung einer vorgegebenen Anforderung ab, wobei hierunter im vorliegenden Betrachtungsfall die Durchführung von Montagetätigkeiten verstanden wird. Entsprechend gilt die Materialverfügbarkeit als hergestellt, wenn das richtige Material zur richtigen Zeit, am richtigen Ort, in der richtigen Qualität und Quantität sowie zu den richtigen Kosten verfügbar ist.

Die allgemeine Aufgabe der Materialbereitstellung ist es, im Betrieb verfügbares Material in der benötigten Art und Menge termingerecht am Bedarfsort zur Verfügung zu stellen [12]. Die Parameter der Materialbereitstellung lassen sich in die Themenkomplexe Organisation und Technik untergliedern. Während technische Parameter die Bereitstell- oder Informationstechnik umfassen, wird die organisatorische Sichtweise unter anderem durch folgende Parameter charakterisiert [13]:

- Objekt der Bereitstellung
- Art und Form der Bereitstellung
- Bereitstellmenge bzw. Bedarfsmenge
- Bereitstellquelle
- Bereitstellort und Bedarfszeitpunkt
- Kompetenz zur Auslösung und Durchführung der Bereitstellung

Existierende Ansätze zur Unterstützung der Materialverfügbarkeit unterscheiden sich stark voneinander. In [3] werden Ansätze zur Planung und Steuerung der Materialverfügbarkeit in der Montage kategorisiert, wobei kennliniengestützte, materialflussgestaltende, organisatorisch-reaktive sowie softwaretechnisch-informatorische Ansätze unterschieden werden. Verfügbarkeit lässt sich sowohl qualitativ beschreiben als auch quantitativ in Form von Wahrscheinlichkeiten ausdrücken. Im letzteren Fall z. B. als die Wahrscheinlichkeit, dass an einer Betrachtungseinheit zum Zeitpunkt der Betrachtung keine maßgeblichen Beeinträchtigungen vorliegen, welche eine Funktionserfüllung verhindern [1]. Darüber hinaus existieren verschiedene Ansätze zur Verfügbarkeitsbetrachtung, wie beispielsweise Prognose- und Diagnosemodelle [14]. Ferner sind verschiedene Kennzahlen und Messgrößen wie Warte- und Liegezeiten im Kontext der Verfügbarkeit definiert [11]. Bei den genannten Ansätzen und Messgrößen ist die Übertragbarkeit auf die materialbezogene Verfügbarkeit im Einzelfall kritisch zu überprüfen. Auf eine detaillierte Beschreibung der Verfügbarkeitskenngrößen wird an dieser Stelle verzichtet.

Grundsätzlich wird im Kontext einer Materialverfügbarkeitsrechnung ermittelt, ob das benötigte Material rechtzeitig am Bedarfsort verfügbar ist. Versorgungsaufträge können beispielsweise synchron oder asynchron verfügbar sein [3]. Eine synchrone Verfügbarkeit ist gegeben, wenn alle Versorgungsaufträge des Montageauftrags zum Bedarfstermin der Montage verfügbar sind. Mit Hilfe eines Bereitstellungsdiagramms lassen sich Terminabweichungen modellieren sowie die Materialverfügbarkeit analysieren und visualisieren [4]. Darüber hinaus gibt es mehrstufige Verfahren zur Verfügbarkeitsprüfung, bei denen logische und physische Verfügbarkeiten überprüft werden [15]. Eine Charakterisierung von Verfügbarkeitsklassen, bei denen zwischen Materialbedarfen mit und ohne Reservierung unterschieden wird, bietet Orientierung bei der Darstellung und Bewertung der aktuellen Verfügbarkeitssituation [16].

In der Literatur werden ferner dynamische und statische Verfahren zur auftragsbezogenen Verfügbarkeitsprüfung unterschieden [17]. Statische Materialverfügbarkeitsprüfungen finden in der Regel vor der Freigabe eines Montageauftrags statt. Eine Voraussetzung für die Freigabe eines Montageauftrags ist häufig, dass alle Ressourcen und Materialien, die zur Ausführung des Auftrags benötigt werden, zum Zeitpunkt der Durchführung der Verfügbarkeitsprüfung bereits physisch verfügbar sind [17]. Nachdem die Materialien und Ressourcen den entsprechenden Aufträgen zugeordnet sind, werden diese reserviert, sodass sie nicht mehrmals zugeordnet werden. Da zwischen der Auftragsfreigabe und dem tatsächlichen Startzeitpunkt der Montagetätigkeit Zeit vergehen kann, ist die termingerechte Verfügbarkeit des benötigten Materials am Verbauort nicht automatisch gewährleistet. Statische Verfahren zur Materialverfügbarkeitsprüfung sind für den Einsatz in der Fluiden Produktion nur bedingt geeignet, da sich der Montageort und -zeitpunkt auch nach der Freigabe eines Montageauftrags noch verändern können. Im Gegensatz zur statischen Verfügbarkeitsprüfung erfordern dynamische Prüfungen keine physische Materialverfügbarkeit zu Beginn der Montagetätigkeit, sondern lediglich eine termingerechte Verfügbarkeit [18]. Im Rahmen dynamischer Verfügbarkeitsprüfungen wird beispielsweise die Simulation zur Prognose des Auftragsfortschritts und der Verfügbarkeitssituation verwendet [17]. Existierende Verfahren zur dynamischen Verfügbarkeitsprüfung sind nicht ohne Weiteres auf die Fluide Produktion übertragbar. In dynamischen Produktions- und Logistikumgebungen, wie z. B. in einer fluiden Montage, finden materialbezogene Verfügbarkeitsprüfungen bisher kaum Beachtung. Bevor detaillierter auf die vier Schritte der Methodik eingegangen wird, erfolgt im nächsten Schritt die Anforderungsbeschreibung.

6.2 Anforderungsspezifikation

Kurzfristige Systemveränderungen in der fluiden Montage, die etwa durch die Ad-hoc-Allokation von Ressourcen ermöglicht werden, haben zur Folge, dass sich die Zeit zur Durchführung logistischer Aufgaben reduziert und eine verbesserte Reaktionsfähigkeit zur Sicherstellung der Materialverfügbarkeit erforderlich ist. Wie sich im Projektverlauf gezeigt hat, ist es daher erforderlich, eine Methodik zur Materialverfügbarkeitsprüfung zu entwickeln, die folgende Anforderungen berücksichtigt:

- Die Methodik soll während des laufenden Betriebs in Montagebereichen einer Fluiden Produktion zum Einsatz kommen und dazu beitragen, die spezifischen Freiheitsgrade nutzbar zu machen, indem sie weitgehend unempfindlich ist gegenüber unterschiedlichen Systemzuständen (z. B. Anzahl fahrerloser Transportfahrzeuge (FTF) oder Veränderung der Materialbereitstellungsstrategie).
- Die Methodik soll als Bestandteil bzw. Subsystem des übergeordneten Materialbereitstellungssystems zu einer hohen Materialverfügbarkeit beitragen und die Bereitstellung verschiedener Materialien unterstützen. Ferner soll die Vorgehensweise der physischen Materialbereitstellung vorgelagert und nach der Freigabe eines Montageauftrags ausführbar sein.
- Wird im Betrieb eines fluiden Montagesystems ein Ungleichgewicht zwischen Materialangebot und -nachfrage identifiziert, sollen die der Methodik zugrundeliegenden Schritte ausgelöst werden, wobei verschiedene Systemelemente durch ihre Vernetzung in der Lage sein sollen, das Ungleichgewicht zu identifizieren und die Ausführung der Prozessschritte auszulösen.
- Mit Hilfe der Methodik soll zuverlässig ermittelt werden, ob die Verfügbarkeit der Materialien hergestellt werden kann. Zudem soll die Methodik durch ihren modularen und dezentral-orientierten Aufbau aufwandsarm in bestehende Strukturen integriert werden können.
- Das Ergebnis der Verfügbarkeitsprüfung soll an andere Systemelemente übermittelt werden, indem ausgewählte Bestandteile der Vorgehensweise selbst in der Lage sind, relevante Informationen mit anderen Systemelementen auszutauschen und mit diesen zu interagieren.
- Um die Komplexität zu reduzieren, soll die Überprüfung der Materialverfügbarkeit nicht Bestandteil einer produktionsseitigen Verfügbarkeitsprüfung von Ressourcen oder Betriebsmitteln sein.
- In der menschzentrierten fluiden Montage soll das Personal in der Lage sein, in definierten Situationen in die Vorgehensweise zur Verfügbarkeitsprüfung einzugreifen und selbständig Entscheidungen zu treffen.

Basierend auf dieser Anforderungsspezifikation wird im Folgenden die im Projekt entwickelte Vorgehensweise näher skizziert.

6.3 Vorgehensweise zur Überprüfung der Materialverfügbarkeit

Die entwickelte Vorgehensweise zur Überprüfung der Materialverfügbarkeit ist mit den Prozessen zur Produktionsplanung und -steuerung (PPS) für die Fluide Produktion [19] eng verbunden. Vereinfacht dargestellt werden hierbei drei Schritte durchlaufen. Zunächst wird im Rahmen der Initialplanung ein Basisproduktionsplan erzeugt. Dabei wird eine Kapazitätsprüfung auf Basis eines produktspezifischen Aufgaben-Ressourcen-Abgleichs durchgeführt. Basierend auf den Planungsergebnissen wird in einem zweiten Schritt die Produktion freigegeben und deren Koordination im weiteren Verlauf von der Produktionssteuerung übernommen. Solange keine ungeplanten Ereignisse wie fehlende Teile oder Maschinenausfälle auftreten, wird der ursprünglich festgelegte Produktionsplan ausgeführt. Kommt es jedoch zu Abweichungen, beispielsweise wenn ein Prozessmodul nicht wie geplant verfügbar ist, wird in einem dritten Schritt der Produktionsplanungsprozess erneut angestoßen. Hier handelt es sich um ein dynamisches Rescheduling. Bei Rescheduling-Maßnahmen erfolgt eine Neu- bzw. Umplanung eines existierenden Produktionsplans als Reaktion auf Störungen oder andere Ereignisse [20]. Die Methodik zur Überprüfung der Materialverfügbarkeit kommt unter anderem bei diesen Rescheduling-Prozessen zum Einsatz. In Produktions- und Logistiksystemen lassen sich insbesondere zwei Ereigniskategorien unterscheiden [21]:

- Ressourcenbezogene Ereignisse wie z. B. Materialmangel, Maschinen- oder Werkzeugausfälle
- Auftragsbezogene Ereignisse wie z. B. veränderte Auftragsprioritäten, Anpassungen der Bearbeitungszeiten oder eine Auftragsstornierung

Die Methodik zur Überprüfung der Materialverfügbarkeit lässt sich als dezentral orientiertes Modul zur Entscheidungsunterstützung in ein fluides Produktions- und Logistiksystem implementieren. Als Bestandteil des Materialbereitstellungssystems ist das Modul durchgängig mit allen erforderlichen Systemkomponenten vernetzt, wodurch ein umfangreicher Informationsaustausch und die Interaktion mit anderen Systemelementen gewährleistet ist. Das Konzept der Verwaltungsschale sowie die Ausgestaltung der Komponenten als cyber physisches System (CPS) leisten einen wichtigen Beitrag zur Koordination der Material- und Informationsflüsse. Ferner wird dadurch einer aufwandsarmen Integration in bestehende Strukturen Rechnung getragen.

In Abb. 6.1 ist die Vorgehensweise zur Überprüfung der Materialverfügbarkeit dargestellt. Für eine ausführlichere Beschreibung sei an dieser Stelle auf [22] verwiesen. Die

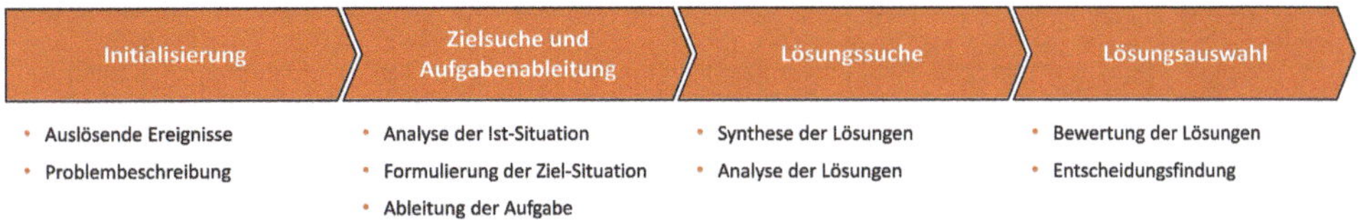

Abb. 6.1 Vorgehen zur Überprüfung der Materialverfügbarkeit in Anlehnung an [22]

Vorgehensweise, welche aus vier Schritten besteht, basiert auf einem Problemlösungsprozess für die Entwicklung technischer Produkte und Systeme [23]. Zunächst findet die Initialisierung der Methodik statt, woraufhin im zweiten Schritt die Zielsuche und Aufgabenableitung folgt. Im dritten Schritt findet die Lösungssuche statt. Abschließend erfolgt im Rahmen der Lösungsauswahl die Bewertung der Lösungen sowie die Entscheidungsfindung.

6.3.1 Schritt 1: Initialisierung

Der erste Schritt umfasst die Initialisierung der Vorgehensweise (vgl. Abb. 6.2). Zunächst gilt es, auftretende Problemsituationen zu identifizieren, die eine Auslösung der Prozessschritte erfordern. Hierbei sind grundsätzlich verschiedene Situationen denkbar. Die vier Schritte umfassende Vorgehensweise wird etwa ausgelöst, wenn in der fluiden Montage ein Ungleichgewicht zwischen Materialangebot und -nachfrage auftritt. Dies ist beispielsweise der Fall, wenn durch ressourcen- und auftragsbezogene Ereignisse Montageplanabweichungen auftreten. Im Rahmen der Aktualisierung des Montageplans ist aus Sicht der Logistik zu überprüfen, inwieweit die anvisierten Umplanungsmaßnahmen die Materialverfügbarkeit beeinflussen. Durch die verfügbaren Freiheitsgrade ist ein fluides Montagesystem etwa in der Lage, während des Betriebs sowohl den Zeitpunkt als auch den Durchführungsort einer Montagetätigkeit zu verschieben. Als Folge treten in der fluiden Montage Situationen auf, in denen das erforderliche Material nicht dort zur Verfügung steht, wo es benötigt wird. Entsprechend resultiert daraus eine Diskrepanz zwischen den benötigten und den verfügbaren Materialien. Gelingt es nicht, dieses Ungleichgewicht vor dem Start der Montageaufgabe durch die Herstellung der Materialverfügbarkeit auszugleichen, drohen zeit- und kostenintensive Verzögerungen im Montageablauf.

Aufgrund der hohen Veränderungsfähigkeit der fluiden Montage und dem kontinuierlichen Streben nach einem Systembetrieb nahe dem Betriebsoptimum ist davon auszugehen, dass das Ungleichgewicht zwischen Materialangebot und -nachfrage in der fluiden Montage im Vergleich zu anderen Produktionssystemen häufiger auftritt. Unter anderem tragen die durchgängig vernetzten und CPS-basierten Systemelemente zu einer hohen systemseitigen Informationsdichte bei, sodass auftretende ressourcen- und auftrags-

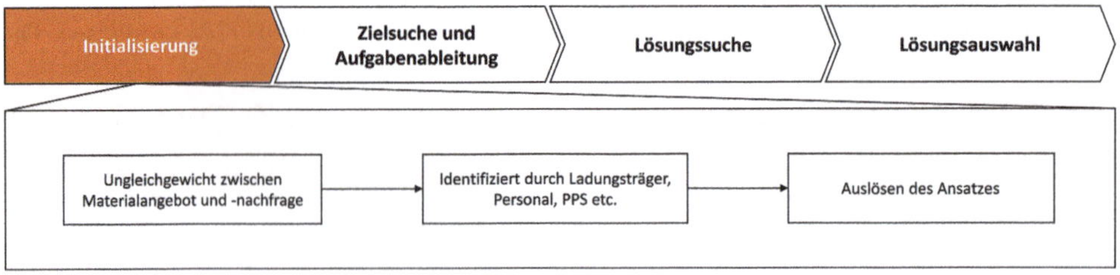

Abb. 6.2 Initialisierung der Vorgehensweise in Anlehnung an [22]

bezogene Ereignisse (z. B. Störungen, fehlendes oder beschädigtes Material) zeitnah erkannt werden. Mit Hilfe dieser Informationen lassen sich die erforderlichen materialflussspezifischen Maßnahmen ohne Zeitverzug einleiten. Beispielsweise kann ein Ladungsträger mit Hilfe der integrierten Sensorik Qualitätsprobleme erkennen, woraufhin er gezielt Maßnahmen zum Ausgleich des dadurch entstehenden Unterschieds zwischen Materialangebot und -nachfrage initiieren kann. Neben Ladungsträgern sind noch weitere Systemelemente in der Lage, die skizzierten Abweichungen zwischen Materialnachfrage und -angebot zu identifizieren und als Auslöser der Prozessschritte zu fungieren. Als weitere Beispiele können FTF, Prozessmodule, Lager- und Bereitstellflächen oder das Personal genannt werden. Entsprechend sind verschiedene Systemelemente durch ihre Vernetzung in der Lage, das Ungleichgewicht zu identifizieren und die Prozessausführung auszulösen. Des Weiteren gewährleisten die beschriebenen Schritte zur Initialisierung des Vorgangs, dass dieser der physischen Materialbereitstellung vorgelagert und nach der Freigabe eines Montageauftrags ausführbar ist.

6.3.2 Schritt 2: Zielsuche und Aufgabenableitung

Aufbauend auf der Problemidentifizierung und Prozessauslösung erfolgen im zweiten Schritt die Zielsuche und die Aufgabenableitung. Diesbezüglich ist zunächst eine Analyse der Ist-Situation erforderlich. Sie zielt darauf ab, einen Überblick über die aktuelle materialbereitstellungsorientierte Situation des fluiden Montage- und Logistiksystems zu schaffen. Um eine ganzheitliche Betrachtung zu gewährleisten und alle wichtigen Einflussfaktoren auf das Materialbereitstellungssystem zu berücksichtigen, werden die beschriebenen Parameter der Materialbereitstellung für die Ist-Situationsanalyse zugrunde gelegt. Als Ergebnis entsteht eine detaillierte Analyse der Ist-Situation hinsichtlich der materialversorgungsrelevanten Parameter.

Im nächsten Schritt wird das Ziel formuliert. Das Ergebnis der Zielformulierung beschreibt den angestrebten Systemzustand. Eine detaillierte Erarbeitung der Zielformulierung erleichtert die spätere Suche nach Lösungsalternativen. Um im Weiteren eine Vergleichbarkeit von Ziel- und Ist-Situation zu gewährleisten, erfolgt die Formulierung des anvisierten Zielzustands ebenfalls mit Hilfe der Materialbereitstellungsparameter. Als Ergebnis liegt eine eindeutige Formulierung des Zielzustands vor.

Basierend auf der ermittelten Ist- und Zielsituation, findet im nächsten Zwischenschritt die Aufgabenableitung statt. Im Mittelpunkt der Aufgabenableitung steht die Frage, welche Aufgaben durchzuführen sind, um die derzeitige Ist-Situation in den anvisierten Ziel-Zustand zu überführen. Es wird eine Abweichungsanalyse durchgeführt, um herauszuarbeiten, inwiefern sich die aktuelle Ist-Situation und die Ziel-Situation unterscheiden. Im Rahmen der Abweichungsanalyse werden die erhobenen Materialbereitstellungsparameter systematisch und schrittweise miteinander verglichen. Durch diese Vorgehensweise wird sichergestellt, dass alle Aufgaben, d. h. auszuführende Materialbereitstellungsfunktionen wie z. B. Transporte, identifiziert werden, die notwendig sind, um die derzeitige

Ist-Situation in die Ziel-Situation zu überführen. Die identifizierten Tätigkeiten lassen sich anschließend in einer Aufgabensequenz zusammenfassen [24]. Hierbei wurde im Projektverlauf berücksichtigt, dass sich sowohl die Ist- als auch die Ziel-Zustände in der Fluiden Produktion im Zeitverlauf verändern können. Infolgedessen können mehrere Iterationen erforderlich sein und es ist notwendig, explizite Abbruchkriterien zu definieren.

Als Ergebnis der Aufgabenableitung steht eine Aufgabensequenz zur Verfügung, aus der hervorgeht, welche Materialbereitstellungsfunktionen nacheinander auszuführen sind, um das Delta zwischen Materialbedarf und -angebot auszugleichen. Die Aufgabensequenz gibt somit Auskunft darüber, welche materialbereitstellungsbezogenen Funktionen auszuführen sind, um den Ist-Zustand in den Ziel-Zustand zu überführen. Abb. 6.3 gibt anhand eines Beispiels einen zusammenfassenden Überblick über die beschriebenen Inhalte des Prozessschritts zur Zielsuche und Aufgabenableitung.

6.3.3 Schritt 3: Lösungssuche

Basierend auf der erzeugten Aufgabensequenz werden im dritten Schritt mögliche Lösungen gesucht. Die Lösungssuche besteht aus einer Lösungssynthese und einer nachfolgenden Analyse der Lösungen. Die Lösungssynthese zielt darauf ab, alternative Lösungsmöglichkeiten zur Erledigung bzw. Abarbeitung der Aufgabensequenz zu identifizieren. Hierzu wird eine Liste mit den möglichen Lösungsoptionen generiert, um den Ist-Zustand in den Ziel-Zustand zu überführen. Um die Komplexität und den Aufwand für die Planungs- und Analyseumfänge zu reduzieren, wurden im Projekt Randbedingungen und Annahmen formuliert, die den potenziellen Lösungsraum eingrenzen. Ferner wird die Anzahl etwaiger Lösungen durch die in der fluiden Montage vorhandenen Komponenten

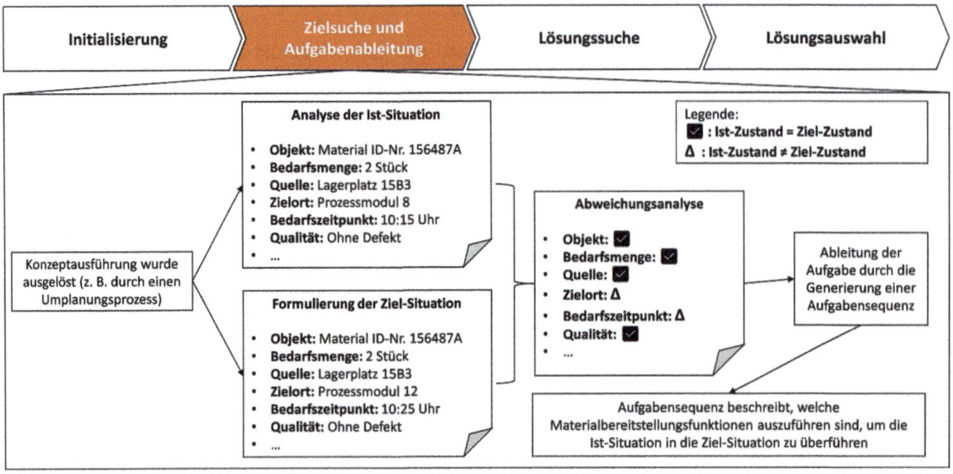

Abb. 6.3 Zielsuche und Aufgabenableitung in Anlehnung an [22]

und Strategien zur Materialbereitstellung (z. B. für Transport oder Lagerung) beeinflusst. Beinhaltet die Aufgabensequenz beispielsweise die Aufgabe „Transport" und im fluiden Montagesystem sind mehrere Alternativen zur Transportausführung verfügbar (z. B. FTF oder Gabelstapler), existieren mehrere Lösungsoptionen zur Ausführung der Transportaufgabe. Dadurch ist die Methodik weitgehend unempfindlich gegenüber heterogenen Systemzuständen, welche durch variierende Strategien oder die verfügbare Fahrzeuganzahl im Rahmen der Materialbereitstellung auftreten können. Die Auflistung aller möglichen Optionen für die Ausführung der Aufgabensequenz stellt das Ergebnis der Lösungssynthese dar.

Im nächsten Schritt gilt es, die Lösungsoptionen zu analysieren. Hierbei werden die individuellen Lösungsoptionen im Hinblick auf die resultierenden Konsequenzen untersucht, die entstehen, wenn die jeweilige Option umgesetzt wird. Bei der Analyse der Lösungsoptionen lassen sich verschiedene Dimensionen berücksichtigen, wie z. B. kapazitäts- oder zeitrelevante Faktoren [25]. Wird eine Lösungsoption z. B. hinsichtlich der zeitlichen Dimension analysiert, kann die betrachtete Option hinsichtlich der zu erwartenden Rechtzeitigkeit, Synchronizität oder Pünktlichkeit der Materialbereitstellung untersucht und bewertet werden [3]. Aufgrund der dynamischen Materialflussstrukturen und den damit einhergehenden Systemunsicherheiten wurden im Projektverlauf bei der Analyse der Lösungsoptionen unterschiedliche Eintrittswahrscheinlichkeiten berücksichtigt. Als Ergebnis der Lösungssuche liegt eine Sammlung potenzieller Lösungsalternativen und der zu erwartenden Konsequenzen unter Berücksichtigung von Eintrittswahrscheinlichkeiten vor, die sich ergeben, wenn die jeweilige Lösungsoption realisiert wird. In Abb. 6.4 sind die Schritte zur Lösungssuche beispielhaft skizziert.

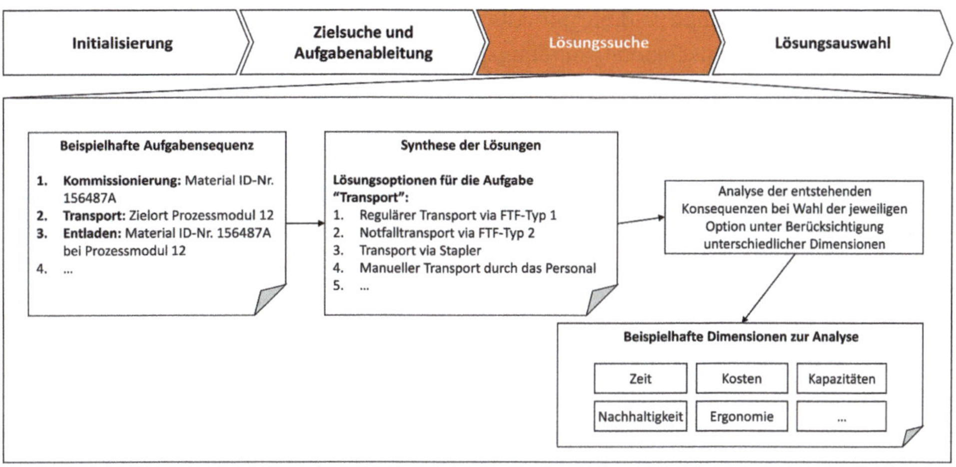

Abb. 6.4 Lösungssuche in Anlehnung an [22]

6.3.4 Schritt 4: Lösungsauswahl

Der vierte Schritt hat die Auswahl einer geeigneten Lösung zum Ziel. Hierbei wird zwischen einem Bewertungs- und Entscheidungsprozess unterschieden. Zunächst erfolgen im Rahmen des Bewertungsprozesses Vorarbeiten für die spätere Entscheidungsfindung. Um die im vorherigen Schritt ermittelten Lösungsoptionen zu bewerten, ist unter anderem die Vergleichbarkeit unterschiedlicher Dimensionen zu gewährleisten.

Die finale Entscheidungsfindung baut auf der Bewertung der Lösungsoptionen auf und zielt darauf ab, eine geeignete Lösung zu identifizieren. Welche Lösungsoption als geeignet eingestuft wird, ist kontextabhängig, da sich beispielsweise die Präferenzen im Zeitverlauf verschieben. Diesbezüglich haben sich im Projektverlauf zwei typische Situationen herauskristallisiert. In einer Situation kann es für die Gesamtsystemleistung vorteilhaft sein, wenn die Lösung mit den niedrigsten Materialbereitstellungskosten gewählt wird. In einer anderen Situation kann es hingegen von Vorteil sein, wenn für die Materialbereitstellung vorübergehend höhere Kosten akzeptiert werden, um die Montage eines hoch priorisierten Produkts zu ermöglichen.

Zur Entscheidungsfindung war eine dynamisch anpassbare Entscheidungsregel erforderlich. Typischerweise setzt sich eine Entscheidungsregel aus einer Präferenzfunktion und einem Optimierungskriterium für den Präferenzwert zusammen [26]. Im Projektverlauf wurde eine Entscheidungsregel exemplarisch erprobt. Hierbei wurden die bewerteten Lösungsoptionen priorisiert und anschließend die Option mit der höchsten Priorität ausgewählt. In diesem Zusammenhang wurden darüber hinaus Schnittstellen definiert, die es dem Personal erlauben, in die Vorgehensweise zur Verfügbarkeitsprüfung einzugreifen und selbständig Entscheidungen zu treffen. Dies ist beispielsweise erforderlich, wenn aufgrund der Trennung von material- und ressourcenorientierter Verfügbarkeitsprüfung keine zeitnahe Lösungsfindung zu erwarten ist (Endlosschleifen). Dadurch trägt die Methodik zur Realisierung einer menschzentrierten fluiden Montage bei, in der das Personal bedarfsorientiert in den Entscheidungsprozess involviert wird.

Das Ergebnis des Entscheidungsfindungsprozesses gibt Auskunft darüber, ob und unter welchen Rahmenbedingungen (z. B. Kosten oder Zeiten) die Materialverfügbarkeit hergestellt werden kann oder nicht. Wenn die Materialverfügbarkeit herstellbar ist, werden die nächsten Schritte eingeleitet (vgl. Abb. 6.5). Hierzu zählt etwa die Veranlassung der physischen Materialbereitstellung oder das Einleiten von Prozessmodulreservierungen. Wenn die Materialverfügbarkeit nicht realisiert werden kann, erfolgt über Rückkopplungsschleifen eine entsprechende Nachricht an den ursprünglichen Initiator der Verfügbarkeitsprüfung. Dies ist beispielsweise der Fall, wenn die verbleibende Zeit für die Bereitstellung der Materialien mittels der verfügbaren Materialbereitstellungstechniken nicht ausreicht. Entsprechend verfügen Elemente der Methodik über die Möglichkeit, das Ergebnis der Verfügbarkeitsprüfung an andere Systemelemente zu übermitteln.

Im Ergebnis trägt die erarbeitete Methodik dazu bei, dass die in der Fluiden Produktion verfügbaren Freiheitsgrade nutzbar sind. Gleichzeitig übernimmt sie auch eine regulierende Funktion, indem ermittelt wird, inwieweit die Materialverfügbarkeit hergestellt

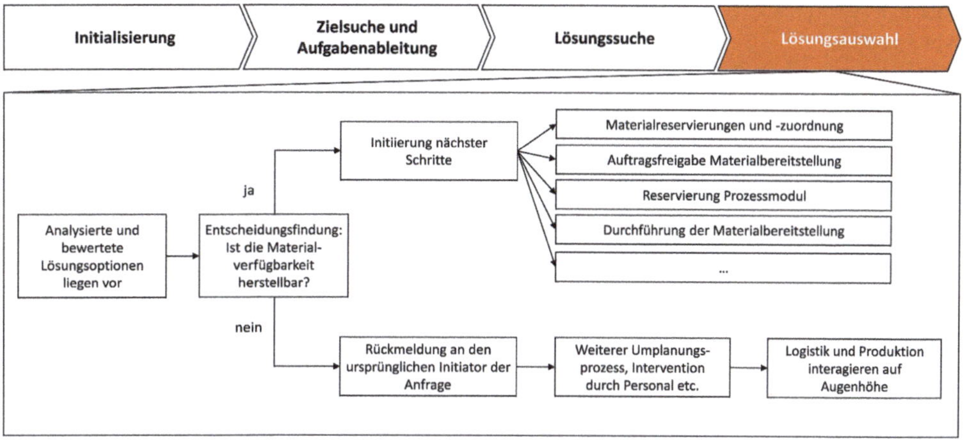

Abb. 6.5 Lösungsauswahl in Anlehnung an [22]

werden kann und ob eine Nichtverfügbarkeit von Materialien den weiteren Betrieb des fluiden Produktionssystems beeinträchtigt. Somit leistet die Methodik einen Beitrag, dass Logistik und Produktion/Montage in der Fluiden Produktion auf Augenhöhe interagieren. Die Ausgestaltung der Methodik trägt wesentlich dazu bei, dass die Bereitstellung der benötigten Materialien am Bedarfsort weitgehend ohne ein übergeordnetes Steuerungssystem erfolgen kann. Dadurch kann die vernetzte Logistik flexibel auf unvorhergesehene Ereignisse reagieren und sich an veränderte Anforderungen anpassen. Ein weiterer Vorteil der Vorgehensweise, welche der physischen Materialbereitstellung vorgelagert ist, resultiert aus der Vermeidung von Transporten und somit der Reduzierung des Verkehrsaufkommens, wenn die Materialverfügbarkeit nicht sichergestellt werden kann und entsprechend neue Lösungsalternativen zur Durchführung der Montagetätigkeiten in enger Abstimmung mit der Produktionsplanung und -steuerung zu erarbeiten sind. Dadurch trägt die vernetzte Logistik während des Betriebs einer Fluiden Produktion zur Effizienzsteigerung und Ressourceneinsparung bei.

6.4 Zusammenfassung und Ausblick

Die hier beschriebene Vorgehensweise zur Überprüfung und Sicherstellung der Materialverfügbarkeit leistet einen wichtigen Beitrag zur logistischen Materialbereitstellung in fluiden Produktions- und Montagesystemen. Die Vorgehensweise ist durch seine Ausgestaltung aufwandsarm in die gesamtheitlichen Planungs- und Steuerungsstrukturen der Fluiden Produktion integrierbar. Perspektivisch sind einzelne Schritte und Bestandteile der Vorgehensweise weiter zu detaillieren und unter verschiedenen Systemkonfigurationen zu testen. Beispielsweise gilt es weitere Potenziale und Grenzen der Vorgehensweise zu ermitteln. Verbesserungspotenziale sind beispielsweise bei der Lösungssuche und -auswahl

Tab. 6.1 Verwendete Abkürzungen

Cyber-physisches System	CPS
Fahrerlose Transportfahrzeuge	FTF
Produktionsplanung und -steuerung	PPS

zu erwarten. Diesbezüglich besteht auch die Möglichkeit, die vier Schritte der Methodik in ein lernfähiges System zu implementieren, mit dem Ziel, die Qualität der Materialbereitstellung in der Fluiden Produktion weiter zu verbessern (Tab. 6.1).

Literatur

1. Dyckhoff H, Spengler T (2010) Produktionswirtschaft. Springer, Berlin/Heidelberg
2. Stürmann A (2012) Montagesynchrone Auftragssteuerung. Zugl.: Hannover, Univ., Diss., 2012. PZH Produktionstechnisches Zentrum, Garbsen
3. Nickel R (2008) Logistische Modelle für die Montage. Zugl.: Bremen, Univ., Diss., PZH Produktionstechn. Zentrum, Garbsen
4. Nyhuis P, Nickel R, Busse T (2006) Logistisches Controlling der Materialverfügbarkeit mit Bereitstellungsdiagrammen. Z wirtsch Fabrikbetr 101(5):265–268
5. Arnolds H et al (2022) Materialwirtschaft und Einkauf. Springer Fachmedien, Wiesbaden
6. Stolz N (1988) Materialbereitstellung in der Montage. Zugl.: Aachen, Techn. Hochschule, Diss., 1988
7. Nyhuis P, Schmidt M, Wriggers F (2008) Kennlinienorientiertes Lagermanagement. In: Inderfurth K et al (Hrsg) Netzwerklogistik: 13. wissenschaftliche Fachtagung, 06.–07. März 2008, Logistik aus technischer und ökonomischer Sicht. Logisch, Magdeburg, S 279–293
8. Verein Deutscher Ingenieure (2004) Verfügbarkeit von Transport- und Lageranlagen sowie deren Teilsysteme und Elemente. VDI 3581, Berlin
9. Verein Deutscher eIngenieure (1992) Anwendung der Verfügbarkeitsrechnung für Förder- und Lagersysteme. VDI 3649, Berlin
10. Deutsches Institut für Normung (2018) Instandhaltung – Begriffe der Instandhaltung. DIN EN 13306, Berlin
11. Verein Deutscher Ingenieure (2012) Zuverlässigkeit in der Intralogistik: Leistungsverfügbarkeit. VDI 4486, Berlin
12. REFA (1991) Methodenlehre der Betriebsorganisation - Planung und Steuerung – Teil 2. REFA – Verband für Arbeitsstudien und Betriebsorganisation. Hanser, München
13. Bullinger H-J (1995) Arbeitsgestaltung. Teubner, Stuttgart
14. Verein Deutscher Ingenieure (2007) Zuverlässigkeitsmanagement. VDI 4003, Berlin
15. Hirt K, Köhl E, Roos E (1991) Probleme und Trends beim Einsatz von PPS-Systemen. VDI-Z 133(3):38–42
16. Esser H (1996) Integration von Produktionslogistik und Montageplanung und -steuerung. Zugl.: Aachen, Techn. Hochsch., Diss., 1996. Shaker, Aachen
17. Scheer A-W (1998) Wirtschaftsinformatik. Springer, Berlin/Heidelberg
18. Schmidt M, Nyhuis P (2021) Produktionsplanung und -steuerung im Hannoveraner Lieferkettenmodell. Springer, Berlin/Heidelberg
19. Hinrichsen T-F et al (2023) Order management perspective on fluid manufacturing systems. Proced Comp Sci 217:413–422
20. G. Vieira, J. Hermann und E. Lin: Rescheduling manufacturing systems: a framework of strategies, policies, and methods. In: J Sched, 6, Nr. 1, S. 39–62 2003.

21. D. Ouelhadj und S. Petrovic: A survey of dynamic scheduling in manufacturing systems. In: J Sched, Jg. 12, Nr. 4, S. 417–431, 2009.
22. M. Hagg und R. Schulz: Concept for material supply in fluid manufacturing systems. In: W. Kersten et al. (Hg.): Changing tides: the new role of resilience and sustainability in logistics and supply chain management - innovative approaches for the shift to a new era, Proceedings of the Hamburg International Conference of Logistics, Berlin, 2022, S. 11–39.
23. Verein Deutscher Ingenieure (2019) Entwicklung technischer Produkte und Systeme: Modell der Produktentwicklung. VDI 2221 Blatt 1, Berlin
24. N. Kousi et al.: Service oriented architecture for dynamic scheduling of mobile robots for material supply. In: Procedia CIRP, Jg. 55, S. 18–22, 2016.
25. Droste M (2013) Parameterbasierte Modellierung innerbetrieblicher Milkrun-Systeme zur Planung der Materialbereitstellung in der Montage. Zugl.: Dortmund, Techn. Univ., Diss. Shaker, Aachen
26. Laux R (2018) Gillenkirch und H. Schenk-Mathes: Entscheidungstheorie. Springer Gabler, Berlin

Arbeit in der Fluiden Produktion

7

Jonas Arnold und Bernd Zinn

7.1 Einleitung

Die Arbeit in der Fluiden Produktion ist durch eine prozessbegleitende Änderung der Anforderungen an einzelne Arbeitsplätze sowie veränderte Arbeitsabläufe und Kompetenzzuschnitte in der Produktion geprägt. Mitarbeitende in der Produktion müssen sich im Kontext des sich dynamisch verändernden Arbeitsumfelds anpassen können. Die berufliche Aus-, Fort- und Weiterbildung muss daher sowohl bei den curricularen Vorgaben als auch bei den didaktisch-methodischen Ansätzen an die veränderten Anforderungen der digitalisierten, fluiden Produktion und den adaptiven Einsatz von Educational Technologies angepasst werden. Für das Gelingen des Transformationsprozesses in der Fluiden Produktion spielen bei der Entwicklung innovativer Lernprozesse u. a. die Lernleistung, die Technologieakzeptanz und die wahrgenommene Arbeitsbelastung der Mitarbeitenden in der Produktion eine entscheidende Rolle. Im Hinblick auf veränderte Kompetenzzuschnitte müssen agile Qualifikationsangebote entwickelt und erprobt werden. Dies betrifft sowohl die Analyse der Qualifikationsanforderungen als auch das methodisch-didaktische Vorgehen im Qualifizierungsprozess. Dieser kann sowohl in einem Learning on the Job, als auch in formalen beruflichen Aus- und Weiterbildungsmaßnahmen erfolgen. Die Fluide Produktion verlangt von den Mitarbeitenden eine qualifizierungsbezogene Flexibilität oder, anders ausgedrückt, Mitarbeitende müssen mit sich stetig ändernden Kompetenzanforderungen rechnen. Neben formalen Qualifizierungsmaßnahmen bedarf es daher in der Fluide Produktion auch individualisierter Qualifizierungskonzepte, die zugleich leistungsfähig und für die Gruppe der Mitarbeitenden validiert sind. Vor diesem Hinter-

J. Arnold · B. Zinn (✉)
Institut für Erziehungswissenschaft, Universität Stuttgart, Stuttgart, Deutschland
E-Mail: bernd.zinn@ife.uni-stuttgart.de

T. Bauernhansl, A. Al Assadi (Hrsg.), *Fluide Fahrzeugproduktion für die Mobilität der Zukunft*, ARENA2036, https://doi.org/10.1007/978-3-662-70847-7_7

grund beschäftigen sich die beiden Autoren im vorliegenden empirischen Beitrag mit der Lernleistung und der Akzeptanz einer Qualifizierungsmaßnahme in der Montage unter Nutzung einer Assisted Reality (aR).

7.2 Studienexperiment zur Untersuchung von fluiden Qualifizierungsmaßnahmen in der Montage im Kontext der Verwendung einer Assisted Reality (aR)

Studiendesign

Die experimentelle Studie zielt darauf ab, eine evidenzbasierte Aussage zur Lernleistung von (angehenden) Montagemitarbeitenden unter Berücksichtigung von Kontrollvariablen treffen zu können. Innerhalb eines Studienexperiments mit klassischem Experimental- und Kontrollgruppendesign wurden hierzu die Lernleistung, Usability, Akzeptanz, wahrgenommene Arbeitsbelastung und die Stressmomente bei (angehenden) Montagemitarbeitenden untersucht. Die Probanden der Experimentalgruppe sollen dabei eine Montagetätigkeit selbstständig erlernen, wobei sie durch eine Assisted Reality (aR) über statische digitale Objekte instruktionsorientiert unterstützt werden. Während die Probanden der Kontrollgruppe (KG) die Montagetätigkeit nach der traditionellen Lehrmethode des Cognitive Apprenticeship [1], mit Trainer*in erlernen, soll die Experimentalgruppe (EG) die Montagetätigkeit selbstständig mit dem Assistenzsystem mit der Datenbrille HMT-1 von RealWear lernen.

In Abb. 7.1 wird das Studiendesign dargestellt. Von zentralem Studieninteresse sind dabei die Analyse der Lernleistung unmittelbar nach dem Training sowie die längerfristige

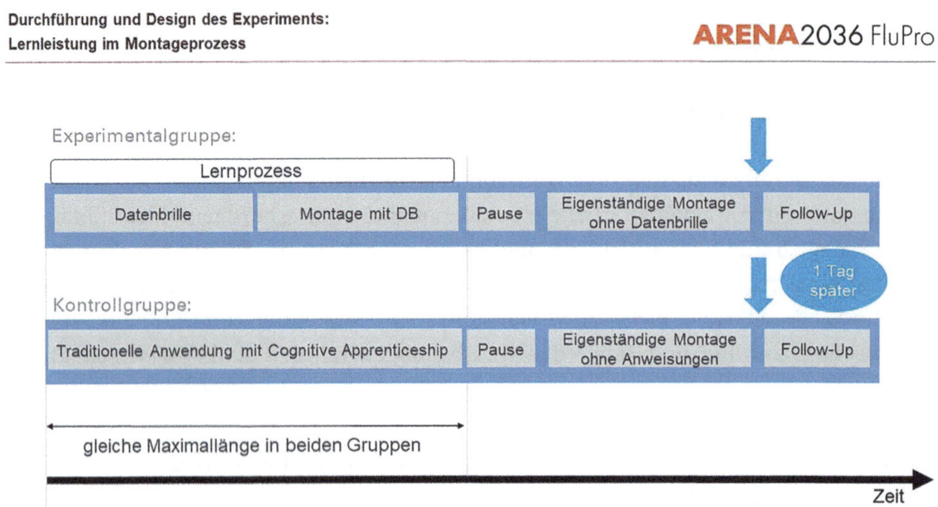

Abb. 7.1 Studiendesign mit Experimental- und Kontrollgruppe

Lernleistung der Probanden in einer Follow-up-Messung. Es handelt es sich beim Training der EG um die Realisierung eines aR-gestützten Lernarrangements, bei dem die Nutzer*innen im Selbstlernprozess alle relevanten Informationen zur Durchführung der Montagetätigkeit im unmittelbaren Sichtfeld (ohne Trainer*in) zur Verfügung gestellt werden. Die Länge des Trainings wurde für beide Gruppen (EG und KG) mit maximal 45 min angesetzt. Zur Abschätzung der Lernleistung wurden (1.) die Richtigkeit der Montage (im Follow-up), (2.) die benötigte Zeit des Montageprozesses und (3.) die tatsächlich benötigte Dauer des individuellen Trainings ($\leq$ 45 min) herangezogen. Die Trainings wurden videografisch aufgezeichnet, um eine detaillierte Analyse der Arbeitsschritte der Montage und deren Richtigkeit sowie der Dauer der einzelnen Arbeitsschritte sicherzustellen.

Zusätzlich zur Lernleistung wurden allgemeine Angaben zu den Testpersonen und spezifische Daten zu den Trainings der Experimental- und der Kontrollgruppe erhoben. Die Befragung der Experimentalgruppe erfolgt mit adaptierten und bereits validierten quantitativen Instrumenten [2]. Mit den Instrumenten wurde die Usability (z. B. Aufgabenangemessenheit, Selbstbeschreibungsfähigkeit, …), die Technologieakzeptanz (z. B. Benutzerfreundlichkeit, Nutzungsintention, …), die User Experience (Gegensatzpaare, z. B. behindernd/unterstützend) und die wahrgenommene Arbeitsbelastung erfasst [3]. Die Befragungen mittels des NASA Task Load Index beziehen sich in beiden Fällen auf die wahrgenommene Arbeitsbelastung, wie beispielsweise die geistige Anforderung, die bei der Informationsaufnahme und -verarbeitung erforderlich ist. Die Testpersonen konnten somit die Aufgaben als leicht oder anspruchsvoll, einfach oder komplex, oder als eine hohe Genauigkeit erfordernd vs. fehlertolerant bewerten.

Die Kontrollgruppe wurde nach dem Training bezüglich der folgenden Konstrukte befragt: allgemeine Angaben, Motivation, User Experience, wahrgenommene Arbeitsbelastung und Lernunterstützung.

Bei der User Experience wurden EG und KG befragt, ob sie beispielsweise die Einweisung durch das Assistenzsystem (in der EG) bzw. den Trainer (in der KG) als unterstützend, einfach oder effizient empfunden haben. Mithilfe des ebenfalls validierten Instruments CFT 20-R wurde in beiden Gruppen die fluide Intelligenz der Testpersonen erhoben. Außerdem wurde die electrodermal activity aller Teilnehmenden zur Abschätzung der Moments of Stress (MOS) [4] mittels des empatica E4 wristband während der drei Phasen: Lernprozess, eigenständige Montage und Follow-up (Abb. 4.1) aufgenommen.

Montageprozess

Der Montageprozess lässt sich wie folgt darstellen. Die Auswertung gewichtet die einzelnen Schritte zur Bestimmung der Montageleistung, die ebenfalls bei der Berechnung der Lernleistung einfließt.

Abb. 7.2 veranschaulicht in der Übersicht die einzelnen Endzustände der Schritte. Dabei wird der Übersichtlichkeit halber auf einige Differenzierungen verzichtet, die jedoch in einer Checkliste detailliert aufgeführt sind. Die Richtigkeit der Durchgänge ist entlang von elf Montageschritten bewertet. Inhaltlich ist die Einführung der Kontroll-

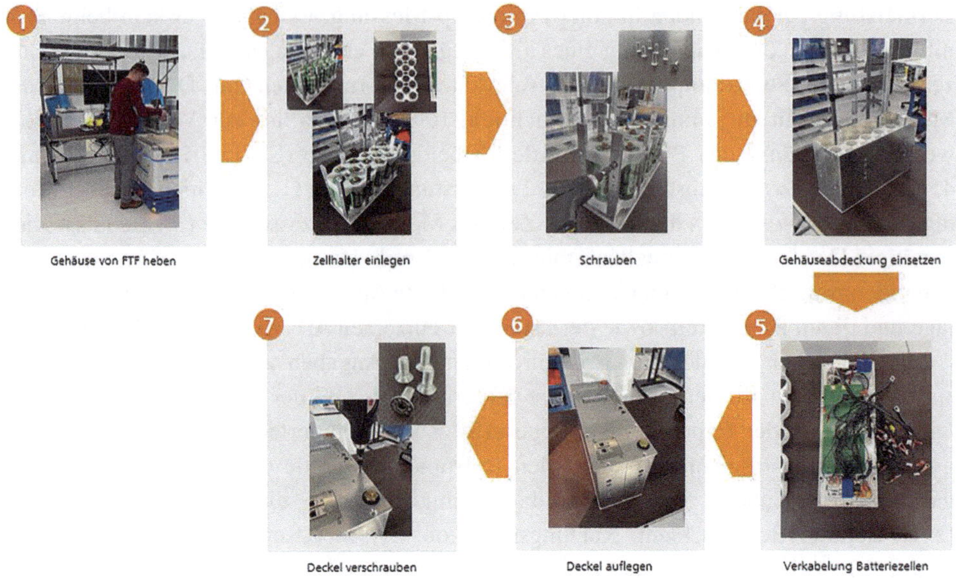

Abb. 7.2 Übersicht der einzelnen Schritte des betrachteten Montageprozesses

gruppe vergleichbar mit der Experimentalgruppe, sodass die Bewertungsschritte des Montageprozesses in beiden Gruppen vergleichbar abgebildet sind.

Trainingskonzept Montageprozess mittels Assisted Reality (HMT-1)
Die Testpersonen der Experimentalgruppe wurden mit dem für das HMT-1 (head mounted tablet) konzipierte „Trainingskonzept (für den) Montageprozess" in die geforderten Abläufe des o. a. Montageprozesses eingeführt. Die Entwicklung dieser aR-gestützten Einführung erfolgte im Rahmen einer studentischen Seminararbeit am BPT. Sie umfasst detaillierte Beschreibungen der einzelnen Arbeitsschritte in Form von Bildern (siehe Abb. 7.3), Texten und Videos mit Ton. Mittels Sprachsteuerung konnten die Testpersonen durch die einzelnen Einführungsschritte navigieren. Außerdem konnten sie durch spezielle Sprachbefehle, wie z. B. „Zoomfaktor 5" den Ausschnitt eines betrachteten Bildes vergrößern und diesen mittels einer, durch einen Gyro-Sensor detektierten, Kopfbewegung verschieben. Somit konnten alle Details auf den Bildern betrachtet werden. Jede der speziell hervorgehobenen Schaltflächen lässt sich durch den entsprechenden Sprachbefehl („Zurück", „Weiter", „Schliessen", „Zoomfaktor 1–5") anwählen. Eine erkannte Spracheingabe wird durch ein Pop-Up-Fenster in der Mitte des Bildschirms nochmals sichtbar gemacht (hier: „Weiter"). Die Punktereihe im unteren Teil der Abbildung zeigt an, in welchem Unterschritt sich der Nutzer momentan innerhalb des Schrittes 2 befindet.

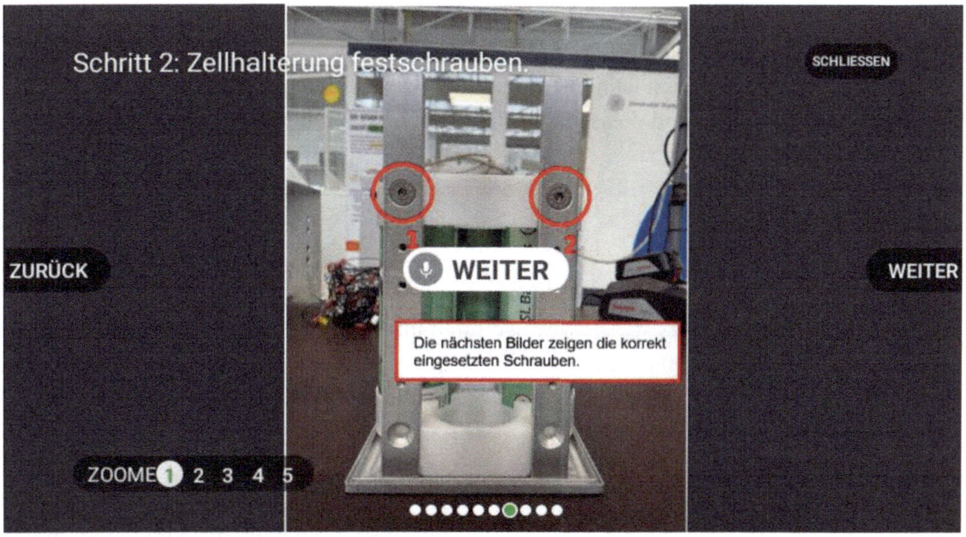

Abb. 7.3 Nutzer*innenansicht während des Einführungsdurchgangs (EG)

Cognitive Apprenticeship (Kontrollgruppe)

Das Instruktionsmodell des Cognitive Apprenticeship [1] umfasst die sechs Abschnittsphasen Modelling, Coaching, Scaffolding, Fading, Articulation und Exploration.

Zur möglichst theoriegetreuen Umsetzung dieser sechs Phasen wurde der Lernprozess folgendermaßen strukturiert:

Die erste Montage wird vollständig von der Trainerperson durchgeführt. Hierbei erhalten die Testpersonen zusätzlich verbalisierte Einweisungen zu den einzelnen Schritten. Es werden mögliche Fehlerquellen und Schwierigkeiten während des Modellvorgehens genannt [5].

Die folgende Demontage darf nicht von den Testpersonen beobachtet werden.

Die zweite Montage wird mit Hilfestellungen der Trainerperson durch die Testperson selbst vorgenommen. Zunächst werden die Schritte nicht gleich genannt, sondern gewartet, dass die Testpersonen die Abläufe selbst rekonstruieren. Die Trainerperson gibt Rückmeldungen über positive Leistungen und gibt ggf. Hilfestellungen oder beantwortet Fragen.

Ist es während der zweiten Montage bereits absehbar, dass die Testperson die geforderten Schritte korrekt ausführt, zieht sich die Trainerperson zurück und gibt nur noch bedarfsbezogene Rückmeldungen.

Abschließend kann die Montagetätigkeit unter Beachtung der Maximalzeit nochmals mit Unterstützung durchgeführt werden. Hierzu werden die Testpersonen gefragt, ob sie sich die Montage, ohne Hilfestellungen, zutrauen. Hierdurch soll das Element der bewussten Reflexion realisiert werden. Das Training gilt spätestens dann als abgeschlossen, wenn die Maximalzeit abgelaufen ist (um die Vergleichbarkeit zwischen EG und KG zu gewährleisten) oder die Testperson sich bereits vorher ausdrücklich dazu in der Lage sieht, die Montage selbstständig durchzuführen.

Die Phase der Exploration ist nicht umgesetzt, da sie einen zweiten analogen Montageprozess erfordern würde und dieser in der Untersuchung nicht durchgeführt werden soll.

7.3 Ergebnisse

Stichprobe

Die Experimentalgruppe (N = 20; 55 % weiblich und 45 % männlich) hat zum Zeitpunkt der Testung ein Durchschnittsalter von 26 Jahren (mittlerer IQ-Wert von 111,8). Die Kontrollgruppe (N = 15; 27 % weiblich und 73 % männlich) hat ein mittleres Alter von 28 Jahren (mittlerer IQ-Wert von 106,8).

Follow-up

Abb. 7.4 zeigt die mithilfe der Checkliste analysierten Richtigkeiten der Montagen im Follow-up für beide Gruppen in %. Der Mittelwert für die Experimentalgruppe liegt bei etwa 90,5 %, während der Median in der Abbildung bei etwa 91 % liegt.

Für die Kontrollgruppe liegt der Mittelwert bei etwa 96 % und der Median bei 100 %. Die beiden Ausreißer in dieser Gruppe liegen bei 81,8 % und 54,5 %.

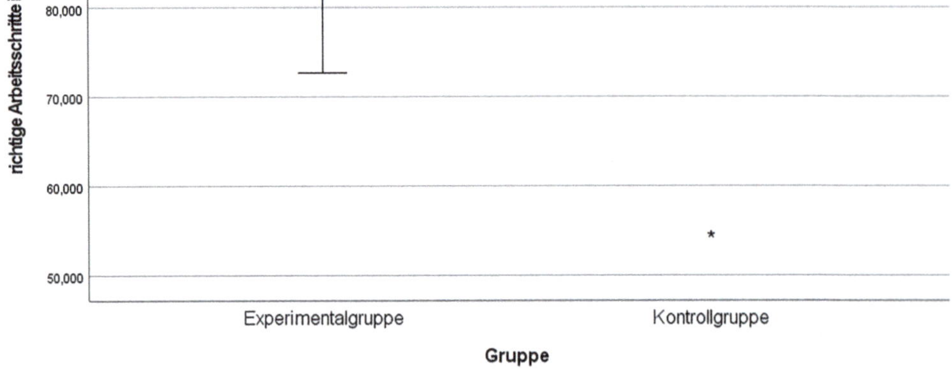

Abb. 7.4 Vergleich der richtig ausgeführten Arbeitsschritte im Follow-up Durchgang

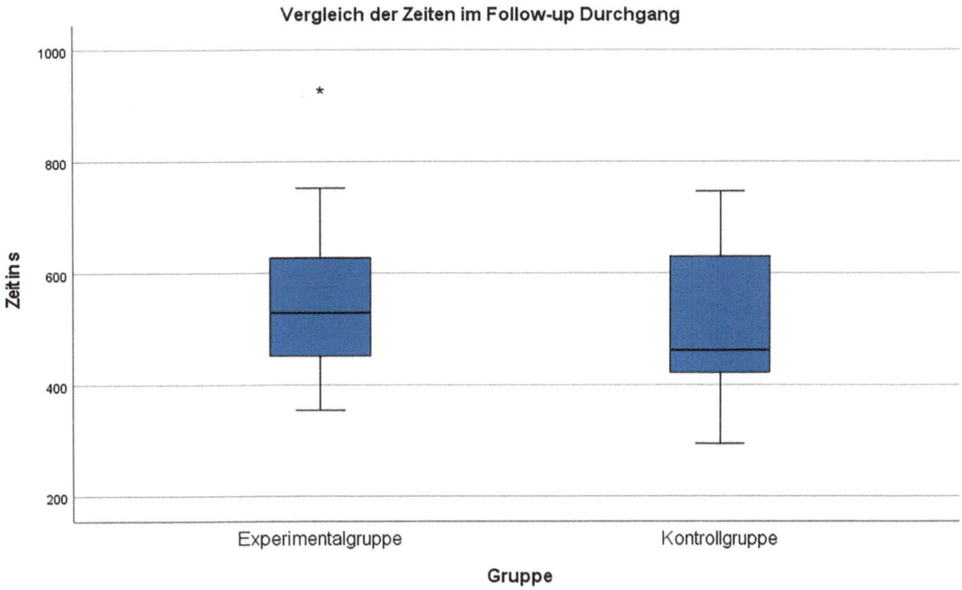

Abb. 7.5 Montagezeiten im Follow-up Durchgang

Abb. 7.5 zeigt die Zeiten, die die Testpersonen im Follow-up-Durchgang für eine Montage benötigt haben. Der Mittelwert für die Experimentalgruppe liegt bei 555 s. Der Ausreißer liegt bei 928 s.

Für die Montagezeit der Kontrollgruppe ergibt sich ein Mittelwert von 499 s. Der Maximalwert liegt bei 746 s. Der schnellste Durchgang wurde für eine Testperson der Kontrollgruppe mit 294 s aufgenommen.

Montageleistung

Zur Berechnung der Montageleistungen wird folgende Definition verwendet:

$$P = \frac{\Delta W}{\Delta t}$$

Mit der Arbeit ΔW als Summe der einzelnen Arbeitsschritte dW_k in %:

$$\Delta W = \sum_{k=1}^{11} \mathrm{d}W_k$$

Die Montageleistung kann in dieser Definition als Metrik verwendet werden, um eine Aussage darüber zu treffen, welchen Anteil der Gesamtarbeit (100 %) eine Testperson pro Sekunde verrichtet.

In Abb. 7.6 sind die Montageleistungen der beiden eigenständigen Durchgänge gegeben. Die ersten eigenständigen Durchgänge direkt nach der Einführung weisen in beiden Gruppen eine geringere Montageleistung als die jeweiligen Follow-up-Durchgänge auf. In Tab. 7.1 sind die berechneten Montageleistungen der Durchgänge und Gruppen aufgelistet.

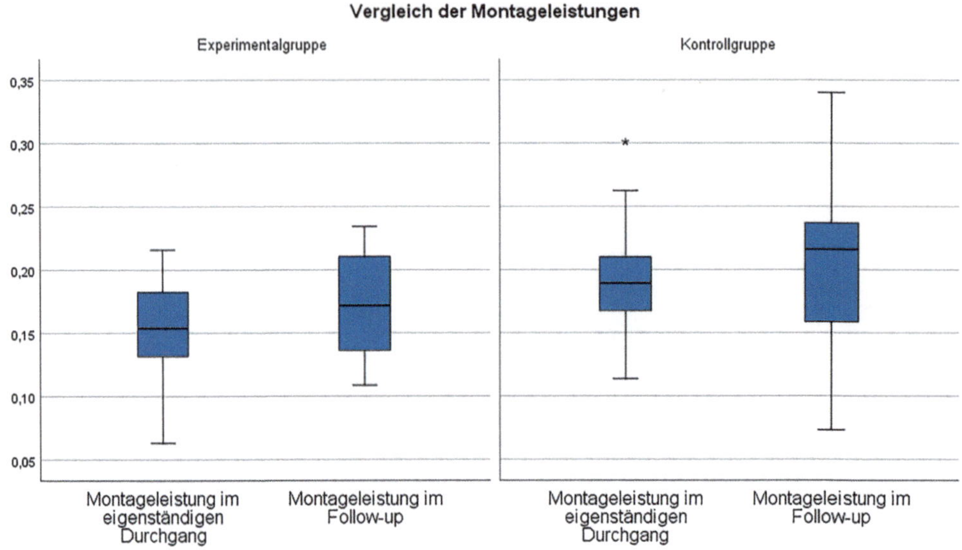

Abb. 7.6 Montageleistungen im eigenständigen Durchgang (direkt nach der Einführung) und im Follow-up, in $\frac{\%}{s}$

Tab. 7.1 Vergleich der Montageleistungen in $\frac{\%}{s}$

	Experimentalgruppe	Kontrollgruppe
Mittelwert (eigenständig)	0,156	0,190
Mittelwert (Follow Up)	0,173	0,210

Die Montageleistung ist gemäß dem Kolmogorov-Smirnov-Test und Shapiro-Wilk-Test in beiden Gruppen normalverteilt. Die Varianzhomogenität basierend auf dem Mittelwert wurde mit dem Levene-Test überprüft. In einem t-Test für unabhängige Stichproben ergibt sich kein signifikanter Effekt für die Montageleistung ($t(33) = 1{,}947$, $p = 0{,}06$, beidseitig) in Abhängigkeit der Gruppenzugehörigkeit.

Leistungsunterschiede basierend auf Geschlechtszugehörigkeit

In Abb. 7.7 ist die Montageleistung im Follow-up in Bezug auf die angegebene Geschlechtszugehörigkeit dargestellt. Es lässt sich feststellen, dass weibliche Testpersonen etwas niedrigere Leistungen erbringen. Vergleicht man jedoch die Mittelwerte relativ zueinander innerhalb der Gruppen, sieht man, dass die Ergebnisse der weiblichen Testpersonen in der Experimentalgruppe mit etwa 92 % (verglichen mit den Männern der Experimentalgruppe) etwas höher sind als in der Kontrollgruppe (etwa 86 % der Montageleistung der männlichen Testpersonen).

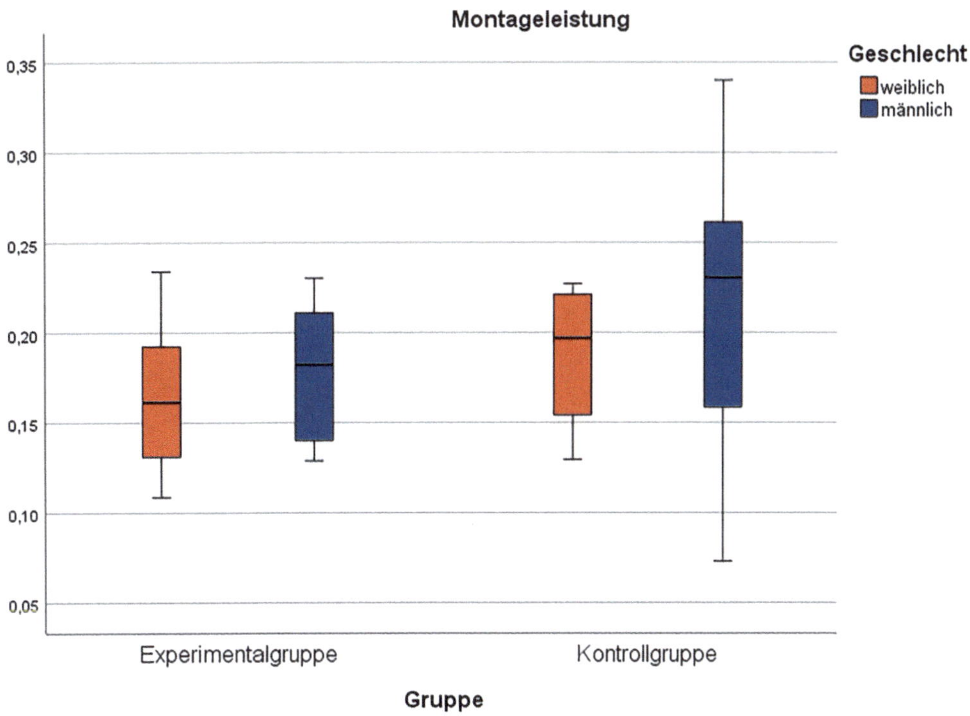

Abb. 7.7 Abhängigkeiten von der Geschlechtszugehörigkeit, Montageleistung in $\frac{\%}{s}$

Lernleistung

Um die Montageleistung der Gruppen mit der Lernleistung verknüpfen zu können, stellt Abb. 7.8 zunächst die Lernzeiten für die beiden Gruppen gegenüber.

Der Mittelwert für die Experimentalgruppe liegt bei 2084 s, der Minimalwert bei 784 s. Dieser stellt auch den kürzesten Einführungsdurchgang überhaupt dar. Die Maximallernzeit von 2700 s (45 min) wurde von einer Testperson mit 2696 s nahezu komplett genutzt.

Für die Kontrollgruppe liegt der Mittelwert bei 1380 s. Ein Ausreißer in dieser Gruppe hat die Maximallernzeit mit 2517 s fast vollständig genutzt.

Zur Berechnung der normierten Lernleistung wird folgende Definition verwendet:

$$P_{Lern} = \frac{\Delta W}{\Delta t} \cdot \frac{(\Delta t_{\min})}{(\Delta t_{Lern})}$$

$$= \frac{\Delta W}{\Delta t} \cdot \frac{\Delta \mathrm{W}_{\max}}{\mathrm{P}_{\max} \cdot \Delta \mathrm{t}_{\mathrm{Lern}}}$$

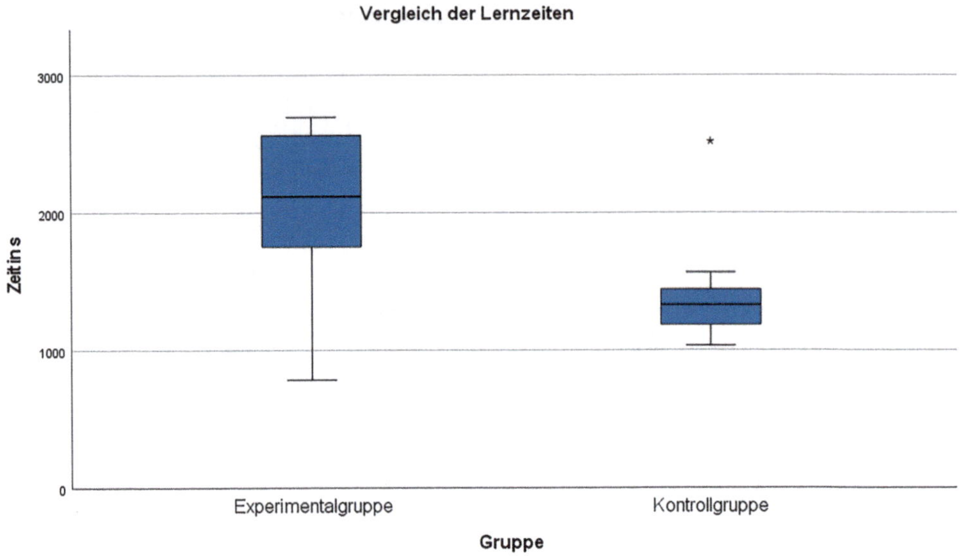

Abb. 7.8 Lernzeiten im Einführungsdurchgang

Es handelt sich um das Produkt aus der Montageleistung im Follow-up und dem dimensionslosen Verhältnis aus der kürzesten Durchgangszeit $\Delta t_{min} = 294$ s, die eine Testperson beide Gruppen betrachtet erreicht hat und der Lernzeit Δt_{Lern} einer Testperson.

Die Lernleistung lässt sich auch als das Verhältnis zwischen der Montageleistung im Follow-up und der Maximalleistung $P_{\max} = \frac{\Delta W_{\max} = 100\%}{\Delta t_{\min}}$ verstehen, das mit dem Bruch $\frac{\Delta W_{\max} = 100\%}{\Delta t_{Lern}}$ multipliziert wird.

Auf diese Weise wird die Leistung im Follow-up, das Verhältnis zur größten Leistung einer Testperson und die eigene Lernzeit für eine Testperson in einer Größe berücksichtigt.

Die normierten Lernleistungen der Gruppen sind in Abb. 7.9 dargestellt. Man kann erkennen, dass der Mittelwert der normierten Leistung in der Experimentalgruppe etwa 56 % des Wertes der Kontrollgruppe entspricht. In Tab. 7.2 sind die zugeordneten Ergebnisse aufgelistet.

Vor dem Hintergrund, dass die normierte Lernleistung nicht normalverteilt ist, wurde der Mann-Whitney-U-Test zur Analyse von Gruppenunterschieden herangezogen. Demnach ist die normierte Lernleistung für die Experimentalgruppe geringer als für die Kontrollgruppe ($U(20, 15) = 54$, $p = 0{,}001$). Die berechnete Effektstärke ist mit $r = 0{,}54$ als groß zu bewerten [6].

Lernleistungsunterschiede basierend auf der Geschlechtszugehörigkeit

In Abb. 7.10 sind die Lernleistungen in Bezug auf die Gruppenzugehörigkeit und die angegebene Geschlechtszugehörigkeit der Testpersonen dargestellt. Analog zu den Montageleistungen wird festgestellt, dass die männlichen Testpersonen etwas höhere Lern-

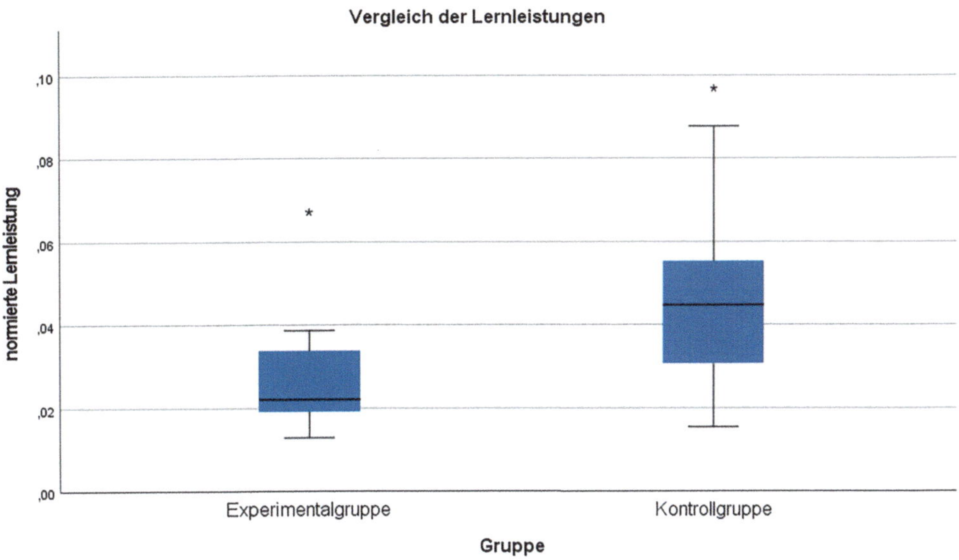

Abb. 7.9 Die normierten Lernleistungen der beiden Gruppen, in $\frac{\%}{s}$

Tab. 7.2 Lernleistungen in $\frac{\%}{s}$

	Experimentalgruppe	Kontrollgruppe
Mittelwert	0,027	0,048
Median	0,022	0,045

leistungen erreichen. Es lässt sich jedoch auch sagen, dass die Unterschiede der Mittelwerte für die normierte Lernleistung größer sind. So erreichen die weiblichen Testpersonen in der Experimentalgruppe etwa 86 % und in der Kontrollgruppe etwa 79 % der Lernleistung der männlichen Testpersonen.

Moments Of Stress (MOS)

Abb. 7.11 zeigt die Summe der detektierten MOS in den verschiedenen Gruppen und den Durchgängen.

Der erste Einführungsdurchgang (Einführung 1) in der Experimentalgruppe besitzt den höchsten MOS Score. Nach Kyriakou et al. [4] besitzen detektierte MOS einen Score zwischen 70 und 100, je nachdem, wie viele der unterschiedlich gewichteten Bedingungen für einen potenziellen MOS zutreffen. Für den Mittelwert von 1328 des betreffenden Durchgangs entspricht dies zwischen 13 und 19 detektierten MOS. Ein Vergleich mit der Kontrollgruppe lässt sich über den Mittelwert ihres ersten Einführungsdurchgangs (398) oder des zweiten Einführungsdurchgangs in der Phase des Coachings und Scaffoldings, (609) ziehen. Das führt auf vier bis sechs oder sechs bis neun detektierte MOS im Mittel.

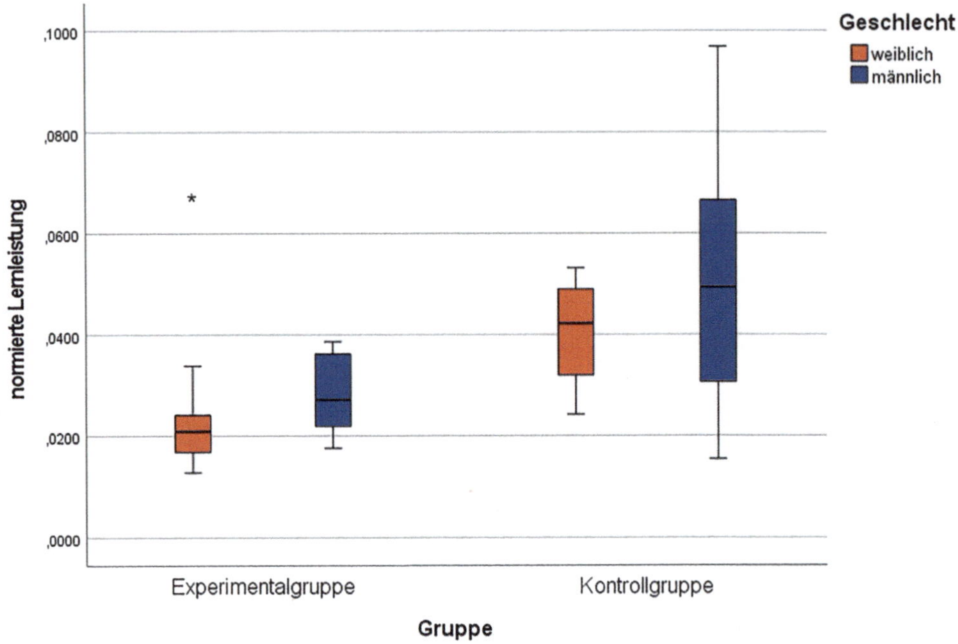

Abb. 7.10 Unterschiede der Lernleistung anhand der Geschlechtszugehörigkeit, Lernleistungen in $\frac{\%}{s}$

Für die Experimentalgruppe weist die Summe der MOS Scores im zweiten Einführungsdurchgang (Einführung 2) einen Mittelwert von 358 auf und im eigenständigen Durchgang einen Mittelwert von 393. Für den Follow-up-Durchgang (N = 17) ist ein Mittelwert von 449 erfasst worden. Der eigenständige Durchgang der Kontrollgruppe (N = 12) verzeichnet im Mittel eine Summe von 444, während im Follow-up ein Mittel von 526 gemessen wurde.

Zeitlich gemittelter MOS Score

Während die Summe indirekt einen Rückschluss auf die absolute Anzahl sowie aber auch auf die Wahrscheinlichkeit einer korrekten Detektion eines MOS beinhaltet, werden in Abb. 7.12 die zeitlichen Mittelwerte der Summen angegeben. Ein Wert von 1,0 sagt aus, dass in 100 s des jeweiligen Durchgangs ein MOS mit dem Score 100 im zeitlichen Mittel detektiert wird. Die Notwendigkeit dieser Betrachtung wird klar, wenn man sich die unterschiedlichen Längen der Durchgänge in Abb. 7.5 und 7.8 anschaut. Andererseits lassen sich nun die zeitlichen Dichten der detektierten MOS vergleichen.

Bemerkenswert ist für beide Gruppen, dass die zeitlich gemittelte sowie die absolute Summe der MOS Scores vom eigenständigen zum Follow-up Durchgang zunimmt. In der Experimentalgruppe lässt sich der zweite Einführungsdurchgang vom eigenständigen Durchgang durch einen kleinen Rückgang der zeitlich gemittelten Summe der MOS

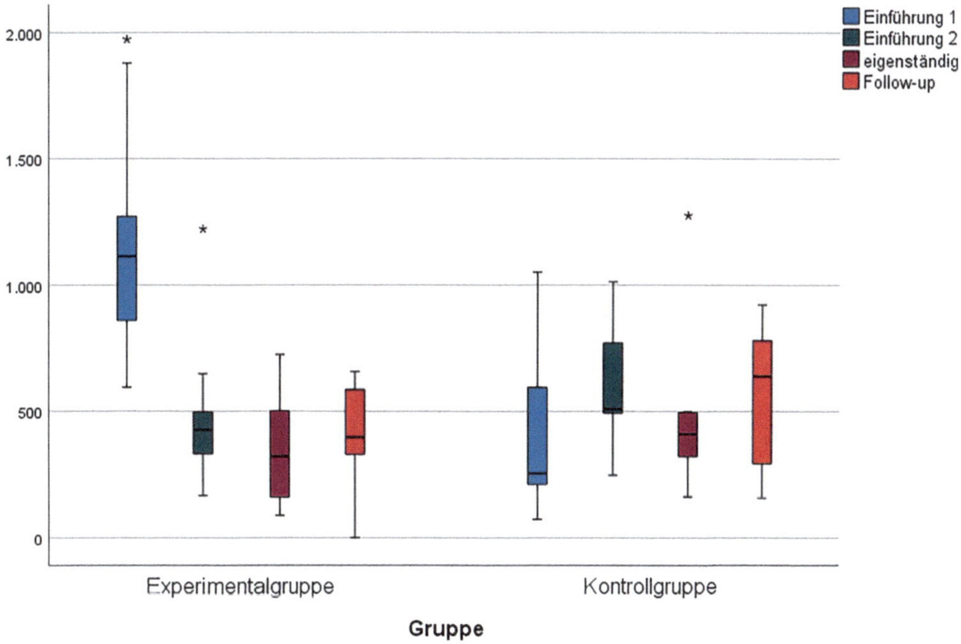

Abb. 7.11 Vergleich der Summen der MOS Scores in den verschiedenen Durchgängen der beiden Gruppen

Scores im späteren Durchgang (eigenständig) unterscheiden. Die beiden analogen Durchgänge in der Kontrollgruppe sind hinsichtlich des zeitlich gemittelten MOS Scores nicht zu unterscheiden, können jedoch anhand der absoluten Summe der MOS Scores, wie bereits oben beschrieben, charakterisiert werden.

Usability

Zum Zeitpunkt des Experiments hatten 45 % der Testpersonen der Experimentalgruppe bereits Erfahrungen mit einer Datenbrille gemacht. Die Benutzbarkeit (Usability) der Datenbrille wird in sechs Kategorien erfasst. Die Beantwortung erfolgt auf einer sechsstufigen Likert-Skala von „trifft nicht zu" = 1 bis „trifft zu" = 6. Nachfolgend sind die Kategorien mit jeweils einem Beispiel-Item aufgeführt:

- Aufgabenangemessenheit (Bsp.: Die Datenbrille ist kompliziert zu bedienen.),
- Selbstbeschreibungsfähigkeit (Bsp.: Die Datenbrille bietet einen schlechten Überblick über ihr Funktionsangebot.),
- Steuerbarkeit (Bsp.: Die Datenbrille erzwingt unnötige Unterbrechungen der Arbeit.),
- Erwartungskonformität (Bsp.: Die Datenbrille reagiert mit schwer vorhersehbaren Bearbeitungszeiten.),

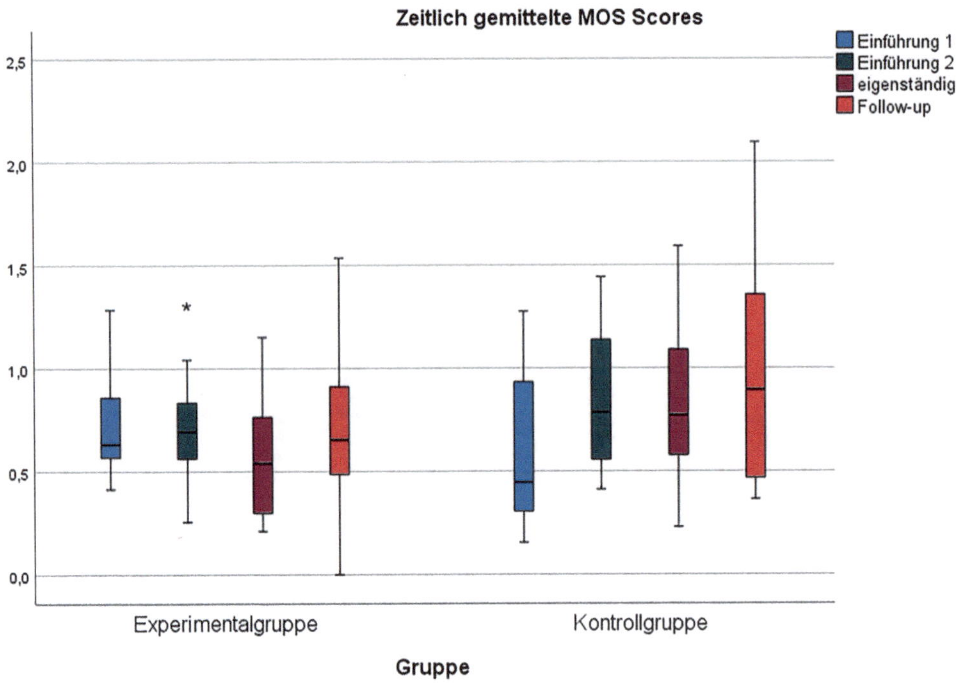

Abb. 7.12 Vergleich der zeitlich gemittelten MOS-Score-Summen der einzelnen Durchgänge

Tab. 7.3 Ergebnisse für die Usability

Usability	Anzahl Items	M	SD
Aufgabenangemessenheit	5	2,29	0,99
Selbstbeschreibungsfähigkeit	4	2,41	0,85
Steuerbarkeit	5	2,58	1,15
Erwartungskonformität	5	1,94	0,86
Individualisierbarkeit	3	3,5	1,57
Lernförderlichkeit	4	2,00	0,70

- Individualisierbarkeit (Bsp.: Die Datenbrille lässt sich schlecht an persönliche individuelle Art anpassen.) und
- Lernförderlichkeit (Bsp.: Die Datenbrille erfordert viel Zeit zum Erlernen.).

Anhand der Ergebnisse (Tab. 7.3) ist festzustellen, dass alle Skalenmittelwerte, mit Ausnahme der Skala zur Individualisierbarkeit, unterhalb des Skalenmittelwerts 3,5 liegen. Die Testpersonen bewerten damit die Aufgabenangemessenheit, Selbstbeschreibungsfähigkeit, Steuerbarkeit, Erwartungskonformität und Lernförderlichkeit eher positiv. Insbesondere die Erwartungskonformität, also, ob die Datenbrille einer einheitlichen und

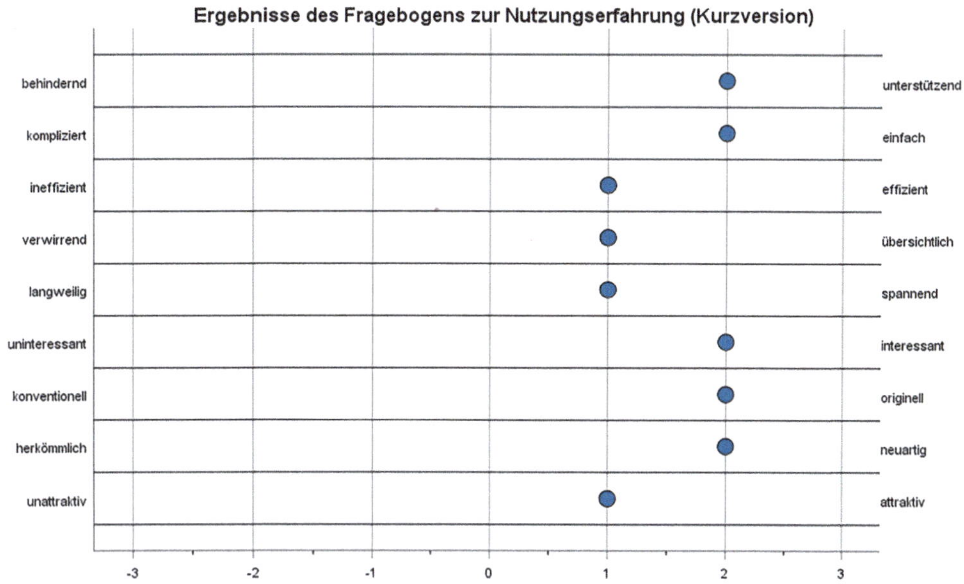

Abb. 7.13 Median der betrachteten Items

verständlichen Gestaltung im Kontext der Nutzungsgewohnheiten der Probanden entspricht, wird positiv bewertet. Die Skala Individualisierbarkeit wird indifferent bewertet.

Nutzungserfahrung

In Abb. 7.13 sind die Ergebnisse des Fragebogens zur Nutzungserfahrung gegeben. Punkte stellen die Mediane dar. Tendenziell lassen sich damit positive Einstellungen der Testpersonen zur Nutzung der Datenbrille aus diesen Ergebnissen ableiten. Die Experimentalgruppe empfindet die Nutzung der Datenbrille im Lernprozess als unterstützend, einfach, interessant, originell und neuartig (jeweils ein Median von + 2). Dagegen sind die positiven Einstellungen hinsichtlich der Attribute effizient, übersichtlich, spannend und attraktiv weniger stark ausgeprägt (Mediane von + 1).

Technologieakzeptanz

Die Technologieakzeptanz ist in den fünf Dimensionen mit einer siebenstufigen Likert-Skala von (1 = „stimmt gar nicht" bis 7 = „stimmt voll und ganz") erhoben:

- Wahrgenommene Nützlichkeit (Bsp.: Die Vorteile des Einsatzes der Datenbrille überwiegen die Nachteile.),
- Wahrgenommene Benutzerfreundlichkeit (Bsp.: Der Umgang mit der Datenbrille war klar und verständlich.),
- Nutzungsintention (Bsp.: Ich würde die Datenbrille gerne für Schulungen nutzen.),
- Motivation (Bsp.: Ich erlebte mich als interessiert.) und

Tab. 7.4 Ergebnisse für die Technologieakzeptanz

Skala	Anzahl Items	M	SD
Wahrgenommene Nützlichkeit	3	5,43	1,36
Wahrgenommene Benutzerfreundlichkeit	3	5,85	0,90
Nutzungsintention	3	4,93	1,88
Motivation	3	5,30	1,15
Lernerfolg/-transfer	3	6,0	0,79

- Lernerfolg/-transfer (Bsp.: Die Datenbrille hat mir geholfen, Zusammenhänge des Montageprozesses zu verstehen.) (Tab. 7.4).

Die Testpersonen bewerten die wahrgenommene Nützlichkeit und Motivation zum Einsatz der Datenbrille im Training im Vergleich zum Skalenmittelwert 4 positiv. Die wahrgenommene Benutzerfreundlichkeit und der Lernerfolg/-transfer werden ebenfalls positiv bewertet. Das Ergebnis für die Nutzungsintention (M = 4,93) liegt knapp über dem Skalenmittelwert, dennoch kann auch hier eine tendenziell positive Einstellung zum Einsatz der Datenbrille unterstellt werden.

Die Ergebnisse zur Technologieakzeptanz der Datenbrille werden durch die vorher berichteten Aspekte zur Nutzungserfahrung unterstützt. Insgesamt erscheint der Einsatz der Datenbrille im durchgeführten Trainingsszenario für die Probanden positiv, da er als unterstützend und einfach empfunden wird.

Die Aspekte „interessant", „originell" und „neuartig" (alle bei der Nutzungserfahrung positiv bewertet) können den Wert der Dimension Motivation erklären. Es kann vermutet werden, dass durch das Experimentalsetting ein situationales Interesse (extrinsische Motivation) geweckt wurde. Krapp [7] spricht hierbei von einer (möglicherweise) kurzfristigen Interessantheit der Interessenhandlung. Langfristige Effekte auf die Ausprägung der Motivation der Testpersonen können im vorliegenden Experiment nicht nachgewiesen werden. Hierzu wäre eine Langzeitstudie erforderlich.

Nasa Task Load Index

Abb. 7.14 zeigt die Ergebnisse der Befragung mit dem Nasa TLX. Die Testpersonen der Experimentalgruppe bewerten alle Dimensionen, mit Ausnahme der selbst eingeschätzten Leistung, niedriger als die der Kontrollgruppe. In beiden Gruppen wird die wahrgenommene Frustration und die körperliche Beanspruchung niedrig oder eher niedrig bewertet. Die zeitliche und geistige Beanspruchung wird vergleichbar als eher niedrig bewertet. Die nötige Anstrengung wird von der Kontrollgruppe als eher niedrig und von der Experimentalgruppe gerade noch als niedrig bewertet. Testpersonen der Kontrollgruppe schätzen indes ihre Leistung als hoch und die der Experimentalgruppe als eher hoch ein.

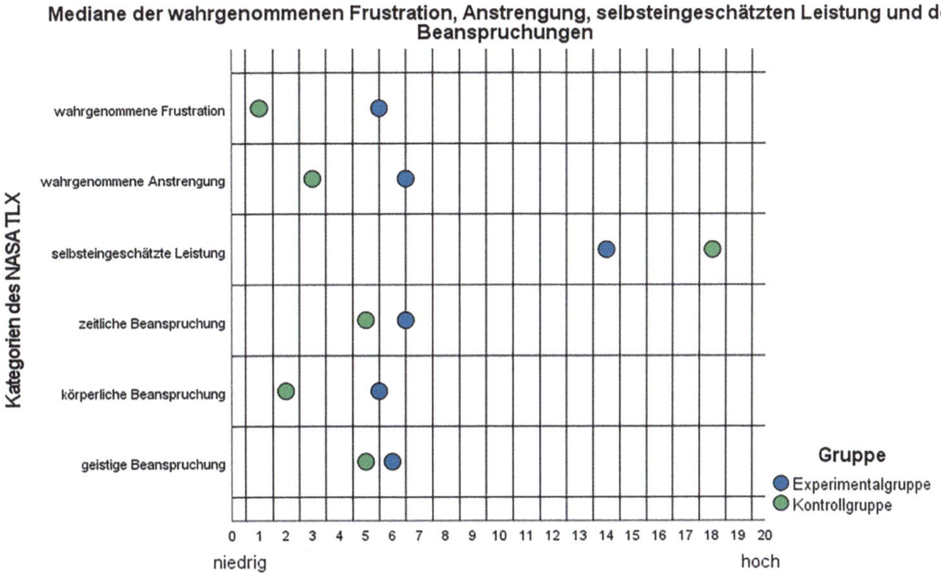

Abb. 7.14 Vergleich der Ergebnisse der Befragung mit dem NASA TLX

7.4 Zusammenfassung und Ausblick

Vergleicht man die Befunde der Experimentalgruppe, bei der ein selbstständiges Lernen mit einer Datenbrille erfolgte, unmittelbar mit den Ergebnissen der Kontrollgruppe, bei der eine traditionelle Einweisung mit Trainerperson umgesetzt wurde, so ist festzustellen, dass die Richtigkeit und Vollständigkeit der elf Montageschritte für die Kontrollgruppe im Follow-up gering höher ausfällt als in der Experimentalgruppe. Der Mittelwert der Vollständigkeit der Montageschritte liegt für die Experimentalgruppe bei rund 91 % und bei der Kontrollgruppe bei etwa 96 %.

Die durchschnittlichen Montagezeiten im Follow-up-Durchgang sind ebenfalls für die Kontrollgruppe besser. Testpersonen der Kontrollgruppe sind im Mittel etwa eine Minute schneller als die der Experimentalgruppe. Insgesamt ist die Kontrollgruppe etwa 10 % schneller als die Experimentalgruppe. Zu berücksichtigen ist hierbei, dass der schnellste Durchgang (462 s) von einer Person der Kontrollgruppe absolviert wurde.

Die Montageleistungen sind für die Kontrollgruppe größer. Mithilfe eines t-Tests konnte jedoch kein signifikanter Unterschied festgestellt werden. In beiden Gruppen sind die Montageleistungen im Follow-up größer als im eigenständigen Durchgang, der unmittelbar nach dem Training erfolgte (Abb. 7.6). Da Fehler am Ende des eigenständigen Durchgangs (erste Testung) mit den Probanden nicht besprochen wurden, können entsprechende Treatment-Effekte ausgeschlossen werden.

Die Lernzeiten sind für die Experimentalgruppe größer. Hier wurde ein Mittelwert von 2084 s und für die Kontrollgruppe von 1380 s ermittelt. Die Zeit der Kontrollgruppe entspricht damit etwa 66 % der Lernzeit der Experimentalgruppe.

Um die Lernleistung zu ermitteln, wurde eine eigene Festlegung getroffen. Sie berücksichtigt die Leistung der Testpersonen im Follow-up-Durchgang, die schnellstmögliche Zeit einer Testperson und die benötigte Lernzeit im Einführungsdurchgang. Die ermittelten Werte für die normierte Lernleistung zeigen einen etwa doppelt so großen Wert für die Kontrollgruppe, hierbei handelt es sich um einen signifikanten Unterschied ($U(20, 15) = 54$, $p = 0{,}001$). Mithilfe eines Mann-Whitney-U-Tests kann eine Effektstärke von $r = 0{,}54$ berechnet werden.

Sowohl die Montageleistungen als auch die Lernleistungen weisen eine Abhängigkeit von der angegebenen Geschlechtszugehörigkeit auf. Die Montageleistungen männlicher Testpersonen sind höher als die der weiblichen Testpersonen. Die Montageleistungen der weiblichen Testpersonen liegen in Bezug auf die Gruppenzugehörigkeit (Kontroll- oder Experimentalgruppe) näher beieinander als bei den Männern.

Für die Lernleistung lässt sich festhalten, dass die Lernleistungen der männlichen Testpersonen durch den Einsatz der Datenbrille in der Experimentalgruppe stärker verringert werden (auf etwa 57 % der Kontrollgruppe) als bei den Probandinnen (etwa 61 % der Kontrollgruppe).

Die summierten MOS-Scores als Abschätzung für den empfundenen Stress während der Durchführung des Experiments zeigen, dass die Testpersonen im ersten Durchgang mit der Datenbrille am stärksten stressbelastet waren. Im zweiten Durchgang sind sie weniger gestresst. Für die Testpersonen der Kontrollgruppe zeigt sich das umgekehrte Bild: in der Modeling-Phase, d. h. Testperson schaut nur zu, sind sie weniger gestresst und in der Coaching- sowie Scaffolding-Phase sind sie stärker belastet. In beiden Gruppen nimmt die Stressbelastung im anschließenden eigenständigen Durchgang wieder ab. Im Follow-up Durchgang steigt die Belastung nochmals an und ist für die Kontrollgruppe höher als für die Experimentalgruppe.

Die zeitlich gemittelten Werte für die Summe der Scores stützen diese Beobachtung, relativieren jedoch die Sonderstellung des ersten Einführungsdurchgangs hinsichtlich der wahrgenommenen Stressbelastung in der Experimentalgruppe. Dies lässt sich damit erklären, dass dieser Durchgang den längsten aller Durchgänge darstellt und die zeitliche Detektionsdichte für MOS offensichtlich vergleichbar zu der im eigenständigen Durchgang der Experimentalgruppe ist. Für die Kontrollgruppe zeigt sich, dass die zeitlichen Mittelwerte in der Coaching- sowie Scaffolding-Phase vergleichbar sind zu denen im eigenständigen Durchgang.

Hinsichtlich der Usability wird die Datenbrille in Bezug auf die Lernförderlichkeit und die Erwartungskonformität als positiv und in Bezug auf die Aufgabenangemessenheit und die Selbstbeschreibungsfähigkeit als eher positiv bewertet. Die wahrgenommene Individualisierbarkeit der betrachteten Technologie wird uneindeutig bewertet.

Die Befragung zur Nutzungserfahrung ergibt, dass die Experimentalgruppe die Nutzung der Datenbrille als unterstützend, einfach, interessant, originell und neuartig empfindet.

Aus dem Blickwinkel der Technologieakzeptanz lässt sich v. a. für die Aspekte Lernerfolg/-transfer und der wahrgenommenen Benutzerfreundlichkeit eine positive Bewertung feststellen. Für die wahrgenommene Nützlichkeit und Motivation lassen sich eher positive Einstellungen festhalten. Die Einschätzung der Nutzungsintention liegt nur knapp über dem Skalenmittelwert.

Die Testpersonen (EG und KG) berichten von niedrigen Beanspruchungen in Bezug auf die körperliche Beanspruchung und die wahrgenommene Frustration, etwas höher liegt die Bewertung hinsichtlich der nötigen Anstrengung und der zeitlichen und geistigen Beanspruchung. Die selbst eingeschätzte Leistung wird in beiden Gruppen als hoch oder eher hoch eingeschätzt. Es fällt auf, dass sich die Kontrollgruppe in Bezug auf die Beanspruchungen weniger stark belastet sieht und ihre Leistung höher einschätzt.

Zusammenfassend liefern die Studienbefunde eine breite Datenbasis zu einem Selbstlern-Setting mit Nutzung einer Assisted Reality (aR) im unmittelbaren Vergleich zum traditionellen Anlernen mit Trainer*in im Cognitive Apprenticeship. Die Subgruppenergebnisse zur Montageleistung und Lernleistung deuten dabei auf leichte Vorteile für die Kontrollgruppe hin. Bei der Interpretation der Ergebnisse müssen die Limitationen der Studie (u. a. Stichprobengröße, Heterogenität der Subgruppen, Einfluss der fluiden Intelligenz) berücksichtigt werden. Zudem sind die Besonderheit der Montagetätigkeit (einfache Montagetätigkeit) und die insgesamt hohe gemessene durchschnittliche kognitive Leistungsfähigkeit aller Testpersonen zu beachten. Weitere Forschungsdesiderate und Detailanalysen zu den erfassten Daten der Experimentalstudie liegen in der Forschungsgruppe vor. Von Interesse ist hierbei auch eine vergleichende Kosten-Nutzen-Analyse zwischen dem Selbstlernsetting mittels aR-Technologie und traditionellem Anlernen mit Trainer*in.

Literatur

1. Collins A, Brown JS, Newman S (1987) Cognitive apprenticeship: teaching the craft of reading, writing, and mathematics. In: Resnick L (Hrsg) Knowing, learning, and instruction. Essays in honor of Robert Glaser. Lawrence Erlbaum Associates Inc., Hillsdale, S 453–494
2. Pletz C, Zinn B (2020) Evaluation of an immersive virtual learning environment for operator training in mechanical and plant engineering using video analysis. Br J Educ Technol 51(6):2159–2179. https://doi.org/10.1111/bjet.13024
3. NASA (1986) Nasa Task Load Index (TLX) v. 1.0 Manual. https://humansystems.arc.nasa.gov/groups/TLX/downloads/TLX.pdf. Zugegriffen am 15.08.2023
4. Kyriakou K, Resch B, Sagl G, Petutschnig A, Werner C, Niederseer D, Liedlgruber M, Wilhelm FH, Osborne T, Pykett J (2019) Detecting moments of stress from measurements of wearable physiological sensors. Sensors 19(17):3805. https://doi.org/10.3390/s19173805
5. Schray H, Geißel B (2016, 2016) Cognitive Apprenticeship als Gestaltungsansatz für die Fehlersuche im allgemeinbildenden Elektrotechnikunterricht. J Tech Educ 4(2). https://doi.org/10.48513/

joted.v4i2.83. https://www.journal-of-technical-education.de/index.php/joted/article/view/83. Zugegriffen am 15.08.2023

6. Cohen J (1992) A power primer. Psychol Bull 112(1):155. https://www2.psych.ubc.ca/~schaller/528Readings/Cohen1992.pdf. Zugegriffen am 21.08.2023
7. Krapp A (1992) Interessen, Lernen und Leistung. Z Päd (38)5:747. Niedderer H, Fischler H (Hrsg). In: Roland Berger (1999) Moderne bildgebende Verfahren der medizinischen Diagnostik – Ein Weg zu interessanterem Physikunterricht. Logos, Berlin/München, S 9

Leitfaden zur Durchführung von Nutzerstudien an industriellen Arbeitsplätzen

8

Stefanie Findeisen und Natascha Krüger

8.1 Einführung

Die Bedeutung menschzentrierter Gestaltungsansätze (Human-centered Design HCD) und die frühzeitige Einbindung von Nutzenden in den Gestaltungsprozess haben in den vergangenen Jahren zugenommen, unter anderem bei der Gestaltung von digitalen Assistenzsystemen für die Produktion [1].

Im Rahmen von HCD und agilen Innovationsmethoden stehen insbesondere Forschungs- und Industrieorganisationen heute vor der Herausforderung, Nutzerstudien an industriellen Arbeitsplätzen in Laborumgebungen planen und durchführen zu müssen. Hintergrund ist, dass im Rahmen der Digitalisierung neue Technologien und Assistenzsysteme Einzug in die Produktion als potenzielle Hilfsmittel für Mitarbeitende an industriellen Arbeitsplätzen halten. Es gilt, im Rahmen von Nutzerstudien deren Passfähigkeit für unterschiedliche Anwendungsbereiche nachzuweisen und sie aus HCD-Aspekten zu beleuchten. Dabei herrscht ein Zielkonflikt zwischen wissenschaftlicher Akkuratesse und pragmatischer Messmethode:

Um valide Aussage treffen zu können, müssen wissenschaftliche Regeln hinsichtlich des Versuchsaufbaus eingehalten werden, die im Rahmen von Nutzerstudien komplex sein

S. Findeisen (✉)
Fraunhofer-Institut für Arbeitswirtschaft und Organisation IAO, Stuttgart, Deutschland
E-Mail: Stefanie.Findeisen@iao.fraunhofer.de

N. Krüger
Institut für Arbeitswissenschaft und Technologiemanagement IAT, Universität Stuttgart, Stuttgart, Deutschland
E-Mail: natascha.d.krueger@gmail.com

T. Bauernhansl, A. Al Assadi (Hrsg.), *Fluide Fahrzeugproduktion für die Mobilität der Zukunft*, ARENA2036, https://doi.org/10.1007/978-3-662-70847-7_8

können. Hier werden Methoden aus unterschiedlichen Wissenschaftsgebieten relevant, z. B. der empirischen Sozialforschung und Stochastik.

Dem gegenüber stehen die limitierten Ressourcen auf Organisationsseite sowie oberflächliches Wissen in den unterschiedlichen Wissenschaftsgebieten, die für eine korrekt durchgeführte Studie unabdingbar sind.

Den Umsetzenden fehlen sowohl Orientierung als auch eine systematische Vorgehensweise, welche Planungsschritte zu erledigen sind, wo notwendige weiterführende Informationen zu finden sind und welche Hilfsmittel in Frage kommen. Ziel des vorgeschlagenen Leitfadens ist es, ein pragmatisches und einfach einzusetzendes Hilfsmittel zur schaffen, das dem genannten Zielkonflikt gerecht wird.

8.2 Entwicklung des Leitfadens

Aufgrund der Tatsache, dass im Kontext einer Nutzerstudie viele unterschiedliche Wissenschaftsdisziplinen relevant sind, basiert der Leitfaden auf einer umfassenden Literaturanalyse. Der Leitfaden vereint unterschiedliche Teilaspekte zu einer systematischen Vorgehensweise, die sich schwerpunktmäßig an die Arbeit von Diekmann [2], Häder [3], Kromrey et al. [4] und Magerhans [5] anlehnt. Da Methoden meist formale Regeln beschreiben und somit nicht an bestimmte Inhalte gebunden sind, können diese bei einer Vielzahl von Disziplinen angewendet werden. Betrachtet man hier beispielsweise die Bestimmung des Stichprobenumfangs, ist es nicht wichtig, ob die Stichprobe aus einer Grundgesamtheit von Personen für eine Nutzerstudie oder aus einer Grundgesamtheit von Endprodukten eines Industriebetriebs für eine Qualitätskontrolle gezogen werden. Daher können die gleichen Auswahlverfahren in verschiedenen Disziplinen angewendet werden [3].

Ein Großteil dieser Methoden wird in der empirischen Sozialforschung vorgegeben. Da sie Methoden, Instrumente und Techniken beschreibt, die für wissenschaftliche Untersuchungen des menschlichen Verhaltens und anderer sozialer Phänomene verwendet werden, kann sie in einer Vielzahl von unterschiedlichen Wissensgebieten angewendet werden und ist somit eine Querschnittsdisziplin [3].

Beispiele für diese Wissenschaftsdisziplinen sind die Soziologie, Politikwissenschaft, Medizin, Psychologie und Ökonomie. Aber auch in der Betriebswirtschaftslehre kann durch empirische Sozialforschung unter anderem die Arbeitszufriedenheit genauer untersucht oder Marktforschung betrieben werden. Ebenso können die Methoden aus der empirischen Sozialforschung in den Technikwissenschaften, beispielsweise für Akzeptanzstudien neuer Technologien oder Produkte, angewendet werden [3, 6].

Zur Lösung eines wissenschaftlichen Problems bzw. zur Beantwortung einer wissenschaftlichen Fragestellung wird für jede Forschung ein individuelles Design entwickelt, welches dann schrittweise umgesetzt wird [3]. Denn es ist nicht möglich, ein Handbuch bereitzustellen, welches schematisch auf jedes Forschungsprojekt angewendet werden kann, sondern es muss für jedes Projekt ein individueller Forschungsplan entwickelt werden. Dabei können die Methoden und Techniken miteinander kombiniert werden, sodass diese bestmöglich zu den Untersuchungszielen passen. Außerdem spielen auch die Rahmenbedingungen der Studie, wie Ressourcen, Zeitrahmen und Art der verfügbaren Informationsquellen, eine große Rolle [4].

8.3 Leitfaden

8.3.1 Aufbau und Überblick

Der vorgeschlagene Leitfaden strukturiert eine Nutzerstudie an industriellen Arbeitsplätzen in Laborumgebungen in sechs Phasen, die in Abb. 8.1 dargestellt sind.

Der einheitliche Aufbau beinhaltet eine Leitfrage je Phase, Ziel und Ablauf. Des Weiteren sind Hilfsmittel und weiterführende Informationen verlinkt, soweit verfügbar.

8.3.2 Definitionsphase

Leitfrage: Was genau möchte ich erforschen?

Formulierung und Präzisierung des Forschungsproblems
Zu Beginn eines Forschungsprozesses steht in der Regel ein wahrgenommenes Problem, welches gelöst werden soll, bzw. die Festlegung der Untersuchungsthematik oder des Erkenntnisziels. Dieses kann sich beispielsweise aus Differenzen in der Fachliteratur ergeben oder aus einer (neuen) Theorie, die getestet werden soll. Es wird bei der Formulierung des Forschungsproblems zwischen Auftragsforschung und selbst initiierter Forschung unterschieden. Während bei der Auftragsforschung das Forschungsthema bzw. -problem meist genau vorgegeben ist, bietet die Beschreibung und Konkretisierung des Forschungsproblems bei der selbst initiierten Forschung größere Möglichkeiten und Herausforderungen [3] (Abb. 8.2).

Hier muss das Forschungsproblem zunächst abgegrenzt werden, um die Aufgabenstellung zu präzisieren. Dabei sollte der Untersuchungsgegenstand gedanklich in seine Dimensionen zerlegt werden, um daraus später ein problemangemessenes Forschungsdesign zu entwickeln [4].

Identifikation des Forschungsfeldes
Das zu beforschende Forschungsproblem ist in ein Forschungsfeld eingebettet, in dem eine Vielzahl verschiedener Einzelthemen ineinandergreifen. Dieses Forschungsfeld kann durch eine Studie nicht komplett untersucht werden. Dabei ist es wichtig, die Verbindungen der Themenbereiche trotzdem zu verstehen [7]. Es gilt zu überprüfen, in welchen Bereichen durch die im nachfolgenden Kapitel definierte Forschungsfrage ein direkter Bezug existiert und welche Bereiche zwar berührt, aber nicht direkt betrachtet werden müssen [4].

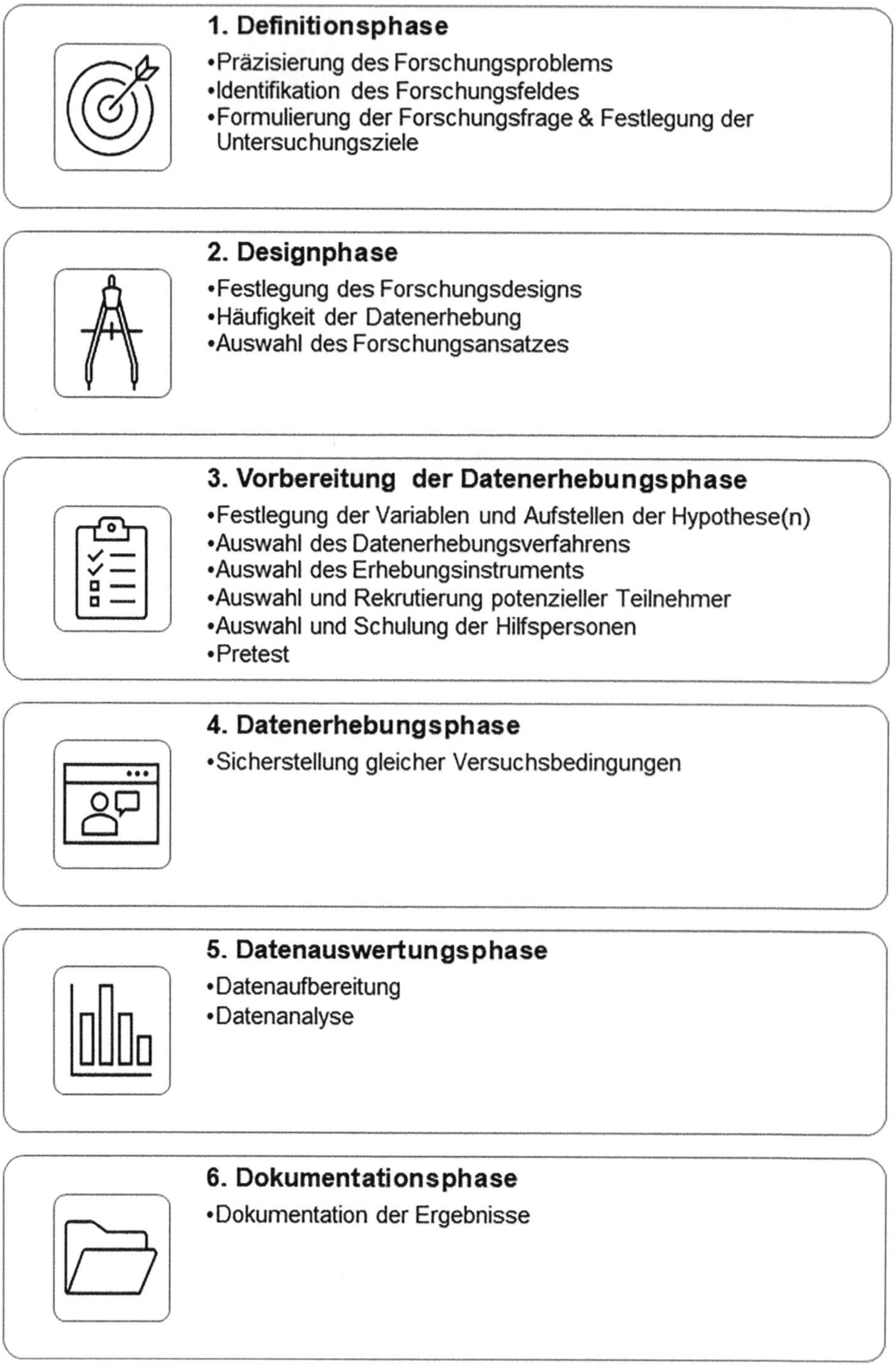

Abb. 8.1 Leitfaden zum Ablauf einer Nutzerstudie an industriellen Arbeitsplätzen in Laborumgebungen

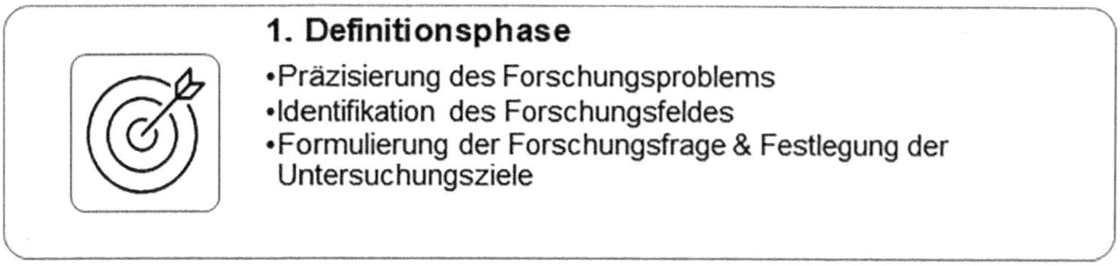

Abb. 8.2 Definitionsphase

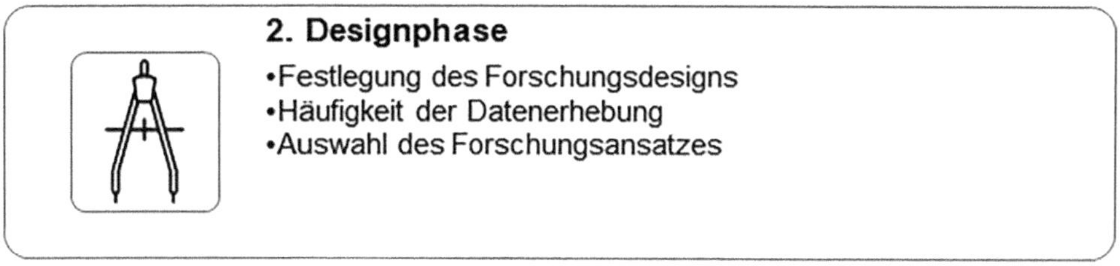

Abb. 8.3 Designphase

Formulierung der Forschungsfrage und Festlegung der Untersuchungsziele
Die Forschungsfrage präzisiert das Forschungsvorhaben und wirkt sich auf alle nachfolgenden Arbeitsschritte aus. Ziel der gesamten Untersuchung ist es, die Forschungsfrage beantworten zu können [8].

Die Forschungsfrage wird aus dem zuvor beschriebenen Forschungsproblem abgeleitet. Über Literaturrecherchen wird sie zunehmend konkretisiert [9]. Eine präzise formulierte Forschungsfrage ist wichtig, um anschließend das Forschungsdesign zu entwickeln.

8.3.3 Designphase

Leitfrage: Wie muss ich die Nutzerstudie aufbauen, um die festgelegten Forschungsziele bestmöglich zu erreichen?

Anhand der Forschungsfrage wird das Forschungsdesign ausgestaltet. Dazu gehören unter anderem Entscheidungen darüber, ob die Datenerhebung zu einem bestimmten Zeitpunkt oder über einen längeren Zeitraum erhoben werden und ob dabei nur eine Stichprobe oder mehrere Stichproben betrachtet werden (Abb. 8.3).

Auswahl des Forschungsdesigns
Durch das Forschungsdesign wird der Gesamtforschungsprozess geplant. Dieses Design muss entsprechend der zu untersuchenden Fragestellung und dem Forschungsgegenstand ausgewählt werden. Es bietet eine Leitlinie, die das Ineinandergreifen der einzelnen Schritte verdeutlicht und kann im Verlauf der Forschung immer wieder als Hilfestellung dienen. Außerdem können durch das Forschungsdesign die benötigten Ressourcen besser eingeplant werden [7, 10].

Unterschieden werden dabei vier Arten des Erkenntnisgewinns (Tab. 8.1).

In der Regel werden in explorativen Studien qualitative Forschungsansätze verwendet, da quantitative Methoden ein zu großes Vorwissen erfordern [11, 12].

Sie werden im nachfolgenden Kapitel erläutert.

Häufigkeit der Datenerhebung

Die zweite Designentscheidung bezieht sich auf den zeitlichen Rahmen der Datenerhebung. Hier kann zwischen einer Längsschnittanalyse und einer Querschnittsanalyse unterschieden werden, siehe hierzu Tab. 8.2 [2].

Auswahl des Forschungsansatzes

Die verschiedenen Forschungsdesigns lassen sich sowohl qualitativ als auch quantitativ ausrichten [5]. Die meisten Methoden, wie bspw. die Stichprobenauswahl, sind für beide Ansätze gleichermaßen anwendbar.

Die beiden Forschungsansätze sollen allerdings nicht als Gegensätze betrachtet werden, sondern ergänzen sich und werden häufig in Kombination als Mischformen angewen-

Tab. 8.1 Unterscheidung des Erkenntnisgewinns

Art des Erkenntnisgewinns	Erläuterung
Explorative Untersuchung	Bei eher unerforschten Themengebieten eignet sich diese Untersuchungsform für die Sammlung von Basiswissen, zur Strukturierung, und Entdeckung erster Zusammenhänge von Variablen. Oftmals ist das Forschungsziel hier die Entwicklung einer Hypothese anhand des gesammelten Materials und die Entdeckung erster Variablenzusammenhänge. Eine grobe Abgrenzung des zu betrachtenden Themenbereichs und eine offene Fragestellung sind dabei sinnvoll. Die Untersuchung weist eher einen Vorstudiencharakter auf und dient meist der Vorbereitung weiterführender Studien [2, 4, 11].
Deskriptive Untersuchung	Bei deskriptiven Studien werden die für die Untersuchung relevanten Sachverhalte identifiziert und genau beschrieben, wobei jedoch nicht der Zusammenhang zwischen den Variablen betrachtet wird [11]. Das Ziel einer deskriptiven Studie stellt also nicht eine Ursachenforschung oder Erklärung dar, sondern vielmehr die Beschreibung und Diagnose der betrachteten Phänomene. Dabei sollen vor allem die Merkmale der Verteilung, wie Schätzung von Häufigkeiten, Durchschnittswerten oder Anteilen erkannt werden, weshalb repräsentative Stichproben (vgl. Abschn. 3.4.4) notwendig sind [2].
Explikative oder hypothesenprüfende Studien	Explikative oder hypothesenprüfende Studien untersuchen dagegen die Ursachen der betrachteten Sachverhalte. Ist für das relevante Themengebiet bereits ausreichend Wissen in der Literatur vorhanden, können begründete Hypothesen formuliert werden. Die darin beschriebenen Zusammenhänge der verschiedenen Variablen werden dann während der Nutzerstudie überprüft [11, 12].
Kausale Untersuchung	Hierbei werden Zusammenhänge zwischen Variablen betrachtet. Es steht also die Untersuchung von Ursache und Wirkung im Vordergrund.

Tab. 8.2 Unterscheidung bei der Datenerhebung

Datenerhebungsform	Erklärung
Längsschnittanalyse/ Trenddesign	Eine Längsschnittanalyse erfolgt an mehreren aufeinanderfolgenden Zeitpunkten und teilt sich in die Varianten Trend- oder Paneldesign auf. Trenddesign: zu mehreren Zeitpunkten werden die Werte der gleichen Variablen mit verschiedenen Stichproben erhoben. Dies kann man sich wie eine Abfolge von mehreren Querschnittsanalysen vorstellen, die das gleiche Thema abfragen. Dadurch ist ein Vergleich der statistischen Kennzahlen der Stichprobe, wie bspw. Mittelwerte, über die Zeit möglich. Allerdings können bei der Datenauswertung nicht immer die Trends, also die tatsächlichen Veränderungen, von Stichprobenfehlern unterschieden werden [2]. Paneldesign: zu mehreren Zeitpunkten werden die Werte der gleichen Variablen mit nur einer Stichprobe erhoben, wobei die einzelnen Datenerhebungen als Panelwellen bezeichnet werden [2, 3]. Dadurch sind wiederholte Messungen von Merkmalsausprägungen der gleichen Personen möglich, was Veränderungen auf individueller Ebene nachvollziehbar macht. Somit können durch Panelerhebungen auch Rückschlüsse auf Trends gezogen und durch Trenderhebungen ebenso Aussagen über den Querschnitt getroffen werden. Umgekehrt gilt diese Relation allerdings nicht [2].
Querschnittsanalyse	Die Querschnittsanalyse wird zu einem bestimmten Zeitpunkt bzw. in einer kurzen Zeitspanne durchgeführt. Dabei wird eine einmalige Datenerhebung bei einer zuvor festgelegten Anzahl von Untersuchungseinheiten vorgenommen [2, 3].

det. So können beispielsweise strukturierte, quantitative Interviews durch einige offene Fragen ohne Antwortvorgaben ergänzt oder in einem offenen Interview standardisierte Fragebögen zur Abfrage der demografischen Daten genutzt werden [3, 10] (Tab. 8.3).

Vorteile der hohen Standardisierung in Befragungen mit geschlossenen Fragen ergeben sich durch die Vergleichbarkeit der Antworten, eine höhere Objektivität, sowohl bei der Datenerhebung als auch bei der Auswertung der Daten, einen geringeren Zeitaufwand für die Probanden und einfachere Beantwortbarkeit der Fragen sowie einen geringeren Aufwand bei der Auswertung. Ein Problem quantitativer Studien mit starker Standardisierung ist, dass den Teilnehmenden in Befragungen hauptsächlich geschlossene Fragen gestellt werden, wodurch keine Antworten möglich sind, die über die vorgegebenen Antwortkategorien hinausgehen. Daher ist dies nur mit ausreichend Vorwissen über die zu erforschende Situation eine sinnvolle Lösung [2].

Bei einer Nutzerstudie mit qualitativer Befragung können Aussagen der Benutzer über ihre Erfahrungen mit dem Evaluierungsgegenstand abgefragt werden. Dazu gehört beispielsweise die Abfrage von Erwartungen, positiven Erfahrungen oder aufgetretenen Problemen durch offene Fragen [13].

Ein Problem der qualitativen Studien ist die Verallgemeinerung der Ergebnisse. Da die Stichprobe meist bewusst gewählt wird, um möglichst typische Konstellationen des Untersuchungsfeldes ausfindig zu machen, ist eine Übertragung der Ergebnisse auf die Grundgesamtheit fragwürdig und auch die Stichprobenauswahl an sich bringt Probleme mit sich. Außerdem ist der Einfluss des Interviewenden auf die Probanden bei einer qualitativen, wenig standardisierten Erhebungsmethode oft größer als bei einer quantitativen Erhebung (Tab. 8.4).

Tab. 8.3 Unterscheidung der Forschungsansätze

Forschungsansatz	Erläuterung
Quantitativer Forschungsansatz	Der quantitative Forschungsansatz zielt auf eine möglichst hohe Objektivität der Ergebnisse durch Standardisierung aller Teilschritte ab. Durch diese Standardisierung sollen die erhobenen Daten den Charakter von Messwerten erhalten, und damit (direkt) statistisch auswertbar sein [4]. Denn durch quantitative Forschungsansätze sollen Ursache-Wirkungs-Zusammenhänge festgestellt und quantifiziert werden, wobei die Realität als objektiv angenommen wird. Die zu untersuchende Forschungsfrage bzw. Hypothese (bei explikativen Forschungsdesigns) bezieht sich dabei stark auf abhängige, zu klärende und wenige unabhängige Variablen. Bei quantitativen Forschungsansätzen werden große Stichproben verwendet, um ein verkleinertes Abbild einer Grundgesamtheit zu erhalten. [7] Um vergleichbare empirische Informationen zu gewinnen, läuft auch die Datenerhebung möglichst standardisiert ab und es werden meist gleichartige, hochstandardisierte Messinstrumente (z. B. standardisierte Fragebögen) eingesetzt.
Qualitativer Forschungsansatz	Das Ziel einer qualitativen Forschung ist es, den Zusammenhang sowie die wirkenden Mechanismen zu entdecken und dadurch Klassen bzw. Typen bilden zu können. Typisch für den qualitativen Ansatz ist eine geringe Stichprobengröße, wobei bei der Teilnehmerauswahl versucht wird, die Vielfalt der Konstellationen und Bedingungen im Untersuchungsfeld zu erfassen. Dadurch können die Bedingungen und Wirkungen der verschiedenen Mechanismen untersucht werden. Aufgrund dieser ausführlichen Untersuchung von einzelnen spezifischen Fallbeispielen, ist ein standardisiertes Untersuchungsprogramm nicht einsetzbar und es werden Erhebungsinstrumente mit nur geringer Standardisierung verwendet. Dies sind beispielsweise offene qualitative Interviews, bei denen ausführlich Antworten der Probanden zugelassen sind.

Tab. 8.4 Gegenüberstellung von quantitativem und qualitativem Forschungsansatz

Quantitativer Forschungsansatz	Qualitativer Forschungsansatz
Untersuchung großer Stichproben, um ein verkleinertes Abbild der Verteilung in der Grundgesamtheit zu erhalten	Untersuchung kleiner Stichproben, welche möglichst viele typische Ausprägungen im Untersuchungsfeld abbilden sollen
Möglichst standardisierte Datenerhebung - Mit standardisierten Messinstrumenten - Unter standardisierten (Labor-) Bedingungen	Datenerhebung mit geringer Standardisierung, meist im Feld
Verallgemeinerung durch statistische Auswertung der erhobenen Daten	Verständnis über Zusammenhänge und Mechanismen gewinnen, Klassifikation

Weiterführende Informationen zur Anwendung und den Unterschieden der Forschungsansätze finden sich außerdem in Baur und Blasius [10], vor allem in den Beiträgen von Przyborski und Wohlrab-Sahr [7] sowie Stein [9] und in Tausendpfund [14].

8.3.4 Vorbereitung der Datenerhebung

Leitfrage: Welche Ressourcen benötige ich zur Durchführung der Nutzerstudie?

Aufstellen von Hypothesen und Festlegung der Variablen

Ist das Ziel der Studie die Überprüfung einer Hypothese (explikatives Forschungsdesign), muss mindestens eine Hypothese, welche zur Forschungsfrage passt, definiert werden. Diese kann aus vorhandenen Theorien bzw. Studien, aus eigenen Theorien oder aus den eigenen Intuitionen abgeleitet werden [8] (Abb. 8.4).

Variablen beschreiben bestimmte Merkmale oder Eigenschaften von Merkmalsträgern, wie Objekten, Personen oder Organisationen. Die Variablen können jeweils mindestens zwei bestimmte Ausprägungen annehmen. Ein einfaches Beispiel für eine Variable ist das Geschlecht mit den Ausprägungen weiblich, männlich und divers [2, 3].

Die *abhängigen Variablen* werden dabei jene Variablen bezeichnet, deren Wert oder Ergebnis sich durch das Verhalten einer anderen Variable verändert. Die Auswirkungen auf diese abhängigen Variablen werden während der Nutzerstudie beobachtet, da für sie im Rahmen der Studie eine Erklärung gefunden werden soll. Die unabhängigen (oder explikativen) Variablen werden dagegen als eine mögliche Ursache oder Bedingung für die Variation der abhängigen Variablen angesehen und haben somit einen Einfluss auf sie. Sie werden während der Nutzerstudie verändert, um durch deren Wirkung die Auswirkungen auf die abhängigen Variablen erklären zu können [12].

Außerdem kann zwischen qualitativen und quantitativen Variablen unterschieden werden. Während quantitative Variablen mathematische Zahlenwerte annehmen, weisen qualitative Variablen meist verbale Bezeichnungen oder Buchstaben als Ausprägungen auf, sind also nicht direkt quantifizierbar [4]. So können beispielsweise bei der Durchführung einer Arbeitsaufgabe mit dem zu untersuchenden System quantitative Daten, also objektive Leistungsparameter wie Bedienzeiten für einzelne Teilaufgaben (Effizienz) oder die Anzahl von Bedienfehlern (Effektivität) gemessen werden. Bei Bedienfehlern werden hier nicht bestimmte Fehlfunktionen des Systems gemeint, sondern Aktionen mit dem System, die zu Ergebnissen führen, welche entweder vom Hersteller so nicht vorgesehen sind oder

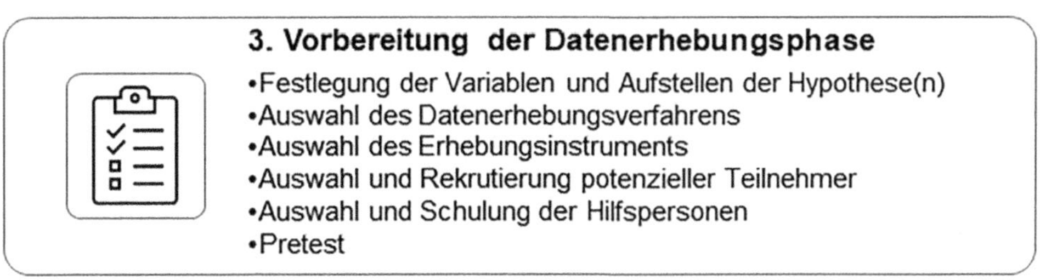

Abb. 8.4 Vorbereitung der Datenerhebungsphase

vom Benutzer nicht in dieser Art erwartet werden. Außerdem kann durch Messskalen auch die subjektive Wahrnehmung oder Zufriedenstellung der Teilnehmenden quantitativ abgefragt werden.

Störvariablen haben einen ungewollten Einfluss auf die zu untersuchenden abhängigen Variablen und sollten möglichst verhindert werden. Beispiele für diese Störfaktoren sind Leistungsschwankungen der Teilnehmenden durch Hunger, Ablenkung oder Müdigkeit, Lerneffekte während der Datenerhebung und Veränderungen innerhalb des Erhebungsinstruments wie unbeständig formulierte Fragen im Interview, wechselnde Versuchsleiter oder Beobachter [15]. Wird die Nutzerstudie in einem Labor, also unter künstlichen Bedingungen durchgeführt, ist eine Minimierung oder Kontrolle der untersuchungsbedingten Störvariablen bzw. Randbedingungen möglich. Allerdings ist fraglich, inwieweit sich die Ergebnisse aus der unnatürlichen Laborumgebung auf die natürliche Feldumgebung übertragen lassen [12].

Hypothesen stellen Annahmen über eine Grundgesamtheit dar [8] und sind wissenschaftlich begründete Vermutungen über einen Sachverhalt oder einen Zusammenhang von mindestens zwei Variablen [3, 8, 15]. Sie bestehen zum einen aus bestätigtem theoretischem Wissen, das für eine widerspruchsfreie Formulierung sorgt und zum anderen aus noch unbestätigten Vermutungen, welche überprüft werden sollen und damit der Erweiterung des Wissens dienen. Sie haben eine forschungsleitende Funktion, da sie das Erkenntnisinteresse widerspiegeln, denn die möglichen Erklärungen des zu untersuchenden Problems werden durch die Hypothesen eingeschränkt. Nur die beschriebenen Vermutungen können bearbeitet werden und nur zu diesen kann auf Grundlage der Forschungsergebnisse später eine Aussage getroffen werden [3].

Grundsätzlich sollte sie jedoch logisch und nachvollziehbar formuliert sowie empirisch überprüfbar und falsifizierbar sein. Das bedeutet, dass sie in sich keinen logischen Widerspruch und keine sich gegenseitig ausschließenden Begriffe enthalten darf. Falsifizierbar bedeutet, dass feststellbar sein muss, ob die Hypothese falsch ist und diese somit widerlegt werden kann. Dies ist beispielsweise bei „Es-gibt-Sätzen" nicht der Fall, da man dafür sämtliche existierende Objekte bzw. Personen untersuchen müsste, um festzustellen, ob es nicht mindestens eines gibt, auf welches die Aussage zutrifft [3, 8].

Eine ausführliche Übersicht weiterer Anforderungen an die Formulierung einer wissenschaftlichen Hypothese findet sich in Häder [3] sowie Hartmann und Lois [8].

Operationalisierung

Da Begriffe oft nicht einheitlich verwendet werden, müssen diese zunächst definiert werden, um die eben beschriebenen Anforderungen an die aufgestellten Hypothesen erfüllen zu können, falls dies noch nicht während der Problemspezifizierung erfolgt ist [2, 4]. Dabei ist bei komplexen, mehrdimensionalen Begriffen, wie bspw. Arbeitszufriedenheit, eine sogenannte Konzeptspezifikation erforderlich, bei der die einzelnen Dimensionen des Begriffs herausgearbeitet werden. Dadurch wird festgelegt, welche Aspekte des Gegenstandsbereichs durch den Begriff angesprochen und somit auch untersucht werden sollen [2, 15].

Häufig beschreiben die zu untersuchenden Hypothesen vermutete Zusammenhänge zwischen nicht direkt beobachtbaren Sachverhalten. Da diese jedoch durch die Nutzerstudie gemessen werden sollen, müssen direkt beobachtbare Variablen definiert werden, welche als Indikatoren bezeichnet werden. Um die Indikatoren mit den nicht direkt beobachtbaren Sachverhalten zu verknüpfen, werden sogenannte Korrespondenzregeln definiert, die einen Zusammenhang der beiden Sachverhalte annehmen. Die Festlegung dieser Korrespondenzregeln wird auch Operationalisierung genannt. Dabei können jedoch auch Fehler entstehen, wenn der Indikator in der Realität keine Rückschlüsse auf den nicht beobachtbaren Sachverhalt zulässt. Durch die Verwendung von mehreren Indikatoren können die Messgenauigkeit und die Chance, den relevanten Sachverhalt abzubilden, erhöht werden [4, 14, 15].

Die Operationalisierung eines Begriffs gibt also Vorgehensweisen der Forschungsoperationen an, durch die entscheidbar wird, ob und inwieweit der durch den Begriff beschriebene Sachverhalt in der Realität existiert [4]. Das Ziel der Operationalisierung ist damit das Messbarmachen bzw. Erschaffen von Voraussetzungen für die empirische Erhebung komplexer Sachverhalte, um damit ihren Wahrheitsgehalt in der Realität überprüfen zu können [3].

Eine genauere Beschreibung der Operationalisierung mit Indikatorarten und -auswahl, Konzeptspezifikation und Korrespondenzregeln kann in Häder [3], Kromrey et al. [4] und Schnell et al. [15] nachgelesen werden.

Auswahl des Datenerhebungsverfahrens

In diesem Schritt der Nutzerstudienplanung gilt es, eine Entscheidung über die Methode der Datenerhebung zu treffen. Diese Verfahren können nach der empirischen Sozialforschung grundsätzlich in die folgenden drei Kategorien eingeteilt werden [4, 16]:

- Befragung
- Beobachtung
- Inhaltsanalyse

Zusätzlich werden hier zwei weitere Kategorien betrachtet, welche oft in der Usability-Evaluation zur Bewertung technischer Systeme und auch in den Humanwissenschaften angewendet werden:

- Physiologische Messungen [12]
- Sonstige Datenerhebungsverfahren

Die Auswahl des Datenerhebungsverfahrens ist abhängig von der Forschungsfrage und dem Untersuchungsgegenstand und sollte individuell für jede Studie erfolgen [4].

In einer Nutzerstudie ist es üblich, Arbeitsaufgaben bzw. ein Nutzungsszenario vorzugeben, mit denen das zu untersuchenden Produkt bewertet werden soll. Für eine eindeutige und strukturierte Informationssammlung, wie die Beobachtung des Nutzerverhaltens, die

Messung von Benutzerleistungen oder die Erfassung von Befragungsdaten, werden dazu meist mehrere der folgenden Erhebungsverfahren in Kombination verwendet [13] (Tab. 8.5).

Eine Beschreibung dieser und weiterer gängiger Methoden zur Messung der User Experience wird in Quirmbach [17] übersichtlich dargestellt.

Tab. 8.5 Unterscheidung von Datenerhebungsverfahren

Erhebungs- verfahren	Beschreibung
Befragung[a]	Die Befragung ist das in der empirischen Forschung am häufigsten verwendete Datenerhebungsverfahren [4, 12] und eine der grundlegenden Methoden, um die Usability und User Experience zu bewerten. Dazu können Probleme, Ansichten und Eindrücke der Probanden erfragt (qualitative Befragung) oder aber der Grad der Zufriedenstellung des Probanden durch Skalenwerte gemessen werden (quantitative Befragung) [13]. Unterschieden werden kann die Art (qualitativ und quantitativ orientierte Methoden), die Anzahl der befragten Personen (Einzel- oder Gruppeninterview), die Form (mündlich oder schriftlich), der Grad der Standardisierung (unstrukturiert, teilstrukturiert, strukturiert) sowie der Autoritätsanspruch des Interviewers (weich, neutral, hart) [12].
Beobachtung[b]	Eine Beobachtung ist das Erfassen von interessierenden, sinnlich wahrnehmbaren Sachverhalten im Moment ihres Auftretens [5]. Die Methode der wissenschaftlichen Beobachtung läuft, kontrolliert und systematisch ab [12, 16], wodurch auch quantitative Daten gesammelt werden können, welche zum Teil zur statistischen Prüfung von Hypothesen geeignet sind. [2, 12]. In der Usability-Forschung wird durch die Beobachtung die tatsächliche Gebrauchstauglichkeit identifiziert, wobei unter anderem die Benutzerleistung und -reaktion gemessen werden [13]. Unter Einsatz technischer Hilfsmittel kann der beobachtete Sachverhalt bzw. das Verhalten der Probanden aufgezeichnet werden. Diese Hilfsmittel können so gewählt werden, dass sie entweder offensichtliches Verhalten aufzeichnen (z. B. Videokamera) oder aber Verhaltens- und Reaktionsweisen, welche dem Menschen sonst verborgen blieben. Das können z. B. Geräte zur physiologischen Messung wie der Elektrokardiograf (EKG) zur Aufzeichnung der Herzaktivität sein [16].
Inhaltsanalysen:	Bei einer Inhaltsanalyse werden vor allem Texte, aber auch alle anderen Arten von Bedeutungsträgern, wie Filme oder Bilder, systematisch ausgewertet, um daraus Daten zu erheben und Rückschlüsse zu ziehen, welche über das bearbeitete Medium hinausgehen [2, 4, 16]. Weitere Informationen zu dieser Methode finden sich in Diekmann [2], Kromreyet al. [4] und Schnell et al. [16]

(Fortsetzung)

Tab. 8.5 (Fortsetzung)

Erhebungs-verfahren	Beschreibung
Physiologische Messungen[c]	Neben Messungen des menschlichen Verhaltens können auch physiologische Messungen eingesetzt werden, um die neurobiologischen Grundlagen des Verhaltens zu erfassen. Sie werden hauptsächlich in der Sozial- und Humanwissenschaft, insbesondere in der Psychologie, angewendet, da hier Annahmen über somatische Zustände und Prozesse, wie Emotionen oder Stress, die über biochemische Prozesse beschrieben werden, eine große Rolle spielen. Weitere Anwendungsfelder der physiologischen Messungen sind bspw. die Verhaltensmedizin, die Arbeits- oder Werbepsychologie [12]. Datenerhebung durch physiologische Messungen ist ein objektives Verfahren, da die Probanden die Ergebnisse nicht direkt beeinflussen können. Gemessen werden meist elektrische Biosignale wie bspw. Gehirnströme und Herzaktivitäten (direkte elektrische Signale) sowie Hautleitfähigkeit (indirekte elektrische Signale), aber auch Blutdruck oder Atmung (nichtelektrische Signale), welche über Messwandler in elektrische Signale umgewandelt werden [12].
Eyetracking	Bei der Datenerhebung durch Eyetracking (dt. Blickbewegungsmessung oder Blickregistrierungsverfahren) wird durch stationäre oder mobile Blickregistrierungssysteme in Form von Spezialbrillen die Blickbewegung der Probanden erfasst und aufgezeichnet. Dadurch können die Reihenfolge, Schnelligkeit und Intensität, mit der die Probanden bestimmte Bereiche einer Website oder Ähnliches betrachten, ausgewertet werden.
Think Aloud (dt. Methode des lauten Denkens)	Hierbei werden die Teilnehmenden dazu aufgefordert, ihre Gedanken und Probleme während der Durchführung der Arbeitsaufgabe laut auszusprechen. Diese Methode wird in Nutzerstudien sehr häufig zusätzlich zu anderen Erhebungsmethoden angewendet und kann vor allem hilfreiche qualitative Informationen zur Gebrauchstauglichkeitsbewertung eines Produkts liefern. Neben den Gedanken sollen vor allem auch Emotionen, wie Enttäuschung, Freude, Überraschung und Zufriedenheit, während der Nutzung ausgesprochen werden, um so ein besseres Verständnis der nutzenden Personen und deren Umgang mit dem Produkt zu erhalten. Ein Nachteil dieser Erhebungsmethode ist die zeitaufwendige Durchführung und Auswertung der Informationen [17].

[a]Weiterführende Informationen zum Ablauf der schriftlichen Befragung, dem Aufbau des Fragebogens und des Begleitschreibens sowie weitere Befragungsformen finden sich in: Bortz und Döhring [12], Kromrey et al. [4], und Schnell et al. [15] -Beispiele für unstrukturierte, qualitative Interviews sind Tiefen- und Gruppeninterviews, welche in Homburg [11] beschrieben werden

[b]Weitere Informationen zu Vorbereitung, Durchführung und Problemen der (strukturierten) Beobachtung finden sich in Bortz und Döhring [12], Diekmann [2], Kromrey et al. [4] und Schnell et al. [15]

[c]Eine ausführliche Darstellung der verschiedenen Arten physiologischer Messungen finden sich in Bortz und Döring [12] und Hörold et al. [18]

Auswahl des Erhebungsinstruments

Für die erfolgreiche Datenerhebung innerhalb einer Nutzerstudie sind auch die verwendeten Strategien zur Informationsgewinnung ein wichtiger Punkt. Dabei werden bestimmte Erhebungsinstrumente wie Fragebögen oder Beobachtungsprotokolle als Werkzeuge genutzt, um die Daten zur erfassen [4, 11].

Die Anforderungen an das Erhebungsinstrument sind zum einen, dass die betrachteten Indikatoren und Variablen sowie deren Ausprägungen gültig sind und somit diejenigen Umstände erfassen, welche auch im Forschungsproblem angesprochen werden. Zum anderen, dass die ausgewählten Erhebungsinstrumente zulässig sind und somit bei wiederholter Anwendung unter den gleichen Bedingungen auch zu den gleichen Ergebnissen führen [4] (Tab. 8.6).

Weiterführende Informationen bezüglich der Erhebungsinstrumente und Skalenarten bieten Diekmann [2], Häder [3], Kromrey et al. [4], Schnell et al. [16] und Tausendpfund [14].

Sollen unbewusste, nicht direkt erkennbare Größen wie beispielsweise Meinungen, Motivation oder Werteorientierungen zu bestimmten Sachverhalten durch Indikatoren erhoben werden, werden in der Regel Skalierungsverfahren angewendet [2, 3].

Das sind Methoden zur Entwicklung von Messinstrumenten, wobei das Ergebnis eines Skalierungsverfahrens als eine Skala mit einer Reihe von Items vorliegt [16]. Eines der bekanntesten Skalierungsverfahren ist die Likert-Skalierung, welche den Grad der Zustimmung bzw. Ablehnung einer Aussage über eine Einstellung oder ein Objekt durch vorgegebene Antworten bestimmt. Jeder dieser Antwortvorgaben ist ein Wert zugeordnet, so-

Tab. 8.6 Unterscheidung von Skalenarten

Erhebungs-instrument	Beschreibung
Nominalskala	• verschiedenen Merkmalsausprägungen werden klassifiziert • alle Ausprägungen können eindeutig in eine Kategorie eingeordnet werden • Überprüfung der Übereinstimmung der Ausprägungen zwischen den Teilnehmenden kann überprüft werden, wodurch die Möglichkeiten der statistischen Auswertung beschränkt sind
Ordinalskala	• Merkmalsausprägungen in eine Rangfolge, wodurch eine weitgehendere • statistische Auswertung möglich ist, bei der meist Lageparameter berechnet werden
Intervallskala	• konstante Maßeinheiten, wodurch Distanzangaben möglich sind • der Skalennullpunkt kann individuell gewählt werden, dadurch kein quantitativer Vergleich verschiedener Variablen möglich
Verhältnisskalierung (oder Ratioskalierung)	• fester Nullpunkt und konstante Einheiten sind vorgegeben • Angabe von Verhältnissen zwischen verschiedenen Variablen möglich • ruft die wenigsten Einschränkungen bei der Datenanalyse hervor • einfache Beispiele für eine Verhältnisskalierung sind das Alter oder Einkommen [3, 11]

dass nach Bewertung der verschiedenen Aussagen für jeden Teilnehmenden die Summe seiner Einschätzungen berechnet werden kann (der sog. Summenscore). Dabei ist zu beachten, dass die Werte von negativ formulierten Aussagen vor Bildung des Summenscores umgekehrt werden, damit die Werte für alle Aussagen die gleiche Einstellung angeben.

Neben der Likert-Skala haben sich vor allem auch Polaritätsprofile und die System Usability Scale (SUS) für die Bewertung der User Experience bewährt, wozu Quirmbach [17] eine kurze Übersicht und weiterführende Literatur liefert.

Da es das Ziel einer Messung ist, möglichst fehlerfreie Daten mit hoher Qualität zu sammeln, sind Gütekriterien ein wichtiger Aspekt zur Qualitätsbeurteilung des Messvorgangs. Dabei spielen vor allem die Gütekriterien Objektivität, Reliabilität (Zuverlässigkeit) und Validität (Gültigkeit) eine Rolle [2, 11, 14, 16].

Eine ausführliche Beschreibung der Gütekriterien sowie deren Nachweis sind in Diekmann [2], Häder [3], Schnell et al. [16] und Tausendpfund [14] dargestellt.

Weitere häufig verwendete Skalierungsverfahren sind unter anderem Guttman-Skalen, Thurstone-Skalen und Rasch-Skalen, welche in Diekmann [2], Kromrey et al. [4], Schnell et al. [16] beschrieben werden.

Selbsterstellte und validierte Fragebögen

Bei der Fragebogenkonstruktion werden die Variablen, welche in der Hypothese vorkommen, sowie die in der Hypothese geforderten Beziehungen zwischen den Variablen meist als Fragen umformuliert. Dabei ist besonders darauf zu achten, dass die Fragen so formuliert werden, dass sie von allen Teilnehmenden in möglichst gleicher Weise verstanden werden [16]. Außerdem gelten weitere Grundregeln, wie kurz und ausreichend präzise formulierte Fragen und Vermeidung doppelter Verneinungen [2].

Die Frageform kann nach der Art der Antwortvorgaben grundsätzlich in die Kategorien offene und geschlossene Fragen unterteilt werden. Die offenen Fragen zeichnen sich dadurch aus, dass keine Antwortkategorien vorgegeben sind. Die Teilnehmenden sollen ihre Antworten selbstständig und frei formulieren, was jedoch eine gewisse Artikulationsfähigkeit und Motivation voraussetzt. Ein Nachteil der offenen Fragen ist die komplexere Datenauswertung im Gegensatz zur Auswertung der geschlossenen Fragen. Bei geschlossenen Fragen sind Antwortkategorien vorgegeben, z. B. Selektionsfragen (Multiple Choice) oder Ja-Nein-Fragen. Sollen bestimmte Aussagen in abgestufter Form beurteilt werden, können die vorgegebenen Antwortkategorien der geschlossenen Fragen auch in Form eines zuvor beschriebenen Skalierungsverfahrens (z. B. Likert-Skala) dargestellt werden.

Ein Nachteil der geschlossenen Fragen liegt darin, dass keine individuellen oder zusätzlichen Antworten der Teilnehmenden aufgenommen werden können [17, 16].

Weiterführende Informationen zu den Frageformen und der Fragebogenkonstruktion findet man in Diekmann [2], Schnell et al. [16] und Tausendpfund [14].

Neben der Fragebogenkonstruktion gibt es die Möglichkeit, bereits validierte Fragebögen zu verwenden. Eine Sammlung validierter standardisierter Fragebögen zu den Themengebieten Nutzerakzeptanz, Usability, Joy of Use und Workload findet man in Hörold et al. [18]. Bekannte validierten Fragebögen sind z. B. INTUI-Fragebogen [19] und „der Questionnaire for User Interaction Satisfaction“ (QUIS-Fragebogen) [20].

Auswahl und Rekrutierung der Teilnehmenden

Auf Basis der definierten Stichprobe der Nutzerstudie müssen passende Teilnehmende identifiziert und rekrutiert werden. Ist ein Industrieunternehmen oder ein Forschungsprojekt Auftraggeber der Studie liegt es nahe, im Unternehmensumfeld mit der Rekrutierung zu beginnen. Eine weitere Möglichkeit stellen Access-Panels da. Dort sind in einer Datenbank potenzieller Teilnehmerinnen und Teilnehmer anhand von Merkmalen (z. B. Alter, Geschlecht, soziale Situation, Beruf und Angaben über vorherige Studienteilnamen) aus vergangenen Studien aufgelistet, die sich bereit erklärt haben, an weiteren Studien teilzunehmen [21].

Eine individuelle und persönliche Ansprache ist hier vorteilhaft, da so Interesse geweckt werden kann. Ein relevanter Faktor für die Gewinnung von Teilnehmenden können auch extrinsisch Anreizsysteme, z. B. Geld sein. Es gilt allerdings zu beachten, dass monetäre Anreize die Ergebnisse verfälschen können, wenn die Personen sich dadurch verpflichtet fühlen. Anstrengende oder sehr persönliche Studieninhalte sollten außerdem höher vergütet werden als einfachere und unpersönlichere Inhalte [5, 12].

Grundlegend müssen bei der Rekrutierung der Studienteilnehmenden immer die rechtlichen Regelungen bzgl. Altersbeschränkungen und Datenschutz beachtet werden.

Auswahl und Schulung der Beteiligten

Es ist hilfreich, bereits in der Planungsphase Hilfspersonal bei der Datenerhebung einzuplanen. Die Personen können beispielsweise beobachten, interviewen oder protokollieren.

Generell gilt es, bei der Auswahl der Beteiligten sicherzustellen, dass die Beeinflussung der Teilnehmenden durch das Verhalten des Teams so gering wie möglich gehalten wird [12]. Gerade in Interviews ist Neutralität in der Gesprächsführung wichtig, um die Chance auf unverfälschte Antworten der Probanden zu erhöhen.

Schulungen der Hilfspersonen sind vor allem bei qualitativen mündlichen Befragungen notwendig, da hier hohe Anforderungen bestehen. Bei quantitativen Befragungen sind diese Anforderungen aufgrund der höheren Standardisierung der Datenerhebung geringer [3].

Pretest

Ein Pretest ist ein systematischer Probelauf der Nutzerstudie, bei dem das Erhebungsinstrument, sämtliche Hilfsmittel und der gesamte Ablauf getestet und ggf. im Anschluss optimiert werden [3, 5]. Der Fokus liegt dabei auf der Verständlichkeit der Fragen, die Logik der Fragenreihenfolge, die Dauer der Befragung sowie die Belastung der Teilnehmenden [2, 16, 22]. Außerdem kann durch den Pretest sichergestellt werden, dass die Antwortskalen geeignet und die relevanten Produkteigenschaften verstanden werden [21].

Zur Durchführung eines Pretests können verschiedene Verfahren angewendet werden, z. B. Think-Aloud-Methode oder das Probing.

Weitere Pretest-Verfahren werden in Häder 2019 ausführlich erläutert [3].

Erkenntnisse des Pretests werden im Folgenden umgesetzt; beispielsweise durch die Umformulierung ausgewählter Fragen, Veränderung der Antwortkategorien oder Kürzung des Fragebogens. Bei einer Vielzahl von Mängeln, die eine Überarbeitung erfordern, sollte der Pretest später wiederholt werden, bis ein geeignetes Erhebungsinstrument vorliegt [2, 19].

Mit Abschluss des Pretests und der damit erfolgten Erprobung des Erhebungsinstruments ist die Planungsphase abgeschlossen.

8.3.5 Datenerhebungsphase

Leitfrage: Wie kann ich sicherstellen, dass die Daten unter reproduzierbaren Bedingungen erfasst werden?

Generell ist es für eine erfolgreiche Nutzerstudie wichtig, durch die Datenerhebung präzise und vergleichbare Informationen zu gewinnen, weshalb versucht wird, die Erhebung für alle Teilnehmende identisch zu gestalten und damit für alle die gleichen Bedingungen über den gesamten Versuchsablauf sicherzustellen. Dies kann, wie bereits erwähnt, durch standardisierte Fragebögen mit exakt festgelegter Fragereihenfolge und Wortlaut und/oder durch eindeutige Verhaltensanweisungen an die Interviewenden und Hilfspersonen gewährleistet werden [4] (Abb. 8.5).

Nach Ankunft und Begrüßung der Teilnehmenden müssen diese zunächst über ihre Rechte aufgeklärt werden und ggf. eine Verschwiegenheitserklärung und weitere Formulare ausfüllen. Sie werden durch allgemeine Anweisungen zum Ablauf, wie Regeln zur Hilfestellung oder der Interaktion mit anderen Teilnehmenden sowie speziellen Anweisungen zu den einzelnen Arbeitsaufgaben, wozu beispielsweise einzuhaltende Zeitvorgaben zählen, instruiert [13].

Wichtig bei der Einweisung ist, dass sie die genauen Forschungsziele und zu untersuchenden Hypothesen nicht erfahren. In manchen Studien werden die Teilnehmenden sogar über die tatsächlichen Untersuchungsziele getäuscht und erst nach der Datenerhebung darüber aufgeklärt. Ebenso ist es hilfreich, auch den Hilfspersonen und Interviewenden die Forschungsziele nicht mitzuteilen, um eine (unbewusste) Beeinflussung zu vermeiden. Ist dies der Fall, wird die Studie als Doppelblindstudie bezeichnet [2, 12].

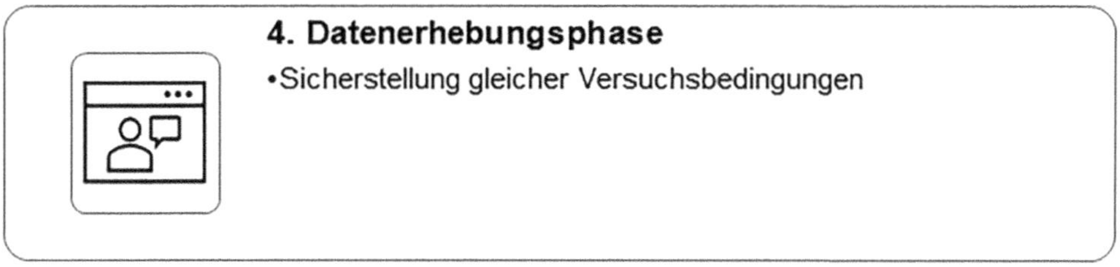

Abb. 8.5 Datenerhebungsphase

Während der Datenerhebung sollten neben den geplanten Mitschrieben auch Zwischenfragen und andere ungeplante Ereignisse protokolliert und später in die Dokumentation aufgenommen werden [12].

8.3.6 Datenauswertungsphase

Leitfrage: Wie muss ich die erhobenen Daten darstellen und dokumentieren, um meine Forschungsfragen und ggf. möglichst viele Informationen daraus gewinnen zu können?

Datenaufbereitung

Durch die Datenerhebung, bei der Informationen über die Merkmalsausprägungen der Untersuchungseinheiten gesammelt wurden, entsteht auch schon bei wenigen Probanden und einer geringen Anzahl abhängiger Variablen eine erhebliche Datenmenge [16]. Diese Daten können in Form von Beobachtungsprotokollen, Video- oder Tonbandaufnahmen von Interviews, ausgefüllten Fragebögen, Häufigkeitszählungen von Blickbewegungen, elektronisch gespeicherten Reaktionszeiten, Hirnstromverlaufskurven oder ähnlichem vorliegen. Sie müssen vor der Datenanalyse so umgewandelt werden, dass sie numerisch quantifizierbar sind. Das bedeutet, dass abhängige Variablen, für die noch keine Zahlenwerte, sondern qualitative Angaben vorliegen, zu Kategorien zusammengefasst und numerisch kodiert werden müssen [12]. Dafür werden den erhobenen Daten Zahlen zugeordnet, damit diese in der Datenanalyse durch statistische Verfahren ausgewertet werden können [14] (Abb. 8.6).

Weitere Methoden zur Aufbereitung und Auswertung qualitativer Daten können in Bortz und Döring [12] nachgelesen werden.

Erst nach der Datenerfassung, Fehlerkontrolle und ggf. Fehlerbereinigung ist die statistische Datenanalyse möglich. Mögliche Fehlerquellen sind Stichprobenfehler („sampling errors"), welche sich durch das Stichprobenauswahlverfahren ergeben können. Zum anderen gibt es Fehlerquellen, die nicht durch das Auswahlverfahren verursacht und daher als „non sampling errors" bezeichnet werden. Dazu zählen unter anderem Messfehler, Versuchsleitereffekte und Ausfälle („Non-Response") durch Ausfall oder Verweigerung eines Probanden [2, 16].

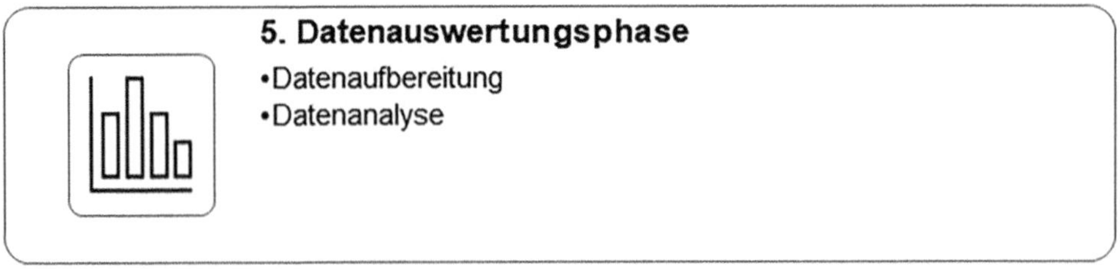

Abb. 8.6 Datenauswertungsphase

Die Non-Response-Ausfälle können in Unit-Non-Response und Item-Non-Response eingeteilt werden. Dabei fällt bei Unit-Non-Response die Untersuchungseinheit vollkommen aus und es existieren somit für diesen Fall keine Daten. Bei Item-Non-Response fehlen dagegen nur einige Variablen, da beispielsweise diese Fragen nicht beantwortet wurden [14, 16].

Weitere Informationen zum Thema Fehlerquellen und Non-Response findet man in Diekmann [2], Schnell et al. [16] und Tausendpfund [14].

Heutzutage wird die Datenanalyse fast ausschließlich mit Hilfe von Computern durchgeführt, welche durch Statistikprogrammpakete und Datenbanksysteme die erhobenen Daten aufbereiten und auswerten können. Liegen die Daten nicht bereits in elektronischer Form, sondern beispielsweise als Fragebögen in Papierform vor, kann durch die Nutzung von Dateneingabeprogrammen ein Datenfile erstellt werden, welches sämtliche Informationen der Erhebung beinhaltet, und damit dem Konzept der zuvor erläuterten Datenmatrix entspricht. Ebenso können die Daten von Hand kodiert und anschließend in das Datenfile übertragen werden, um die computergestützte Auswertung zu gewährleisten [2, 3].

Es existiert eine Vielzahl von Computerprogrammen, die bei der Aufbereitung und Auswertung der quantitativen Daten unterstützt. Eine gewisse Vorbereitung der Daten, die Auswahl eines Analyseverfahrens und die Interpretation der Ergebnisse liegen jedoch weiterhin in der Hand der Versuchsleitung. Häufig erwähnte Statistiksoftware, welche die Daten statistisch auswerten und die Ergebnisse grafisch darstellen, sind SPSS und SAS [12, 14].

Einige dieser unterstützenden Computerprogramme werden in Bortz und Döhring [12], Kromrey et al. [4] sowie Schnell et al. [16] vorgestellt.

Datenanalyse

Die Datenanalyse setzt sich aus statistischer Auswertung der erhobenen Daten und Ergebnisinterpretation zusammen. Durch die Anwendung von statistischen Modellen als Hilfsmittel werden die relevanten Informationen aus den erhobenen Daten herausgearbeitet und komprimiert, damit diese in Bezug auf die Forschungsziele verwertet werden können. Bei der Interpretation der berechneten Werte wird dann Bezug auf die zuvor definierte Hypothese genommen, um diese bewerten zu können [4].

Die Datenanalyse ist ein iterativer Prozess, dessen Umfang von der Komplexität der Forschungsfrage, dem gewählten Forschungsdesign, der Art der erhobenen Daten und den Kenntnissen des Forschungsteams abhängig ist. Aus diesem Grund ist eine einheitliche Vorgabe von auszuführenden Arbeitsschritten schwierig [2, 12].

Für die Auswertung der erhobenen und aufbereiteten Daten gibt es eine Vielzahl verschiedener statistischer Modelle, durch die beispielsweise von der betrachteten Stichprobe auf die Grundgesamtheit geschlossen oder Beziehungen zwischen den einzelnen Variablen untersucht werden können. Außerdem ist es möglich, die Vielfalt der gesammelten Informationen auf wenige relevante Größen zu reduzieren, indem beispielsweise das arithmetische Mittel berechnet wird und so die Codes der einzelnen Variablenausprägungen zu wenigen Kennzahlen zusammengefasst werden. Bei der Auswahl eines statistischen Mo-

Tab. 8.7 Gegenüberstellung deskriptive und induktive Statistik

Deskriptive Statistik	Induktive Statistik
Informationen der gesammelten Daten so übersichtlich wie möglich darstellen, um so die relevanten Informationen schneller erkennbar zu machen. Dadurch sind ausschließlich Aussagen über die vorliegende Datenmenge möglich.	Informationen der betrachteten Stichprobe unter Verwendung der Wahrscheinlichkeitstheorie Rückschlüsse auf die Grundgesamtheit ziehen, was auch die Prüfung von Hypothesen betrifft, welche in der Regel für die Grundgesamtheit aufgestellt wurden.

dells muss dieses allerdings auf seine Angemessenheit geprüft werden, um durch die Auswertung auch aussagekräftige Ergebnisse zu erhalten [4].

Die Statistik kann grundsätzlich in die deskriptive und induktive Statistik unterteilt werden [4, 11] (Tab. 8.7).

Um zunächst einen Überblick über die in der Datenerhebung gesammelten Informationen zu bekommen, sollte mit einer deskriptiven Auswertung begonnen werden. Dabei können vor allem auch die soziodemografischen Merkmale der Teilnehmenden, wie Alter und Geschlecht, statistisch deskriptiv ausgewertet werden, wobei Eingabe- oder Codierfehler anhand unplausibler Merkmalsverteilungen entdeckt werden können [3, 12].

Bei der deskriptiven Statistik kann wiederum zwischen univariaten, bivariaten und multivariaten Auswertungsmethoden der Datenmatrix unterschieden werden. Durch eine univariate Auswertung wird jeweils nur eine Variable beschrieben, während bei der bivariaten Auswertung der Zusammenhang zwischen zwei Variablen beschrieben wird. Wenn die Beziehung zwischen mehr als zwei Variablen ausgewertet wird, wird von einer multivariaten Auswertung gesprochen [4, 11].

Die einfachste Methode, um die erhobenen Daten übersichtlich darzustellen, ist es, univariate, also eindimensionale, Häufigkeitsverteilungen zu erstellen. Eine solche gibt an, wie häufig jede einzelne der Variablenausprägungen in der Gesamtheit der Daten vorkommt [4].

Die so berechneten Häufigkeitsverteilungen können in der Dokumentation der Nutzerstudie (vgl. Abschn. 3.4.7) als Prozentwerte in Form von Tabellen und grafischen Darstellungen, wie Stab-, Balkendiagrammen und Boxplots oder in Form von Histogrammen dargestellt werden [3, 4]. Sollen die in den Daten enthaltenen Informationen auf charakteristische Werte der Verteilung reduziert werden, können diese durch Berechnung der Parameter der Häufigkeitsverteilung, wie beispielsweise Lage und Streuungsparameter, bestimmt werden. Dabei spielen bei den Lageparametern vor allem Medianwerte (beschreibt den Wert, der genau in der Mitte der nach Größe geordneten Messwerte liegt) oder das arithmetische Mittel (Schwerpunkt der Verteilung) eine Rolle. Als Streuungsparameter sind vor allem die Varianz und Standardabweichung relevante Begriffe. Diese werden zusätzlich zu den Lageparametern angegeben, um aufzeigen, wie sehr die Messwerte um die Lageparameter streuen, denn umso geringer die Streuung, desto charakteristischer ist der berechnete Lageparameter für die Verteilung [4, 11].

Durch die bivariate Auswertung können Zusammenhänge zwischen zwei Variablen erforscht werden, welche durch simultane Verteilung der beiden Variablen anhand gemeinsamer Häufigkeitsverteilungen oder Kennzahlen, die Auskünfte über die Art und Stärke der Variablenbeziehung geben, beschrieben werden. Dabei können grundsätzlich zwei verschiedene Methoden angewendet werden. Zum einen können Beziehungszahlen berechnet werden, welche die unabhängig voneinander erforschten Merkmale (aus sog. Unverbundenen Beobachtungen) deskriptiv in Verhältnis zueinander setzen. Allerdings können daraus keine weiteren empirischen Schlüsse, wie Ursache-Wirkungs-Beziehungen, gezogen werden. Zum anderen können Assoziationen, also statistische Beziehungen, auf Basis von verbundenen Beobachtungen in Kontingenztabellen oder Streudiagrammen dargestellt werden. Das Ziel der bivariaten Statistik ist es, herauszufinden, ob sich die beiden betrachteten Variablen gemeinsam oder unabhängig voneinander verändern. Dabei können die Variablen eine gleichläufige bzw. positive Beziehung haben, bei der mit Anstieg des einen Variablenwerts auch der Wert der anderen Variablen steigt (Analog: bei fallendem Variablenwert sinkt auch der Wert der anderen Variablen) oder aber die Variablen haben eine gegenläufige bzw. negative Beziehung, bei der mit Anstieg des einen Variablenwerts der Wert der anderen Variablen fällt (Analog: bei fallendem Variablenwert steigt der Wert der anderen Variablen).

Diese Regelmäßigkeit muss nicht bei allen Messwerten zutreffen, sondern es genügt ein relativ großer Anteil, um von einer statistischen Beziehung zu sprechen. Durch die bivariate Auswertung werden also die abhängigen und unabhängigen Variablen, die zuvor definiert wurden, bezüglich ihrer Abhängigkeit voneinander geprüft [4]. Ein wichtiges bivariates Analyseverfahren ist die Regressionsanalyse, bei der sämtliche Werte der abhängigen Variablen als Summe einer Konstanten und einer mit einem Regressionskoeffizienten gewichteten unabhängigen Variablen berechnet werden [16]. Eine Regressionsanalyse verfolgt das Ziel, die Werte einer (oder mehrerer) unabhängiger Variablen zur Erklärung der abhängigen Variable zu nutzen und kann auch als multivariate Analyse mit mehreren Variablen angewendet werden [14]. Dadurch kann vorausgesagt werden, wie sich die abhängige Variable verändert, wenn es zu Veränderungen der einzelnen unabhängigen Variablen kommt [3].

Durch die multivariate Datenanalyse wird nicht nur die gemeinsame Verteilung zweier Variablen, sondern mehrere Variablen gleichzeitig untersucht, wofür eine Vielzahl von Techniken existieren. Dabei wird versucht, den Einfluss mehrerer unabhängiger Variablen auf eine abhängige Variable zu schätzen. So können beispielsweise durch eine multivariaten Kreuztabellierung weitere Variablen zur Kontrolle betrachtet werden (Drittvariablenkontrolle). Die Ergebnisse einer multivariaten Datenanalyse können dadurch von den Ergebnissen einer bivariaten Analyse abweichen [14, 16].

Durch die induktive Statistik können aus den Untersuchungsergebnissen Schlussfolgerungen auf die Grundgesamtheit übertragen werden. Die Voraussetzung für ihre Anwendung ist die Untersuchung einer Zufallsstichprobe, von der aus dann durch eine Wahrscheinlichkeitsrechnung Aussagen über die Grundgesamtheit getroffen werden können [4].

Dabei werden häufig sogenannte Signifikanztests angewendet, wodurch außerdem Aussagen über die zuvor aufgestellten Hypothesen getroffen werden können, welche sich in der Regel ebenfalls auf eine Grundgesamtheit beziehen [3, 12, 16].

Der Signifikanztest überprüft mit Berücksichtigung gewisser Irrtumswahrscheinlichkeiten, ob Zusammenhänge, die in der Stichprobe entdeckt wurden, wahrscheinlich auch in der Grundgesamtheit vorkommen, sie also statistisch relevant sind, oder aber sie nur zufällig in der Stichprobe aufgetaucht sind. Dadurch können allerdings keine Aussagen über die Beziehung von zwei Variablen getroffen werden [4, 14].

Auf eine genaue Beschreibung der einzelnen statistischen Methoden wird in dieser Arbeit verzichtet, da diese sehr umfangreich sind. Eine ausführliche Erläuterung hauptsächlich von deskriptiven Statistikverfahren kann in Kromrey et al. [4] nachgelesen werden. Häder [3], Homburg [11] und Schnell et al. [16] bieten eine Übersicht verschiedener Methoden der deskriptiven und induktiven Statistik, wobei Häder außerdem auch auf qualitative Analysen eingeht.

Ein wichtiger Teil der Datenanalyse ist es, die zuvor aufgestellte(n) Hypothese(n) zu überprüfen. Nicht jede Nutzerstudie führt zu einer Bestätigung der zuvor aufgestellten Hypothese. Liefert die Datenanalyse eine Falsifikation der Hypothese, sollten der Untersuchungsaufbau, die Durchführung und statistische Datenauswertung zunächst auf mögliche Fehler untersucht werden. Können diese Fehler nicht korrigiert werden, wird empfohlen, diese in der Dokumentation offen darzulegen und zu diskutieren.

8.3.7 Dokumentationsphase

Leitfrage: Sind alle Schritte und Erkenntnisse nachvollziehbar und auffindbar dokumentiert und abgelegt?

Die Ziele der Dokumentationsphase sind die nachvollziehbare Verschriftlichung der Vorgehensweise und die Sicherung der erhobenen Daten und Erkenntnisse für eventuell folgende Replikationen oder Sekundäranalysen (Abb. 8.7).

Um dies zu erreichen, müssen alle methodischen Schritte beschrieben und das Erhebungsinstrument sowie die Datensätze in anonymisierter Form archiviert werden. Das Format des in der Dokumentationsphase entstehenden Berichts variiert dabei je nach

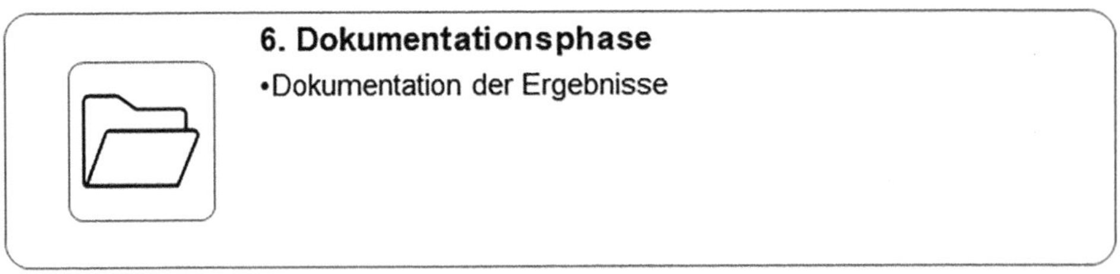

Abb. 8.7 Dokumentationsphase

Forschungsziel und Datenerhebungsmethode. Eine Strukturierung in Abstract, Einleitung, Forschungsstand, Methode, Ergebnisse, Diskussion und Literatur ist hierbei zu empfehlen.

Grundlegend sollten jedoch die zur Vorbereitung aufgearbeitete Literatur, ggf. mit einer Herleitung der betrachteten Hypothesen, die Planungsschritte der Nutzerstudie, das in der Datenerhebungsphase erstellte Protokoll, Tabellen und Auszüge der Datenaufbereitungsphase sowie Anmerkungen zur Interpretation der Ergebnisse enthalten sein. Im Methodenteil des Berichts werden dann die getroffenen Entscheidungen exakt beschrieben, sodass die Nutzerstudie repliziert werden kann. Dazu gehören unter anderem das gewählte Forschungsdesign, das Erhebungsinstrument, die Stichprobenauswahl, Rekrutierung von Personen und eine Beschreibung der Datenerhebung sowie der Datenauswertung. Dabei werden zunächst die Merkmale der Stichprobe beschrieben. Anschließend wird auf die Ergebnisse der einzelnen Forschungsfragen oder Hypothesen eingegangen, wofür neben Text auch Tabellen oder Diagramme zur Darstellung der Ergebnisse verwendet werden. Im Diskussionsteil werden die wichtigsten Erkenntnisse noch einmal zusammengefasst und die einzelnen Ergebnisse zu einer Gesamtinterpretation verbunden. Wichtig sind in diesem Teil die kritische Betrachtung von Stärken und Grenzen der Nutzerstudie. Abschließend wird bewertet, inwieweit die erarbeiteten Ergebnisse für weitere Forschungen oder die Praxis nützlich sind.

Außerdem können die Ergebnisse den Nutzerstudienteilnehmenden angeboten werden, beispielsweise in Form eines Kurzberichts.

8.4 Zusammenfassung und Ausblick

Der vorgestellte Leitfaden ermöglicht es, Nutzerstudien an industriellen Arbeitsplätzen systematisch zu planen und durchzuführen.

Dazu wird in der ersten Phase das Forschungsproblem und -feld mithilfe von Expertenwissen und Literaturrecherchen konkretisiert. Anschließend werden, falls notwendig, konkrete Forschungsfragen ausformuliert. In der Designphase werden Forschungsdesign und -ansatz festgelegt. Relevante Aspekte sind hier besonders die Art, Häufigkeit und der Umfang der Datenerhebung. In der dritten Phase wird die Datenerhebung vorbereitet. Hierfür sind Hypothesen, Variablen und Datenerhebungsinstrument zu definieren. Darauf aufbauend werden die Stichprobe bestimmt und gemäß der Stichprobe Probanden akquiriert. Außerdem werden Beteiligte geschult. Innerhalb der Datenerhebungsphase werden gemäß des Forschungsdesigns die Daten erhoben, wobei stets gleiche Versuchsbedingungen sicherzustellen sind. Die fünfte Phase fokussiert sich dann auf die Aufbereitung und Auswertung der erhobenen Daten sowie die Anwendung passfähiger statistischer Methoden. Abschließend wird in der Dokumentationsphase sichergestellt, dass der Versuchsablauf sauber nachvollziehbar dokumentiert ist, die Ergebnisse in gewünschter Form dokumentiert und publiziert sind und die Ergebnisse den Stakeholdern zur Verfügung gestellt wurden.

Der Leitfaden ist im Projekt FluPro bei der Validierung von Arbeitsplatzkonzepten und digitalen Anwendungen eingesetzt worden, eine Überarbeitung und Ergänzung auf Basis der Erkenntnisse steht noch aus. Des Weiteren wird der Leitfaden bei der Durchführung von Messung zur Beanspruchungserhebung im Arbeitsprozess im BMBF geförderten Verbundprojekt proRotation weiterführend eingesetzt und validiert. Eine Erweiterung des Leitfadens, insbesondere durch praktische Hilfsmittel und Unterlagen zum Download aus dem Internet, wird angestrebt.

Literatur

1. Klapper J, Gelec E, Pokorni B, Hämmerle M, Rothenberger R (2019) Potenziale digitaler Assistenzsysteme. https://doi.org/10.24406/PUBLICA-FHG-299758
2. Diekmann A (2017) Empirische Sozialforschung – Grundlagen, Methoden, Anwendungen, 11. Aufl. Rowohlt Taschenbuch, Reinbek bei Hamburg
3. Häder M (2019) Empirische Sozialforschung – Eine Einführung, 4. Aufl. Springer VS, Wiesbaden
4. Kromrey H, Roose J, Strübing J (2016) Empirische Sozialforschung – Modelle und Methoden der standardisierten Datenerhebung und Datenauswertung mit Annotationen aus qualitativ-interpretativer Perspektive, 13., völlig. überarb. Aufl. UVK Verlagsgesellschaft mbH
5. Magerhans A (2016) Marktforschung – Eine praxisorientierte Einführung. Springer Gabler, Wiesbaden
6. Lauber F (2015) Anzeige- und Interaktionskonzepte für Head-Mounted Displays im Fahrzeug. Ludwig-Maximilians-Universität, Dissertation, München
7. Przyborski A, Wohlrab-Sahr M (2014) Qualitative Sozialforschung – Ein Arbeitsbuch, 4., erw. Aufl. Oldenbourg Verlag, München
8. Hartmann FG, Lois D (2015) Hypothesen Testen – Eine Einführung für Bachelorstudierende sozialwissenschaftlicher Fächer. Springer Gabler, Wiesbaden
9. Stein P (2019) Forschungsdesigns für die quantitative Sozialforschung. In: Baur N, Blasius J (Hrsg) Handbuch Methoden der empirischen Sozialforschung. Springer VS, Wiesbaden, S 125–142
10. Baur N, Blasius J (2019) Methoden der empirischen Sozialforschung – Ein Überblick. In: Baur N, Blasius J (Hrsg) Handbuch Methoden der empirischen Sozialforschung. Springer VS, Wiesbaden, S 1–28
11. Homburg C (2017) Marketingmanagement – Strategie – Instrumente – Umsetzung – Unternehmensführung, 6., überarb. u. erw. Aufl. Springer Gabler, Wiesbaden
12. Bortz J, Döring N (2006) Forschungsmethoden und Evaluation – für Human- und Sozialwissenschaftler, 4. überarb. Aufl. Springer Medizin, Berlin
13. Norm DIN EN ISO/IEC 25066 (2019) System- und Software-Engineering – Qualitätskriterien und Bewertung von Systemen und Softwareprodukten (SQuaRE) (Mai 2019)
14. Tausendpfund M (2018) Quantitative Methoden in der Politikwissenschaft – Eine Einführung. Springer VS, Wiesbaden
15. Schlick J, Stephan P, Zühlke D, DFKI (2012) Produktion 2020 – Auf dem Weg zur 4. industriellen Revolution. IM Inf Manag Consult 3:26–33
16. Schnell R, Hill PB, Esser E (2011) Methoden der empirischen Sozialforschung, 9. Aufl. Oldenbourg Wissenschaftsverlag GmbH, Berlin
17. Quirmbach SM (2012) Suchmaschinen – User Experience, Usability und nutzerzentrierte Website-Gestaltung. Springer Vieweg, Berlin

18. Hörold S, Ruschin D, Schubert D, Zimmermann U (2015) Der „Faktor Mensch“ im Fokus der Entwicklung von 3D-Technologien – Methodensammlung. Zwanzig20 – Allianz 3D Sensation, Verbundvorhaben: Faktor Mensch (nicht öffentlich zugänglich)
19. Ullrich D, Diefenbach S (2010) INTUI. Exploring the facets of intuitive interaction. In: Ziegler J, Schmidt A (Hrsg) Mensch & Computer 2010. Oldenbourg Verlag, München, S 251–260
20. Chin J, Diehl V, Norman K (1988) Development of an instrument measuring user satisfaction of the human-computer interface. In: Association for Computing Machinery CHI'88, S 231–218.
21. Norm DIN EN ISO 11136 (2018) Sensorische Analyse – Methodologie – Allgemeiner Leitfaden für die Durchführung hedonischer Prüfungen (Verbrauchertests) in einem kontrollierten Umfeld (November 2018)
22. Schlick C, Bruder R, Luczak H (2018) Arbeitswissenschaft, 4. Aufl. Springer Vieweg, Berlin Heidelberg

Auftragsmanagement als Enabler wandlungsfähiger Produktionen 9

Christian Pollmann, Eduardo Colangelo
und Theresa-Franziska Hinrichsen

9.1 Einführung

Der Begriff Auftragsmanagement (AM) umfasst die Planung, Steuerung und Überwachung sämtlicher Aktivitäten (u. a. Aufträge, Ressourcen, …) entlang der Wertschöpfungskette von Kundenanfrage bis zum Versand [1–3]. Das AM definiert damit das neue Verständnis der Produktionsplanung und -steuerung (PPS); in dem die Erfüllung von Kundenaufträgen das zentrale Ziel ist [4]. Daher werden im Rahmen dieses Kapitels die beiden Begriffe PPS und AM synonym verwendet.

Aufgabe des Auftragsmanagements ist es dabei, die Auftragsabwicklung transparent zu gestalten und somit zu optimieren. Dies soll u. a. die Reaktionsfähigkeit im Hinblick auf unternehmensinterne und -externe Störungen verbessern [2, 5]. Dazu ordnet das Auftragsmanagement zeitlich, mengenmäßig und örtlich die Artikel, Prozesse und Ressourcen den Aufträgen zu [4]. Die Teilaufgaben des Auftragsmanagements lassen sich in die Angebotsbearbeitung, Auftragsbearbeitung und Auftragskoordination unterteilen [2]. Das Auftragsmanagement ist somit ein wesentlicher Bestandteil eines Produktionsunternehmens und ermöglicht die integrierte Planung und Steuerung der Kundenaufträge in allen Phasen der Auftragsabwicklung [6]. Das Auftragsmanagement muss verschiedenste Auftragstypen mit jeweils unterschiedlichen Lieferanforderungen beherrschen. Damit ist es ein strategi-

C. Pollmann (✉)
Fraunhofer Institut für Produktionstechnik und Automatisierung IPA, Stuttgart, Deutschland

Institut für industrielle Fertigung und Fabrikbetrieb IFF, Universität Stuttgart, Stuttgart, Deutschland

E. Colangelo · T.-F. Hinrichsen
Fraunhofer Institut für Produktionstechnik und Automatisierung IPA, Stuttgart, Deutschland
E-Mail: eduardo.colangelo@ipa.fraunhofer.de; theresa-franziska.hinrichsen@ipa.fraunhofer.de

T. Bauernhansl, A. Al Assadi (Hrsg.), *Fluide Fahrzeugproduktion für die Mobilität der Zukunft*, ARENA2036, https://doi.org/10.1007/978-3-662-70847-7_9

scher Faktor für produzierende Unternehmen [7] und durch eine effiziente Gestaltung ein Schlüsselelement der Kundenzufriedenheit [8].

9.2 Aktuelle Herausforderungen des AMs

Wie eingangs erörtert, sind Unternehmen im Rahmen des volatilen Umfelds aktuell mit einer Vielzahl an Störungen konfrontiert. Diese verursachen u. a. Unsicherheiten, die im Rahmen des Abwicklungsprozesses zu bewältigen sind [9, 10]. Unsicherheiten führen zu einer verminderten logistischen Zielerreichung, was sich in Lieferterminabweichungen, verlängerten Durchlaufzeiten und Auslastungsverlusten ausdrückt. Das Resultat sind erhöhte Kosten und somit der Verlust von Wettbewerbsfähigkeit [11]. Vor diesem Hintergrund ist die Berücksichtigung von Unsicherheiten im Auftragsmanagement besonders wichtig [12]. Potenzielle Unsicherheiten im Auftragsmanagement beschreibt [11] aufbauend auf [10, 13], siehe hierzu auch [12, 14, 15] als:

- Angebotskalkulation (Preis, Material-, Fertigungs-, Montage-, Gemeinkosten)
- Konstruktion (Produktspezifikation, Zerlegung in Baugruppen und Bauteile)
- Arbeitsplanung (Arbeitsschritte, Fertigungsverfahren, Auftragszeiten)
- Terminplanung (Starttermine, Durchlaufzeiten, Lieferanten)
- Kapazitätsplanung (Kapazitätsbedarf, Kapazitätsangebot, Lieferanten)
- Reihenfolgeplanung (Restriktionen zwischen einzelnen Arbeitsvorgängen)

Unsicherheiten lassen sich anhand verschiedener Kriterien strukturieren. Gebhard bspw. klassifiziert Unsicherheiten hinsichtlich ihres Ursprungs (intern oder extern) und der Regelmäßigkeit (regelmäßig, sporadisch oder einmalig) [16]. Auch Koh unterscheidet zwischen internen und externen Unsicherheiten [17]. Bei bisherigen Betrachtungen sind meist interne Unsicherheiten bezüglich Menge, Qualität oder Zeit des Herstellvorgangs im Betrachtungsfokus [9, 18, 19]. Externe Unsicherheiten sind meist nur im Bereich der Planung, aber nicht in der Steuerung berücksichtigt. Hier sind jedoch insbesondere Kundenauftragsänderungen wiederholt als Treiber von Störungen, Unsicherheit oder Turbulenz genannt [11, 16, 17, 20]. In einer Umfrage unter Industrieexperten wurden Kundenauftragsänderungen als die Hauptursache von Mehraufwänden im Rahmen des Auftragsmanagements genannt [21, 22]. Im Auftragsmanagement müssen insbesondere in volatilen Marktumgebungen, Kennzahlen zur Reduzierung der Kosten ausgelöst durch Unsicherheiten definiert werden.

9.3 Das Auftragsmanagement im Spannungsfeld zwischen zentral und dezentral

Im Rahmen der wandlungsfähigen Produktionssysteme sind geeignete Planungs- und Steuerungskonzepte zur Beherrschung der Komplexität notwendig. Dabei sind häufig Diskussionen bzgl. zentraler und dezentraler Lösungskonzepte zu beobachten. Zur besseren Einordnung lässt sich die Entwicklung im wissenschaftlichen sowie im industriellen Kontext chronologisch darstellen, vgl. Abb. 9.1.

Eine erste grobe Betrachtung der PPS-Entwicklung im Verlauf der letzten Jahrzehnte liefert sowohl Argumente für eine Zentralisierung als auch für eine Dezentralisierung. Bei genauerer Betrachtung fällt jedoch auf, dass zwischen Produktionsplanung und Produktionssteuerung zu unterscheiden ist. Während die Produktionsplanung im Wesentlichen durch eine zentrale Stelle erfolgt, ist bei Betrachtung der Produktionssteuerung seit den 1980er-Jahren ein Bestreben in Richtung Dezentralisierung erkennbar. Organisatorische, produktionstechnische und informationstechnische Entwicklungen beeinflussten diese Entwicklungen maßgeblich.

Mit Bezug auf wandlungsfähige Produktionssysteme ist insbesondere eine entsprechend dezentrale Produktionssteuerung notwendig. Abb. 9.2 fasst die Ergebnisse zur Prüfung der Kriterien der ausgewählten Produktionssteuerungsmethode zusammen. Für Methoden, die entsprechend den Kriterien der Aufgabenverteilung für den dezentralen Ein-

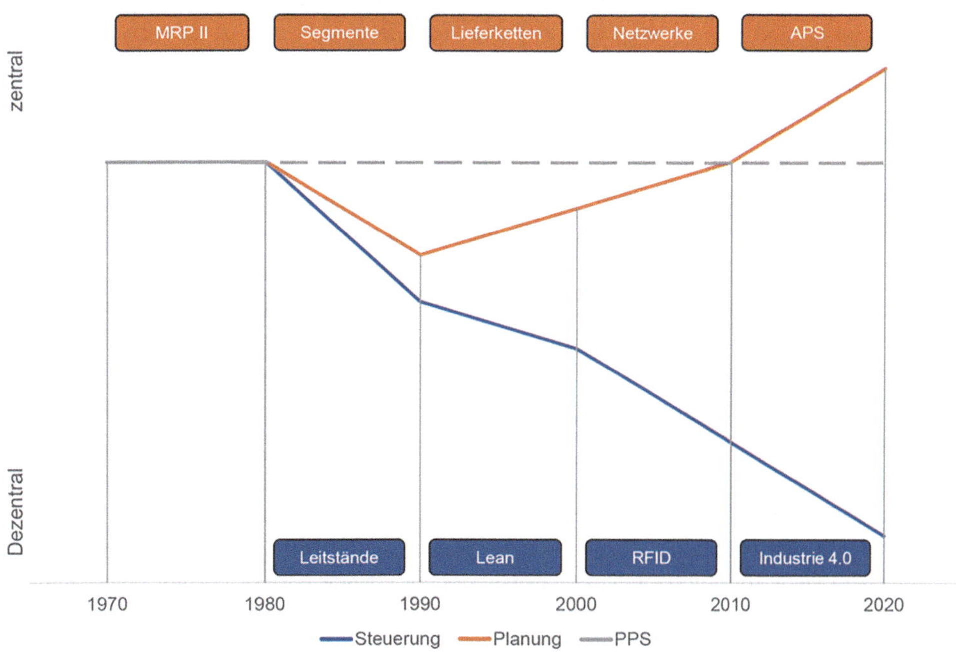

Abb. 9.1 Chronologischer Wandel zwischen zentraler und dezentraler PPS

	Auftragserzeugung				Auftragsfreigabe				Kapazitäts-steuerung			Belegungsreihenfolge				Operations-reihenfolge		Arbeits-verteilung	
Kriterien	Kanban	Fortschrittszahlen	Basestock	OPT	nach Termin	CONWIP	BOA	DBF	Rückstandsregelung	Planorientierte	Leistungsmaximierende	FIFO	Geringster Restschlupf	Rüstzeitoptimierende	KOZ	Alternativpläne	Rüstzeitorientierte Operationsreihenfolge	Bestandsorientierte Arbeitsverteilung	Reihenfolgebasierte Arbeitsverteilung
Durchführungs-verantwortung	+	+	-	-	-	-	-	+	+	+	+	+	+	+	+	+	+	+	+
Entscheidungs-möglichkeit	-	-	-	-	-	-	-	+	+	+	+	-	+	+	+	+	+	+	+
Zielgerichtetes Entscheiden	-	?	-	-	-	+	+	+	+	+	+	+	+	+	+	+	+	+	+
Detaillierungsgrad Stellgröße:																			
Artikelsicht								f	f		f		f	f	f	f	f	f	f
Auftragssicht								f	f		f		f	f	f	f	f	f	f
Ressourcensicht								f	f	f	f		f	f	f	f	f	f	f
Detaillierungsgrad Regelgröße:																			
Artikelsicht								f	f		f		f	f	f	f	f	f	f
Auftragssicht								f	f		f		f	f	f	f	f	f	f
Ressourcensicht								f	f	f	f		f	f	f	f	f	f	f
konsistenter Detaillierungsgrad								+	+	+	+		+	+	+	+	+	+	+
Detaillierungsgrad Mengeninformation								f	f		f		f	f	f	f	f	f	f
Detaillierungsgrad Zeitinformation								f	f	f	f		f	f	f	f	f	f	f

Legende: + erfüllt; - nicht erfüllt; ? unklar; f fein; g grob

Abb. 9.2 Prüfung ausgewählter Produktionssteuerungsmethoden hinsichtlich deren Dezentralitätserfüllung

satz geeignet sind, stellt die Übersicht die Detaillierungsgrade dar. Die Darstellung ermöglicht es der Konfiguration einer dezentralen Produktionssteuerung, auf einen Blick zu erkennen, welche Methode überhaupt für den dezentralen Einsatz geeignet ist. Durch einen Abgleich mit den Anforderungen für eine dezentrale Produktionssteuerung lassen sich so die Methoden bestimmen, die in Frage kommen. Aus den Ergebnissen folgt:

- Die erarbeiteten Kriterien ermöglichen eine eindeutige Klassifikation von Produktionssteuerungs methoden in solche, die für den dezentralen Einsatz geeignet sind, und solche, die es nicht sind.
- Methoden zur Auftragserzeugung sind nicht für den dezentralen Einsatz geeignet. Das liegt haupt sächlich daran, dass ein Auftrag immer auf einen Kundenauftrag zurückzuführen ist: „Direkt oder indirekt ist es stets der Kunde, der für die Auftragserzeugung verantwortlich ist" [23]. Eine dezentrale Kapazitätseinheit kann keine Entscheidung treffen, ob und welchen Auftrag sie erzeugt. Auch eine Auftragserzeugung nach dem Pull-Prinzip trifft demnach keine Entscheidung, sondern bestellt bei vorgelagerten Kapazitätseinheiten lediglich das Material, das sie selbst zur Auftragsausführung benötigt.

- Einige Verfahren wurden in der Beschreibung entsprechend der Literatur dezentral eingeordnet. Die Prüfung der Kriterien ergibt jedoch, dass sich diese teilweise nicht für den dezentralen Einsatz eignen (z. B. Kanban). Das scheint daran zu liegen, dass diese Verfahren dezentral ausführen, also jede dezentrale Kapazitätseinheit eine übergeordnete Entscheidung ausführt (bspw. einen Auftrag zu erzeugen, bei Kanban).
- Für den Dezentralisierungsgrad bedeuten die Ergebnisse, dass mit den untersuchten Methoden die Auftragsfreigabe, die Kapazitätssteuerung, die Belegungsreihenfolgebildung, die Operations reihenfolgebildung und die Arbeitsverteilung, nicht jedoch die Auftragserzeugung, mit den betrachteten Methoden dezentralisierbar ist.
- Keine Methode erfüllt alle Aufgaben der Produktionssteuerung bzw. beeinflusst alle Stell- und Regelgrößen. Demnach bieten sich für die Dezentralisation der Produktion zwei Möglichkeiten:
  1. Jede dezentrale Einheit muss mehrere Methoden einsetzen, für jede Produktionssteuerungsaufgabe (mindestens) eine. Dabei sind die Methoden entsprechend den Zielen auszuwählen.
  2. Die Aufgaben auf unterschiedliche Ebenen verteilen. So kann beispielsweise jeder Produktionsbereich die Auftragsfreigabe, jede Arbeitsplatzgruppe die Kapazitätssteuerung und jeder Arbeitsplatz die Reihenfolgebildung übernehmen. Auch in diesem Fall sind Absprachen über die einzusetzenden Methoden zu treffen.
- Die zentralen bestandsregelnden Auftragsfreigabemethoden, die die Bestände der einzelnen Kapazitätseinheiten berücksichtigen (Workload Control, BOA, Auftragsfreigabe mit linearer Programmierung) entsprechen der Definition einer hierarchischen Koordination: „Vorgabe von Fertigungsaufträgen nach Art und Menge von einer übergeordneten Organisationseinheit an mindestens eine andere untergeordnete Organisationseinheit“. Demnach ist eine Erkenntnis, dass zentrale bestandsregelnde Methoden der Auftragsfreigabe die Aufgabe der hierarchischen Koordination erfüllen können.
- Die dezentrale Auftragsfreigabemethode DBF stimmt die jeweiligen Ziele der dezentralen Einheiten aufeinander ab. Dabei steht eine dezentrale Einheit (durch Nachfrage um die Freigabe) mit der jeweils vorgelagerten und der jeweils nachgelagerten dezentralen Einheit in Kontakt. Das entspricht der Definition einer heterarchischen Koordination.

9.4 Fluides Auftragsmanagement

Wie einleitend beschrieben, erfordern wandelbare Produktionssysteme wie das FLMS ebenso komplexe Planungs- und Steuerungslogiken, vgl. auch [24]. Was die **Planungskomplexität** der einzelnen Produktionssysteme betrifft, so ist sie beim FMS und RMS besonders hoch. Im FMS müssen Flexibilitätskorridore im Voraus geplant werden, um den benötigten Flexibilitätsumfang im späteren Betrieb abzudecken. Beim RMS und MMS müssen zwar auch einige funktionale Fähigkeiten geplant werden, die Anforderungen sind jedoch aufgrund der Rekonfigurationsmöglichkeiten deutlich geringer. Daher ist die Planungskomplexität bei CPPS und FLMS gering, da bei diesen Produktionssystemen die kontinuierliche Anpassung an den aktuellen Bedarf im Betrieb im Vordergrund steht. Die **Steuerungskomplexität** von veränderlichen Produktionssystemen hingegen steigt mit der Anzahl der zu steuernden Freiheitsgrade. Daher ist die Planungskomplexität bei FLMS am höchsten. Das FMS hat die geringste Steuerungskomplexität, da es nur innerhalb definierter Flexibilitätskorridore gesteuert werden kann.

Veränderbare Produktionssysteme haben im Allgemeinen höhere Anforderungen an die Produktionsplanung und -steuerung. Wie oben angedeutet, erweitert ein wandelbares Produktionssystem den Freiheitsgrad für kurzfristige Entscheidungen. Anpassungen der Kapazitäten, der Arbeitsverteilung, der Reihenfolge der Arbeitsgänge oder auch des Fabriklayouts sind wesentlich kurzfristiger möglich (vgl. FLMS). Die Entscheidungsvorlaufzeit und der Entscheidungsaufwand werden reduziert. Änderungen und Störungen können durch die neu geschaffenen Freiheitsgrade leichter und kurzfristiger durch Auftragssteuerung korrigiert werden, vgl. [25]. Resiliente Unternehmen lösen auch die klar strukturierte Entscheidungspyramide auf, die auf der klassischen Automatisierungspyramide der Ebenen Lager, MES und ERP basiert.

War ein starres Produktionssystem durch eine Entscheidungsstruktur mit klar definierbaren Zeithorizonten (den sogenannten Entscheidungsvorlaufzeiten, vgl. ausführlich [7]) gekennzeichnet, so verschwimmen diese klaren Grenzen in einem wandelbaren Produktionssystem. In einer wandlungsfähigen Fabrik werden langfristige Entscheidungen nur für die Flächennutzung und die Fabrikplanung getroffen, die aufgrund ihrer langen Nutzungs- und Lebenszyklen kurzfristig nicht wirtschaftlich veränderbar sind.

Wie Abb. 9.3 [24] zeigt, führen die zusätzlichen Freiheitsgrade von wandelbaren Produktionssystemen nicht nur zu einer neuen Aufgabenverteilung innerhalb der wandelbaren Produktion, sondern auch zu steigenden Anforderungen an die PPS im Allgemeinen.

Abb. 9.3 Vergleich der Fertigungssysteme

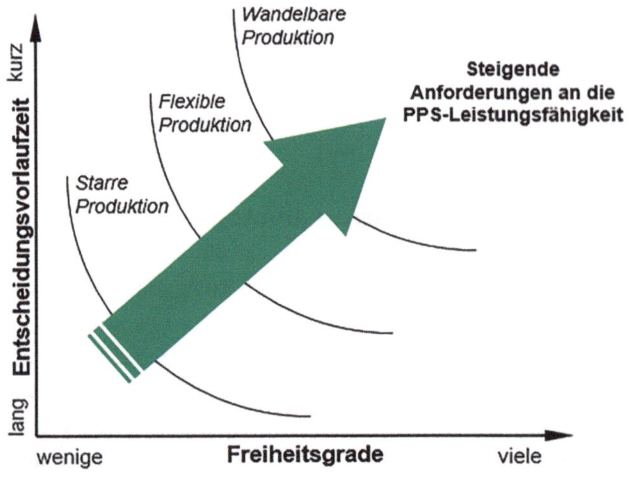

Um die geforderte Flexibilität gewährleisten zu können, müssen Entscheidungen in Zukunft häufiger und schneller getroffen werden.

9.5 Anforderungen der Fluiden Produktion an das AM

Abb. 9.4 [26] stellt einen generischen Ablauf des Auftragsmanagements dar und dient der Ableitung von Anpassungsbedarfen herkömmlicher AM-Funktionen mit Blick auf die Fluide Produktion.

Produktionsprogramm-Planung (PPP): Heute werden die zu produzierenden Produkte nach Art, Menge und Termin für einen definierten Planungszeitraum festgelegt. Das Ergebnis ist der Produktionsplan, der auf seine Verkäuflichkeit und Durchführbarkeit abgestimmt ist und verbindlich festlegt, welche Produkte in welchen Mengen zu welchen Zeitpunkten produziert werden sollen [27]. Im Hinblick auf das PPP-Konzept innerhalb von FLMS gibt es jedoch deutliche Unterschiede. Da die Anwendungsfälle von FLMS in der Lohnfertigungsindustrie angesiedelt sind, sind die Produktarten und -mengen unbekannt. Folglich wird eine große Anzahl von Maschinen benötigt, um die Anforderungen eines breiten Kundenspektrums erfüllen zu können. Da Produkttypen und -mengen nicht bekannt sind, werden in der KKP-Prognose die künftigen Fähigkeiten und Kapazitäten der Fertigungsanlagen auf dem Markt vorhergesagt und nicht einzelne Produkte oder Produktfamilien. Aufgrund des breiten Spektrums an Fertigungsanlagen ist die Funktion der KKP kompliziert und erfordert intelligente Planungswerkzeuge. Daher hat dieser Prozessschritt den gesamten FLMS-Prozess begleitet, wie in Abb. 9.4 [26] dargestellt.

Kundenauftragsannahme: Die ersten Schritte im traditionellen Auftragsmanagement sind die Anfrageerfassung, die Angebotsbearbeitung und die Auftragsabwicklung. Nach der Erfassung einer Kundenanfrage wird diese im Rahmen einer Bewertung auf die generelle Machbarkeit, insbesondere auf die technische Machbarkeit des Produktes, geprüft. Daten aus früheren (vergleichbaren) Aufträgen dienen in dieser Bewertungsphase als Unterstützung. Das Ergebnis dieser Machbarkeitsprüfung ist ein grober Auftragsentwurf, der die Grundlage für die anschließende Lieferterminfindung bildet. Der Verkaufspreis wird mit Hilfe eines groben Auftragsentwurfs und Substitutionsdaten aus vergangenen vergleichbaren Aufträgen ermittelt. Schließlich werden alle Informationen in einem Ange-

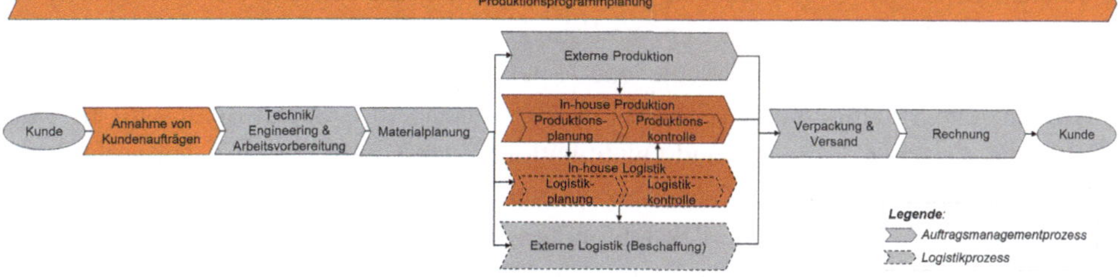

Abb. 9.4 Generischer Auftragsmanagementprozess

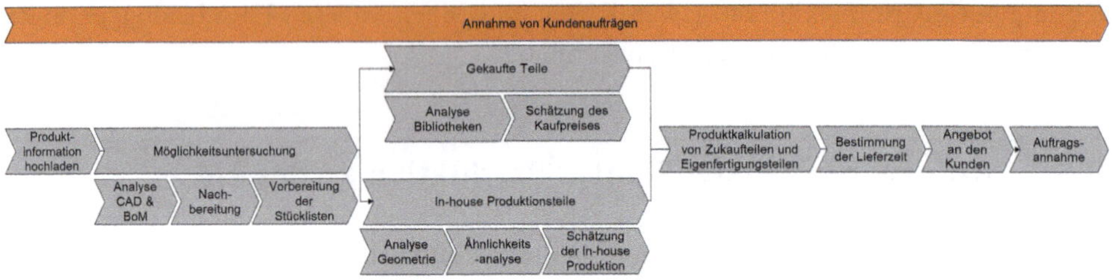

Abb. 9.5 Funktionen der Kundenauftragsannahme

bot zusammengefasst und an den Kunden versandt [27]. Das Geschäftsmodell für FLMS adressiert Kundengruppen ohne oder mit kleinen Eigenproduktionen und Kundensegmente mit Prototypenaufträgen. Daher ermöglicht das FLMS ein neues Geschäftsmodell, das auf dem „Factory as a Service (FaaS)"-Ansatz basiert. Innerhalb des FLMS beginnt die Kundenauftragsannahme (Abb. 9.5 [26]) mit dem Hochladen von Produktinformationen durch den Kunden über einen Online-Konfigurator. Anhand von CAD- und BoM-Daten wird eine Machbarkeitsanalyse durchgeführt, die automatisch Stücklisten und Arbeitspläne generiert. Auf Basis spezifischer Produkteigenschaften und historischer Daten werden die Produktkosten berechnet und die Teile in Kauf- und Eigenfertigungsteile unterschieden. Eine automatische Lieferzeitermittlung berücksichtigt die Freiheitsgrade des FLMS (Vorgangsreihenfolge, Arbeitsverteilung, Arbeitsinhalt und Layoutposition) und errechnet mögliche Liefertermine, die dem Kunden angeboten werden. Ein zusammengefasstes Angebot wird dem Kunden direkt über den Online-Konfigurator zur Verfügung gestellt.

Produktionsplanung und -steuerung: Die Produktionsplanung in FLMS ist ein statischer Prozess, der ausgelöst wird, sobald ein Ereignis wie die Einführung eines neuen Produkts oder ein Maschinenausfall eintritt (ereignisdiskrete Produktionsplanung). Wie in Abb. 9.7 [26] dargestellt, beginnt die ereignisdiskrete Produktionsplanung mit dem Abgleich der zugrunde liegenden Aufgaben, die zur Auftragserfüllung notwendig sind und den verfügbaren Ressourcen (Technik und Mitarbeiter). Im Vergleich zum traditionellen Kapazitätsabgleich erfolgt der Abgleich von Aufgaben und Ressourcen in FLMS in bis zu fünf Schritten aus technologischer, kapazitiver, wirtschaftlicher, sozialer und materialflussbezogener Sicht. Aus technologischer Sicht geht es um die Frage, ob die Technologien zur Erfüllung der Aufgabe zur Verfügung stehen. Kapazitiv findet ein Matchmaking zwischen benötigten Ressourcen und verfügbaren Ressourcen statt. Die in FLMS angebotene Möglichkeit der Anpassung an Fähigkeiten erfordert auch eine Betrachtung aus ökonomischer Sicht, bei der verschiedene Aspekte wie die strategische Ausrichtung oder die finanzielle Situation berücksichtigt werden müssen. Aus sozialer Sicht wird ein Matchmaking zwischen Aufgaben und Qualifikationen der Mitarbeiter und den verfügbaren Kapazitäten durchgeführt. Im Gegensatz zu traditionellen Produktionssystemen erfordert die Mobilität von FLMS die Berücksichtigung von Materialflüssen. Auf dieser Basis wird eine Aufgaben-Ressourcen-Matrix erstellt. In Abhängigkeit von den definierten

Optimierungskriterien (z. B. Lieferzeit, Kosten, etc.) wird eine priorisierte Aufgabenliste mit allen möglichen Durchlaufoptionen erstellt. Nach diesem Prozessschritt wird zwischen drei Anwendungsfällen unterschieden:

1. Produktionsplanung für ein neues Produkt unter Berücksichtigung aller verfügbaren Kapazitäten
2. Produktionsplanung für ein neues Produkt unter Berücksichtigung von fehlenden Kapazitäten aufgrund von bereits laufenden Aufträgen oder Maschinenstillständen
3. Produktionsplanung, ausgelöst durch ein unerwartetes Ereignis

Im Anwendungsfall 1 kann die Produktion beginnen und der Prozess der Produktionssteuerung folgt. Für die Anwendungsfälle 2 und 3 sind im Vorfeld verschiedene Maßnahmen zu prüfen, z. B. die Rekonfiguration der Prozessmodule (Optionen sind in Abb. 9.6 dargestellt). Die Entscheidung erfolgt auf der Grundlage definierter Optimierungskriterien. Die Rekonfiguration der Prozessmodule stößt die virtuelle Konfiguration einschließlich einer erneuten Kapazitätsanpassung an, gefolgt von der virtuellen Umsetzung. Die folgenden Prozessschritte umfassen die Rekonfiguration und Qualifizierung der Module. Zur Unterstützung der Fertigungssteuerung und eindeutigen Identifikation wird ein Werkstückträger (WT) eingesetzt. Der Träger enthält den in der Produktionsplanung erstellten Arbeitsplan mit allen möglichen Durchlaufoptionen. Der Arbeitsplan wird über die Funktion „Allocator" erstellt, siehe Abb. 9.6. Diese prüft anhand einer Aufgabenliste, welche Aufgaben erforderlich sind und führt eine Kapazitätsprüfung durch. Auf Basis dessen wird eine Task-Ressourcen-Matrix erstellt. Auf der Grundlage von Zielkriterien (Lieferzeit,

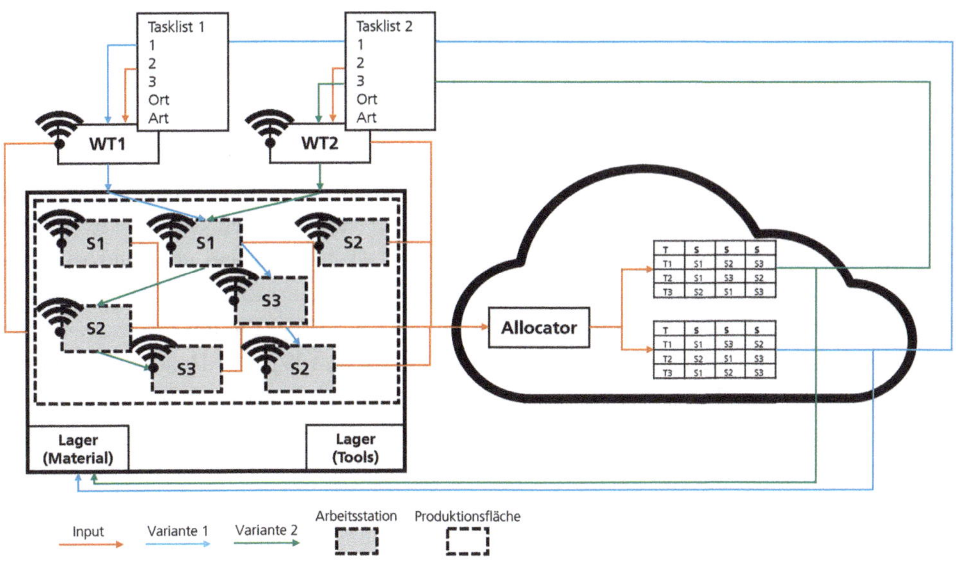

Abb. 9.6 Funktionen des Task-Ressourcen Abgleich

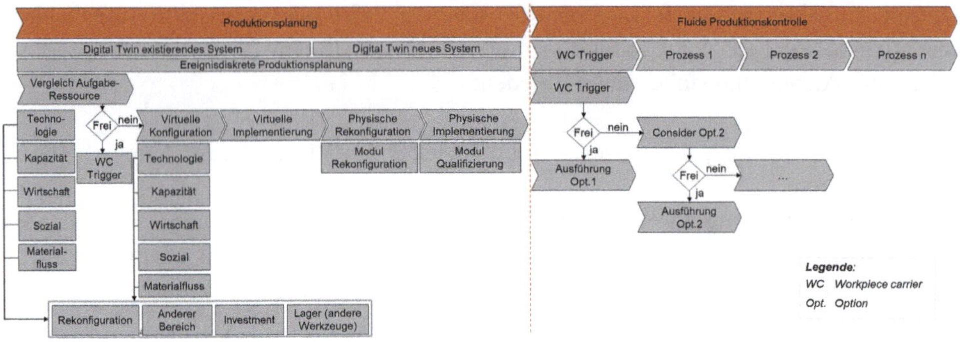

Abb. 9.7 Überblick über die Funktionen des Produktionsplanungs- und -steuerungsprozesses

Kosten, etc.), die definiert und individuell bewertet werden müssen, wird dann eine priorisierte Aufgabenliste mit allen möglichen Durchlaufoptionen erstellt und an den WT gesendet.

Beim Einsteuern des WT wird im ersten Prozessschritt geprüft, ob die in der statischen Produktionsplanung ermittelte beste Option ausgeführt werden kann. Dies ist der Fall, wenn das benötigte Prozessmodul verfügbar ist und nicht durch einen anderen Auftrag oder eine Störung im Prozessmodulbetrieb blockiert ist. Die weiteren Prozessschritte werden nach dem gleichen Schema eingeplant. Wenn ein Prozessmodul nicht verfügbar oder blockiert ist, wird ein alternatives Prozessmodul mit den erforderlichen Fähigkeiten geprüft. In dem unwahrscheinlichen Fall, dass kein Element aus dem Arbeitsplan auf einem verfügbaren Prozessmodul ausgeführt werden kann, wird der Prozess der Produktionsplanung erneut angestoßen (Abb. 9.7).

9.6 Asset Administration Shell (AAS) für das Auftragsmanagement

Laut den Industrieverbänden VDE, VDI und ZVEI ist das Industrie-4.0-Komponentenmodell definiert als eine Kombination aus einem Asset (z. B. einer Maschine oder einem Maschinensensor; Softwaremodule) und dessen AAS. Das AAS dient als standardisierte Schnittstelle zwischen dem Asset und der virtuellen Welt und ermöglicht sowohl eine virtuelle Darstellung als auch eine technische Funktionalität [28]. Technisch gesehen kann das AAS in zwei Teile unterteilt werden: Header und Body [29]. Der Header-Teil enthält die Kommunikationsebene, welche die Kommunikation der verschiedenen Industrie-4.0-Komponenten untereinander ermöglicht. Der Body-Teil des AAS ist in verschiedene Teilmodelle (z. B. Datenmodelle oder Funktionen) unterteilt [30]. Im Rahmen der „Aktiven Forschungsumgebung für die nächste Generation von Automobilen“ (ARENA 2036) diente das AAS als Basis für die technische Umsetzung verschiedener Komponenten, siehe auch [31–33].

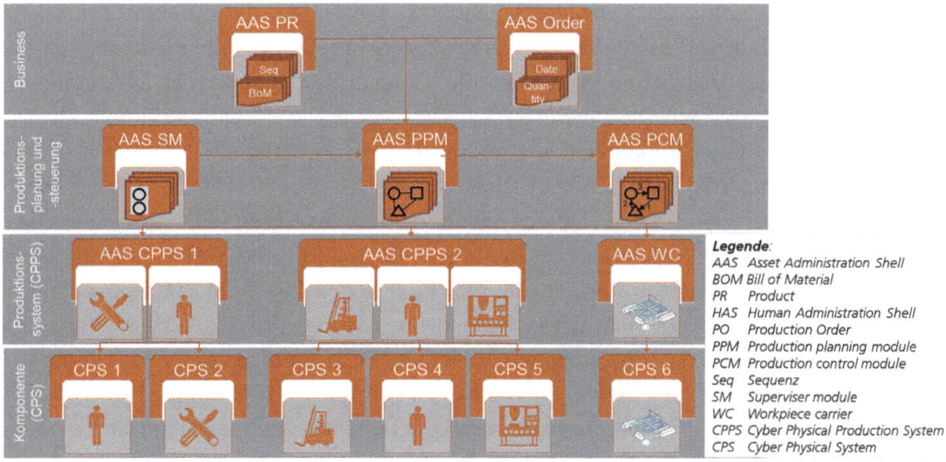

Abb. 9.8 Asset Administration Shell (AAS) für das Auftragsmanagement

Wie in Abb. 9.8 [26] dargestellt, werden innerhalb des AAS die einzelnen Asset-Informationen und Asset-Fähigkeiten (bereitgestellte Dienste) in Teilmodellen strukturiert. Unter Berücksichtigung des beschriebenen Materialroutings entlang verschiedener Prozessmodule (siehe Abschn. 3.1), enthält die Produktinformation die erforderlichen Montage- oder Fertigungsleistungen pro Produkt, die ausgeführt werden müssen. Die Auftragsinformationen enthalten z. B. die Fertigungsmengen und Liefertermine.

Auf der Grundlage der verfügbaren Informationen (Auftrag und Produkt) entwirft das Produktionsplanungsmodul (PPM) ein optimiertes Produktionslayout und definiert einzelne Prozessmodule, von denen jedes über einen individuellen Satz von Fähigkeiten verfügt, die durch die eingesetzten Ressourcen definiert sind. Das Produktionssteuerungsmodul (PCM) berücksichtigt das definierte Produktionslayout und die Anordnung der Prozessmodule und leitet den Werkstückträger entlang der durch die Produktstruktur definierten Prozessschritte weiter, wobei die individuelle Verfügbarkeit der Prozessmodule berücksichtigt wird. Darüber hinaus überprüft ein Supervisor-Modul (SM) kontinuierlich den Zustand jedes einzelnen Prozessmoduls und jeder Ressource, um eine zeitdiskrete Neuzuweisung von Ressourcen zu Prozessmodulen und eine dynamische Neuplanung des WC-Pfads zu ermöglichen.

9.7 Flexible Datenstrukturen

Flexible Datenstrukturen sind wesentlich , um diesen neuen Anforderungen gerecht zu werden. Die Schaffung von Softwaresystemen, die in der Lage sind, die erforderliche Komplexität zu bewältigen, um den neuen Anforderungen gerecht zu werden, bedeutet, dass sie in der Lage sein müssen, mit den zunehmenden Freiheitsgraden umzugehen. Bei der Entwicklung neuer intelligenter Funktionen zur Bewältigung dieser Herausforderungen

[34] kann eine Änderung der zugrunde liegenden Datenstruktur diese Funktionen erheblich erleichtern und verbessern. Durch eine Anpassung ihres Fokus an die neu zu berücksichtigenden Freiheitsgrade können die Datenerfassung und die Mechanik der Optimierungsprozesse verbessert werden.

Gegenwärtig beruhen jedoch viele der genannten Software Tools (ERP, APS usw.) auf recht starren Datenstrukturen. Ein deutliches Beispiel ist das SERM (Structured Entity Relationship Model) von SAP [35], eines der am weitesten verbreiteten Systeme auf dem Markt, das in vielerlei Hinsicht als repräsentatives Beispiel für die Vollständigkeit seiner Funktionalitäten und Datenstrukturen (die alle Funktionen in einem Unternehmen umfassen) gilt. Diesem Modell, einer Erweiterung des klassischen ERM zur Darstellung großer Datenstrukturen und Systeme, mangelt es nicht an Flexibilität, da es die Erstellung von Datendarstellungen von Objekten des Typs Kopf/Position (z. B. Bestellung und Artikel, Produktionsaufträge und Vorgänge usw.) ermöglicht. Dies wurde auch nach der Umstellung auf einen objektorientierten Ansatz durch SAP beibehalten.

Das Problem liegt in der Art und Weise, wie dieses Datenmodell verwendet wird. Es findet nämlich eine klare Trennung zwischen den verschiedenen Datenobjekten in einer Organisation statt. So sind beispielsweise die Bestellungen getrennt von den Produktionsaufträgen, die den zu erfüllenden Bedarf darstellen . Natürlich ist eine Verbindung zwischen den Objekten möglich, aber dies erfordert entweder zusätzliche Elemente (im genannten Beispiel Reservierungen) oder externe Referenzen, denen in vielen Fällen der notwendige Kontext fehlt. Es gibt mehrere Gründe, Datenstrukturen auf diese Weise zu implementieren. Zwei davon sind erwähnenswert:

1. Sie müssen die speziellen Anforderungen der verschiedenen Funktionsbereiche (Einkauf, Verkauf, Produktion usw.) abbilden und erfüllen. Die Verwendung von isolierten Objekten bedeutet, keine Kompromisse eingehen zu müssen und gleichzeitig ein relativ einfaches System zu schaffen, das von Anwendern, Beratern und Entwicklern gleichermaßen verstanden werden kann (insbesondere bei großen Projekten wie der Entwicklung dieser Unternehmenssysteme).
2. Aus historischer Sicht neigen relativ alte Systeme (wie z. B. SAP) dazu, hauptsächlich ihren Kern zu erweitern, anstatt radikale Änderungen vorzunehmen. Dafür gibt es viele Gründe, wie z. B. die Sicherstellung der Abwärtskompatibilität, die Möglichkeit, bestehende Funktionalitäten weiter zu nutzen und die Verringerung der Implementierungsrisiken.

Die im ersten Punkt dargestellte menschenorientierte Sichtweise ist ein Merkmal der klassischen Systeme. Der Nachteil ist, dass die Komplexität für die bereits erwähnten intelligenten Funktionen, die das Produktionssystem als Ganzes betrachten und verwalten sollen, zunimmt und ihre Aufgaben erschwert. Wie man leicht vermuten kann, stellen sich solche Fragen erst jetzt, da die Anforderungen an diese Systeme wachsen. Erwähnenswert sind auch einige „Nischen"-Lösungen auf dem Markt, die in der Regel einen Industriezweig (z. B. die Halbleiterproduktion) adressieren. Die von solchen Lösungen verwendeten Datenmodelle sind in vielen Fällen flexibler als die von größeren Systemen (z. B. SAP). Allerdings sind diese Datenstrukturen (und die zugrunde liegenden Funktionalitäten), wie der Name schon sagt, sehr spezifisch auf die Anforderungen des jeweiligen Einsatzgebietes zugeschnitten, was eine allgemeine Anwendung erschwert.

In den letzten Jahren hat die Idee, serviceorientierte Anwendungen im Rahmen von Industrie-4.0-Ansätzen zu nutzen, deutlich an Zugkraft gewonnen. Das Konzept der Aufteilung von Funktionalitäten in gekapselte Dienste muss jedoch noch von einer grundlegenden Änderung der zugrunde liegenden Datenstruktur begleitet werden.

Um den dargestellten Herausforderungen veränderbarer Produktionssysteme gerecht zu werden, ist eine flexible Datenstruktur erforderlich. Diese soll nicht nur den Betrieb solcher Systeme erleichtern – indem sie individuell und unabhängig planbare Komponenten schafft, die sich leicht an Änderungen anpassen können – sondern auch den Anforderungen zunehmend modularisierter (serviceorientierter) PPS-Systeme gerecht werden und den internen Datenaustausch zwischen Modulen (Services) ermöglichen.

Das im Rahmen dieses Forschungsprojekts konzipierte Modell sollte sich an den späteren Anwendungen orientieren und intelligente Funktionalitäten und die Nutzung von dienstorientierten Systemen ermöglichen, bei denen die Kapselung und die Nutzung von Funktionalitäten verschiedener Anbieter den Bedarf an einer standardisierten Sichtweise verstärkt. Andererseits sollte sie durch eine Darstellung des natürlichen Informations- und Herstellungsprozesses angetrieben werden, was die Bereitstellung eines getreuen Abbildes des realen Systems ermöglicht.

Als Ergebnis dieser Anforderungen wird das Datenmodell AMOM („A Model for Order Management") vorgeschlagen. Das wichtigste Merkmal dieses Modells ist die Konzentration auf „Aufträge" als führende Objekte anstelle von bloßen Datenspeicherstrukturen. Wie in Abb. 9.9 zu sehen ist, werden Aufträge heute als verstreute Elemente betrachtet, die die Art und Weise beschreiben, in der bestimmte (normalerweise produktionsbezogene) Tätigkeiten ausgeführt werden sollten. In der AMOM-Sicht können jedoch alle Aktivitäten, die zur Erfüllung eines Kundenauftrags erforderlich sind, als Aufträge dargestellt werden. Nicht nur Fertigungs- oder Einkaufsaktivitäten fallen darnter, sondern auch unterstützende Aktivitäten wie Transport oder Wartung und sogar indirekte Aktivitäten (z. B. Produktdesign). Gleichzeitig können die Vorgänge innerhalb eines Auftrags in drei Kategorien unterteilt werden: Vorbereitung, Ausführung und Nachbereitung. Die Darstellung in Form von Aufträgen ermöglicht eine Standardisierung der Art und Weise, wie die Informationen über alle Aktivitäten gespeichert werden, was die Aufgaben der Optimierungsfunktionen erleichtert.

Aufträge werden somit zu unabhängigen Objekten, die ihren Weg durch die Produktion finden, um ihr Ziel zu erreichen, nämlich die Erfüllung der Anforderung, für die sie erstellt wurden. In Abb. 9.9 ist der übliche Fall zu sehen: Um die Hauptanforderung (den Kundenauftrag oder CO) zu erfüllen, wird ein Lieferauftrag (DO) mit den entsprechenden Terminen für die pünktliche Lieferung des Produkts erstellt. Ein Produktionsauftrag (PrO) wird erstellt, um den Bedarf des Lieferauftrags zu erfüllen, und gleichzeitig werden dem Produktionsauftrag entsprechende Aufträge – Fertigungsaufträge (MO) – mit ihrem eige-

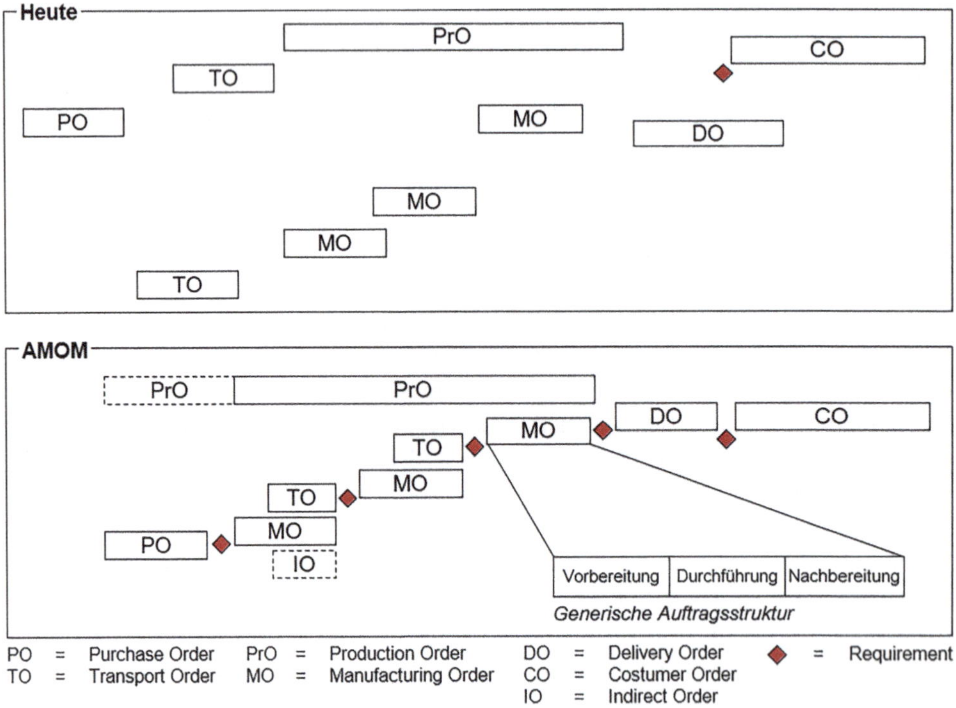

Abb. 9.9 Darstellung der Beziehungen zwischen Aufträgen mit dem AMOM-Datenmodell

nen Bedarf (z. B. Rohstoffe) erstellt, der wiederum durch die entsprechenden Aufträge – Transportaufträge (TO) – erfüllt werden muss. Kaufaufträge (PO) würden die Beschaffung von externem Material und Dienstleistungen übernehmen, und indirekte Aufträge (IO) würden interne Dienstleistungen darstellen (z. B. das Design von Teilen oder die Machbarkeitsanalyse). Auf diese Weise entsteht eine leicht nachvollziehbare Kette von Prozessen, wobei die Anforderungen die Aufträge miteinander verbinden. Elemente wie die Verbindung zwischen Transport- und Fertigungsaufträgen oder die Nutzung und Integration von indirekten Aufträgen werden von den derzeitigen Datenmodellen in der Regel nicht berücksichtigt. Dies ermöglicht es, den Fokus, der bisher auf verstreute Funktionen verteilt war, auf die die Produktion „steuernden" Aufträge zu verlagern. Es entstehen neue Entwürfe der beteiligten Funktionalitäten, die sich darauf konzentrieren, die Art und Weise zu optimieren, wie Aufträge „leben" (kürzere Einkaufszeiten, kürzere Lagerzeiten, schnellere Produktion usw.), während sie gleichzeitig mit anderen Aufträgen konkurrieren. Die Ressourcen (z. B. Bediener, autonome Transporteinheiten usw.) hingegen können ihre Aktivitäten auf ein klares Ziel (das des Auftrags) ausrichten und handeln nicht kontextlos (was den Einsatz umfassender Optimierungsansätze ermöglicht).

Literatur

1. Wiendahl H-H (2020) Auftragsmanagement. In: Bauernhansl T (Hrsg) Management in der Produktion. Springer Vieweg, Berlin, S 193–294
2. Schuh G, Schmidt C (Hrsg) (2014) Produktionsmanagement, VDI-Buch, 5, 2., vollst. neu bearb. u. erw. Aufl. Springer Vieweg, Berlin
3. Kilger C (2015) The definition of a supply chain project. In: Stadtler H, Kilger C, Meyr H (Hrsg) Supply chain management and advanced planning. Springer, Berlin Heidelberg, S 281–300
4. Wiendahl H-H (2002) Situative Konfiguration des Auftragsmanagements im turbulenten Umfeld. Dissertation, Universität Stuttgart, Stuttgart
5. Westkämper E (2006) Einführung in die Organisation der Produktion. Springer, Berlin/Heidelberg
6. Schuh G (Hrsg) (2006) Produktionsplanung und -steuerung: Grundlagen, Gestaltung und Konzepte, 3., völlig. neu bearb. Aufl. Springer Vieweg, Berlin/Heidelberg
7. Wiendahl H-H (2011) Auftragsmanagement der industriellen Produktion. Springer, Berlin/Heidelberg
8. Cummings S, Bridgman T, Hassard J et al (2017) A new history of management. Cambridge University Press, Cambridge/New York/Port Melboure/Delhi/Singapore
9. Fandel G (2005) Produktion, 6. Aufl. Springer, Berlin/Heidelberg
10. Rimpau C (2011) Wissensbasierte Risikobewertung in der Angebotskalkulation für hochgradig individualisierte Produkte. Zugl.: München, Techn. Univ., Diss., 2010. Forschungsberichte/IWB, Bd 239. Utz, München
11. Haux MA (2021) Modellierung von Unsicherheiten in der Planung der Unikatproduktion. TUHH Universitätsbibliothek, Hamburg
12. Koh S, Gunasekaran A (2006) A knowledge management approach for managing uncertainty in manufacturing. Ind Manag Data Syst 106:439–459
13. Mula J, Poler R, García-Sabater JP et al (2006) Models for production planning under uncertainty: a review. Int J Prod Econ 103:271–285
14. Wazed M, Ahmed S, Yusoff N (2009) Uncertainty factors in real manufacturing environment. Aust J Basic Appl Sci 3:342–351
15. Li Z, Ierapetritou M (2008) Process scheduling under uncertainty: review and challenges. Comput Chem Eng 32:715–727
16. Gebhard M (2009) Hierarchische Produktionsplanung bei Unsicherheit. Zugl.: Eichstätt-Ingolstadt, Univ., Diss., 2008, 1. Aufl. Gabler Edition Wissenschaft. Gabler, Wiesbaden
17. Koh SCL, Saad SM, Jones MH (2002) Uncertainty under MRP-planned manufacture: review and categorization. Int J Prod Res 40:2399–2421
18. Jahnke H (1995) Produktion bei Unsicherheit: Elemente einer betriebswirtschaftlichen Produktionslehre bei Unsicherheit. Springer eBook Collection Business and Economics. Physica-Verlag, Heidelberg
19. Jensen T (1996) Planungsstabilität in der Material-Logistik. Springer eBook collection business and economics. Physica-Verlag, Heidelberg
20. Wiendahl H-P, Worbs J, Peters K (2002) Turbulente Zeiten: Nichtlineare Dynamik in der Produktionslogistik*. Z Wirtsch Fabr 97:633–637
21. Fries C, Bauernhansl T (2022) Customer-induced planning deviations within order management. Proc Comput Sci 200:71–82. https://doi.org/10.1016/j.procs.2022.01.206
22. Fries C, Szaller A, Bauernhansl T et al (2022) Impact of customer order change dimensions on order management. In: 2022 IEEE international conference on Industrial Engineering and Engineering Management (IEEM). IEEE, pp 757–761
23. Lödding H (2016) Verfahren der Fertigungssteuerung. Springer, Berlin/Heidelberg

24. Fries C, Colangelo E, Pollmann L et al (2022) New data structures for a flexible order management. Proc Comput Sci 200:267–275. https://doi.org/10.1016/j.procs.2022.01.225
25. Hofmann C, Brakemeier N, Krahe C et al (2018) The impact of routing and operation flexibility on the performance of matrix production compared to a production line. Adv Prod Res:155–165. https://doi.org/10.1007/978-3-030-03451-1_16
26. Hinrichsen T-F, Fries C, Hagg M et al (2023) Order management perspective on fluid manufacturing systems. Proc Comput Sci 217:413–422. https://doi.org/10.1016/j.procs.2022.12.237
27. Schuh G, Stich V (2012) Produktionsplanung und -steuerung 1. Springer, Berlin/Heidelberg
28. Marcon P, Zezulka F, Vesely I et al (2017) Communication technology for industry 4.0. In: 2017 Progress In Electromagnetics Research Symposium – Spring (PIERS). IEEE
29. Buzacott JA, Yao DD (1986) Flexible manufacturing systems: a review of analytical models. Manag Sci 32:890–905. https://doi.org/10.1287/mnsc.32.7.890
30. Tantik E, Anderl R (2017) Integrated data model and structure for the asset administration shell in industrie 4.0. Proc CIRP 60:86–91. https://doi.org/10.1016/j.procir.2017.01.048
31. Bozkurt A, Tasci T, Schulz R et al. (2021) Designing of Smart Logistics Modules as Cyber-physical systems for Load carriers. Logistics Journal: Proceedings. https://doi.org/10.2195/lj_Proc_bozkurt_en_202112_01
32. Ewert D, Jung T, Tasci T et al (2021) Assets2036 – Lightweight Implementation of the Asset Administration Shell Concept for Practical Use and Easy Adaptation. In: Weißgraeber P, Heieck F, Ackermann C (Hrsg) Advances in automotive production technology – theory and application: Stuttgart Conference on Automotive Production (SCAP2020). Springer Vieweg, Berlin, Heidelberg, S 153–161
33. Al Assadi A, Fries C, Fechter M et al (2020) User-friendly, requirement based assistance for production workforce using an asset administration shell design. Procedia CIRP 91
34. Colangelo E, Kröger T, Bauernhansl T (2018) Substitution and complementation of production management functions with data analytics. Proc CIRP 72:191–196. https://doi.org/10.1016/j.procir.2018.03.145
35. Staud JL (2005) Datenmodellierung und Datenbankentwurf, 1. Aufl. Springer, Berlin/Heidelberg/New York, S 1

Digitale Schatten in den Fabriken der Zukunft

10

Steffen Kappes, Samed Sivaslioglu, Abdul Rahman Abdel Razek, Denis Wohlfeld und Heiko Bauer

10.1 Einführung

Die Welt der Produktion hat sich seit dem Beginn der industriellen Revolution weit entwickelt. Dank des technischen Fortschritts sind die Produktionsprozesse effizienter, schneller und billiger geworden. Mit dem Aufkommen von Industrie 4.0 ist ein neues Paradigma entstanden, das die Produktion wie wir sie kennen verändern bzw. weiterentwickeln wird. Der digitale Schatten, bzw. der digitale Zwilling der Produktion ist eine revolutionäre Technologie, die die Fertigungsindustrie transformiert. In diesem Aufsatz werden wir untersuchen, was ein digitaler Zwilling/Schatten der Produktion ist, wie sich die beiden unterscheiden, welche Vorteile sie bieten und wie sie in der Fertigungsindustrie eingesetzt werden.

S. Kappes
FARO Europe GmbH, Korntal-Münchingen, Deutschland
E-Mail: Steffen.kappes@faro.com

S. Sivaslioglu
FARO, Stuttgart, Deutschland
E-Mail: samed.sivasliglu@faro.com

A. R. Abdel Razek (✉)
Fraunhofer IAO, Stuttgart, Deutschland
E-Mail: abdulrahman.abdelrazek@iao.fraunhofer.de

D. Wohlfeld
Universität Stuttgart, Stuttgart, Deutschland
E-Mail: denis.wohlfeld@hft-stuttgart.de

H. Bauer
Bosch, Stuttgart, Deutschland
E-Mail: heiko.bauer@bosch.de

T. Bauernhansl, A. Al Assadi (Hrsg.), *Fluide Fahrzeugproduktion für die Mobilität der Zukunft*, ARENA2036, https://doi.org/10.1007/978-3-662-70847-7_10

In der heutigen schnelllebigen Welt suchen Unternehmen ständig nach Möglichkeiten, ihre Abläufe zu verbessern und die Effizienz zu steigern. Eine der Möglichkeiten, dies zu erreichen, ist die Optimierung des Datenflusses. Zwei Schlüsseltechnologien, die zu diesem Zweck eingesetzt werden können, sind die Sensorfusion und die digitale Schattenintegration. In diesem Kapitel werden wir uns mit diesen Technologien beschäftigen und untersuchen, wie ihre Integration zu einer verbesserten Effizienz in verschiedenen Branchen führen kann.

Die Technologien des digitalen Zwillings bzw. Schattens werden in einer Vielzahl von Branchen immer beliebter. Diese Technologien ermöglichen es Unternehmen, digitale Repliken ihrer physischen Anlagen und Systeme zu erstellen, um sie besser zu verstehen und zu verwalten. Der Einsatz digitaler Zwillingstechnologien bietet viele Vorteile. Zum Beispiel können sie Unternehmen dabei helfen, ihre Abläufe zu optimieren und ihre Entscheidungsfindung zu verbessern. Außerdem lassen sich mit digitalen Zwillingen verschiedene Szenarien simulieren, um neue Ideen und Prozesse zu testen und zu validieren. Unternehmen, die die Einführung von Technologien für digitale Zwillinge in Erwägung ziehen, sollten dies mit einem strategischen Ansatz tun. Sie sollten zunächst die geschäftlichen Probleme identifizieren, die sie mit diesen Technologien zu lösen hoffen, und dann die geeignete Plattform und die passenden Partner auswählen. Darüber hinaus sollten sie überlegen, wie sie digitale Zwillinge in ihre bestehenden Systeme und Prozesse integrieren können.

Ein digitaler Zwilling ist ein dynamisches und aktuelles Modell eines realen Objekts oder Systems. Er nutzt Simulation und maschinelles Lernen, um die Entscheidungsfindung zu unterstützen. Digitale Zwillinge können Menschen in verschiedenen Branchen, z. B. in der Fertigung, helfen, bessere und effizientere Produktionslinien zu schaffen. Sie enthalten detaillierte Informationen, mit deren Hilfe der Benutzer die Leistung und das Verhalten des realen Objekts oder Systems in Echtzeit verfolgen kann, z. B. Leistung, Abmessungen, Zustand und Umgebung. Digitale Zwillinge können als Prototyp dienen, um Feedback zur tatsächlichen Version zu geben, oder sogar als eigenständiger Prototyp, um zu modellieren, was mit der tatsächlichen Version passieren würde, wenn sie gebaut wird.

Digitale Zwillingstechnologien sind für Unternehmen aller Branchen vielversprechend. Diejenigen, die diese Technologien mit einem strategischen und gut durchdachten Ansatz einführen, werden wahrscheinlich den größten Nutzen daraus ziehen. Bei der Sensorfusion werden Daten von mehreren Sensoren kombiniert, um ein genaueres und umfassenderes Bild der Umgebung zu erhalten. Mit anderen Worten, es handelt sich um einen Prozess, bei dem Daten von verschiedenen Sensoren zusammengeführt werden, um ein detaillierteres Bild davon zu erhalten, was in einem bestimmten Bereich vor sich geht. Diese Technologie wird häufig in Branchen wie der Luft- und Raumfahrt, der Verteidigung und der Automobilindustrie eingesetzt, wo mehrere Sensoren zur Erfassung von Daten über komplexe Systeme verwendet werden.

Ein digitaler Zwilling der Produktion ist eine virtuelle Nachbildung eines physischen Produktionssystems oder -prozesses. Digitale Zwillinge werden mit Hilfe von Spitzentechnologien wie dem Internet der Dinge (IoT), künstlicher Intelligenz (KI) und maschinellem Lernen (ML) entwickelt und bestehen aus einer Kombination von virtuellen und physischen Komponenten. Die Technologie des digitalen Zwillings ermöglicht es Herstellern, ein virtuelles Modell ihres physischen Produktionssystems oder -prozesses zu erstellen, das dann mit einem Netzwerk von Sensoren und anderen datenerfassenden Geräten verbunden wird. Der digitale Zwilling befähigt den Menschen, Produkte, Prozesse und Produktionssysteme intuitiv zu erfassen. Durch technische Intelligenz wird die Realität zum Spiegel der optimierten digitalen Welt. Auf dem Weg zur digitalen Transformation in der Produktion soll ein digitales Modell einer physischen Gesamtheit aus Menschen, Produkten, Prozessen, Anlagen und Industriegütern entstehen. Dies wird erreicht durch kontinuierliche Erfassung, Fusion und Analyse von Daten mit Unterstützung von State-of-the-Art KI-Technologien, Kommunikation- und Integrationstechnologien. So werden einzigartige Erkenntnisse über Leistung und Betrieb gewonnen und in Echtzeit in die reale Welt zurückgeführt – die Basis einer resilienten Produktion. Der Tech-Bereich forschte gemeinsam mit den Partnern der ARENA2036 an einem lebendigen, digitalen Abbild der Produktion. Dieses digitale Abbild soll dem Menschen in Zukunft helfen, jederzeit komplexe Vorgänge mit Assistenz einer technischen Intelligenz durchzuführen. Darüber hinaus kann die Fabrik sich irgendwann selbst optimieren und komplexe Probleme selbst lösen, um den optimalen Output der Produktion zu garantieren.

10.2 State of the Art

Digitale Zwillingstechnologien haben in der Fertigungsindustrie in den letzten Jahren erheblich an Bedeutung gewonnen und eröffnen vielfältige Anwendungsmöglichkeiten zur Effizienzsteigerung, Ausfallsminimierung und Qualitätsverbesserung. Durch die Erstellung virtueller Abbilder von Maschinen, Anlagen oder Produktionsprozessen können Hersteller in Echtzeit Sensordaten überwachen und analysieren, um Anlagenausfälle frühzeitig zu erkennen und vorausschauende Wartung gezielt zu planen. Studien zufolge lassen sich durch den Einsatz digitaler Zwillinge bei der prädiktiven Wartung Wartungskosten um bis zu 30 % senken und die Betriebszeit von Anlagen um bis zu 10 % steigern. Darüber hinaus bieten digitale Zwillinge die Möglichkeit, Produktionsprozesse in virtuellen Umgebungen zu simulieren, sodass Engpässe identifiziert, Abläufe optimiert und unterschiedliche Szenarien für Prozessverbesserungen getestet werden können. Auch die Resilienz der Lieferketten kann durch digitale Zwillinge verbessert werden, indem sie flexible Modelle zur Überwachung und Simulation potenzieller Störungen bereitstellen, um Störfälle frühzeitig zu erkennen und Gegenmaßnahmen zu entwickeln. Diese umfassenden Funktionen basieren auf der Integration moderner Technologien wie In IoT, künstlicher Intelligenz (KI) und maschinellem Lernen (ML), die kontinuierlich Echtzeitdaten aus physischen Systemen erfassen und verarbeiten. So entsteht eine digitale Spiegelung der physischen Welt, die Herstellern erlaubt, nicht nur bessere Entscheidungen in Echtzeit zu treffen, sondern auch innovative Produktdesigns zu validieren und die gesamte Produktionsumgebung unter verschiedensten Bedingungen zu testen. Damit dienen digitale Zwillinge als Schlüsseltechnologien für die Umsetzung von Industrie 4.0-Zielen und fördern die digitale Transformation der Fertigung hin zu nachhaltigen, effizienten und resilienten Produktionssystemen. Tab. 10.1 definiert relevante Begriffe im Umfeld der digitalen Zwilligstechnologien.

Tab. 10.1 State of the Art Relevante Definitionen

Begriff	Definition	Quelle
Produktionsplanung und -steuerung PPS	PPS oder das Auftragsmanagement ist ein zentraler Bestandteil des Managements in industriellen Unternehmen. Ihr Ziel ist die termingerechte Lieferung von Produkten in der richtigen Menge und Qualität an die Kunden, bei minimalen Beständen und einer maximalen Nutzung der personellen und technischen Ressourcen.	Westkämper und Bauernhansl [1]
Autonomous	Ein System ist dann und nur dann autonom, wenn die Organisation seiner internen Prozesse entscheidend für seine Selbsterhaltung ist und sowohl das System selbst als auch die Prozesse, die zur Autonomie beitragen, funktional macht.	Collier [2]
Smart Plugs	Ein Gerät, das das Internet der Dinge (IoT) für die Einrichtung eines Hybrid Appliance Load Monitoring System (HALMS) nutzt. Diese intelligenten Steckdosen sind eine praktische Lösung, um die sogenannten „dummen" Geräte intelligent zu machen.	Suryadevara und Biswal [3]
Virtual Reality (VR)	Eine computergenerierte, simulierte Umgebung, die über Head-Mounted-Displays (HMDs) betrachtet werden kann und für die Nutzer eine immersive und interaktive Erfahrung darstellt.	Fromm et al. [4]
Augmented Reality (AR)	AR überlagert digitale Informationen in der realen Welt, um das Nutzererlebnis zu verbessern.	Berryman [5]
Mixed Reality	MR ist die Verschmelzung der physischen Welt mit der digitalen Welt. Mixed Reality ist die nächste Evolutionsstufe in der Interaktion zwischen Menschen, Computer und Umwelt und eröffnet bisher undenkbare Möglichkeiten.	Microsoft Definition von MR
Microservices	Microservices sind ein schnell wachsendes Architekturmodell, das darauf abzielt, hoch skalierbare Softwarelösungen auf der Grundlage unabhängig voneinander einsetzbarer und entwicklungsfähiger Komponenten zu entwickeln.	Bandeira et al. [6]
Digitale Schatten	Der digitale Schatten bietet Echtzeit-, historische und analytische Informationen zur effektiven Gestaltung und zum effizienten Betrieb von Wertschöpfungssystemen.	Bauernhansl et al. [7]
Real-Time Digital Twins	Das Spiegelbild eines physikalischen Prozesses wird parallel zum Prozess selbst erstellt und entspricht in der Regel exakt seinem Echtzeit-Ablauf.	Batty [8]
Kognitive Assistenzsystemer	Können Instandhalter bei einer schnellen Fehlerbehebung und der Weitergabe des erfolgskritischen Erfahrungswissens unterstützen.	Keller und Haase [9]
Global Digital Twin	Virtuelle Abbildungstechnologie, die in der Lage ist, den Lebenszyklus von Multisystemen in einer digitalen Umgebung zu untersuchen	Bhatti et al. [10]

(Fortsetzung)

Tab. 10.1 (Fortsetzung)

Begriff	Definition	Quelle
Digitale Fabrik	IT-Konzept, welches angewandt werden kann, um alle Aktivitäten und Ressourcen in Verbindung mit der Entwicklung und Fertigung eines Produkts digital zu planen, abzusichern und zu optimieren, noch bevor mit der tatsächlichen Fertigung des Produkts begonnen wird.	Himmler und Amberg [11]
Point Cloud	Die Point Cloud ist eine wichtige Art von geometrischer Datenstruktur, die aus Punkten besteht, die Daten in 3D-Gitter oder Sammlungen von Bildern umwandeln.	Qi et al. [12]
Machine Learning (ML)	Computeralgorithmen, die die menschliche Intelligenz nachahmen sollen, indem sie aus der Umgebung lernen	El Naqa und Murphy [13]
Machine Learning (ML)	ML wird häufig in Software eingesetzt, um dem Benutzer ein besseres Erlebnis zu ermöglichen. ML-Algorithmen lassen sich typischerweise in zwei Lerntypen einteilen: überwachtes oder unüberwachtes Lernen. Mithilfe von ML können Geräte Fähigkeiten erwerben oder lernen, sich an die Umgebung, in der sie arbeiten, anzupassen. Geräte können Fähigkeiten wie Objektplatzierung, Objekterkennung und -definition erwerben.	Bell [14]
Simultaneous Localization and Mapping (SLAM)	SLAM ist der Prozess, ein globales Modell einer Umgebung aus lokalen Beobachtungen zu erstellen; dies ist eine grundlegende Fähigkeit für mobile Roboter, die Kernfunktionen wie Planung, Navigation und Steuerung unterstützt.	Rosen et al. [15]
Visual Simultaneous Localization and Mapping (VSLAM)	VSLAM nutzt Bilder als externe Informationsquelle, um die Position eines Roboters, eines Fahrzeugs oder einer sich bewegenden Kamera in einer Umgebung zu bestimmen und gleichzeitig eine Karte des erkundeten Bereichs zu erstellen.	Fuentes-Pacheco et al. [16]
Datenfusion	Bei der Datenfusion werden mehrere Datensätze, die dasselbe reale Objekt darstellen, zu einer einzigen, konsistenten und sauberen Darstellung zusammengeführt.	Bleiholder und Naumann [17]
Simulation	Nachbilden eines dynamischen Prozesses in einem System mithilfe eines experimentierfähigen Modells, um zu Erkenntnissen zu gelangen, die auf die Wirklichkeit übertragbar sind	VDI-Richtlinie 3633 [18]
Instance Segmentation Model	Erkennung und Abgrenzung jedes einzelnen Objekts von Interesse, das in einem Bild erscheint	Romera-Paredes und Torr [19]
Kontextassistenzsystem	Software-Agent, der sich durch (multimodale) Interaktion, Kooperation, Lernfähigkeit und Problemlösungs-Kompetenz für gemeinsame Ziele auszeichnet.	Kraus et al. [20]

(Fortsetzung)

Tab. 10.1 (Fortsetzung)

Begriff	Definition	Quelle
Object Detection	Feststellung, ob in einem Bild Objekte aus bestimmten Kategorien vorhanden sind, und, falls ja, dass die räumliche Position und Ausdehnung für jedes Objekt zurückgegeben wird	Liu et al. [21]
Object Detection	Die Lokalisierung ist ein inkrementeller Schritt auf dem Weg von der groben zur feinen digitalen Bildinferenz. Sie liefert nicht nur die Klassen der Bildobjekte, sondern auch den Standort der klassifizierten Bildobjekte.	Hafiz und Bhat [22]
Object Detection	Klassifizierung und Lokalisierung von Objekten in einem Bild oder Video	Zaidi et al. [23]
Salient Object Detection (SOD)	SOD zielt darauf ab, auffällige Objekte zu finden, die die Aufmerksamkeit des Menschen auf sich ziehen, während die Erkennung getarnter Objekte (COD) im Gegensatz dazu darauf abzielt, getarnte Objekte zu entdecken, die in der Umgebung versteckt sind.	Li et al. [24]
Probabilistic Object Detection	Kann Objekte in Bildern erkennen und die räumlichen und semantischen Unsicherheiten der Erkennungen genau quantifizieren.	Hall et al. [25]
Gnomonic Projection	Wird in der Geografie häufig verwendet, um eine Kugel auf eine Ebene abzubilden, da der Großkreis auf der Kugel einer geraden Linie im Tangentenbild entspricht.	Yuan und Richardt [26]
Equirectangular Panoramas	Werkzeuge für ein 360-Grad-Panorama-Erlebnis. Ein Panorama fängt eine Szene von einem Punkt aus ein, und Panoramabetrachter ermöglichen es dem Benutzer, die Blickrichtung zu steuern, aber der Betrachter darf sich nicht bewegen.	Sandnes und Huang [27]
Industrie 5.0	Industrie 5.0 wird als die nächste industrielle Evolution angesehen, deren Ziel es ist, die Kreativität menschlicher Experten in Zusammenarbeit mit effizienten, intelligenten und präzisen Maschinen zu nutzen, um im Vergleich zu Industrie 4.0 ressourceneffizientere und benutzerfreundlichere Fertigungslösungen zu erhalten. Es wird erwartet, dass unterstützende Technologien die Produktion steigern und maßgeschneiderte Produkte spontan liefern.	Maddikunta et al. [28]
Smart Cameras	Dank der eingebauten intelligenten Bildverarbeitungs- und Mustererkennungsalgorithmen können Smart Cameras Bewegungen erkennen, Objekte vermessen, Kfz-Kennzeichen lesen und sogar menschliche Verhaltensweisen erkennen.	Shi und Lichman [29]

(Fortsetzung)

Tab. 10.1 (Fortsetzung)

Begriff	Definition	Quelle
Service Prototyping Experience	Das Wissen und die individuellen Erfahrungen, Eindrücke und Beobachtungen des Benutzers aus einem Prototyping-Prozess für Dienstleistungen, einschließlich dessen, was wahrgenommen oder gespürt wird. Die spezifischen Momente, die zur Schaffung eines vollständigen Serviceerlebnisses führen.	Abdel Razek [30]
Panoptic Image Segmentation	Es ist die Aufgabe der Computer Vision, Gruppen von Pixeln in einem Bild zu finden und ihnen semantische Klassen und Objektidentifikatoren zuzuordnen.	Mei et al. [31]
Vision Transformer	Tiefes neuronales Netz, das hauptsächlich auf dem Mechanismus der Selbstbeobachtung beruht. Es erbringt ähnliche oder bessere Leistungen als andere Arten von Netzen, wie z. B. Faltungsnetze und rekurrente neuronale Netze.	Han et al. [32]
Digital Twin / Digitaler Zwilling	Ein digitaler Zwilling emuliert ein physisches in einem virtuellen System über adaptive Modelle und Echtzeitdaten, um es während seines Lebenszyklus aktuell zu halten. Er soll Ausfälle vorhersehen, Optimierungen vorschlagen und das Betriebsprofil bewerten.	Semeraro et al. [33]
Digital Model	Digitale Darstellung eines bestehenden oder geplanten physischen Objekts, die keine Form des automatisierten Datenaustauschs zwischen dem physischen Objekt und dem digitalen Objekt verwendet.	Kritzinger et al. [34]
Predictive Maintenance	Zustandsorientierte Instandhaltungsstrategie, die Instandhaltungsmaßnahmen bei Bedarf durchführt und unnötige Präventivmaßnahmen oder Ausfälle vermeidet	Florian et al. [35]
Cyberphysical System	Integrationen von vernetzten und verteilten Rechensystemen mit physikalischen Prozessen, bei denen es Rückkopplungsschleifen ermöglichen, dass physikalische Prozesse die Berechnungen beeinflussen und umgekehrt.	Lanotte et al. [36]

10.3 Digitale Schatten und Zwillinge

Unsere Welt wird zunehmend komplexer. Gleichzeitig ermöglichen global vernetzte digitale Technologien die Erfassung und Verknüpfung großer Datenmengen, deren Analyse eine präzisere Entscheidungsfindung unterstützt. Im industriellen Kontext nehmen dabei digitale Schatten, digitale Zwillinge und digitale Fabriken zentrale Rollen ein. Der digitale Schatten ist die passive, datengetriebene Abbildung eines physischen Objekts oder Prozesses. Er basiert auf der kontinuierlichen Sammlung von Echtzeit- und historischen Daten

sowie analytisch erzeugten Informationen, die zur Analyse und Optimierung genutzt werden, jedoch ohne Rückwirkung auf das reale System [7]. Der digitale Zwilling geht darüber hinaus: Er ist eine dynamische, interaktive virtuelle Repräsentation einer lebenden oder nicht lebenden physischen Einheit, die mithilfe bidirektionaler Datenflüsse eng mit ihrem realen Gegenstück verknüpft ist. Im Gegensatz zum digitalen Schatten kann der digitale Zwilling durch Simulationen, Prognosen und Steuerbefehle aktiv in den Betrieb eingreifen [8, 10, 33]. Das Modell wird fortlaufend mit Echtzeitdaten aus unterschiedlichen Quellen aktualisiert, um Zustände zu überwachen, Zukunftsszenarien zu simulieren und frühzeitig Warnungen oder Handlungsempfehlungen zu generieren. Die digitale Fabrik ist dagegen ein übergeordnetes IT-Konzept, das sich auf die ganzheitliche digitale Planung, Absicherung und Optimierung sämtlicher Aktivitäten und Ressourcen für Produktentwicklung und -fertigung bezieht, bevor die physische Produktion beginnt [11]. Sie nutzt ein Netzwerk digitaler Modelle, um Produktionsprozesse virtuell abzubilden, zu analysieren und zu verbessern, wodurch Effizienz, Qualität und Flexibilität bereits in der Planungsphase gesteigert werden können. Während der digitale Schatten vor allem der datenbasierten Abbildung dient und der digitale Zwilling aktive Interaktion mit dem realen System ermöglicht, zielt die digitale Fabrik auf die virtuelle Planung und Optimierung der gesamten Produktionsumgebung ab.
Wir digitalisieren die Realität zur:

1. Visualisierung der physikalischen Einheiten
2. Simulation und Vorhersage von zukünftigen Prozessen/Abläufen/Verhaltensweisen
3. Optimierung von Zukunftsszenarien
4. Automatisierung & Steuerung
5. Dokumentation

Der Mehrwert der Digitalen Realität kann zu vier Punkten zusammengefasst werden:

1. Automatische Modellerstellung zur Simulation und Vorhersage des Produktionsprozesses
2. Schaffung eines Ökosystems aus vernetzten Daten
3. Wert der vernetzten Informationen
4. Widerspiegelung des Eins-zu-Eins-Abbilds der Realität .

Es gibt eine Anzahl an Herausforderungen, bei denen Real-Digital-Real hilft, wie (beispielsweise) die kürzeren Lebenszyklen, die größere Vielfalt und die höheren Nachfrageschwankungen, die den Druck auf die Fertigungsunternehmen erhöhen. Außerdem steigert die Komplexität der globalen Produktion den Verwaltungs- und Koordinierungsaufwand. Um diesen Problemen zu begegnen, ist es wichtig, möglichst viele Prozesse und Anwendungen digital zur Verfügung zu haben. Auf diese Weise können sich die zuständigen Fachleute weltweit ein Bild von verschiedenen Situationen und Aufgaben machen.

Digital-Twin-Technologien haben auch Grenzen, zumal die Definition eines digitalen Zwillings noch nicht standardisiert ist. Viele Unternehmen interpretieren den digitalen Zwilling unterschiedlich und füllen ihn auf unterschiedliche Weise mit Daten. Es ist daher schwierig, Antworten und Unterstützung für die Entwicklung zu geben. Die Segmentierung der einzelnen Bereiche (Digitaler Zwilling eines Produkts, Digitaler Zwilling der Produktionsanlagen und Digitaler Zwilling der Fabrik) ist nicht klar definiert. Jedes Unternehmen wird seinen eigenen Digitalen Zwilling im Hinblick auf seine individuellen Anforderungen und Ziele erstellen. Diese Digitalen Zwillinge werden ähnliche Komponenten aufweisen, sich aber auch in vielen Punkten unterscheiden.

Mehrere verbundene Technologien sind eng mit den Technologien des digitalen Zwillings verbunden. Diese Technologien lassen sich in der folgenden Liste zusammenfassen.

1. IoT: Unternehmen können sich ein klares Bild davon machen, wie ihre IoT-Geräte mit dem Fertigungsprozess interagieren.
1. Cyber-Security: Die derzeitige zentralisierte Architektur des IoT ist einer der Hauptgründe für die Anfälligkeit von IoT-Netzwerken.
2. Blockchain bietet aus mehreren Gründen neue Hoffnung für die IoT-Sicherheit:
   - Öffentlich: Jeder, der am Netzwerk der Blockchain-Knoten teilnimmt, kann die gespeicherten Blöcke und Transaktionen sehen und sie genehmigen.
   - Dezentralisiert: Es gibt keine einzelne Behörde, die die Transaktionen genehmigen kann, wodurch die Schwachstelle des Single Point Of Failure (SPOF) beseitigt wird.
   - Daten Sicherheit: Die Datenbank kann nur erweitert werden, und frühere Datensätze können nicht geändert werden.
3. Extended Reality (XR) [VR, AR, MR] hat sich als ein Werkzeug herauskristallisiert, das bei der Verwaltung komplexer Systeme helfen kann.
   - Virtual Reality (VR): Ermöglicht kollaboratives Arbeiten aus der Ferne und visuelle Einblicke in das System.
   - Augmented Reality (AR): Erweiterung der physischen Welt „vor Ort“, um die Implementierung zu unterstützen.
   - Mixed Reality (MR): Ermöglicht die Interaktion mit digitalen Objekten in einer realen Umgebung.

10.3.1 Arten von Digitalen Zwillingen

- Ein Komponenten-Zwilling ist die virtuelle Darstellung eines bestimmten Einzelteils oder einer Komponente, z. B. eines Motors oder Schalters. Er ist die grundlegende und kleinste Einheit eines digitalen Zwillings. Diese Art von Zwilling kann verwendet werden, um die Prozesse der Komponente zu verbessern, indem ihre Leistung und weitere Informationen in Echtzeit bereitgestellt werden.
- Ein Asset-Zwilling ist das digitale Abbild eines physischen Assets. Das bedeutet, dass zwei oder mehr Komponenten zusammenarbeiten, um einen Vermögenswert zu bilden.

Dies wären zum Beispiel Fahrzeuge oder Maschinen. Mit Hilfe von Asset-Zwillingen kann man sich über das Zusammenspiel der verschiedenen Komponenten und deren Leistung informieren.

- Der System-Zwilling ist die nächsthöhere Ebene. Er ist ein digitales Modell mit verschiedenen Anlagen, die zusammen ein funktionierendes System bilden. Durch die Analyse des Verhaltens und der Interaktion eines Systems können System-Zwillinge zur Verbesserung und Optimierung von Prozessen und Leistungen beitragen.
- Prozess-Zwillinge bauen auf den System-Zwillingen auf und sind-digitale Modelle ganzer Unternehmensprozesse, die Daten und Informationen über mehrere miteinander interagierenden Systeme liefern. Prozess-Zwillinge können dazu beitragen, die zeitlichen Abläufe in einem Prozess zu verbessern und die Effizienz insgesamt zu optimieren.

Funktion eines Digitalen Zwillings

Digitale Zwillinge kombinieren drei verschiedene Arten von Daten – Vergangenheits-, Gegenwarts- und Zukunftsdaten. Vergangenheitsdaten werden verwendet, um einen Überblick über historische Leistungsdaten zu erstellen, und helfen dem Zwilling, ein besseres Verständnis dafür zu gewinnen, wie das Produkt oder System in der Vergangenheit funktioniert hat. Bei den Gegenwartsdaten handelt es sich um Echtzeitdaten von Gerätesensoren an den Objekten der realen Welt. Mit Hilfe der aktuellen Daten kann der digitale Zwilling Informationen über die aktuelle Leistung und das Verhalten des Objekts erhalten. Zukünftige Daten enthalten die vorhergesagten Daten aus dem maschinellen Lernen sowie Eingaben von Ingenieuren und ermöglichen es dem Zwilling, eine Vorstellung von möglichen Ergebnissen in Bezug auf die Leistung und den Betrieb des realen Produkts oder Systems zu entwickeln. Das Produkt oder System, für das ein digitaler Zwilling erstellt werden soll, muss mit Sensoren für seine Funktionsbereiche ausgestattet sein. Diese Sensoren sammeln alle Arten von Daten über die Leistung und den Zustand des Objekts, wie z. B. Konstruktionsspezifikationen oder Produktinformationen.

Um diese großen Datenmengen nutzen zu können, müssen die Sensoren und Geräte mit IoT-Technologie ausgestattet und in ein cloudbasiertes System eingebunden werden. Dieses System muss in der Lage sein, die Daten in Echtzeit zu empfangen und zu verarbeiten. Mit Hilfe aller verarbeiteten und verknüpften Daten kann der digitale Zwilling unter Verwendung der erweiterten Realität erstellt werden. Das Modell muss in der Lage sein, ein kontinuierliches Feedback von den Sensoren zu erhalten, die in der realen Welt eingesetzt werden. Mit all diesen Daten kann der digitale Zwilling bestimmte Aktionen simulieren, die mit dem Original durchgeführt werden, und Erkenntnisse über die Leistung und mögliche Probleme gewinnen. Je nach der Menge der verwendeten Daten kann ein digitaler Zwilling so komplex oder einfach sein wie jeweils notwendig. Je mehr Daten, desto präziser simuliert das Modell die reale Welt.

10.3.2 Digitale Zwillinge – Vorteile

- Prädiktive Wartung: Da ein digitales Zwillingssystem in der Lage ist, große Datenmengen in Echtzeit zu übertragen, können Unternehmen ihre Daten häufig analysieren, um mögliche Probleme, die in der Zukunft auftreten könnten, zu erkennen. Diese Fähigkeit hilft Unternehmen, die Effizienz ihrer Produktionslinien zu verbessern und die Wartungskosten zu senken, indem sie die Ausfallzeiten des Produkts reduzieren.
- Verbesserte finanzielle Entscheidungsfindung: Die großen und vielfältigen Datenmengen enthalten finanzielle Informationen über das Produkt, wie z. B. Produktions- oder Materialkosten. Mit Hilfe dieser Daten können die Unternehmen sicherere Entscheidungen in Bezug auf die Finanzen treffen. Auf diese Weise kann entschieden werden, ob Anpassungen finanziell vertretbar sind oder nicht.
- Gesteigerte Effizienz: Ein digitaler Zwilling kann helfen, den Produktionsprozess zu verbessern, indem er ihn ständig analysiert. Dadurch kann eine maximale Effizienz im gesamten Herstellungsprozess erreicht und beibehalten werden.
- Verbesserte Produktqualität: Dank der Echtzeit-Datenerfassung durch digitale Zwillinge ist es für Unternehmen viel einfacher, ihr Produkt zu verbessern und Verfeinerungen vorzunehmen, noch bevor die Produktion beginnt. Die Daten können die Ingenieure über mögliche Probleme und Schwachstellen informieren, sodass sie an einer Lösung arbeiten und ein verbessertes Produkt herstellen können.
- Verbesserte Kundenzufriedenheit: Da die Kundenzufriedenheit eng mit einer hohen Produktqualität verbunden ist, ergibt sich dieser Vorteil zum Teil aus dem oben genannten. Die Kundenzufriedenheit kann jedoch auch durch einen reibungsloseren Kundendienst und Reparaturvorgänge verbessert werden, indem Echtzeitdaten über das Produkt gesammelt werden.
- Produkt-Lebenszyklus: Wenn ein Produkt das Ende seines Lebenszyklus erreicht hat, können digitale Zwillinge dabei helfen, zu entscheiden, was mit dem Produkt geschehen soll, ob es recycelt oder auf andere Weise weiterverarbeitet werden soll. Sie können ermitteln, welche Teile oder Materialien der Produkte recycelt werden können.
- In der Fertigung kann ein digitaler Zwilling zur Visualisierung von Anlagen, Produktionslinien, Endprodukten oder jedem realen Szenario innerhalb eines Produktionsprozesses verwendet werden. Der digitale Zwilling spiegelt den Status, die Funktionalität und die Interaktion einer Komponente mit anderen Geräten wider. Die Anwendung von digitalen Zwillingen in der Fertigung kann zu vielen Vorteilen in Bezug auf das Produkt und den Produktionsprozess führen. Zum einen kann die Innovation durch digitale Zwillinge gefördert werden. Hersteller sind in der Lage, Prototypen zu erstellen und neue Produkte kostengünstig zu testen, indem sie ihr virtuelles Abbild verwenden. Dies kann zur Förderung von Innovationen beitragen. Außerdem kann die Effizienz von Produktionsprozessen gesteigert werden. Durch den virtuellen Prozess des digitalen Zwillings sind die Hersteller in der Lage, Ineffizienzen zu erkennen und diese zu beseitigen oder zu verringern.

Da digitale Zwillinge in der Lage sind, Anlagen und deren Zustand zu überwachen, können mögliche Ausfälle erkannt und somit Ausfallzeiten reduziert werden. Außerdem können Unternehmen die Qualität und Leistung eines Produkts beurteilen, noch bevor es produziert wird. Dies kann dazu beitragen, die Zeit bis zur Markteinführung zu verkürzen. Ein weiterer Vorteil ist die Möglichkeit zur ständigen Optimierung des Produkts. Mit Hilfe der digitalen Zwillingstechnologie bleiben den Anwendern Informationen über das Produkt erhalten, auch wenn es die Produktion verlässt. Durch Echtzeitdaten erhalten die Hersteller Einblicke und können diese zur Leistungsoptimierung nutzen.

Die Zielsetzung des Digitalen Schattens ist hingegen ein permanent aktuelles, automatisch generiertes Abbild der Realität das Planung, Steuerung und Optimierung aller Fabrikprozesse ermöglicht und damit die Zukunft erfassbar und die Wandlungsfähigkeit wirtschaftlich beherrschbar macht. Hierfür wird in Arbeitspaket 3.4 ein aus Micro-Services bestehendes Informationssystem entwickelt. Dazu wurde in diesem Berichtszeitraum zunächst mit Hilfe der beteiligten Partner eine Anforderungsdefinition an den Digitalen Schatten in der Fluiden Produktion festgelegt. Diese wird anschließend genutzt, um eine Datenfusion aus Sensoren und Netzwerkdaten in ein homogenes Abbild zu gewährleisten. Die technische Arbeit ist die Untersuchung und Implementierung der Datenfusion des gesamten Datenflusses vom Sensor in den Digitalen Schatten (Abb. 10.1).

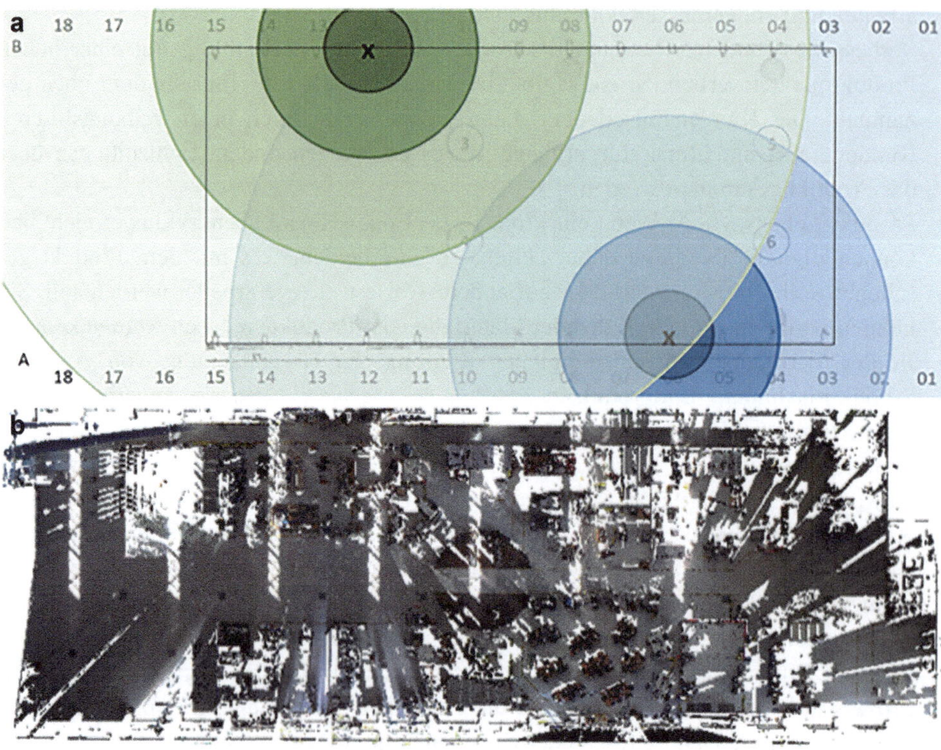

Abb. 10.1 Laserscannerabdeckung und Scanner-Visualisierung

Nachdem 2018 die Anforderungsdefinition an den Digitalen Schatten in der Fluiden Produktion mit Hilfe der beteiligten Partner festgelegt wurde, konnte 2019 die automatisierte 3D-Erfassung der gesamten Produktionsfläche mit Laserscannern realisiert werden. Hierfür wurden zwei Laserscanner (Modell: FARO Focus S 350) in der ARENA2036 (Abb. 10.2a) an den Hallensäulen 6A und 12B installiert (Abb. 10.2b), sodass der gesamte Shopfloor mit einer geringen Verschattung, durch die sich in der ARENA2036 befindlichen Objekte, erreicht wird (Abb. 10.2c). Die Dichte der Punktwolke spiegelt den Detailgrad wider und ist frei wählbar. Ergebnisse sind, abhängig von der Punktedichte, anhand des Punkteabstands zwischen den einzelnen Messungen in

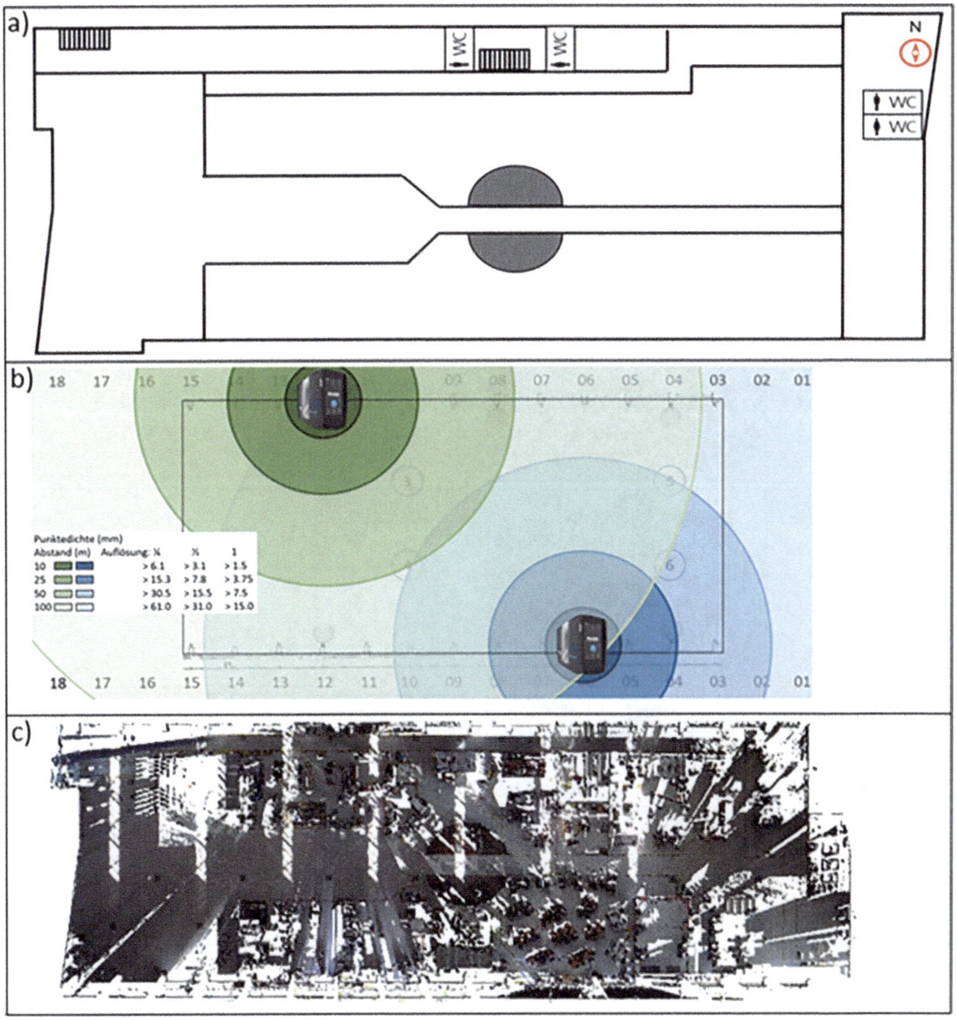

Abb. 10.2 (**a**) Layout der ARENA2036; (**b**) Abdeckung des Shopfloors anhand der montierten Laserscanner; (**c**) 3D-Punktwolke des Shopfloors der ARENA2036

Abb. 10.2 und 10.3 dargestellt. Mit einer abnehmenden Punktedichte nimmt der Detailgrad ab, sodass einzelne Objekte abhängig von ihrer Größe schwerer erkennbar werden.

So wurde der erste Schritt in die Umsetzung der Schnittstellenimplementierung an weiterführende Systeme, insbesondere im Kontext der Industrie 4.0, geschaffen. Das Konsortium hat in diesem Jahr eine Verwaltungsschale implementiert, in welche die Laserscanner integriert wurden (Abb. 10.4). Bei der Implementierung wurde auf die Einhaltung der vereinbarten Konventionen geachtet. So hat jedes Modul Properties, Operations und Events. Im Falle der FARO-Scanner spiegeln die Properties (grau) den aktuellen Stand wider (is scanning, scan progress, latest scan URL on WebShare). Durch die Operation „Start Scan" (orange) lässt sich ein neuer Scanprozess starten. Während dieses Prozesses werden die Properties aktualisiert. Als Event (blau) werden die Scandetails und Fehler während der Datenaufnahme ausgegeben.

Im nächsten Projektjahr wird eine ergänzende Datenerfassung aus der Vogelperspektive und einem Scanroboter (Abb. 10.5) 3D-Daten vom Boden des Shopfloors aufgenommen. Das mobile System komplementiert die Datenaufnahme von der Decke, sodass Verschattungen in den Punktwolken, die zu Datenlöchern führen, minimiert werden, und damit ein detaillierterer Digitaler Zwilling zur Verfügung steht.

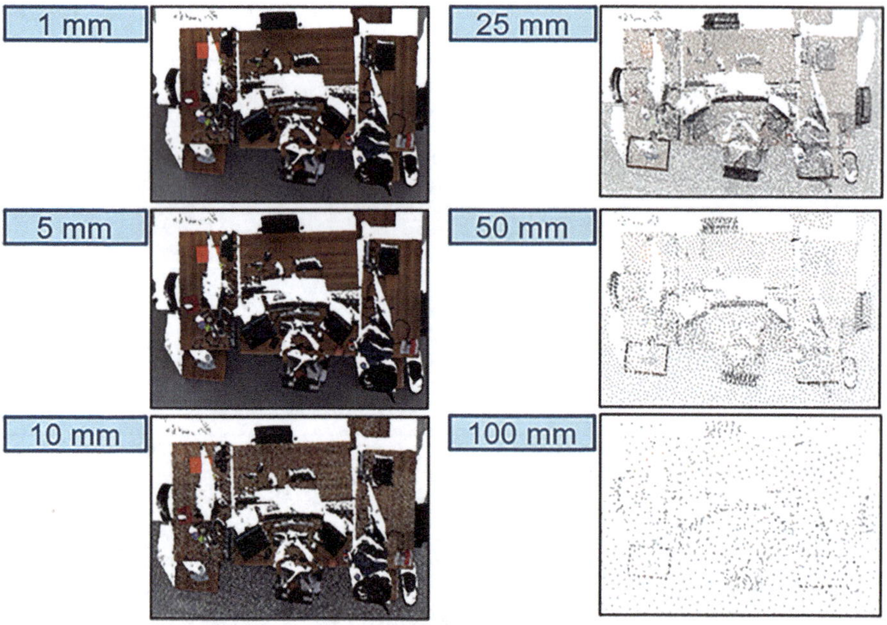

Abb. 10.3 Punktwolken einer Arbeitsplatzgruppe (vier Schreibtische mit Containern und Stühlen) in der ARENA2036 in unterschiedlichen Punktedichten zwischen 1 mm und 100 mm Abstand zwischen Einzelpunkten

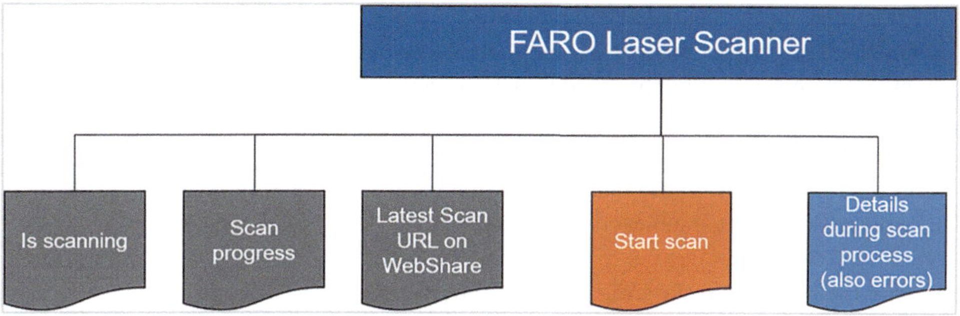

Abb. 10.4 Integration der Laser-Scanner in die Verwaltungsschale

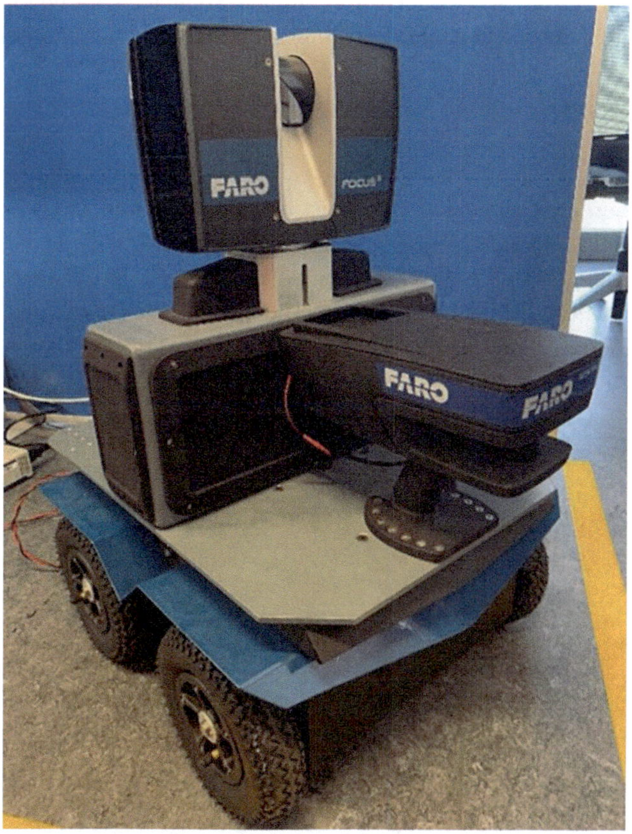

Abb. 10.5 FARO ScanBot, bestehend aus dem terrestrischen

Ergänzend zu der automatisierten Datenaufnahme werden im nächsten Projektjahr automatisierte Analysetools entwickelt, sodass z. B. anhand von Künstlicher Intelligenz Objekte innerhalb des Shopfloors identifiziert werden und die aktuelle 3D-Lokation des Objektes innerhalb des Hallenreferenzsystems ausgegeben wird. So wird nicht nur der Ist-Zustand der Fluiden Produktion regelmäßig erfasst, sondern er werden auch Soll-/Ist-Vergleiche möglich. Darüber hinaus wird durch die zeitliche Komponente des digitalen Schattens die Zukunft simulier- und planbar.

Automatisierte Datenerfassung sowie Datenerfassung per Anfrage
Im Jahr 2020 wurde die automatisierte Datenerfassung über die zwei fest installierten Laserscanner abgeschlossen. Zwei Mal am Tag werden 360° 3D-Aufnahme der ARENA2036 Forschungsfläche aufgenommen und den Projektpartnern über einen Softwareservice bereitgestellt. Mit diesen Informationen können die Partner im Projekt immer auf den neuesten Stand des Digitalen Zwillings zugreifen, und damit arbeiten (Abb. 10.6).

KI-basierte Objekterkennung auf Panoramabildebene
Abb. 10.7 visualisiert in vier Quadranten die Phasen eines einfachen Digital-Twin-Zyklus

1. Veränderung in der Fabrik: Die Fabrik ist im ständigen Wandel und digitale Systeme müssen aktualisiert werden.
2. 2D/3D-Erfassung: Mittels Laserscanner wird der neue Ist-Zustand erfasst und im Digital-Twin-Mikroservice in Form von Bildern und 3D-Punktwolken in einem einheitlichen Koordinatensystem bereitgestellt.

Abb. 10.6 Automatisierte 3D-Erfassung der ARENA2036 Forschungsfläche aus zwei Perspektiven

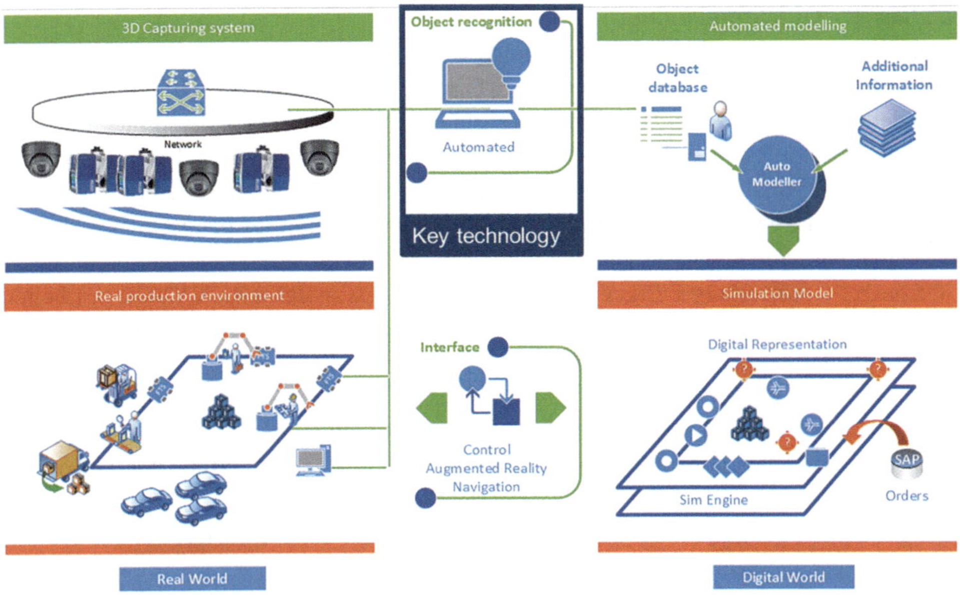

Abb. 10.7 Digital-Twin-Zyklus für die Fluide Produktion

3. Objekterkennung und automatische Modellierung: Im Schritt Objekterkennung werden relevante Objekte in den Daten erkannt und das Simulationsmodell aktualisiert. FARO fokussiert sich aktuell auf den Schritt Objekterkennung mit dem Ziel, die Objektdatenbank automatisiert zu aktualisieren.
4. Simulation: Das neue Simulationsmodell wird mit weiteren Eingangsdaten aktualisiert und anschließend Zukunftsszenarien berechnet. Ergebnisse können Menschen zur Entscheidungsfindung dienen oder direkt in die Produktionssteuerung eingreifen.

10.3.3 AP5.4 Digitaler Schatten des fluiden Produktionssystems

Teilprojekt 5 widmet sich dem Aufbau und Betrieb einer fluiden Produktion in der ARENA2036. Dabei sollen die Ergebnisse der TP1-4 miteinbezogen werden. Hierfür wurden die im Rahmen von AP3.4 aufgebauten Technologien verwendet und konkret über eine KI-basierte Objekterkennung Mehrwert erzeugt. Durch die themenmäßige starke Überlappung von AP3.4 und AP5.4 können die in den folgenden beschriebenen Ergebnissen beiden Arbeitspaketen zugeschrieben werden.

KI-basierte Objekterkennung

Objekterkennung ist eine Schlüsseltechnologie zur Synchronisierung der physischen und digitalen Welt. Während die 2D- und 3D-Erfassung bereits Stand der Technik ist, ist das Feld der Informationsextraktion noch Gegenstand zahlreicher Forschungsprojekte.

FARO hat im Rahmen des Forschungsprojektes Expertise im Bereich Machine-Learning aufgebaut und auch angewandt. Integraler und entscheidender Bestandteil des oben beschriebenen Zyklus ist eine automatisierte Erkennung von relevanten Objekten innerhalb einer Fabrikumgebung.

Konkret wurde an einer Erkennung des Gabelstaplers in der ARENA2036 gearbeitet. Um ein neues Modell zu erstellen, welches Gabelstapler in der ARENA2036-Umgebung erkennen kann, müssen mehrere Schritte durchgeführt werden:

1. Labeling – Bilder müssen gekennzeichnet werden damit sie später in den Trainingsprozess einfließen können. Wir verwenden dafür CVAT (https://github.com/openvinotoolkit/cvat)
2. Training des KI-Modells mit Hilfe der Detectron2-Bibliothek (https://github.com/facebookresearch/detectron2)
3. Die Parameteroptimierung des Models wird von einem Machine-Learning-Experten vorgenommen. Verschiedene Trainingsparameter können die Erkennungsraten des trainierten Models unter Umständen stark beeinflussen. Die Interpretation der Resultate sowie die entsprechende Anpassung dieser Parameter ist zum jetzigen Stand der Technik von einem Experten vorzunehmen. Es gibt aber Tools, die den Experten unterstützen. Wir verwenden die „MLflow: A Machine-Learning Lifecycle-Plattform“ (https://github.com/mlflow/mlflow), um die Trainingsparameter sowie die daraus resultierenden Modelle zu tracken.
4. Bereitstellung des Modells. Dafür verwenden wir TorchServe (https://github.com/pytorch/serve).

Schritt 2 und 3 werden iteriert, bis ein zufriedenstellendes Ergebnis erreicht wurde.

Nach diesen Schritten erhalten wir ein KI-Modell welches in der Lage ist, Gabelstapler in einem perspektivischem Bild zu erkennen. Also ein sogenanntes 2D Instance Segmentation Model. Wie eingangs beschrieben, bestehen die Scandaten allerdings aus 360°-Panoramabildern sowie dazugehörige Tiefeninformationen (Abstand vom Scanner-Ursprung). Zudem ist jeder Scan mit Hilfe einer Transformationsbeschreibung in das ARENA2036 Hallenreferenzsystem registriert.

Um einen Dienst bereitzustellen, welcher also Objekte in Panoramabildern erkennt sowie Positionsinformationen im Hallenreferenzsystem berechnet, ergibt sich folgender Zusammenhang (Abb. 10.8).

Damit das zuvor trainierte KI-Modell verwendet werden kann, müssen die Panoramabilder in perspektivische Bilder umgerechnet werden. Technisch ist dies eine „gnomonic projection von equirectangular panoramic images“, wie in Abb. 10.9 zu sehen.

Auf jedes der sechs Cubemap-Bilder wird nun das KI-Modell angewandt. Dabei lässt sich eine Polygon-Maske um das erkannte Objekt (z. B. Gabelstapler) generieren. Zur Vereinfachung wird auch gerne aus der Polygon-Maske eine Bounding Box errechnet. Es ist

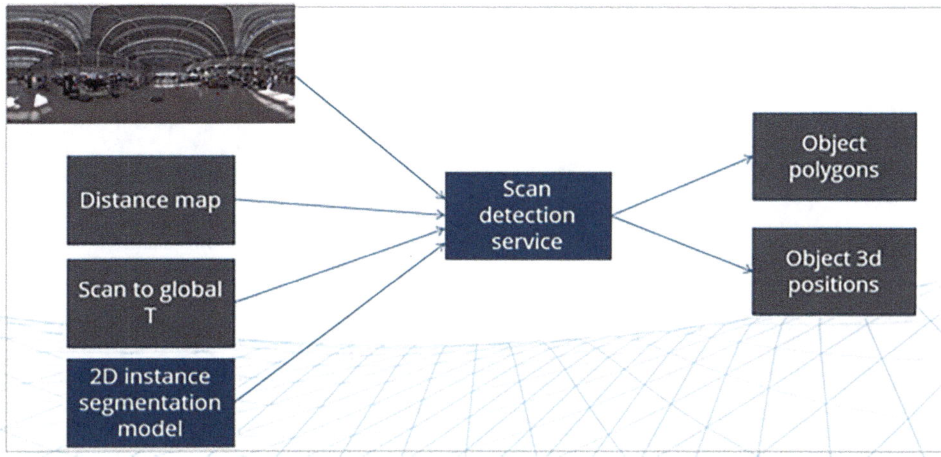

Abb. 10.8 Komponenten der Objekterkennung in Scandaten

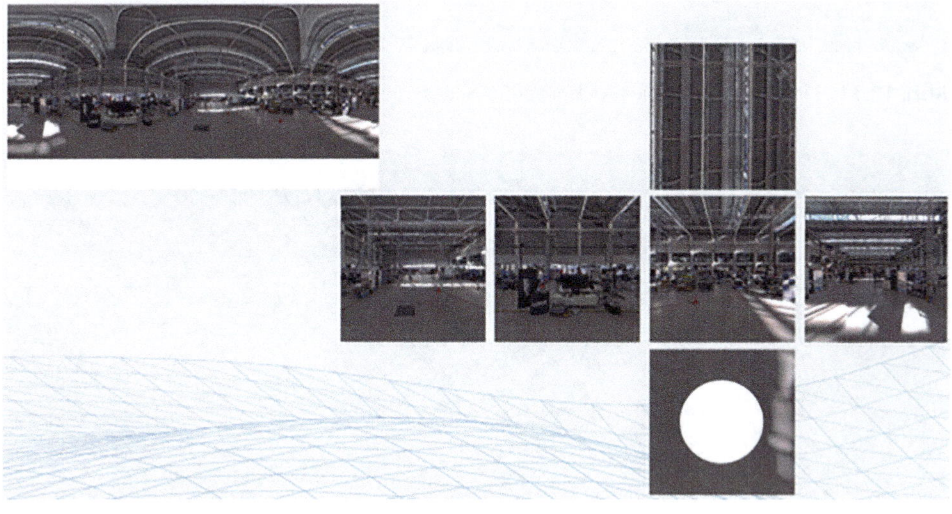

Abb. 10.9 Cubemap-Projektion aus entsprechendem Panoramabild

darauf zu achten, dass die Koordinaten einer Bounding Box auf einem perspektivischen Bild in Pixelkoordinaten vorliegen. Zur Verwendung dieser Information in dem entsprechenden Panoramabild müssen die Koordinaten in Kugelkoordinaten umgerechnet werden. Abb. 10.10 veranschaulicht das Prinzip dieser Projektion.

Speziell in den oberen sowie unteren Bereichen des Panoramabildes verdeutlicht sich der Zusammenhang, wie in Abb. 10.11 zu sehen.

Zur kontinuierlichen Erzeugung eines digitalen Abbilds der ARENA2036 hat FARO zwei fest installierte Laserscanner an gegenüberliegenden Säulen der Halle angebracht. Ziel ist es, Objekte, deren Position innerhalb der Halle nicht ermittelt werden kann, optisch in den FARO-Scans zu erkennen und die Positionierung innerhalb des

Abb. 10.10 Bereich in Kugelkoordinaten und dessen perspektivische (gnomonische) Projektion

Abb. 10.11 Deckenbereich eines ARENA2036-Scans

Abb. 10.12 Erkannter Gabelstapler von einem Deckenscan

Hallenreferenzsystems zu ermitteln. Als erstes Versuchsobjekt wurde ein Gabelstapler ausgewählt. Abb. 10.12 zeigt einen erkannten Gabelstapler in einem solchen Scan.

Zur Ermittlung der Position des Gabelstaplers müssen die zugehörigen 3D-Messpunkte herausgefunden werden. Hierfür wird, wie oben beschrieben, die Polygon-Maske vom perspektivischen Bild (in Pixelkoordinaten) umgerechnet auf das zugrunde liegende Panoramabild (Kugelkoordinaten). Datentechnisch speichern wir diese Kugelkoordinaten dann ebenfalls als Polygon ab. Mit Hilfe der zusätzlichen Tiefeninformationen des Panoramabildes

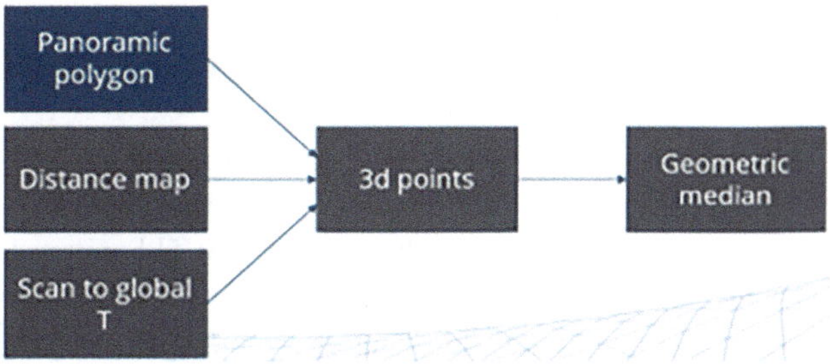

Abb. 10.13 Schematisches Verfahren zur Ermittlung der Position eines Objektes im Hallenreferenzsystem

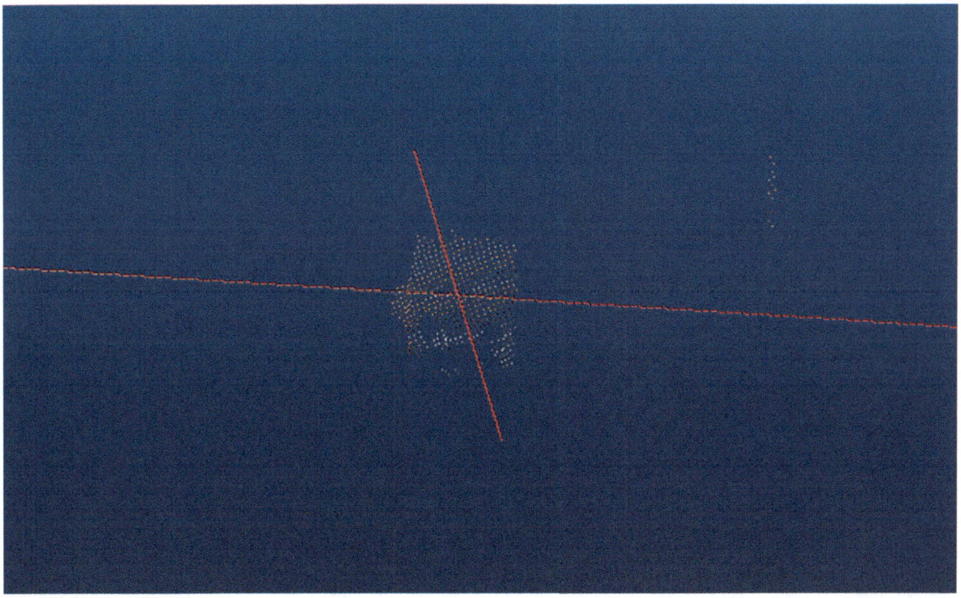

Abb. 10.14 3D-Punkte des erkannten Gabelstaplers

sowie der Transformation (Positionierung) des Scans innerhalb des Hallenreferenzsystems lassen sich die zugehörigen 3D-Punkte ermitteln. Aus diesen 3D-Punkten lässt sich beispielsweise ein geometrischer Median berechnen, welcher den Mittelpunkt des erkannten Objektes ungefähr beschreibt. Abb. 10.13 zeigt das schematische Vorgehen.

Die ermittelten 3D-Punkte aus Abb. 10.12 sind in Abb. 10.14 dargestellt.

Oft lässt sich in den 3D-Daten das eigentliche Objekt nur schwer erkennen, so wie auch in diesem Fall. Das liegt häufig an fehlenden Messpunkten. Im Fall des Gabelstaplers fehlen z. B. die Messpunkte auf den Glasflächen. Laserscanner haben aufgrund ihrer Funktionsweise Probleme, die Abstände zu spiegelnden sowie transparenten Punkten zu messen und genau zu interpretieren

Eine weitere Propagierung der Positionsinformationen von gefunden Objekten erfolgt an die AAS (Asset Administration Shell). Diese Daten können dann als weitere Informationsquelle in den Ablauf einer Fluiden Produktion eingebunden werden. Mit diesen Daten wird dann in der Simulation gearbeitet und es werden verschiedene Szenarien durchgespielt, sodass die Fabrik immer optimal produziert.

Verbesserte Integration in die Verwaltungsschale (AAS)
Die Integration des FARO-Scan-Service wurde überarbeitet. Es wurde die bisherige Eigenimplementierung (C++) durch die von BOSCH bereitgestellte python-Bibliothek ersetzt. Der FARO-Scan-Service umfasst das eigentliche Scannen unter Verwendung der an den Säulen angebrachten Laserscannern, sowie auch die Prozessierung dieser Rohdaten. Die daraus resultierende Punktwolke inkl. Panoramabilder wird dann auf eine web-basierte Plattform (FARO WebShare) hochgeladen und somit zur weiteren Verarbeitung den Projektpartnern bereitgestellt.

Die Verwendung der python-Bibliothek erlaubt nun eine vereinfachte und schnellere Entwicklung im weiteren Prozess. Zudem wurde dadurch der Scan-Service in andere Systeme wie z. B. NodeRed automatisch integriert (siehe Abb. 10.15).

Ebenso wurden die Parameter, welche der Scan-Service entgegennehmen kann, erweitert. So lassen sich nun die Auflösung, die Qualität sowie die Scanwinkel setzen. Der aktuelle Status „service_state" wurde deutlich überarbeitet und gibt nun viele Informationen bezüglich des aktuellen Scanprozesses (siehe Abb. 10.10). Auch eventuelle Fehler werden dort propagiert.

Die Erreichbarkeit der Laserscanner war häufig ein Problem. Als eine der Hauptursachen ließ sich der „always-on"-Zustand der Scanner ausmachen. Zur Behebung dieses Problems wurden nun handelsübliche Smartplugs installiert, mit deren Hilfe der Strom an-/ausgeschaltet werden kann. Da der FARO-Laserscanner die Funktion „Start on Power" unterstützt, können dadurch die Scanner ausgeschaltet werden, solange nicht gescannt wird und wieder angeschaltet werden, wenn der Scan-Service gestartet wurde.

Abb. 10.15 Verwendung des FARO-Scan-Service in NodeRed

Datenmehrwertdienst

Gemeinschaftlich mit den Kollegen von Fraunhofer IPA haben wir unser AAS-Asset „scan_manager“, mit welchem man z. B. den Scanprozess triggern kann, als Mehrwertdienst implementiert. Dabei wurden folgende AAS-Teilmodelle in unserem Asset implementiert:

- energy_efficiency: Energiekennzahlen eines Betriebsmittels in Anlehnung an DIN-Normen
- financial_kpi: Bereitstellung wirtschaftlicher Kennzahlen des Assets
- machinestate: Betriebsstatus des Assets
- nameplate: statische Geräteinformationen gemäß DIN-Normen
- process_information: Bereitstellung von Produktionsprozessdaten

Objekterkennung – triggern über AAS

Die grundsätzliche Funktionalität der Objekterkennung kann dem Vorjahresbericht entnommen werden. Fokus der Arbeiten in diesem Jahr war eine Integration der Objekterkennung in die AAS. Dabei wurde parallel zum bestehenden Asset „scan_manager“, mit welchem man den Scanprozess selbst triggern kann, ein neues Asset „scan_evaluation“ implementiert.

Der Name des Assets wurde absichtlich allgemein gehalten, „Evaluation“ statt „Object detection“, um später weitere Evaluationsmethoden hinzufügen zu können. Für dieses Asset wurde ein Submodel „detection“ implementiert welches zwei Operations und eine Property besitzt. Die Property dient dazu den aktuellen Status sichtbar zu machen. Die Status sind:

- IDLE
- DETECTING_OBJECTS
- ANNOTATING_IN_WEBSHARE

Mit den Operations lässt sich die angesprochene Objekterkennung triggern. Die Operations haben dabei folgende Parameter:

- project_name
- model_name
- min_confidence

Die Operation „detect_and_annotate_using_defaults“ verwendet dabei defaults für die Parameter model_name und min_confidence.

Beim Auslösen der Operation wird in einem gegeben Scanprojekt (Abb. 10.16) nach dem Objekt „Gabelstapler“ gesucht.

An den entsprechenden Positionen wird eine Notiz erstellt. Dadurch wird das Projekt mit inhaltlichen Informationen angereichert (Abb. 10.17 und 10.18).

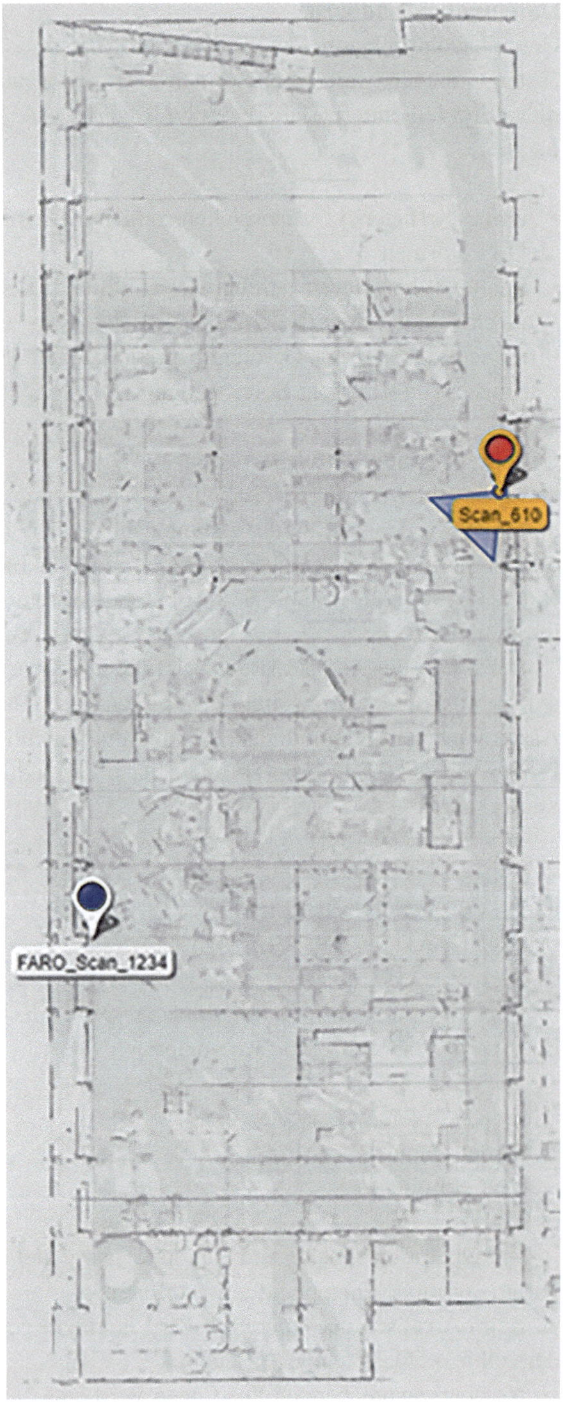

Abb. 10.16 Übersichtskarte des Hallenscans in FARO WebShare

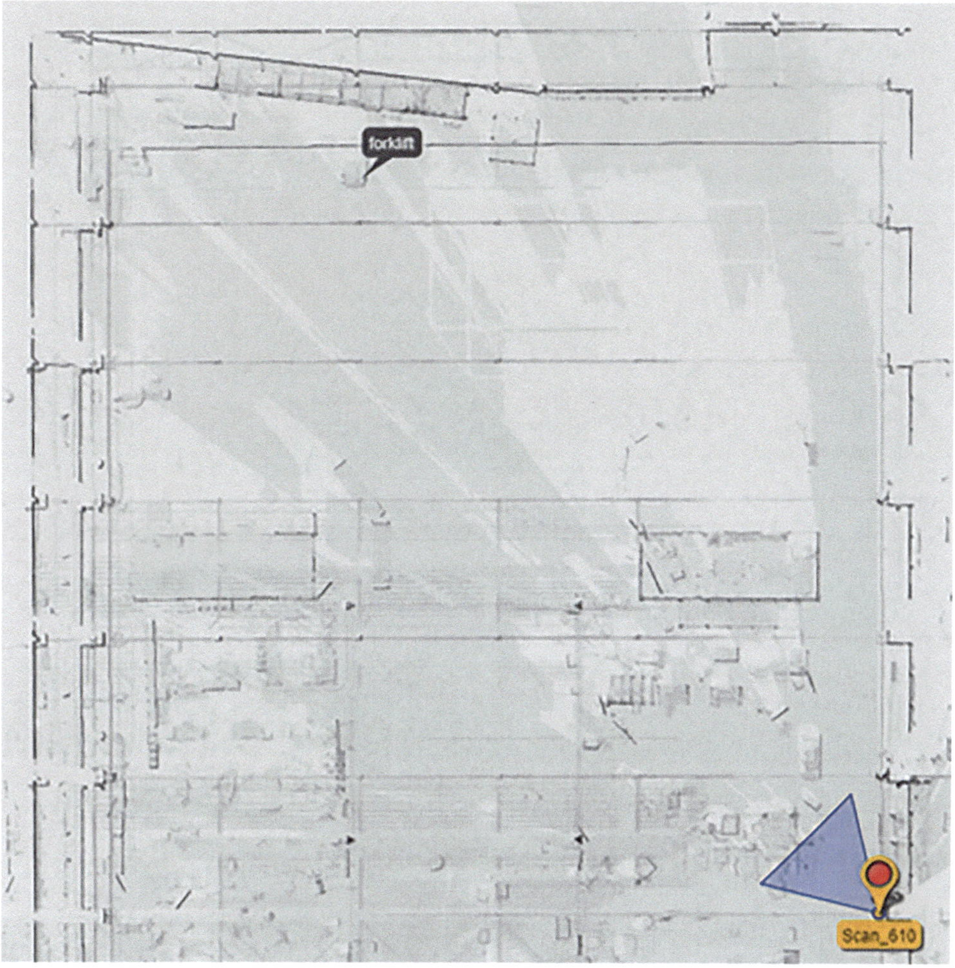

Abb. 10.17 Erzeugte Notiz an der Position des gefundenen Gabelstaplers

Die von FARO installierten Laserscanner an der Hallendecke erzeugen die Punktwolke aus (Abb. 10.2 b). Diese Daten können genutzt werden, um freie Flächen in der ARENA2036 zu identifizieren. Stehen Menschen oder Gegenstände auf dem Hallenboden, kann sie als belegte Fläche markiert werden. Diese Informationen werden wir im nächsten Jahr über die AAS zur Verfügung stellen.

Somit kann ein System, welches das FTS steuert, über die AAS freie Pfade abrufen.

Da unsere Scanner nicht kontinuierlich scannen kann und die Erzeugung einer Punktwolke ca. 30 Min. dauert, ist dies zwar keine Echtzeitinformation, dennoch gibt sie einen guten Hinweis in welche Richtung das FTS starten sollte. Technisch basiert obige Berechnung auf einer sogenannten Occupancy Grid Map (OGM). Ein Programm, welches aus der Punktwolke eine OGM erstellen kann, haben wir bereits entwickelt (siehe Abb. 10.19).

Abb. 10.18 Intern erzeugte Segmentation Mask des Gabelstaplers

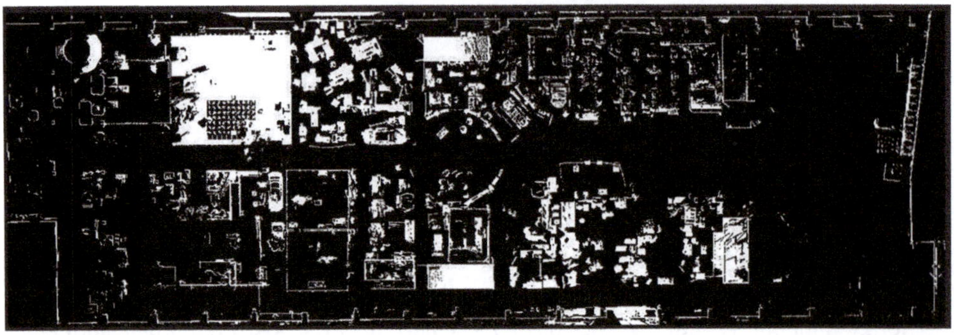

Abb. 10.19 OGM der ARENA2036. Belegte Flächen sind weiß dargestellt, freie Flächen schwarz

10.4 Zusammenfassung und Ausblick

Aufgrund des digitalen Wandels in der Industrie und der sich stetig wandelnden Kunden- und Produktanforderungen werden digitale Technologien in den meisten Branchen zur Voraussetzung. Anwendungen der digitalen Realität sind in vielen Branchen daher schon verbreitet und die Dynamik wird sich in den nächsten Jahren erhöhen.

Technologien zu digitalen Zwillingen, BIM und 3D-Scanning bieten den Nutzern viele Vorteile, denn sie sind u. A. in der Lage, Produktionsprozesse effizienter zu machen, Kosten zu sparen und den Kunden performantere Produkte zu liefern. Technologien für digitale Zwillinge finden im Bereich der Industrie 4.0 schon Einsatz, werden aber immer wichtiger. Durch die Erstellung digitaler Modelle von physischen Objekten und Systemen ermöglichen diese Technologien eine genauere Überwachung und Analyse von Daten, was zu einer Verbesserung der Effizienz und Produktivität beitragen kann.

Der Einsatz der Technologie des digitalen Zwillings in der Produktion, in den Lieferketten und in allen Industriezweigen ist ein Aufwärtstrend, da sie zur Vorhersage von Wartungsarbeiten, zur Verbesserung des UX-Designs und zur Anpassung der Preisgestaltung eingesetzt werden kann. Obwohl das Konzept nicht neu ist, hat die Technologie in den letzten Jahren enorme Fortschritte gemacht und entwickelt sich ständig weiter. Der weltweite Markt für digitale Zwillinge wurde auf 6,75 Mrd. USD geschätzt und soll bis 2030 auf 96,5 Mrd. USD anwachsen, mit einer jährlichen Wachstumsrate von mehr als 40 %. Dies zeigt, dass das Potenzial für digitale Zwillinge in fast allen Branchen sehr groß ist und in Zukunft wahrscheinlich zu einer der wichtigsten Technologien für die Industrie werden wird.

Die Ergebnisse des Forschungsprojektes lassen sich ideal mit den schon bestehenden FARO-Angeboten im Bereich der Geometriedatenerfassung und -verarbeitung koppeln und bilden die zukünftige Schnittstelle zur PLM-Toolchain im Anlagenbau. Für die Erweiterung des eigenen Technologieangebote für die Produktionsbranche in Richtung Software-Services für die Produktion und Management von Geometriedaten sieht sehr großes Marktpotenzial, vor allem in der Integration von 3D-Messtechnik und digitaler Dienstleistungen in der Fabrik der Zukunft. Durch das geförderte Projekt wird die notwendige Infrastruktur geschaffen, um das Gesamtsystem der digitalen Schatten zu erforschen und als Demonstrator gemeinsam mit den Partnern zu evaluieren. Die Ergebnisse des Forschungsprojekts fließen kontinuierlich in die laufende Produktentwicklung ein und verschaffen FARO einen Technologievorsprung. Ziel von FARO ist es, ein neues und kundenorientiertes Geschäftsfeld rund um das Thema „Digitale Fabrik" und „Digitale Plattformen" zu etablieren.

Mit neuen Technologien wie SLAM-basierte Messtechnik (GeoSlam) oder Drohnen wird der Digitale Zwilling immer perfekter und mit Konsumerprodukten wie das iPhone (SiteScape LIDAR) und (2D Bilder mit Photogrammmetrie) werden immer neuere Technologien eingesetzt, um den Digitalen Zwilling der Fabrik zu optimieren und die Fabrik intelligenter zu machen.

Literatur

1. Westkämper E, Bauernhansl T (2014) Produktionssteuerung. Enterprise-Integration: Auf dem Weg zum kollaborativen Unternehmen. Springer Vieweg, Berlin/Heidelberg, S 13–22
2. Collier J (2002) What is autonomy?. In: International journal of computing anticipatory systems: CASY 2001-fifth international conference. (Vol 20, S xx–xx).
3. Suryadevara NK, Biswal GR (2019) Smart plugs: paradigms and applications in the smart city-and-smart grid. Energies 12(10)
4. Fromm J, Radianti J, Wehking C, Stieglitz S, Majchrzak TA, vom Brocke J (2021) More than experience?-On the unique opportunities of virtual reality to afford a holistic experiential learning cycle. Internet High Educ 50:100804
5. Berryman DR (2012) Augmented reality: a review. Med Ref Serv Q 31(2):212–218
6. Bandeira A, Medeiros CA, Paixao M, Maia PH (Mai. 2019) We need to talk about microservices: an analysis from the discussions on stackoverflow. In 2019 IEEE/ACM 16th International Conference on Mining Software Repositories (MSR) (pp 255–259). IEEE.
7. Bauernhansl T, Hartleif S, Felix T (2018) Der Digitale Schatten. wt Werkstattstech online 108:132–136
8. Batty M (2018) Digital twins. Environ Plan B Urban Anal City Sci 45(5):817–820
9. Keller A, Haase T (2019) Kognitive Assistenzsysteme in der Prozessindustrie. Ergebnisse eines partizipativen Gestaltungsansatzes. Arbeit interdisziplinär analysieren-bewerten-gestalten. Dortmund.
10. Bhatti G, Mohan H, Singh RR (2021) Towards the future of smart electric vehicles: digital twin technology. Renew Sustain Energy Rev 141:110801
11. Himmler F, Amberg M (2013) Die digitale fabrik – eine literaturanalyse. Nürnberg, AISEL Wirtschaftsinformatik Proceedings 2013
12. Qi CR, Su H, Mo K, Guibas LJ (2017). Pointnet: deep learning on point sets for 3d classification and segmentation. In Proceedings of the IEEE conference on computer vision and pattern recognition (S 652–660)
13. El Naqa I, Murphy MJ (2015) What is machine learning? Springer International Publishing, S 3–11
14. Bell J (2022) What is machine learning? Machine learning and the city: applications in architecture and urban design, SS 207–216.
15. Rosen DM, Doherty KJ, Terán Espinoza A, Leonard JJ (2021) Advances in inference and representation for simultaneous localization and mapping. Annu Rev Control Robot Auton Syst 4:215–242
16. Fuentes-Pacheco J, Ruiz-Ascencio J, Rendón-Mancha JM (2015) Visual simultaneous localization and mapping: a survey. Artif Intell Rev 43:55–81
17. Bleiholder J, Naumann F (2009) Data fusion. ACM Comput Surv 41(1):1–41
18. Wenzel, S. (2002). VDI 3633, Blatt 11. Simulation und Visualisierung. In Symposium Simulationstechnik 2002.
19. Romera-Paredes B, Torr PHS (2016) Recurrent instance segmentation. In Computer Vision–ECCV 2016: 14th European Conference, Amsterdam, The Netherlands, October 11-14, 2016, Proceedings, Part VI 14 (S 312–329). Springer International Publishing
20. Kraus M, Ludwig B, Minker W, Wagner N (2020) Assistenzsysteme. Handbuch Der Künstlichen Intelligenz. Walter de Gruyter GmbH, Berlin/Munich/Boston, S 859–906
21. Liu L, Ouyang W, Wang X, Fieguth P, Chen J, Liu X, Pietikäinen M (2020) Deep learning for generic object detection: a survey. Int J Comput Vis 128:261–318
22. Hafiz AM, Bhat GM (2020) A survey on instance segmentation: state of the art. Int J Multimed Inf Retr 9(3):171–189

23. Zaidi SSA, Ansari MS, Aslam A, Kanwal N, Asghar M, Lee B (2022) A survey of modern deep learning based object detection models. Digit Signal Process 103514
24. Li A, Zhang J, Lv Y, Liu B, Zhang T, Dai Y (2021) Uncertainty-aware joint salient object and camouflaged object detection. In Proceedings of the IEEE/CVF Conference on Computer Vision and Pattern Recognition (S 10071–10081).
25. Hall D, Dayoub F, Skinner J, Zhang H, Miller D, Corke P et al (2020) Probabilistic object detection: definition and evaluation. In Proceedings of the IEEE/CVF Winter Conference on Applications of Computer Vision (S 1031–1040).
26. Yuan M, Richardt C (November. 2021) 360 optical flow using tangent images. In Proceedings of the 32nd British Machine Vision Conference (BMVC)
27. Sandnes FE, Huang YP (Oktober. 2016) Translating the viewing position in single equirectangular panoramic images. In 2016 IEEE international conference on Systems, Man, and Cybernetics (SMC) (S 000389–000394). IEEE
28. Maddikunta PKR, Pham QV, Prabadevi B, Deepa N, Dev K, Gadekallu TR et al (2022) Industry 5.0: a survey on enabling technologies and potential applications. J Ind Inf Integr 26:100257
29. Shi Y, Lichman S (Dezember. 2005) Smart cameras: a review. In Proceedings of (S 95–100)
30. Abdel Razek AR (2020) Impacts of immersive technologies on service prototyping: investigating the performance, experience, and acceptance of different service prototype forms (Doctoral dissertation, HESAM Université).
31. Mei J, Zhu AZ, Yan X, Yan H, Qiao S, Chen LC, Kretzschmar H (Oktober. 2022) Waymo open dataset: panoramic video panoptic segmentation. In Computer Vision–ECCV 2022: 17th European Conference, Tel Aviv, Israel, October 23–27, 2022, Proceedings, Part XXIX (S 53–72). Springer Nature Switzerland, Cham
32. Han K, Wang Y, Chen H, Chen X, Guo J, Liu Z et al (2022) A survey on vision transformer. IEEE Trans Pattern Anal Mach Intell 45(1):87–110
33. Semeraro C, Lezoche M, Panetto H, Dassisti M (2021) Digital twin paradigm: a systematic literature review. Comput Ind 130:103469
34. Kritzinger W, Karner M, Traar G, Henjes J, Sihn W (2018) Digital Twin in manufacturing: a categorical literature review and classification. Ifac-PapersOnline 51(11):1016–1022
35. Florian E, Sgarbossa F, Zennaro I (2021) Machine learning-based predictive maintenance: a cost-oriented model for implementation. Int J Prod Econ 236:108114
36. Lanotte R, Merro M, Tini S (2021) A probabilistic calculus of cyber-physical systems. Inf Comput 279:104618

11 Modularisierungsansätze von klassischen Steuerungssystemen durch Containerisierung

Timur Tasci und Armin Lechler

11.1 Kurzfassung

Dieses Kapitel untersucht die Modularisierungsansätze von klassischen Steuerungssystemen für die Fluide Produktion im Kontext der Containerisierung. Angesichts der Globalisierung der Märkte und der daraus resultierenden volatilen und dynamischen Bedingungen, die durch schwankende Nachfrage und rasanten technologischen Wandel gekennzeichnet sind, beleuchtet dieses Kapitel die Herausforderungen, denen produzierende Unternehmen gegenüberstehen. Es werden Strategien zur Entwicklung marktreifer Produkte mit kürzeren Lebenszyklen und zur Bewältigung steigender Wettbewerbsintensität vorgestellt. Die Analyse bietet einen detaillierten Einblick in moderne Methoden zur Anpassung an veränderte Marktbedingungen und zur Maximierung der Effizienz in der Produktionslandschaft. Der Abschnitt schließt mit einer zukunftsorientierten Zusammenfassung, die Wege für weitere Forschungen und Entwicklungen auf diesem Gebiet skizziert.

T. Tasci (✉)
Zentralbereich Forschung und Vorausentwicklung, Robert Bosch GmbH, Renningen, Deutschland
E-Mail: timur.tasci@de.bosch.com

A. Lechler
Institut für Steuerungstechnik der Werkzeugmaschinen und Fertigungseinrichtungen, Universität Stuttgart, Stuttgart, Deutschland
E-Mail: armin.lechler@isw.uni-stuttgart.de

T. Bauernhansl, A. Al Assadi (Hrsg.), *Fluide Fahrzeugproduktion für die Mobilität der Zukunft*, ARENA2036, https://doi.org/10.1007/978-3-662-70847-7_11

11.2 Einführung

Derzeit erleben wir die vierte industrielle Revolution, die von umfassender Vernetzung und Maschine-zu-Maschine-Kommunikation geprägt ist. Um Produktionsprozesse in dezentralen Produktionsumgebungen im Sinne der Industrie 4.0 dynamisch automatisieren und optimieren zu können, werden die festen Strukturen der Automatisierungssysteme zunehmend aufgelöst und statische IT-Infrastrukturen durch dynamisch skalierbare und kostengünstigere Lösungen ersetzt, wie beispielsweise Cloud-Computing. Zentrale Technologien sind die Modularisierung monolithischer Softwarearchitekturen und die Virtualisierung. Eine Technologie, die sich dabei als besonders geeignet herausstellt, ist die containerbasierte Virtualisierung. Sie ermöglicht es, Anwendungen ohne Anpassungen auf verschiedenste Zielplattformen zu portieren. Aus diesem Grund wurde am Institut für Steuerungstechnik der Werkzeugmaschinen und Fertigungseinrichtungen (ISW) der Universität Stuttgart ein containerbasierter Ansatz für die Entwicklung von Steuerungssoftware entwickelt.

Durch die Modularisierung von Steuerungsprogrammen in Containern ergibt sich ein Vorteil in Bezug auf Flexibilität und Anpassbarkeit. Allerdings existiert bisher keine konkrete Vorgehensweise für diese Modularisierung mit wiederverwendbaren Mustern. Das Ziel dieser Arbeit ist es daher, eine solche Vorgehensweise zu erarbeiten und zu erläutern.

11.3 Analyse klassischer Steuerungen anhand einer Bearbeitungsstraße

Der Demonstrator „Industrie 4.0 mit IMS“ von Lucas-Nülle, dargestellt in Abb. 11.1, wird in dieser Arbeit als Untersuchungsobjekt genutzt, da er relevante Merkmale einer realen Bearbeitungsstraße aufweist. Das Modell besteht aus acht industriellen mechatronischen Systemen, die in einem Rundkurs angeordnet sind und je nach Auftragslage verschiedene Werkstücke produzieren können. Mit einer klassischen Steuerung ausgestattet, ist dieses Modell repräsentativ für eine Vielzahl konventioneller Bearbeitungsstraßen. Die Stationen

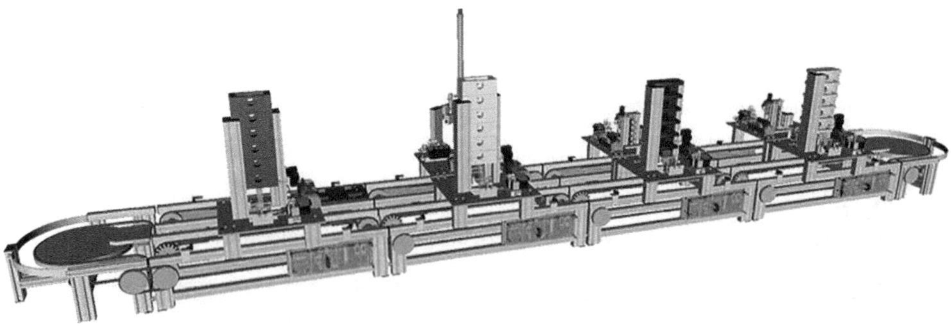

Abb. 11.1 Modell der Lukas Nülle Anlage

innerhalb der Fertigungsstraße bestehen aus Transportbandsystemen und weiteren Modulen, die an die jeweils geforderte Funktionalität angepasst werden können. Über ein Touch-Panel als Benutzeroberfläche wird das gewünschte Produkt ausgewählt, wobei insgesamt acht verschiedene Varianten zur Verfügung stehen.

Das Transportbandsystem besteht aus acht geraden, aktiv angetriebenen cyber physischen Transportbändern sowie zwei um 180 Grad gebogenen, passiv angetriebenen Förderbandsegmenten. Die geraden Transportbänder werden von einem drehzahlvariablen 24 V-Getriebemotor angetrieben und können entweder durch eine an der Vorderseite angebrachte, frei programmierbare SPS oder durch die Hauptsteuerung des Systems gesteuert werden. Die Transportbänder haben die Aufgabe, das zu bearbeitende Werkstück zu transportieren und die einzelnen Stationen miteinander zu verbinden. Außerdem können die Transportbänder über einen 25-poligen D-Sub-Stecker mit dem angebrachten Bearbeitungsmodul verbunden werden, um die Steuerung des aufgesetzten Moduls zu ermöglichen.

In der Fertigungsstraße gibt es vier verschiedene Module, die in unterschiedlicher Anzahl installiert sind: Die Station Vereinzeln platziert das weiße oder schwarze Unterteil des zu produzierenden Werkstücks auf dem Werkstückträger, die Station Montage montiert das weiße oder schwarze Oberteil, die Station Bearbeiten presst den Plastik- oder Metallbolzen in das Werkstück und die Station Handhaben entnimmt das fertige Werkstück des Werkzeugträgers.

Eine RFID-Auswerteeinheit ist in die Fertigungsstraße integriert, an die bis zu vier RFID-Schreib- und Leseköpfe angebracht werden können. Das RFID-System identifiziert das Werkstück, indem der RFID-Transponder, der sich im Werkstückträger befindet, mit den notwendigen Daten beschrieben wird. An den Bearbeitungs- und Montagestationen wird die Identifikationsnummer aus dem RFID-Transponder ausgelesen und die notwendigen Bearbeitungsschritte abgeleitet. Somit sind die notwendigen Informationen zur Produktion jederzeit durch den Werkstückträger verfügbar.

Ein beispielhafter Ablauf sieht wie folgt aus:

- Die zu produzierende Produktnummer wird am Touch Panel eingegeben.
- In IMS1 wird der RFID-Transponder gelesen und mit der Produktionsnummer verbunden.
- In IMS3A wird die Produktionsnummer aus dem RFID-Transponder ausgelesen.
- In den Stationen IMS3A, IMS3B, IMS4A, IMS4B, IMS5A und IMS5B wird das Werkstück gemäß der Produktnummer gefertigt.
- In IMS7 wird das Werkstück aus der Fertigungsstraße entnommen.

11.3.1 Steuerungstechnische Analyse des Modells

Zunächst wird die Steuerungsarchitektur des Demonstrators „Industrie 4.0 mit IMS" von Lucas-Nülle analysiert, bevor die Transformation der Steuerungsarchitektur mit einem containerbasierten Ansatz betrachtet wird (vlg. Abb. 11.2). Sowohl der Hardware- als auch der Softwareaufbau werden untersucht. Die Hardware besteht aus insgesamt acht Stationen, die von einer zentralen, speicherprogrammierbaren Steuerung (Siemens S7-1500) synchronisiert werden. Eine dezidierte RFID-Auswerteeinheit ist ebenfalls vorhanden. Sechs der Stationen besitzen keine eigene Steuerung, sondern sind über ein Feldbussystem mit der zentralen Steuerung verbunden. Zwei Stationen haben eine eigene Steuerung vom Typ Siemens S7-1200. Als serieller Feldbus wird PROFIBUS verwendet, um die Steuersignale der zentralen SPS an die Transportbänder und Module zu übertragen. Die Transportbänder dienen als dezentrale Peripherie und sind als Slaves der Master-CPU zugeordnet. Station IMS5A und IMS5B besitzen ihre eigenen Steuerungen, die über PROFINET mit der Leitzentrale verbunden sind. RFID-Leseköpfe und -Auswerteeinheiten der Firma TURCK werden als Identifikationssystem eingesetzt und sind ebenfalls über PROFINET mit der zentralen SPS verbunden.

Für die Steuerung des Modells der Fertigungsstraße kommt eine konventionelle SPS der Firma Siemens zum Einsatz, die mit der Software SIMATIC STEP 7 programmiert wird. Das Steuerungsprogramm, das in dieser Umgebung erstellt wird, basiert auf Organisationsbausteinen, die vom Betriebssystem der SPS aufgerufen werden. Der Hauptprogrammstruktur des Steuerungsprogramms befindet sich in dem Organisationsbaustein OB1, der zyklisch ausgeführt wird. Weitere Organisationsbausteine können ereignisbezogen aufgerufen werden und unterbrechen vorübergehend den Ablauf von OB1. Der Organisationsbaustein OB1 ruft für jede Station in der Fertigungsstraße einen Zustandsautomaten als Funktion FB1 auf, der die zugehörige Station ansteuert. Die Stationen wer-

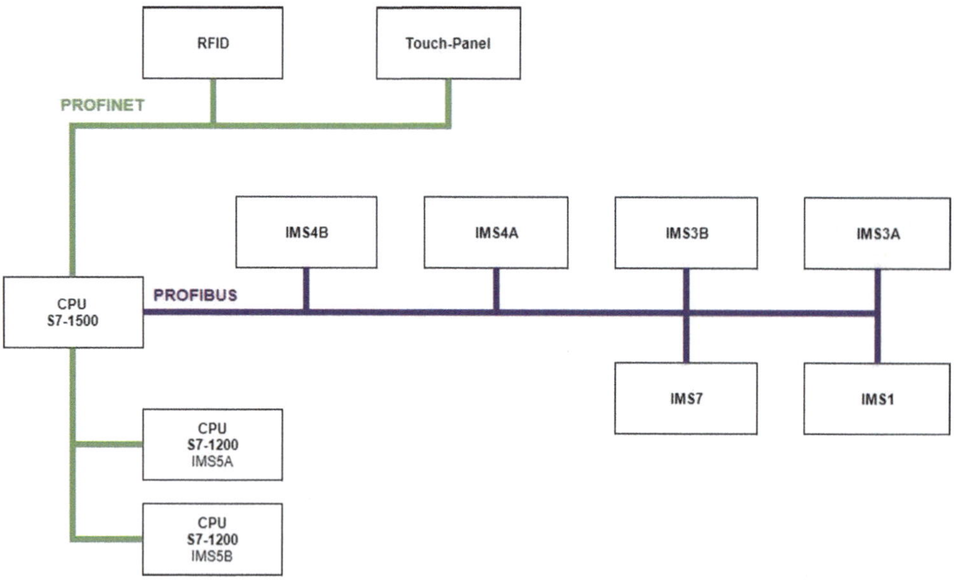

Abb. 11.2 Aufbau des Bussystems und der Steuerungsarchitektur

den über Eingangsvariablen konfiguriert, wie z. B. welche Endlagensensoren der Transportbänder ausgelesen werden sollen, welche RFID-Leseköpfe für die Station zuständig sind oder ob die Station ein aufgesetztes Modul besitzt. Über die Ausgangsvariablen steuert der Zustandsautomat das Transportband und dessen Schleichfahrt an und senkt den Stopper-Zylinder des aufgesetzten Moduls. Der Zustandsautomat schreibt auch einen Merker, der verwendet wird, um das Steuerungsprogramm des aufgesetzten Moduls zu starten. Der RFID-Reader wird in der Gerätekonfiguration der SPS angelegt. Die physikalische Anordnung der Module wird durch ein übergeordnetes ERP-System konfiguriert, das auch die Verwaltung der Werkstückträger übernimmt. Ein Teil der Logik liegt also außerhalb der SPS.

11.4 Modularisierungsansätze

Bei der Entwicklung der notwendigen Module (Software-Container) für ein Softwaresystem stehen verschiedene Ansätze zur Verfügung mit jeweils unterschiedlichen Vorgehensweisen und Schwerpunkten. Um eine geeignete Methode zur Ermittlung der erforderlichen Module auszuwählen, müssen diese zunächst betrachtet und verglichen werden. Einer der Hauptaspekte, die bei der Wahl der Modularisierungsmethode zu berücksichtigen sind, ist die Abstraktionsrichtung, in die die Modularisierung erfolgt. Hierbei gibt es zwei grundlegende Ansätze: den Top-Down-Entwurf und den Bottom-Up-Entwurf.

Der Top-Down-Ansatz beginnt mit einer Gesamtansicht des Systems und zerlegt es Schritt für Schritt in kleinere, untergeordnete Einheiten. Dabei werden Entwurfsentscheidungen auf jeder Ebene der Zerlegung getroffen, bis der gewünschte Detaillierungsgrad erreicht ist. Der Top-Down-Ansatz ist besonders nützlich, wenn ein neues Softwaresystem entwickelt wird, da er dem Entwickler einen guten Überblick über das Gesamtsystem ermöglicht. Der Bottom-Up-Ansatz hingegen setzt das Gesamtsystem aus elementaren, teilweise bereits vorhandenen Einheiten zusammen. Durch diese Komposition können wiederkehrende Strukturen identifiziert, Module erstellt und das Gesamtsystem aufgebaut werden. Dieser Ansatz eignet sich vor allem, wenn ein bestehendes System auf einen serviceorientierten Ansatz migriert werden soll und vorhandener Programmcode wiederverwendet werden kann.

Auch die Kriterien, nach denen das System abstrahiert wird, sollten bei der Wahl der Modularisierungsmethode beachtet werden. Es kann zwischen funktionsorientierten und objektorientierten Ansätzen unterschieden werden. Der objektorientierte Ansatz legt den Fokus auf die vorhandene Hardware und modularisiert das System basierend auf den Hardwarekomponenten. Im Gegensatz dazu konzentriert sich der funktionsorientierte Ansatz auf die Funktionen, die ein System erfüllen soll. In diesem Kapitel wird eine Kombination aus funktionsorientierter Dekomposition und Komposition gewählt, um die Vorteile beider Ansätze miteinander zu verbinden. Zuerst wird das System durch die funktionsorientierte Dekomposition in Elementarfunktionen zerlegt, wodurch ein tiefgehendes Verständnis für das System erreicht wird. Dieses Verständnis ist wichtig, um das System anschließend effektiv in logische Module zu unterteilen. Im nächsten Schritt wird die Komposition im Bottom-Up-Verfahren angewendet. Hier werden die logischen Module gebildet, die zur Erstellung von Containern verwendet werden. So werden wiederkehrende Strukturen identifiziertund Module erstellt, die wiederverwendet werden können. Der Top-Down-Ansatz eignet sich dafür besonders gut. Der funktionsorientierte Ansatz ist in diesem Zusammenhang ebenfalls von Vorteil, da die einzelnen Stationen spezifische Funktionen aufweisen. Durch die Analyse der Funktionen, die die Bearbeitungsstraße bereitstellt, können die zu produzierenden Werkstücke effizient gefertigt werden. Auf der Grundlage dieser funktionsorientierten Top-Down-Zerlegung wird die logische Zusammengehörigkeit der Funktionen ermittelt, um mit Hilfe der Komposition die Containerstruktur zu bestimmen.

Insgesamt ermöglicht die gewählte Kombination aus funktionsorientierter Dekomposition und Komposition eine systematische Herangehensweise bei der Entwicklung der benötigten Software-Container. Durch die schrittweise Zerlegung und das Zusammensetzen von Modulen unter Berücksichtigung von Funktionen und wiederkehrenden Strukturen können effiziente und wiederverwendbare Module erstellt werden. Dies führt zu einem besseren Verständnis des Systems und ermöglicht eine optimierte Implementierung der Containerstruktur, die den Anforderungen des Projekts gerecht wird.

11.5 Funktionale Zerlegung

Um die erforderlichen Container für die automatisierte Fertigungsstraße zu ermitteln, wird ein funktionaler Top-Down-Zerlegungsansatz (Dekomposition) des Systems verwendet. Dieser Ansatz beginnt mit der Beschreibung des Problems oder der Aufgabe, die von einer Station ausgeführt werden soll, und unterteilt diese Aufgabe in verschiedene Funktionen und Prozessabläufe. Diese Funktionen werden weiter unterteilt, bis der gewünschte Detailgrad erreicht ist. Basierend auf dieser Zerlegung können anschließend wiederkehrende Funktionen logischen Modulen zugeordnet werden. Diese logischen Module bilden dann die Container, die für das Automatisierungssystem eingesetzt werden. Die Hauptfunktion der Fertigungsanlage besteht darin, ein spezielles Werkstück aus einem Produktkatalog mit acht verschiedenen Werkstücken herzustellen, das vom Benutzer ausgewählt werden kann. Die Hauptfunktion beinhaltet kleinere Aktivitäten, die als Grundfunktionen der Anlage bezeichnet werden. Diese Grundfunktionen sind in folgende Aktivitäten unterteilt:

- Identifizierung des Werkstückträgers
- Vereinzelung
- Montage
- Bearbeitung
- Handhabung

Diese Grundfunktionen werden weiter in Unterfunktionen zerlegt, bis der gewünschte Detailgrad erreicht ist.

Die Funktion „Identifikation des Werkstückträgers“ wird von der Station IMS1 durchgeführt. Diese Station verfügt über ein Förderband und ein RFID-Modul, die gesteuert werden müssen. Die Funktion „Förderband steuern“ kann in zwei Unterfunktionen unterteilt werden: Aktorensteuerung und Sensorauslesung. Die Aktorensteuerung umfasst die Unterfunktionen „Förderband vorwärts bewegen“, „Förderband rückwärts bewegen“, „Förderband anhalten“ und „Schleichfahrt steuern“. Die Funktion „Schleichfahrt steuern“ wird weiter in die Unterfunktionen „Schleichfahrt aktivieren“ und „Schleichfahrt deaktivieren“ unterteilt. Die auszulesenden Sensoren umfassen den Endlagensensor rechts, den Endlagensensor links und den optischen Sensor des Förderbands, der die Inkremente zählt. Die Funktion „RFID steuern“ kann weiter in zwei Unterfunktionen aufgeteilt werden: „RFID-Tag schreiben“ und „RFID-Tag lesen“. Beide Funktionen sind erforderlich, da zunächst der RFID-Tag beschrieben und anschließend durch das Lesen des Tags überprüft werden muss, ob der Schreibvorgang fehlerfrei durchgeführt wurde. Eine weitere Funktion der Station IMS1 ist die Kommunikation. Die Kommunikation kann wiederum in interne Koordination und externe Kommunikation unterteilt werden. Die interne Koordination dient der Koordination der internen Abläufe der Station, z. B. zwischen dem Förderband und dem RFID-Modul, damit der Werkstückträger an der richtigen Position anhält und zum richtigen Zeitpunkt vom RFID-Modul beschrieben wird. Die externe Kommunikation dient dazu, die Werkstücknummer bei der übergeordneten Steuerung abzufragen. Nur so kann gewährleistet werden, dass der RFID-Tag in dem Werkstückträger korrekt mit dem Produktionsauftrag verknüpft wird. Diese Zerlegung ist Abb. 11.3 dargestellt.

Die Funktion „Vereinzelung“ umfasst die beiden Stationen IMS3A und IMS3B, die jeweils die gleiche Aufgabe ausführen. Allerdings wird in der Station IMS3A ein schwarzes Unterteil vereinzelt, während in IMS3B ein weißes Unterteil vereinzelt wird. Die Funktionen, die bei der funktionalen Top-Down-Zerlegung identifiziert werden, sind bei beiden

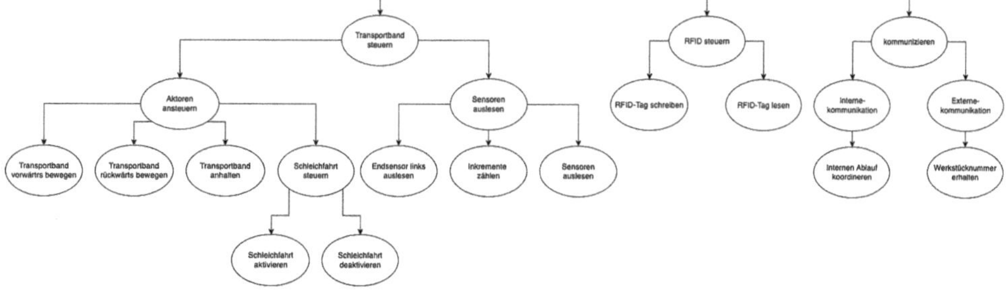

Abb. 11.3 Zerlegung der Funktionen

Stationen identisch. Die Stationen bestehen, wie die Station IMS1, aus einem Förderband und einem RFID-Modul. Diese beiden Einheiten der Stationen werden ebenfalls wie bei der „Identifikation des Werkstückträgers" in dieselben Unterfunktionen aufgeteilt und haben die gleichen Eigenschaften. Zusätzlich zu diesen beiden Einheiten verfügt die Funktion „Vereinzeln" über die Subfunktion „Modul ‚Vereinzeln' steuern" aufgrund des angebrachten Moduls. Diese Funktion wird, wie bei dem Förderband, in die Unterfunktionen „Aktoren ansteuern" und „Sensoren auslesen" unterteilt.

Bei den Aktoren gibt es die Unterfunktion „Schwarzes Unterteil vereinzeln", die weiter in die Unterfunktionen „Schwarzes Unterteil vereinzeln aktivieren" und „Schwarzes Unterteil vereinzeln deaktivieren" aufgeteilt werden kann. Auf der Aktorenebene gibt es außerdem die Funktion „Stopper senken", die aus den Unterfunktionen „Stopper aktivieren" und „Stopper deaktivieren" besteht. Bei den Sensoren müssen der Füllstandssensor ausgelesen und der Stoppersensor überwacht werden. Diese Zerlegung ist in Abb. 11.4 dargestellt. Neben diesen Funktionen, die von der Station durchgeführt werden, gibt es auch hier zusätzlich die Funktion der Kommunikation, um den Ablauf innerhalb der Station sowie die Kommunikation mit der übergeordneten Steuerung zu koordinieren. Zusätzlich muss das angebrachte Modul „Vereinzeln" ebenfalls koordiniert werden.

Eine weitere Grundfunktion ist die Montage. Sie besteht ebenfalls aus zwei Stationen mit der Bezeichnung IMS4A und IMS4B. Aus der Funktionssicht unterscheiden sich diese beiden Stationen von den Stationen IMS3A und IMS3B nicht. Sie können aus diesem Grund als identisch betrachtet werden. Der Unterschied zwischen der Montage- und Vereinzel-Station liegt lediglich im Hardwareaufbau und den zu verbauenden Teilen des Werkstücks.

Die dritte Hauptfunktion ist das Bearbeiten, welches von zwei Stationen, IMS5A und IMS5B, durchgeführt wird. Diese Stationen sind ebenfalls identisch aufgebaut und weisen

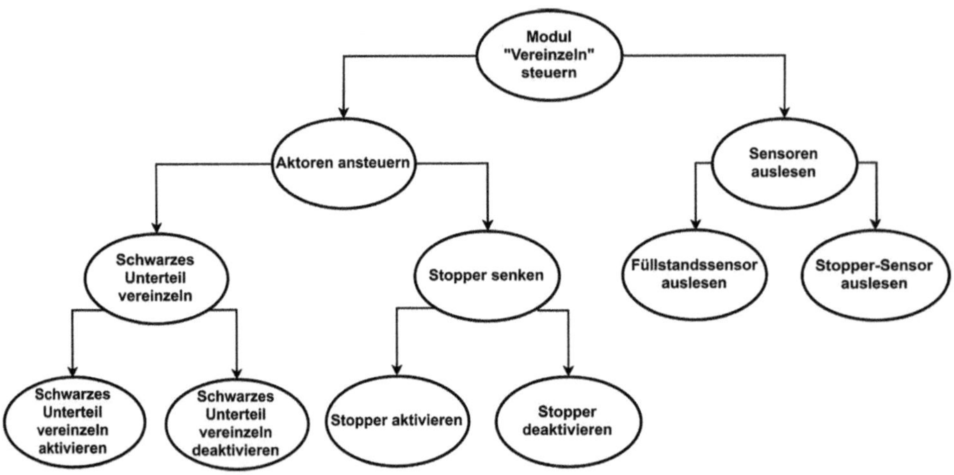

Abb. 11.4 Zerlegung der Funktion „Vereinzeln"

die gleichen Merkmale und Funktionen auf. Wenn man diese Stationen auf der Funktionsebene mit den zuvor genannten Stationen vergleicht, unterscheiden sie sich lediglich durch das angebrachte Modul. Die zugehörige Funktion wird als „Modul ‚Bearbeiten' steuern" bezeichnet. Diese Funktion lässt sich weiter in die Unterfunktionen „Aktoren steuern" und „Sensoren auslesen" unterteilen.

Die Funktion „Aktoren ansteuern" unterscheidet sich von den anderen Modulen nur insofern, dass ein Bolzen eingepresst werden muss. Dies geschieht über die Unterfunktionen „Bolzen einpressen aktivieren" und „Bolzen einpressen deaktivieren". Die Funktion „Sensoren auslesen" wird um die Funktion „Presszylindersensor auslesen" erweitert. Diese Funktion besteht aus den Unterfunktionen „Presszylindersensor ‚Ruhestellung' auslesen" und „Presszylindersensor ‚Ausgefahren' auslesen". Die Zerlegung ist auch in Abb. 11.5 dargestellt.

Die letzte Hauptfunktion ist das Handhaben, welches von der Station IMS7 ausgeführt wird. Auch diese Station unterscheidet sich nur geringfügig von den anderen Stationen durch das angebrachte Modul. Die Funktion des Moduls wird als „Modul ‚Handhaben' steuern" bezeichnet. Diese Funktion teilt sich ebenfalls in die Unterfunktionen „Aktoren ansteuern" und „Sensoren auslesen" auf.

Die Unterfunktionen der Funktion „Aktoren ansteuern" sind „Schwenktisch drehen", „Sauger senken", „Stopper senken" und „Vakuum steuern". Jede dieser Unterfunktionen besteht aus zwei Elementarfunktionen, die die jeweilige Funktion aktivieren und deaktivieren. Die Funktion „Sensoren auslesen" setzt sich aus den Unterfunktionen „Vakuumsensor auslesen", „Stoppersensor auslesen", „Schwenktischsensor auslesen" und „Saugersensor auslesen" zusammen. Der Schwenktischsensor kann zwei Positionen erkennen: zum einen die Ruheposition bei 0° und zum anderen die Arbeitsposition bei 90°. Diese Zerlegung ist in Abb. 11.6 dargestellt.

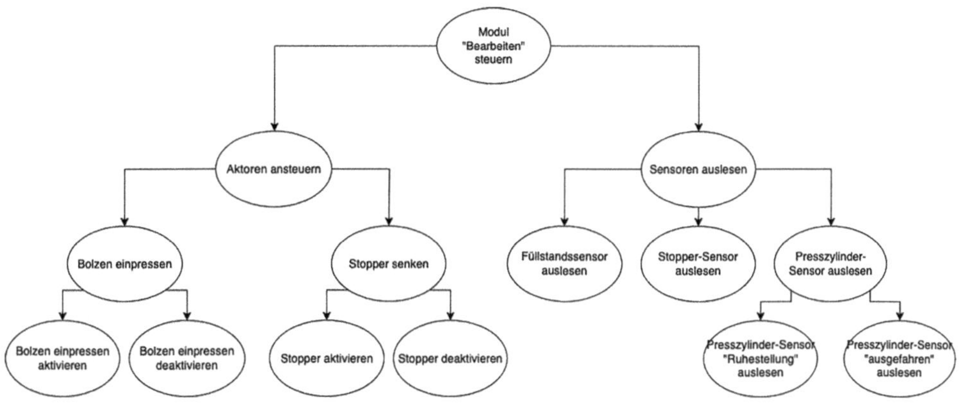

Abb. 11.5 Zerlegung der Funktion „Bearbeiten"

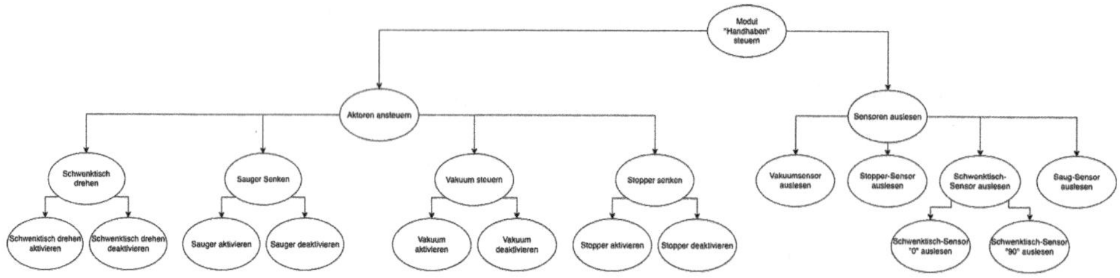

Abb. 11.6 Zerlegung der Funktion „Handhabung"

11.6 Containerbildung – Komposition

Basierend auf der vorherigen funktionalen Top-Down-Zerlegung werden nun die für das Steuerungssystem erforderlichen Container durch das Verfahren der Komposition erstellt. Dabei werden die Funktionen aus der Top-Down-Zerlegung in Bezug auf Gemeinsamkeiten und wiederkehrende Strukturen untersucht und in logische Einheiten gegliedert, um eine Wiederverwendbarkeit der Container zu ermöglichen. Diese logischen Einheiten bilden später die Container.

Die Top-Down-Zerlegung zeigt, dass die elementaren Funktionen, in die die Gesamtfunktion zerlegt wurde, sich an der Struktur des modularen Hardwareaufbaus orientieren. Die elementaren Funktionen sind eindeutig der Hauptfunktion eines jeden Hardwaremoduls zugeordnet. Jedes Hardware-Modul der Fertigungsstraße hat als Grundlage ein Transportband. Da jedes Transportband in jedem Modul dieselben Funktionen besitzt und identisch aufgebaut ist, wird ein Container für die Steuerung des Transportbands verwendet, der auf alle Stationen in der Fertigungsstraße verteilt werden kann. Wenn die Funktionalität des Transportband-Containers erweitert oder angepasst werden muss, wird das Docker-Image in der Docker-Registry aktualisiert und automatisch im laufenden Betrieb auf den Modulen verteilt. Dadurch können alle Transportbänder der Hardwaremodule durch eine einfache Anpassung an der zentralen Stelle der Docker-Registry aktualisiert werden. Das gleiche Verfahren wird auch für das Identifikationssystem angewendet. Das RFID-Identifikationssystem, das aus zwei Elementarfunktionen besteht, ist ebenfalls in jedem Modul identisch. Deshalb kann auch hier ein einziges zentral gespeichertes Docker-Image für die Steuerung des RFID-Moduls verwendet werden.

Der Unterschied zwischen den einzelnen Stationen ergibt sich aus den aufgesetzten Bearbeitungs- und Handhabungsmodulen. Die funktionale Top-Down-Zerlegung zeigt, dass die benötigten Funktionen der aufgesetzten Module in den Stationen IMS3A, IMS3B, IMS4A und IMS4B identisch sind, ebenso wie die Module der Stationen IMS5A und IMS5B. Obwohl die Elementarfunktionen der Top-Down-Zerlegung teilweise unterschiedliche Namen haben, ist die softwareseitige Funktionalität identisch. Aus diesem Grund wird für die containerbasierte Umsetzung der Steuerung der Fertigungsstraße für die Stationen IMS3A, IMS3B, IMS4A und IMS4B ein gemeinsames Docker-Image verwendet. Das gleiche wird für die Stationen IMS5A und IMS5B durchgeführt. Auch hier wird ein Docker-Image erstellt, das jeweils auf die Steuerung der Station aufgespielt wird. Wenn der Hardwareaufbau einer Station so geändert wird, dass der bisherige Container die Station nicht mehr steuern kann, muss ein neues Docker-Image erstellt werden. Die Instanz des Docker-Images übernimmt dann die Steuerung der geänderten Station. Das Modul „Handhaben" der Station IMS7 hat zum Beispiel eine einzigartige Konfiguration, die nicht mehrfach in der Fertigungsstraße vorkommt. Deshalb wird für dieses Modul ein eigenes Docker-Image verwendet, das die Steuerungsfunktion übernimmt.

Die übergeordnete Funktion „Koordinieren" besteht aus der „Internen Koordination" und der „Externen Kommunikation". Die interne Koordination regelt die interne Ablaufreihenfolge der Aufgaben in der Station und muss daher auf die Gegebenheiten der Station angepasst werden. Die externe Kommunikation ist jedoch bei allen Stationen identisch. Sie fragt die Werkstückkonfiguration ab, um die richtigen Produktionsschritte durchzuführen, und gibt der Leitstation eine Statusrückmeldung darüber, ob der Fertigungsschritt ordnungsgemäß durchgeführt werden konnte. Diese Rückmeldung kann zur Dokumentation der Fertigung und zur Fehleranalyse verwendet werden. Daher wird ein Docker-Image für die „Externe Kommunikation" erstellt. Dies hat den Vorteil, dass bei einer Änderung der Kommunikationsart mit der Leitstation lediglich das Docker-Image der „Externen Kommunikation" angepasst und verteilt werden muss. Die interne Koordination oder die Verknüpfungslogik zwischen den Container-Instanzen kann entweder in einem weiteren Container-Image gekapselt oder implizit durch die Verknüpfung der Containerinstanzen untereinander erstellt werden. Die Umsetzung der Leitstation erfolgt ebenfalls als Container, wofür ein Lookup-Container verwendet wird. Dieser enthält die möglichen Konfigurationen der produzierbaren Werkstücke. Durch die externe Kommunikation der einzelnen Stationen wird die Konfiguration des Werkstücks, welche mit der Identifikationsnummer des Werkstückträgers verbunden ist, abgefragt, und so die notwendigen Bearbeitungsschritte in der Station abgeleitet. Der Lookup-Container dient als Nachschlagewerk für den Zusammenbau eines Werkstücks und verfügt über eine Schnittstelle zum MES-System, das die Auftragsdaten der zu produzierenden Werkstücke bereithält. Der Lookup-Container erhält ein eigenes Docker-Image.

Eine Station hat je nach Konfiguration maximal fünf Container: einen externen Kommunikations-Container, einen Modul-Container, einen Laufband-Container und einen RFID-Container. Diese fünf Container können miteinander kommunizieren. Dadurch ist jede Station in der Lage, sich selbst zu verwalten und sich über die Container der „Externen Kommunikation" über die Stationsgrenzen hinweg zu koordinieren. Alle Container können über Docker automatisch aktualisiert werden, sobald der Programmcode eines Containers geändert wird. Durch die hohe Wiederverwendung der Container-Images können durch eine Anpassung an einem einzelnen Docker-Image alle Instanzen des Images aktualisiert werden.

11.7 Verallgemeinerte Vorgehensweise zur Modularisierung von klassischen Steuerungen

Aus der Analyse des Fertigungsstraßenmodells kann eine allgemeine Vorgehensweise für die Modularisierung und Containerisierung einer Fertigungsstraße abgeleitet werden. Zuerst wird die Vorgehensweise am Modell analysiert und bewertet. Anschließend kann der Nutzen der für das Modell erstellten Container für eine allgemeingültige Fertigungsstraße betrachtet werden, woraus weitere Empfehlungen für eine allgemeine Vorgehensweise resultieren.

Die funktionsorientierte Zerlegung der Fertigungsstraßenstruktur erwies sich als hilfreich bei der Identifizierung der grundlegenden Funktionen einer Fertigungsstraße. Dieser Ansatz ermöglicht ein tiefes Verständnis der Anlagenfunktionsweise, das für die Modularisierung unerlässlich ist. Ohne dieses Systemverständnis wäre die Ableitung logischer Einheiten, die als Module dargestellt werden können, schwierig. Es ist wichtig, die Zerlegung nur bis zum gewünschten Detaillierungsgrad durchzuführen. Die Modulbildung des Modells zeigte, dass es sinnvoll ist, die Funktionen bis zur Ansteuerung einzelner Aktoren oder dem Auslesen einzelner Sensoren zu unterteilen.

Für die allgemeine Vorgehensweise wird im nächsten Schritt empfohlen, die Module aus dem funktionsorientierten Zerlegungsbaum zusammenzusetzen. Dieser Ansatz orientiert sich am Prinzip der Objektorientierung. Die zu erstellenden Container-Images können als Klassen betrachtet werden, und die ausgeführten Container sind Instanzen dieser Klassen. Die Gesamtfunktion wird durch die Orchestrierung einzelner Container-Instanzen erfüllt. Bei dieser Vorgehensweise ist es wichtig, wiederkehrende Funktionen und Funktionsmuster zu erkennen. Für diese Funktionsmuster wird jeweils ein Container-Image erstellt, das wiederverwendet werden kann. Insgesamt sollte darauf geachtet werden, dass die erstellten Container-Images eine in sich geschlossene, logische Einheit bilden. Dies ermöglicht Unabhängigkeit und einfaches Verständnis der Module. Die Unabhängigkeit der Module ist wichtig, da nur so Module schnell und ohne weitreichende Anpassungen am System ausgetauscht werden können. Dies bietet auch den Vorteil, dass eine parallele Entwicklung der Module durch verschiedene Entwicklerteams ermöglicht wird.

Das untersuchte Modell besitzt relevante Merkmale einer realen Fertigungsstraße. Daher können einige Standardcontainer von der Modularisierung der Fertigungsstraße abgeleitet werden, die in vielen Fertigungsstraßen verwendet werden können. Eine Fertigungsstraße besteht aus mehreren Fertigungseinrichtungen, die räumlich getrennt aufgebaut sind und durch ein Materialflusssystem (z. B. Transportbänder) miteinander verbunden sind. Unabhängig von den Ausprägungen eines Materialflusssystems müssen ein oder mehrere Container-Images für das Materialflusssystem erstellt werden. Dies liegt daran, dass diese Transportmodule häufig in der gleichen Konfiguration verwendet werden. Gibt es mehrere unterschiedliche Module des Materialflusssystems, wie zum Beispiel Weichen, Geraden und Kurven, können mehrere Container-Images für das Materialflusssystem erstellt werden. Ein weiteres wichtiges Merkmal, das ein flexibles Fertigungssystem auszeichnet, ist ein Identifikationssystem. Ein Identifikationssystem hat zwei grundlegende Funktionen: Es kann ein Werkstück identifizieren, indem die gespeicherte ID des Werkstücks gelesen wird, und es kann die ID in das Werkstück schreiben. Da das

Werkstück an jeder Station in der Regel mit demselben Verfahren identifiziert werden muss, kann ein einzelnes Container-Image für alle Identifikationssysteme verwendet werden. Dabei wird für jedes unabhängige Modul ein Container für das Identifikationssystem instanziiert. Zusätzlich sollte bei der Containerisierung der Bearbeitungsstraße ein Modul erstellt werden, das die Kommunikation mit einem übergeordneten Steuerungssystem (z. B. MES) übernimmt. Durch die Verwendung eines solchen Moduls wird eine Abstraktionsschicht zwischen dem internen Ablauf der Fertigungsstraße und der übergeordneten Steuerung eingeführt. Dieses Container-Image sollte so aufgebaut sein, dass es alle Funktionen, für die nach außen gerichtete Kommunikation enthält. Diese definierte Schnittstelle erleichtert Änderungen am Steuerungssystem. Wenn weitere Funktionen nicht durch die bereits vorgeschlagenen Container abgebildet werden, müssen für diese zusätzliche Container-Images erstellt werden. Dies kann bei Sondermaschinen der Fall sein, die nicht in ein Raster passen. Zuerst sollte versucht werden, die Station aus bereits bestehenden Container-Images zu kombinieren. Sollten dennoch Funktionen nicht abgedeckt werden können, müssen diese als eigenes Container-Image hinzugefügt werden.

Verknüpfungslogik

Es gibt zwei mögliche Ansätze, um die Verknüpfungslogik zwischen den Containern abzubilden. Die erste Möglichkeit besteht darin, die Container direkt miteinander zu verbinden. Bei diesem Ansatz entsteht die Verknüpfungslogik implizit durch die Verbindung der Container untereinander. Die zweite Möglichkeit besteht darin, die Verknüpfungslogik in einem separaten Container zu kapseln und diese Logik mithilfe eines Zustandsautomaten in diesem Container zu implementieren. Beide Ansätze haben Vor- und Nachteile, die gegeneinander abgewogen werden müssen.

Der Ansatz der impliziten Verknüpfungslogik bietet den Vorteil einer direkten Kommunikation zwischen den einzelnen Containern. Dadurch werden im Durchschnitt nur halb so viele Kommunikationswege benötigt wie für die Kapselung der Verknüpfungslogik in einem zusätzlichen Container. Dies hat insbesondere bei großen Systemen mit vielen Containern positive Auswirkungen auf die Performance. Ein weiterer Vorteil dieses Ansatzes ist die verbesserte Ausfallsicherheit des Steuerungssystems. Wenn ein Container ausfällt, können die verbleibenden Container, die nicht mit dem ausgefallenen Modul interagieren, ihre Funktion weiterhin ausführen. Im Gegensatz dazu führt der Ausfall des Verknüpfungslogik-Containers im zweiten Ansatz zum Ausfall des gesamten Systems, was einen potenziellen „Single Point of Failure" darstellt. Die Kapselung der Verknüpfungslogik hat jedoch auch Vorteile. Da die Logik vollständig im Container implementiert ist, können die Abläufe innerhalb der Bearbeitungsstraße jederzeit angepasst werden, indem der betreffende Container ausgetauscht wird, ohne dass die Struktur der anderen verwendeten Container verändert werden muss.

Die Entscheidung für einen dieser Ansätze sollte situationsbedingt erfolgen. Wenn die Steuerung auf Performance oder Ausfallsicherheit des Systems fokussiert ist, wird die direkte Kommunikation zwischen den Containern empfohlen. Wenn jedoch regelmäßige Änderungen am Ablauf der Steuerung erforderlich sind und das System flexibel bleiben soll, wird die Kapselung der Verknüpfungslogik in einem Container empfohlen. Nachdem alle ermittelten Funktionen Containern zugeordnet wurden, ist der Prozess der Modularisierung und Containerisierung abgeschlossen und die Implementierung der Container kann beginnen.

Abb. 11.7 zeigt ein Workflow-Diagramm, um einen besseren Überblick über die beschriebenen Schritte zu erhalten. Dieses Diagramm erleichtert das Verständnis der

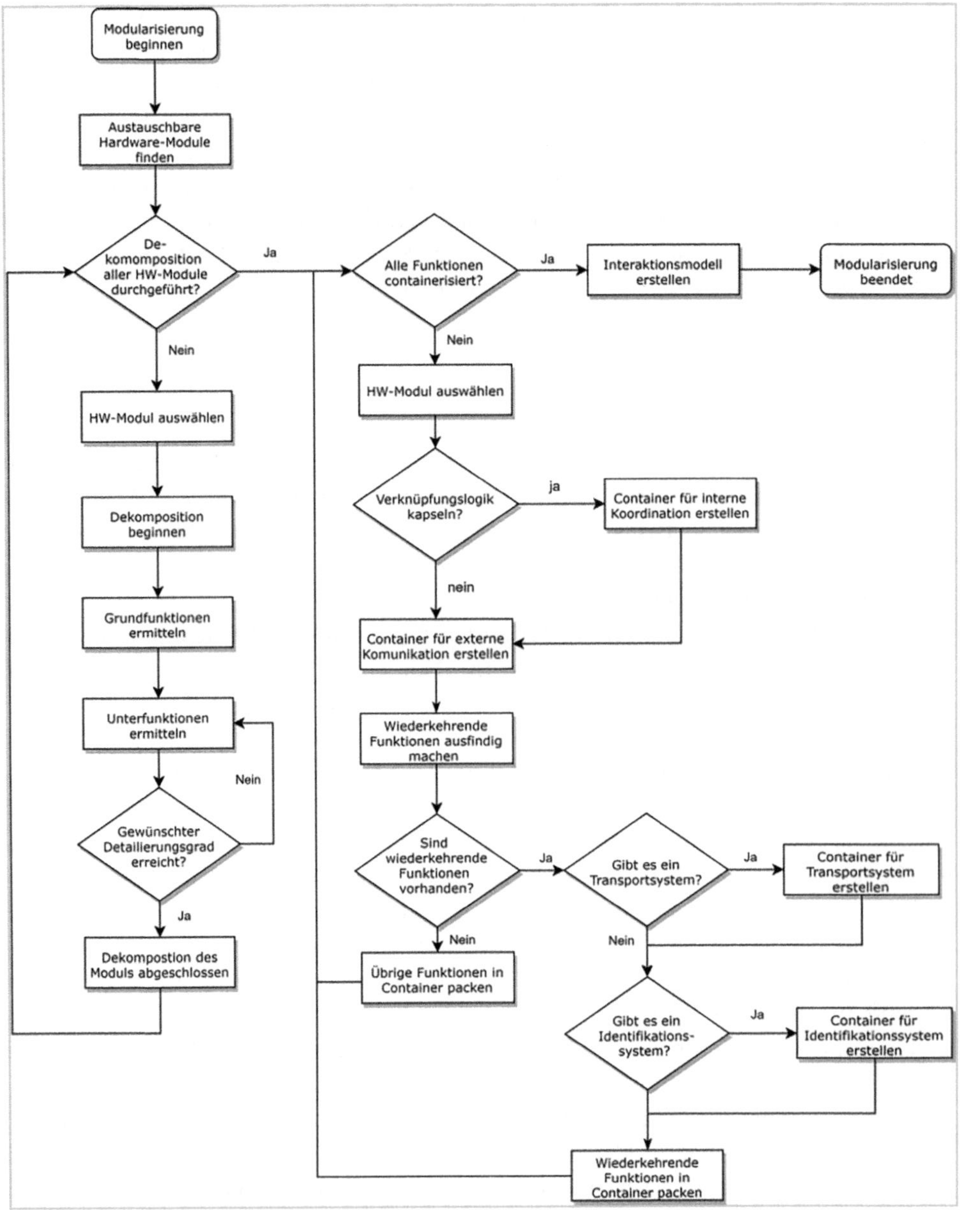

Abb. 11.7 Workflow-Diagramm zur „Containerisierung" der Steuerungsanwendung

allgemeinen Vorgehensweise und unterstützt bei der Modularisierung einer Bearbeitungsstraße mithilfe eines gut definierten Algorithmus.

11.8 Zusammenfassung und Ausblick

Produktionssysteme sind heute oft hierarchisch und starr strukturiert, was zu Problemen in dynamischen Märkten führt. Daher werden flexible Produktionsprozesse benötigt, um auf die Anforderungen der Industrie 4.0 zu reagieren. Cloud-Technologien, insbesondere Containerisierung, bieten einen vielversprechenden Ansatz zur Flexibilisierung von Steuerungen. Mit einer allgemeingültigen Vorgehensweise zur Modularisierung und Containerisierung von Steuerungssystemen konnte eine Methode entwickelt werden, die den Prozess der Modellierung und Implementierung von Steuerungsprogrammen vereinfacht. Diese Methode ermöglicht es, eine Bearbeitungsstraße für die Fluide Produktion in ihre grundlegenden Funktionen zu zerlegen und daraus wiederverwendbare Module zu erstellen, die flexibel in verschiedenen Systemen eingesetzt werden können.

Die entwickelte Vorgehensweise sollte nun an weiteren Fertigungsstraßen und unterschiedlichen Anlagentypen getestet werden, um ihre Anwendbarkeit und Robustheit zu überprüfen. Dabei sollte untersucht werden, ob die Methode auf eine breite Palette von Anwendungsfällen angewendet werden kann und inwiefern sie an die jeweiligen Anforderungen angepasst oder erweitert werden muss. Durch die Validierung der Methode in verschiedenen Kontexten kann ihre Effektivität und Vielseitigkeit besser beurteilt werden, was zu einer umfassenderen und leistungsfähigeren Lösung für die Modularisierung und Containerisierung von Steuerungssystemen führen kann.

Safety Management in der Fluiden Produktion

12

Chee Hung Koo und Urs Leberle

12.1 Einführung

Das Konzept für eine Fluide Produktion hat in den letzten Jahren insbesondere in der Automobilbranche zunehmend an Aufmerksamkeit und Bedeutung gewonnen. Aufgrund der sich verändernden Geschäftslandschaft, die durch unvorhersehbare Marktbedingungen, kürzere Produktlebenszyklen und eine stetig steigende Anzahl an Produktvarianten gekennzeichnet ist, müssen Hersteller ihre Produktionsprozesse häufiger und schneller anpassen. In Abb. 12.1 sind die fünf wesentlichen Schritte eines Anlagenprojekts dargestellt. Diese bestehen aus der Planung, der Beschaffung, der Inbetriebnahme sowie den Abnahmen und schließlich dem Hochlauf der Produktion. Die Fluide Produktion ermöglicht im Vergleich zur klassischen Montagetechnik eine deutliche Verkürzung eines Anlagenprojekts. Mit dem Einsatz fluider Produktionssysteme gehen jedoch auch neue Herausforderungen einher, wie zum Beispiel im Bereich der Maschinensicherheit [1].

Durch die hohe Wandelbarkeit eines Produktionssystems kann die konkrete Systemkonfiguration nicht komplett vorhergesehen werden, was die konstruktive Sicherheitsgestaltung in der Entwicklungsphase erschwert. Andererseits verursacht ein normgerechter Prozess für die Risikobeurteilung einen hohen Aufwand für die Sicherheitsingenieure nach jeder Rekonfiguration. Dieser zusätzliche Aufwand während der Inbetriebnahme

C. H. Koo (✉) · U. Leberle
Zentralbereich Forschung und Vorausentwicklung, Robert Bosch GmbH, Renningen, Deutschland
E-Mail: cheehung.koo@bosch.com, urs.leberle@de.bosch.de

T. Bauernhansl, A. Al Assadi (Hrsg.), *Fluide Fahrzeugproduktion für die Mobilität der Zukunft*, ARENA2036, https://doi.org/10.1007/978-3-662-70847-7_12

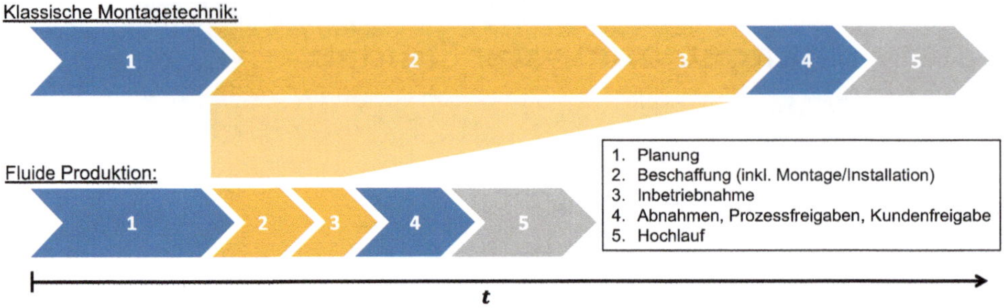

Abb. 12.1 Vergleich der wesentlichen Schritte zur Umsetzung einer klassischen und einer Fluiden Produktion

muss durch neue Ansätze entsprechend verringert werden. In diesem Beitrag wird ein neuartiges Konzept für das Safety Management in einer Fluiden Produktion vorgestellt, das mit Hilfe von digitalen Werkzeugen den sicheren Betrieb einer Fluiden Produktion ermöglicht. Das Konzept wird anhand eines Fallbeispiels in Anlehnung an Prozesse aus der industriellen Praxis beschrieben.

12.2 Konzept für einen sicheren Betrieb einer Fluiden Produktion

Nachfolgend wird ein mögliches Szenario für die Rekonfiguration einer Fluiden Produktion erläutert (siehe auch Abb. 12.2):

1. Betrieb einer Fluiden Produktion: In einem fluiden Produktions-Szenario kommen wandelbare Anlagen meist für die Einzel- und Kleinserienfertigung zum Einsatz. Im laufenden Betrieb stehen die Daten zu den eingesetzten Maschinen sowie den entsprechenden Produktionsprozessen als digitale Zwillinge zur Verfügung.
2. Planungsphase nach einem neuen Auftragseingang: Nach einem neuen Auftragseingang sind die neuen Produktanforderungen sowie die hierfür notwendigen Produktionsprozesse bekannt. Diese Informationen können digital z. B. durch einen sogenannten Montagevorranggraph (MVG) beschrieben werden. Damit sind die benötigten Teilprozesse für die Fertigungsplaner zur weiteren Produktionsplanung bekannt. In dieser Phase können einzelne austauschbare Maschinenmodule ausgewählt, zugeordnet und digital eingeplant werden.
3. Externe Umsetzung: Nach der Festlegung des Produktionskonzepts mit den entsprechenden Maschinenmodulen werden diese zuerst extern umgesetzt, ohne den laufenden Betrieb zu stören. Dabei werden diese Maschinenmodule entsprechend den neuen Produktanforderungen angepasst und vorbereitet. In dieser Phase muss die sogenannte Safety-Vorfreigabe durchgeführt werden. Diese bezeichnet den ersten sicherheitsbezogenen Prozess, um die potenziellen Gefährdungen auf der Komponentenebene zu identifizieren, auszuschließen und digital zu dokumentieren. Dabei wird

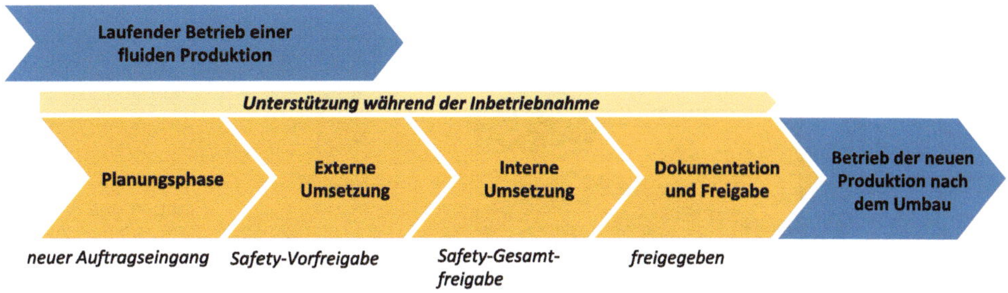

Abb. 12.2 Szenario für die Rekonfiguration einer Fluiden Produktion

der entsprechende digitale Zwilling des Maschinenmoduls um die notwendigen Zusatzinformationen aktualisiert und für die weitere Systemintegration freigegeben (Safety-Vorfreigabe).

4. Interne Umsetzung: Nachdem die benötigten Maschinenmodule extern umgesetzt und vorbereitet sind, erfolgt die interne Umsetzung der neuen Produktionsprozesse. Die laufende Produktion wird jetzt für den Umbau angehalten. Die digitale Beschreibung der neuen Gesamtkonfiguration besteht aus den Daten der entsprechenden Maschinenmodule, des Montagevorranggraphen sowie den weiteren Komponenten einschließlich der Sicherheitsmaßnahmen und -einrichtungen. Anschließend erfolgt die zweite Safety-Freigabe, die Gesamtfreigabe der Systemkonfiguration. Dabei wird insbesondere das Zusammenwirken aller eingebauten Maschinenmodule hinsichtlich möglicher Risiken überprüft und bewertet. In dieser Phase werden die Sicherheitsingenieure durch geeignete digitale Werkzeuge bei der Durchführung der Risikobeurteilung und Sicherheitsfreigabe unterstützt.
5. Dokumentation und Freigabe: Nachdem alle identifizierten Risiken erfolgreich eliminiert oder durch zusätzliche organisatorische Sicherheitsmaßnahmen minimiert worden sind, erhält die neue Gesamtkonfiguration ein digitales Freigabe-Zertifikat. Dabei werden alle durchgeführten Systemänderungen dokumentiert. Ein solches Freigabe-Zertifikat muss auch nach dem nächsten Systemumbau erneut in Form einer erfolgreichen Risikobeurteilung und Sicherheitsfreigabe durch die verantwortlichen Sicherheitsingenieure erteilt werden.
6. Betrieb einer neuen Produktion: Nach der endgültigen Freigabe der aktuellen Konfiguration des fluiden Produktionssystems und der Aktualisierung des digitalen Zwillings des Systems kann die neue Produktion in Betrieb genommen werden.

Das Gesamtkonzept ist in Abb. 12.3 dargestellt. Alle in der Anlage eingesetzten Maschinenmodule, Roboter oder Komponenten sind dabei IoT-fähig und deren aktuelle Daten immer auf dem Kommunikationsbroker verfügbar. Damit liegt stets ein aktuelles digitales Abbild des fluiden Produktionssystems vor. Wie in der Abbildung zu sehen ist, erfolgt der Datenaustausch zwischen den beteiligten Modulen und den eingesetzten digitalen Werkzeugen vollständig über eine durchgängige Kommunikationsinfrastruktur. Je

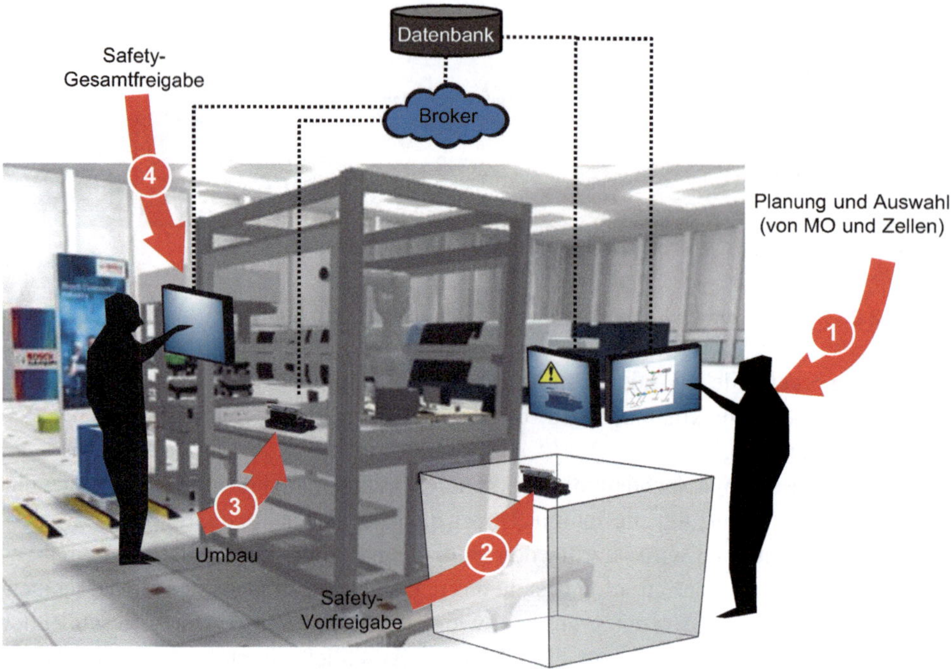

Abb. 12.3 Gesamtkonzept für Beschleunigung von Aufbau und Inbetriebnahme einer Fluiden Produktion

nach Produktionsanforderungen können dabei gängige industrielle Konzepte und Protokolle aus der industriellen IoT-Welt, wie RAMI 4.0, OPC UA oder MQTT, eingesetzt werden. Dadurch wird eine herstellerunabhängige Interoperabilität zwischen den Maschinenmodulen und Werkzeugen möglich.

In Abb. 12.3 werden darüber hinaus die Prozesse für das Safety Management veranschaulicht. In der Fluiden Produktion können separate externe Stationen für die Vorfreigabe genutzt werden. An einer solchen Station können digitale Werkzeuge den zuständigen Mitarbeiter dabei unterstützen, die relevanten Analysen durchzuführen und die Dokumentation zu erstellen. Die Gesamtfreigabe der tatsächlich umgesetzten Systemkonfiguration erfolgt hingegen im Rahmen einer Gesamtanalyse an der jeweiligen Anlage unter Verwendung der bei der Vorfreigabe gespeicherten Daten.

In der Literatur wurden bereits verschiedene Methoden und Werkzeuge für die Risikobeurteilung vorgestellt. Die Wichtigkeit von Werkzeugen oder Assistenzsystemen mit fortgeschrittenen Fähigkeiten zur Risikobewertung (auch Expertensysteme genannt) wird von Experten betont [2]. Im Bereich der Mensch-Roboter-Kollaboration (MRK) wurden bereits Ansätze mit dem Fokus auf verschiedene Aspekte entwickelt [3–8]. Koch [9] konzentriert sich dagegen auf die Analyse des Roboterverhaltens und schlägt eine automatisierte Konfigurationsmethode für verschiedene Roboterzustände vor. Diese genannten Methoden befassen sich meist mit konkreten Aspekten im Rahmen von MRK-Anwendungen, um die Risikobewertung zu erleichtern. Auch im Bereich der rekonfigurierbaren Systeme finden sich ähnliche Ansätze, da häufige Systemänderungen zu einem erhöhten Aufwand bei der Risikobewertung führen können [10, 11]. Als Beispiel werden Konzepte zur modularen Zertifizierung von I4.0-Produktionslinien [12, 13] und für eine assistierte Risikobeurteilung von wandelbaren Systemen [14–16] vorgestellt.

In diesem Beitrag liegt der Fokus auf einer übergeordneten Ebene für das gesamte Safety Management und zeigt, wie die modularen Maschinenmodule in einer Fluiden Produktion sicherheitstechnisch verwaltet werden können. Dieser Ansatz wird in den folgenden Abschn. 12.3 und 12.4 ausführlicher erläutert.

12.3 Modulares Safety Management

Als Grundlage für die weitere Entwicklung eines durchgängigen Safety-Management-Systems wird in diesem Abschnitt die Modellierung eines modularen wandelbaren Produktionssystems in einer Fluiden Produktion vorgestellt. Diese Modellierung bildet die semantische Beziehung zwischen den Maschinenmodulen ab und definiert die nötigen Terminologien für die kommenden Abschnitte. In der Abb. 12.4 ist ein Metamodell zu sehen, das die Hierarchie von verschiedenen Arten von Objekten in einer Fluiden Produktion beschreibt:

„System" ist ein kollektiver Begriff zur Beschreibung eines gesamten Produktionssystems, das aus mehreren Basissystemen (Base) bestehen kann. Ein System beschreibt ein oder mehrere Produktionszellen oder Anlagen, die gemeinsam ein komplexes Produktionsziel besitzen. In einem Produktionswerk können eine Vielzahl von „Systemen" vorhanden sein.

Eine „Base" beschreibt ein selbstständiges Basissystem, bestehend aus mehreren modularen Objekten, welches ein Teilproduktionsziel erfüllt. Dieses Basissystem hat in der Regel eine eigene Steuerung und dient als Startpunkt für das Gesamtkonzept eines durchgängigen Safety Managements, das in den kommenden Abschnitten vorgestellt wird.

Ein Mechatronisches Objekt „MO" ist ein Prozessmodul oder Maschinenmodul, das bestimmte Produktionsfähigkeiten oder Funktionen anbietet und in eine Base integriert wird. Hier werden zwei Arten von MO eingeführt: (1) das „MO Process" beschreibt ein

Abb. 12.4 Meta-Modell zur Beschreibung eines modularen wandlungsfähigen Produktionssystems in einer Fluiden Produktion als Grundlage für die Entwicklung eines durchgängigen Safety-Managements

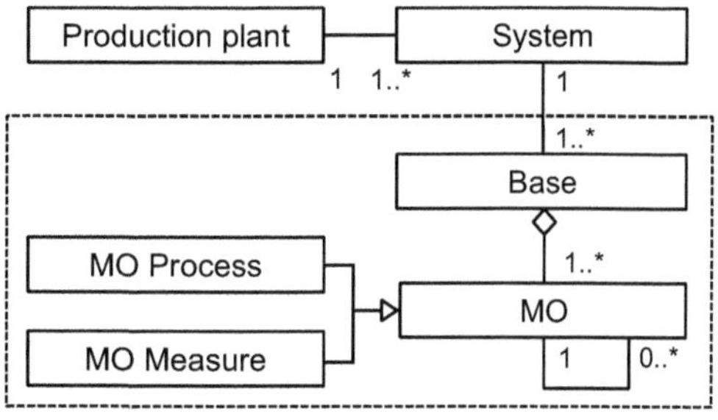

Modul, das für die Produktionsabläufe erforderlich ist und Teilprozesse ausführen kann; (2) das „MO Measure“ beschreibt eine Sicherheitseinrichtung oder eine Sicherheitsmaßnahme, die zur Risikominderung potenzieller Gefährdungen eingesetzt wird. Ein MO kann wiederum aus mehreren MO bestehen, die weitere Subkomponenten beschreiben.

Die Modularität der Komponenten in einer Fluiden Produktion sowie deren IoT-Fähigkeiten ermöglichen ein neuartiges Konzept zur Durchführung der Risikobeurteilung sowie der Sicherheitsfreigabe. Hier wird ein Konzept für die sogenannten modularen Sicherheitsnachweise vorgestellt, indem relevante Daten oder Nachweise von jedem mechatronischen Objekt in einer modularen Weise analysiert, dokumentiert und zu einem gesamten Sicherheitsnachweis beitragen. Dabei bringen die IoT-fähigen MO Informationen in Form von Datenbausteinen mit. Der Fokus liegt dabei auf der Beschreibung von potenziellen Gefährdungen sowie geeigneten verfügbaren Gegenmaßnahmen zur Gewährleistung der Zuverlässigkeit und Sicherheit. Dadurch können die modularen Datenbausteine für die verschiedenen Objekte leicht wiederverwendet werden und eine teilautomatisierte Risikobeurteilung ermöglichen. Bei der anschließenden Gesamtfreigabe der Systemkonfiguration können diese Informationen ebenfalls wieder genutzt und untersucht werden. In Abb. 12.5 werden die beschriebenen Objekte im Metamodell einschließlich der Datenbausteine anhand eines einfachen Beispiels visualisiert.

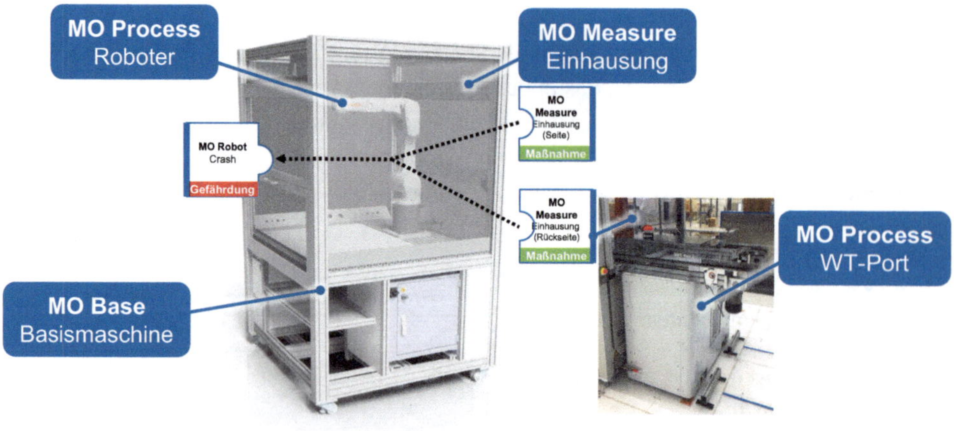

Abb. 12.5 Die Modellierung verschiedener MO-Typen für die Fluide Produktion und Bausteine zur Beschreibung der Gefährdungen und Sicherheitsmaßnahmen

12.4 Assistierte Risikobeurteilung und Freigabeprozesse

Auf Basis dieser Grundlagen wurde ein Framework namens FluPro-S4A für ein durchgängiges Safety-Management-System inklusive einer assistierten Risikobewertung für die Fluide Produktion erarbeitet. Das Framework FluPro-S4A wird in der Abb. 12.6 visualisiert und nachfolgend erläutert:

1. Erkennen einer Systemveränderung („Change Acknowledgement"): Dieser erste Schritt stellt den Ausgangspunkt des Frameworks dar und wird in der Regel entweder manuell durch den Bediener nach einer Rekonfiguration des Systems oder automatisch durch ein Überwachungssystem ausgelöst. Das Systemmodell, das die aktuelle Systemkonfiguration digital darstellt, wird geprüft und dessen Änderungen werden für die nachfolgenden Schritte bestätigt.
2. Beurteilung der MO („Asset Assessment"): Wenn eine Systemänderung erkannt wird, werden die neu integrierten MO zunächst bewertet, um deren Vorfreigabe-Zustand zu überprüfen sowie die Gültigkeit der Daten sicherzustellen. Damit soll sichergestellt werden, dass die MO die grundlegenden Anforderungen für die kommende Sicherheitsbeurteilung und den Betrieb erfüllen.
3. Beurteilung der gesamten Systemkonfiguration („System Assessment"): Bei dieser Gesamtsystembewertung wird das Gesamtsystem (d. h. das Systemmodell) mit den entwickelten Methoden bewertet, um sicherzustellen, dass alle identifizierten Risiken durch die verfügbaren Sicherheitsmaßnahmen ordnungsgemäß minimiert werden.
4. Unterstützung des Freigabeprozesses („Approval Assistance"): In der letzten Phase kommen geeignete Methoden zum Einsatz, um die Sicherheitsingenieure bei der Bewertung zu unterstützen und die Gesamtfreigabe der neuen Systemkonfiguration der Produktion zu erteilen.

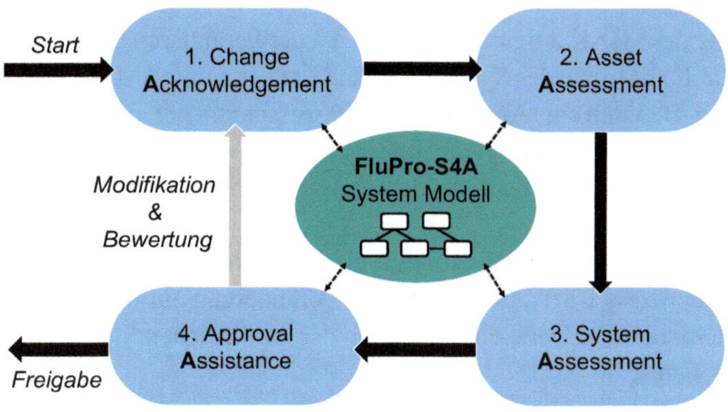

Abb. 12.6 Die vier wesentlichen Schritte des Frameworks FluPro-S4A

In den folgenden Abschnitten wird die Methode anhand eines beispielhaften Anwendungsfalls aus der Fluiden Produktion beschrieben. In diesem Szenario wird das ursprünglich für einen Dosiervorgang ausgelegte modulare wandlungsfähige System so umgebaut, dass nach der Rekonfiguration ein Schraubprozess ausgeführt werden kann. Dabei kommt ein neues, bisher noch nicht in der Montage eingesetztes MO zum Einsatz. Dieses neue MO sowie die geänderte Systemkonfiguration werden nach dem Ansatz FluPro-S4A schrittweise bewertet und freigegeben.

Schritt 1: Erkennen einer Systemveränderung (Change Acknowledgement)
Ein modulares wandlungsfähiges Produktionssystem besitzt basierend auf der Modellierungsgrundlage aus Abb. 12.6 ein digitales Modell, das die aktuelle Systemkonfiguration digital beschreibt. Durch dieses semantische Datenmodell des Systems können die strukturellen Zusammenhänge zwischen den beteiligten MO und dem Basissystem (Base) digital beschrieben und visualisiert werden. Die Identifikation einer Systemänderung erfolgt durch den Vergleich dieses digitalen Modells vor und nach einer Rekonfiguration. Damit kann die Art der Systemänderung erkannt, gezielt analysiert und freigegeben werden. Im Allgemeinen besteht eine mögliche Systemänderung aus den folgenden Arten der Veränderungen:

- Veränderung auf der Base-Ebene: Diese Art der Systemänderung beschreibt eine Änderung auf der Ebene von Anlagen oder Linien. Ein Beispiel hierfür ist die Erweiterung einer bestehenden Zelle durch eine andere modulare Maschinenzelle. Damit kann ein Gesamtsystem aus mehreren Basissystemen bestehen. Die gesamte Integration und die Schnittstellen zwischen den Basissystemen müssen bei der Beurteilung berücksichtigt werden.
- Veränderung auf der MO-Ebene: Diese Art der Veränderung beschreibt eine Veränderung der integrierten modularen Objekte, z. B. durch das Hinzufügen neuer MO, die Neupositionierung der bestehenden MO oder das Entfernen eines MO. Solche Veränderungen finden meist innerhalb eines Basissystems statt und werden im Kontext des eigenen Basissystems betrachtet.
- Veränderung der MO-Konfiguration: Diese Art der Veränderung beeinflusst nicht direkt den strukturellen Aufbau des Systems, verändert aber zumindest die Prozessabläufe der Produktion z. B. durch eine Anpassung der Prozessparameter, der Robotergeschwindigkeit oder des Arbeitsraums. Damit müssen solche Veränderung bei der Sicherheitsbeurteilung und -freigabe ebenfalls identifiziert und berücksichtigt werden.

Die hier als Beispiel genannte Rekonfiguration des Produktionssystems von einem Dosier- in Schraubprozess wird dabei durch eine Veränderung auf der MO-Ebene beschrieben. Damit bleibt die Basiszelle einschließlich der vorhandenen Sicherheitseinrichtungen weiterhin bestehen.

Schritt 2: Beurteilung der modularen Objekte (Asset Assessment)
Der Hauptfokus dieses zweiten Beurteilungsschrittes liegt auf der Sicherstellung, dass die einzubauenden MO bereits über eine Vorfreigabe verfügen und die nötige digitale Beschreibung besitzen, bevor diese in das Gesamtsystem eingebaut werden. Diese Überprüfung des Vorfreigabe-Zustandes dient dazu, die Gültigkeit der Freigabe des MO zu bestätigen und eine Unvollständigkeit der Daten zu vermeiden. Die zu verwendenden mechatronischen Objekte bringen aus der Vorfreigabe-Phase ein standardisiertes Datenmodell mit. Dieses Modell beinhaltet u. a. die bereits identifizierten Gefährdungsinformationen sowie die Beschreibung der vorhandenen Sicherheitsfeatures und Maßnahmen und wird in Form einer „Visitenkarte" visualisiert.

Ein wichtiger Aspekt für diesen Beurteilungsprozess ist die Überprüfung des Freigabezustands des Objekts. Mit diesem Freigabezustand kann konkret beurteilt werden, ob ein mechatronisches Objekt in das Gesamtsystem integriert werden kann. Insgesamt wurden vier Freigabezustände mit den folgenden Beschreibungen definiert:

- Status „approved": Ein Objekt erhält den Status „approved", wenn alle vorher identifizierten Risiken inhärent oder durch externe Sicherheitsmaßnahmen vollständig gemindert oder beseitigt werden können. Dieser Status ist für den Betrieb eines modularen wandlungsfähigen Produktionssystems notwendig und kann entweder bei der Vorfreigabe oder Gesamtfreigabe der Systemkonfiguration erteilt werden.
- Status „pre-approved": Der Status beschreibt den Zustand, in dem ein Objekt bereits vorfreigegeben ist. Ein Objekt kann aber dennoch Restrisiken besitzen, die bei der Integration in das Gesamtsystem berücksichtigt werden müssen. Dieser Status ist die minimale Anforderung, um die Integration eines einzelnen Objektes in das Gesamtsystem zu erlauben.
- Status „expired": Der Status beschreibt den Ablauf des Freigabestatus eines Objekts und macht eine erneute Vorfreigabe erforderlich. Ein möglicher Grund für den Ablauf des Freigabestatus ist z. B. der Bedarf für die Überprüfung bestimmter Sicherheitskomponenten entsprechend gesetzlichen Vorgaben.
- Status „awaiting approval": Ein Objekt mit diesem Status wurde noch nie vorfreigegeben (Gefährdungs-/Risikoanalyse wurde noch nicht durchgeführt) und darf nicht in ein Gesamtsystem integriert werden.

In Bezug auf den beschriebenen Anwendungsfall werden in Abb. 12.7 die Freigabezustände des neuen MO „Schraubengeber" vor und nach der Vorfreigabe visualisiert. Mit einem „pre-approved" Status darf das Objekt in die Basiszelle eingebaut, muss jedoch im Rahmen der internen Umsetzung erneut überprüft werden.

Schritt 3: Beurteilung der gesamten Systemkonfiguration (System Assessment)
Der dritte Beurteilungsschritt beinhaltet die Analyse des Gesamtsystems. Dieser Schritt namens „System Assessment" stellt sicher, dass mögliche Risiken, die aus der Kombination aller integrierten Objekte innerhalb des Gesamtsystems resultieren, identifiziert und

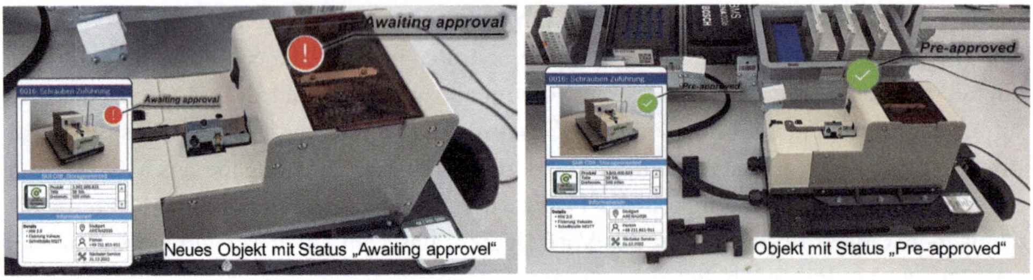

Abb. 12.7 Beispiel des Freigabestatus für das Objekt „Schraubengeber“ vor und nach der Vorfreigabe

gemindert werden können. Dieser Prozess soll dabei möglichst teilautomatisiert und softwaregestützt erfolgen. Die Unterstützung dieses Prozesses hat zwei Ziele: Erstens die Identifizierung aller möglichen Risiken, die sowohl inhärent durch die Objekte als auch durch die Kombination der Objekte entstehen und zweitens die Bereitstellung der Sicherheitsnachweise als Dokumentation für die Gesamtfreigabe der Systemkonfiguration.

Für die gesamte Beurteilung können verschiedene Ansätze angewendet werden. Nachfolgend werden einige Kategorien von möglichen Methoden beschrieben:

- Simulationsbasierte Methoden: Die Anwendung simulationsbasierter Ansätze, wie z. B. einer mechanischen Analyse mittels Physics Engine oder anderer nichtmechanischer Analysen, ermöglicht ein besseres Verständnis des Systemverhaltens nach der gesamten Systemintegration. Damit könnte ein evtl. nicht vorgesehenes Systemverhalten simuliert und erkannt werden.
- Logische Implikation: Dieser Ansatz kann sinnvoll angewendet werden, wenn die bereitgestellten Informationen unvollständig sind oder überwiegend abstrakt beschrieben werden. Aufgrund der Unvollständigkeit der Informationen müssen die Risiken logisch abgeleitet werden, idealerweise mit Hilfe von Softwareunterstützung zur Vereinfachung des Beurteilungsprozesses.
- Geführter Fragebogen: Ein Fragebogen kann in Situationen angewendet werden, in denen simulationsbasierte Ansätze und logische Implikationen nicht verwendet werden können oder die Szenarien zu komplex zu modellieren sind. Ein Fragebogen kann dabei verwendet werden, um dem verantwortlichen Mitarbeiter wichtige Hinweise bei der Identifizierung und Analyse von Risiken zu geben.

Bei der gesamten Risikobeurteilung werden alle erfassten und abgeleiteten Risiken zusammengefasst, mit den vorhandenen Sicherheitsmaßnahmen abgeglichen und bewertet. Für jedes identifizierte Risiko muss durch den verantwortlichen Mitarbeiter bestätigt werden, dass es erfolgreich gemindert oder beseitigt worden ist. In dieser Phase ist ein assistierter Prozess durch die Toolunterstützung äußerst sinnvoll, um die Risikobeurteilung effizient zu gestalten und menschliche Fehler zu minimieren. Die Grundlagen für dieses softwarebasierte Konzept wurden bereits in vorangegangenen Arbeiten erarbeitet und aus-

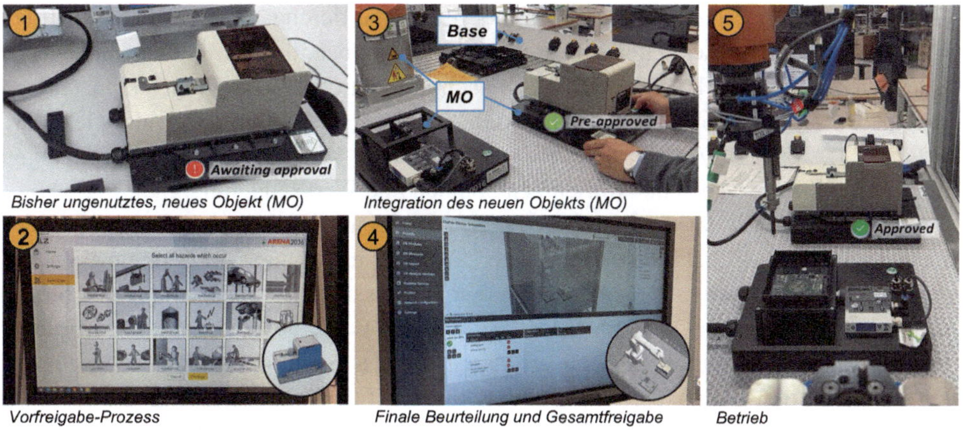

Abb. 12.8 Visualisierung des Ablaufs der Inbetriebnahme einer neuen Montageaufgabe

führlich beschrieben [14, 15]. Diese konzeptionellen Grundlagen ermöglichen in diesem Beitrag das durchgängige Safety Management für eine Fluide Produktion.

In Abb. 12.8 werden die wichtigsten Schritte des durchgängigen Safety Managements während der Inbetriebnahme anhand des erwähnten Anwendungsfalls dargestellt. In diesen Schritten wird die Status der Freigabezustände für das MO „Schraubengeber" visualisiert. Außerdem werden die beiden für die Vorfreigabe sowie für die Beurteilung und Gesamtfreigabe der Systemkonfiguration eingesetzten digitalen Werkzeuge in der Abb. 12.8 (Schritt 2 und 4) dargestellt.

Schritt 4: Unterstützung des Freigabeprozesses (Approval Assistance)
Im letzten Schritt dieses Frameworks liegt der Fokus auf möglichen Ansätzen zur Unterstützung des Freigabeprozesses und zur Vereinfachung des Entscheidungsprozesses. Dieser Schritt beinhaltet auch eine effektive Visualisierung der Sicherheitsnachweise als Dokumentation für die Gesamtfreigabe der Systemkonfiguration. Aufgrund des heutigen rechtlichen Rahmens, der im Wesentlichen aus der Maschinenrichtlinie resultiert, kann dieser Entscheidungsprozess nicht komplett automatisiert durchgeführt werden, sondern erfordert immer eine verantwortliche Person für die finale Abnahme und Freigabe des Systems.

12.5 Zusammenfassung und Ausblick

Der Fokus diese Kapitels liegt auf einem Konzept für ein durchgängiges Safety Management zur Vereinfachung und Beschleunigung der Inbetriebnahme einer Fluiden Produktion. Dabei wurde zunächst ein Gesamtkonzept für einen sicheren Betrieb unter Berücksichtigung der speziellen Rahmenbedingungen in Form häufiger und kurzfristiger Veränderungen der Systemkonfiguration in einer Fluiden Produktion vorgestellt. Als

Grundlage für den Einsatz dieses Konzepts dient eine durchgängige Kommunikationsinfrastruktur, über die der Datenaustausch zwischen den beteiligten Modulen und den eingesetzten digitalen Werkzeugen erfolgt. Je nach Produktionsanforderungen können dabei gängige industrielle Konzepte und Protokolle aus der industriellen IoT-Welt, wie RAMI 4.0, OPC UA oder MQTT, eingesetzt werden. Dadurch wird eine herstellerunabhängige Interoperabilität zwischen den Maschinenmodulen und Werkzeugen möglich.

Als Grundlage für das durchgängige Safety Management wurde zunächst das Konzept für einen modularen Sicherheitsnachweis erläutert. Damit können die Module einer Maschine digital beschrieben und auch die für den Prozess der Risikobeurteilung und Sicherheitsfreigabe relevanten Daten hinterlegt werden. Auf Basis dieser Grundlagen wurde ein Framework namens FluPro-S4A für ein durchgängiges Safety-Management-System inklusive einer assistierten Risikobewertung für die Fluide Produktion erarbeitet. Das Framework umfasst insgesamt vier Schritte, um zunächst Systemänderungen zu erfassen, eine Vorfreigabe der beteiligten Prozessmodule durchzuführen sowie die Gesamtkonfiguration zu beurteilen und den verantwortlichen Mitarbeiter bei der finalen Abnahme und Freigabe der Systemkonfiguration zu unterstützen.

Insgesamt kann festgehalten werden, dass die erarbeiteten Lösungen zu einer deutlichen Beschleunigung der organisatorischen Prozesse, die der eigentlichen Wandlung vor- und nachgelagert sind, und damit auch der gesamten Rekonfiguration einer Fluiden Produktion beitragen können. Dadurch kann ein produktiver Betrieb modularer wandlungsfähiger Produktionssysteme in einer Fluiden Produktion in Zukunft sichergestellt und eine rasche Inbetriebnahme zukünftiger Anlagen ermöglicht werden. Die in diesem Beitrag erarbeiteten Methoden und Tools ermöglichen ferner eine herstellerunabhängige Interoperabilität von Produktionsanlagen und können so den Grundstein für die erfolgreiche Umsetzung modularer Produktionssysteme zukünftiger Fabriken legen. Weitere Arbeiten im Hinblick auf die Optimierung des Freigabeprozesses, wie auch die Entwicklung bzw. Verbesserung der erarbeiteten Methoden, sind jedoch notwendig, um die entstehenden Risiken in der Fluiden Produktion noch besser und vor allem noch schneller handhaben zu können.

Literatur

1. MD 2006: The European Parliament and the Council of the European Union (2006) Machinery directive 2006/42/EC
2. Huck TP, Münch N, Hornung L, Ledermann C, Wurll C (2021) Risk assessment tools for industrial human-robot collaboration: novel approaches and practical needs. Saf Sci 141:105288
3. Askarpour M, Mandrioli D, Rossi M, Vicentini F (2016) SAFER-HRC: safety analysis through formal verification in human-robot collaboration. In: International conference on computer safety, reliability, and security. Springer, S 283–295
4. Vicentini F, Askarpour M, Rossi MG, Mandrioli D (2019) Safety assessment of collaborative robotics through automated formal verification. IEEE Trans Robot 36(1):42–61

5. Sallez Y, Berger T, Bonte T (2020) The concept of „safety bubble“ for reconfigurable assembly systems. Manuf Lett 24:77–81
6. Andrisano AO, Leali F, Pellicciari M, Pini F, Vergnano A (2012) Hybrid reconfigurable system design and optimization through virtual prototyping and digital manufacturing tools. Int J Interact Des Manuf (IJI-DeM) 6:17–27
7. Awad R, Fechter M, van Heerden J (2017) Integrated risk assessment and safety consideration during design of HRC workplaces. In: 22nd international conference on emerging technologies and factory automation (ETFA). IEEE, S 1–10
8. Shin H, Choi J, Choi J, Rhim S (2017) Physical safety analysis of robot considering impactor shape. In: 2017 2nd international conference on robotics and automation engineering (ICRAE). IEEE, S 1–5
9. Koch T (2019) Approach for an automated safety configuration for robot applications. Proc CIRP 84:896–901
10. Akerlund O et al (2006) Isaac, a framework for integrated safety analysis of functional, geometrical and human aspects. Proc ERTS 2006:1–11
11. Jaradat O, Punnekkat S (2018) Using safety contracts to verify design assumptions during runtime. In: Ada-Europe international conference on reliable software technologies, S 3–18
12. Popper J, Blügel M, Burchardt H, Horn S, Merx J, Richter D, Varro W, Pfeifer M, Staub-Lang P (2018) Safety on modular machines: whitepaper sf-3.1
13. Richter D (2018) Sicherheit von vernetzten modularen Industrieanlagen erfordert eine dynamische Sicherheitsarchitektur 4.0 (Safety and security). automatica, München
14. Koo CH, Schröck S, Vorderer M, Richter J, Verl A (2020) A model-based and software-assisted safety assessment concept for reconfigurable PnP-systems. Proc CIRP 93:359–364
15. Koo CH (2022) Runtime Safety Assessment & Assurance for Adaptable Production Systems. Beiträge zum Stuttgarter Maschinenbau 5. Fraunhofer IRB, Stuttgart
16. Koo CH, Neuschwander B, Vorderer M, Stehle P, Kretzschmann R, Tasci T, Leberle U, Verl A (2023) Integrated framework for safety management and software-assisted safety assessment in fluid production. In: Stuttgart conference on automotive production SCAP.

Neuartige Methoden zur Absicherung mobiler Produktionseinheiten – Shared Safety

13

Bernd Neuschwander und Markus Joos

13.1 Abstrakt

Die Fluide Produktion verfolgt das Ziel, cyberphysische Produktionssysteme permanent bedarfsgerecht neu zu Betriebsmitteln zusammenzuschließen, sodass sich die Produktion stets dem aktuellen Bedarf anpasst. Dazu werden alle Produktionsanlagen in ortsflexible Module zerlegt, um dynamisch Einheiten zu bilden und aufzulösen. Mithilfe mobiler Systeme, e. g. Fahrerlose Transportsysteme (FTS), sollen starre Linien aufgelöst und die einzelnen Teile, Karossen und Roboter frei im Raum bewegbar sein. Die Auflösung fester Abläufe und Positionen im Raum führt zu einer erheblichen Zunahme von potenziellen Gefahrensituationen für Menschen in und auf dem Shopfloor. In diesem Zusammenhang behandelt der vorliegende Artikel eine neuartige Methode zur Absicherung zweier mobiler Produktionseinheiten.

13.2 Einführung

Ein ständig wiederkehrendes Szenario in der Fluiden Produktion [1] ist die Interaktion zweier mobiler Produktionseinheiten. Beispielhaft wurden hierfür ein mobiles Regalbediengerät (RBG) und ein fahrerloses Transportfahrzeug (FTF), welches Teile zum RBG bringt bzw. abholt, als Szenario zur Veranschaulichung des Konzeptes ausgewählt.

B. Neuschwander (✉)
Pilz GmbH & CO KG, Ostfildern, Deutschland
E-Mail: b.neuschwander@pilz.de

M. Joos
Bär Automation GmbH, Gemmingen, Deutschland
E-Mail: joos_markus@t-online.de

T. Bauernhansl, A. Al Assadi (Hrsg.), *Fluide Fahrzeugproduktion für die Mobilität der Zukunft*, ARENA2036, https://doi.org/10.1007/978-3-662-70847-7_13

In der Produktion der Zukunft soll alles weitestgehend autonom ablaufen. Dazu zählen u. a. der Transport, die Ablage und die Aufnahme von Materialien und Zwischenprodukten. Der Mensch selbst ist aber in einer fortgeschrittenen, autonomen Produktion unverzichtbar. Sei es für Wartungsarbeiten und Störungsbehebungen oder die Kontrolle der Prozesse. Um den Menschen vor Verletzungen jeglicher Art zu schützen, müssen die autonomen Systeme nach Safety-Standards abgesichert werden.

Das für den Transport verantwortliche System ist ein FTF der Firma Bär Automation GmbH (siehe Abb. 13.1). Das Gerät für sich ist bereits nach Safety-Standards abgesichert und kann sich durch zwei Sicherheitslaserscanner autonom im Raum bewegen. Wie bereits erwähnt, befasst sich dieser Artikel nicht mit dem reinen Transport, sondern mit der Interaktion mit einem weiteren mobilen System, nämlich der Ablage und Aufnahme von Materialien an einem Regalbediengerät. Dieses RBG (Abb. 13.2) ist ebenfalls für sich alleine nach Safety-Standards abgesichert. Die bisherige Sicherheitslösung sieht vor, dass das RBG beim Eintritt eines Objektes in den Gefahrenbereich, in einen sicheren Zustand übergeht. Handelt es sich um eine Person, ist dies die richtige Reaktion. Bewegt sich jedoch ein FTF auf das RBG zu, um einen Gegenstand im Regal abzuladen, so darf dieses absichtliche Eindringen in den Gefahrenbereich nicht zu einem Abschalten führen.

Zur Lösung dieses Problems sollen die Laserscanner für einen bestimmten Bereich deaktiviert werden – in diesem Korridor (siehe roter Bereich in Abb. 13.3) kann das FTF in den Gefahrenbereich hinein und wieder herausfahren, ohne einen Anlagenstopp auszulösen, vgl. [2]. Für dieses Muting der Laserscanner muss im Voraus eine Kommunikation

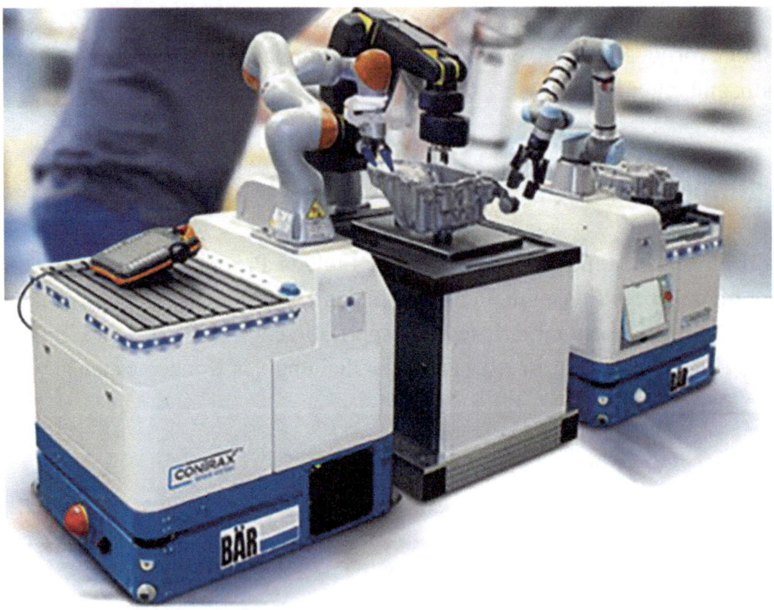

Abb. 13.1 Bär Automation

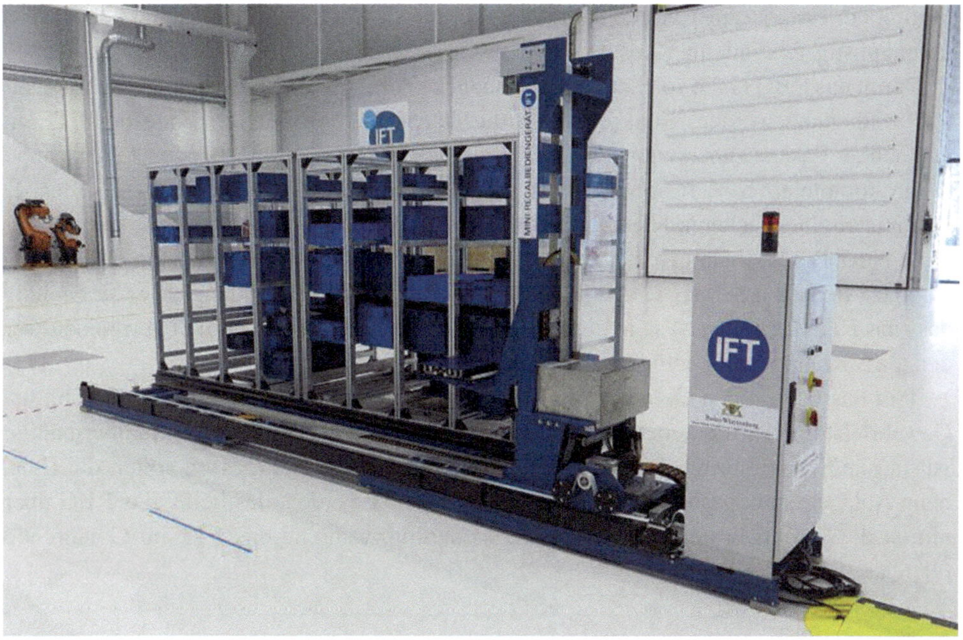

Abb. 13.2 Institut für Fördertechnik und Logistik

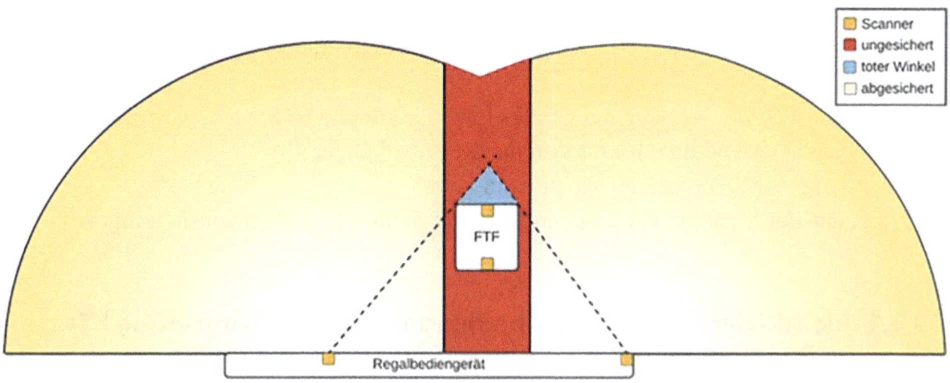

Abb. 13.3 Regalbediengerät mit gemutetem Korridor

und Abstimmung beider Teilnehmer stattfinden, damit die Absicherung aktiv bleibt, solange kein FTF zum RBG fährt.

Das Muting der Laserscanner führt dazu, dass ein Mensch hinter dem FTF mit in den Gefahrenbereich des RBG laufen und beispielsweise mit der Hand in die arbeitende Maschine gelangen könnte. Darüber hinaus entsteht hinter dem herannahenden FTF ein toter Winkel, der – unabhängig vom gemuteten Korridor – durch die Laserscanner des RBG nicht abgesichert werden kann (siehe blauer Bereich in Abb. 13.3). Selbst wenn das

Muting der Laserscanner vermeidbar wäre, könnte sich in diesem ungeschützten Bereich im ungünstigsten Fall ein Mensch befinden.

Damit das RBG einen solchen Fall verhindern kann, soll die Sicherheitseinrichtung des FTF mitbenutzt werden. Konkret sollen die Daten des am hinteren Ende des FTF angebrachten Laserscanners zum RBG übertragen und mit den bestehenden Laserscanner Daten kombiniert bzw. fusioniert werden. Um Safety-Standards einzuhalten, sollen die Daten über einen sicheren Kommunikationskanal bereitstellbar und abrufbar sein.

In einer Produktivumgebung werden nicht nur ein sondern eine Vielzahl an FTF und Ablagesystemen arbeiten. Um falsche Ansteuerungen zu vermeiden, ist es notwendig, dass das FTF das Ablagesystem eindeutig identifizieren kann. Damit soll vermieden werden, dass Komponenten fehlgeleitet werden.

Tritt das FTF in den Gefahrenbereich des Ablagesystems ein, soll die Steuerung und Gewährleistung der Sicherheit an das Ablagesystem übergehen. So wird ein übermäßiger Austausch/Synchronisierung beider Teilnehmer verhindert. Stattdessen sollen die Daten beim Ablagesystem gesammelt und zentral verarbeitet werden, das heißt, das RBG übernimmt die Verantwortung über die Ablaufsteuerung, während das FTF im Gefahrenbereich ist.

13.3 Konzept zur Absicherung mobiler Produktionseinheiten

Das Konzept sieht nun vier Schritte vor, um dem geschilderten Problem zu begegnen. Dabei soll die Steuerung des FTS über das Regalbediengerät erfolgen:

1. Identifizierung des Regalbediengerätes bzw. Zuordnung FTS zu Regalbediengerät
2. Übergabe der Steuerung des FTS an das Regalbediengerät
3. Anpassung der Sicherheitseinrichtungen
4. Rückgabe der Steuerung/Herstellung ursprünglicher Sicherheitseinrichtungen

13.3.1 Identifizierung des Regalbediengerätes bzw. Zuordnung FTF zu Regalbediengerät

Damit die Steuerung des FTF an das Regalbediengerät erfolgen kann, bedarf es zunächst der eindeutigen Identifizierung zwischen diesen beiden Assets, da in einer realen Umgebung mehrere baugleiche Assets vorhanden sein können. Die Übergabe erfolgt zunächst manuell, was in diesen Fall bedeutet, dass das FTF ein Bild der Anlage aufnimmt und zur Verifizierung an eine Werkerin oder einen Werker bzw. an ihr oder sein Smart Device versendet, um die Freigabe zu erteilen (vgl. Abb. 13.4). Dies geschieht wahlweise über eine Web-Applikation bzw. eine native App, in jedem Fall aber über die Verwaltungsschale.

Ansätze zur automatischen Übergabe wurden ebenfalls untersucht, ebenso Funkortungsansätze über UWB oder BLE.

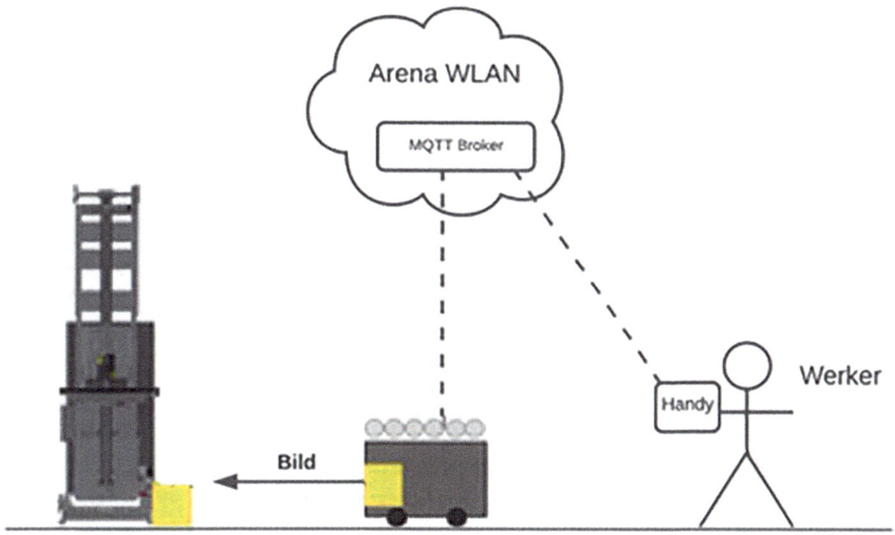

Abb. 13.4 Schematische Datenübertragung

13.3.2 Übergabe der Steuerung des FTF an das Regalbediengerät

Beide Objekte werden bereits standardmäßig mit Sicherheitslaserscannern abgesichert und können, separat betrachtet, als funktional sicher angesehen werden.

Unter Berücksichtigung der Maschinensicherheit lässt sich eine sinnvolle Annäherung von FTS an das Regalbediengerät nur dann realisieren, wenn Sicherheitseinrichtungen abgeschaltet werden. Dies stellt eine potenzielle Gefahr für einen Mensch im Arbeitsbereich dar. Da dies aber durch die Maschinenrichtlinie ausgeschlossen werden muss, ist zusätzliche Hardware, in Gestalt von trennenden Schutzeinrichtungen oder zusätzlicher Sensorik notwendig.

Dringt nun das FTF in den Überwachungsbereich des Regalbediengerätes ein, kann dieses ggf. nicht mehr den gesamten Bereich hinter dem FTF absichern, da dort ein toter Winkel entsteht. Um dies zu verhindern, sollen die Sicherheitseinrichtungen des RBG mit denen des FTF kombiniert werden, sodass das RBG den Schutz auch hinter dem FTF gewährleisten kann.

Daher muss die Steuerungsfunktionalität vom FTF zum RBG übergeben werden, um eine zentrale Steuerung des An- bzw. Abdockvorgangs zu gewährleisten. Hierzu wird zunächst das FTF in den Handbetrieb versetzt und anschließend die Laserscannerdaten des FTF über die Verwaltungsschale bereitgestellt. Zudem wird das RBG über den Steuerungsübergang informiert. Dies erfolgt alles kabellos.

13.3.3 Anpassung der Sicherheitseinrichtungen

Um nun die Sicherheitseinrichtungen anzupassen, ist es nötig, einen Korridor vor dem FTF, im Bereich der Laserscanner des Regalbediengerätes, zu muten, oder anders ausgedrückt, freizuschalten. Somit wird hier durch Einfahren des FTF kein Anlagenstopp des RBG ausgelöst. Dies geschieht durch das RBG das die Steuerung übernommen hat. Zeitgleich müssen die Laserscannerdaten des hinteren, vom RBG abgewendeten Laserscanners des FTF, mit über die Verwaltungsschale ausgewertet werden (vgl. Abb. 13.5). Dadurch kann das Eindringen einer Person in den Sicherheitsbereich der Anlage vermieden werden. Zusätzlich wird vor dem FTF eine Personenerkennung durchgeführt, um den gemuteten Bereich zusätzlich abzusichern.

13.3.4 Rückgabe der Steuerung/Herstellung ursprünglicher Sicherheitseinrichtungen

Letzter Schritt des Konzeptes ist das Abdocken und Wiederherstellen des ursprünglichen Zustands. Dabei muss das FTF zunächst aus dem Gefahrenbereich navigiert werden, was wiederum durch das RBG erfolgt, und anschließend, sobald das FTF im Warnbereich des RBG ist, die gemutete Zone reaktiviert werden, um das Eindringen eines Assets oder einer Person zu verhindern. Des Weiteren wird die Personenerkennung des FTF gestoppt sowie die Datenübertragung der Laserscanner. Erst danach kann dann abschließend der Wechsel in den autonomen Betrieb erfolgen – die Steuerung des FTF und seiner Laserscannerdaten wird vom RBG wieder zurück an das FTF selbst übergeben.

Generell wurde das Konzept generisch ausgelegt, um verschiedenste Assets bzw. deren Sicherheitseinrichtungen miteinander zu kombinieren. So könnten auch beispielsweise unterschiedliche Sicherheitseinrichtungen wie Laserscanner und Radarsensoren kombiniert werden.

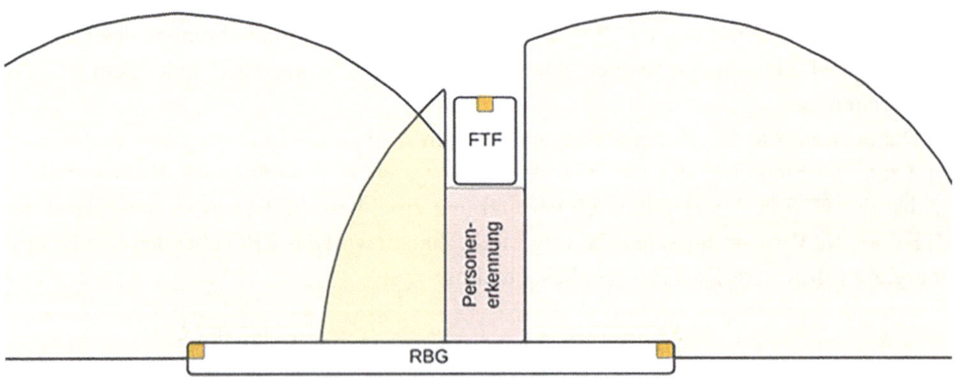

Abb. 13.5 Personenerkennung im Nahfeld vor dem FTF

13.4 Realisierung

Für das vorgestellte Konzept wurde ein prototypischer Laboraufbau entworfen. Statt der favorisierten reinen Safety-Lösung wurde der Prototyp mit einer unsicheren Kommunikation über zwei ROS-Systeme realisiert. Erste Versuche zur sicheren Umsetzung/Kommunikation wurden allerdings durchgeführt. Dennoch lässt sich durch den Prototyp auf Basis von ROS und WLAN Kommunikation der Ablauf der Shared-Safety-Applikation darstellen. In Abb. 13.6 ist der alternative Aufbau abgebildet. Auf der rechten Seite ist das FTF schematisch dargestellt – auf der linken das Regalbediengerät.

Auf der linken Seite wurde dabei das Regalbediengerät, bestehend aus den beiden Sicherheitslaserscannern und einem RevolutionPi zur Auswertung, simuliert. Die Kommunikationsschnittstelle ROS (Robot Operating System) zwischen den beiden Systemen FTF und RBG ist ein MQTT Broker, der als Verwaltungsschale genutzt wird. Ein ROS-System wird deshalb benötigt, da das Auslesen der Daten der verwendeten Laserscannern PSENscan bisher nur über das dazugehörige ROS-Paket möglich ist.

Das ROS-System ist für die Steuerung des FTF's in der Shared-Safety-Applikation verantwortlich. Dazu zählen das Verwalten des Zustandsautomaten, Kommunikation, Betriebsartenwechsel, LED Visualisierung und Verifizierung des RBG.

Konkret wurden auf der Seite des Regalbediengerätes folgende Funktionen realisiert:

- Verwalten des Zustandsautomaten
- Analyse der Laserscannerdaten
- Korridorfreischaltung
- Steuerung FTF

Und auf Seite des FTF:

- Verwalten des Zustandsautomaten
- Kommunikation
- Betriebsartenwechsel
- LED Visualisierung
- RBG Verifizierung

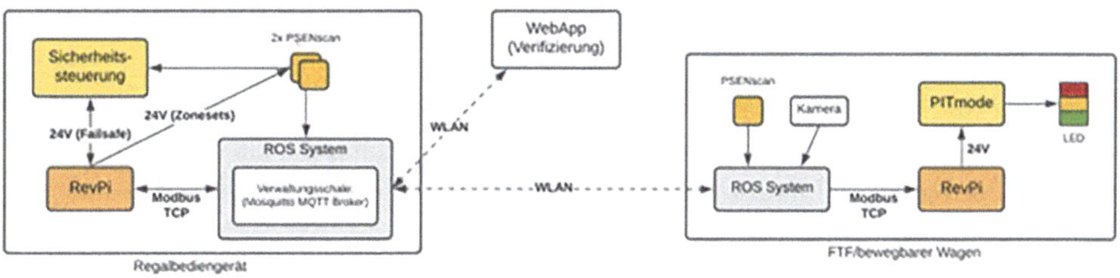

Abb. 13.6 Schematischer Kommunikationsablauf

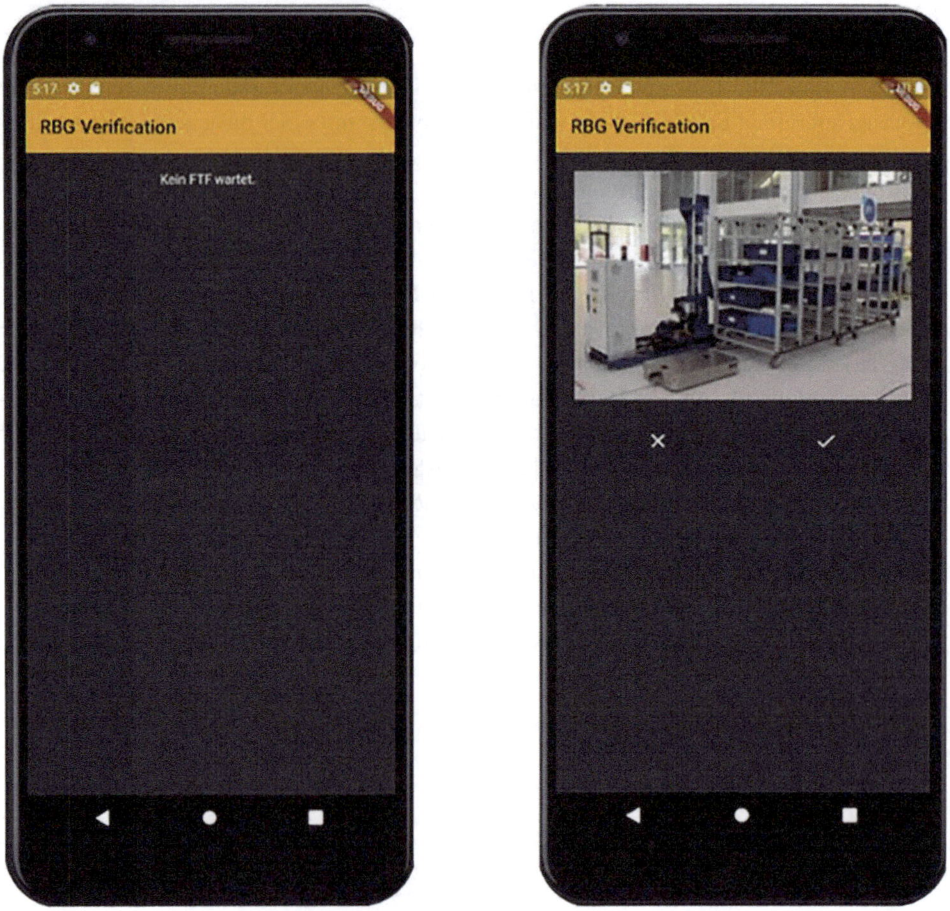

Abb. 13.7 Smartphone App zur Verifikation

Die Kamera zur Verifikation wurde an den eingesetzten RevolutionPi angeschlossen und ebenfalls über ROS angesprochen. Abb. 13.7 zeigt die zwei möglichen Screens der App – links ist der Zustand zu sehen, wenn kein FTF auf eine Verifizierung wartet und rechts entsprechend, wenn eines wartet. Die Anzeige kann durch eine sogenannte „Pull-to-refresh"-Geste aktualisiert werden.

Analog dazu wurde wie bereits erwähnt auch eine Web-App entwickelt; Abb. 13.8 zeigt die beiden möglichen Screens.

Sobald die Verifikation abgeschlossen ist, startet der Ablauf analog dem in Abschn. 13.3 beschriebenen Konzept. Hierzu werden zunächst die Daten des Laserscanners in der Verwaltungsschale veröffentlicht. Sobald dies erfolgt ist, können sie vom RBG ausgelesen werden.

Die RBG-Laserscannerdaten stehen bereits nach der Initialisierung der RBG-Node zur Verfügung. Je nach Zustand des Gefahrenbereichs werden die Daten anders analysiert. Während kein Korridor freigeschaltet ist, also ein durchgängiger Gefahrenbereich frei sein

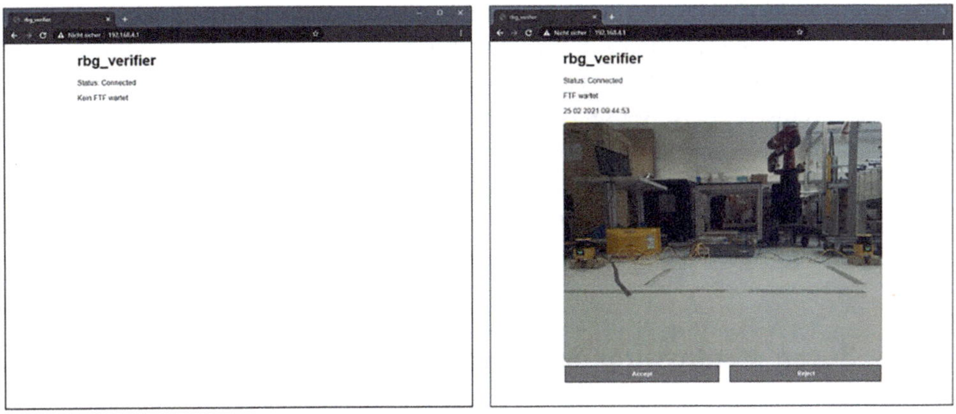

Abb. 13.8 Webapp zur Verifikation

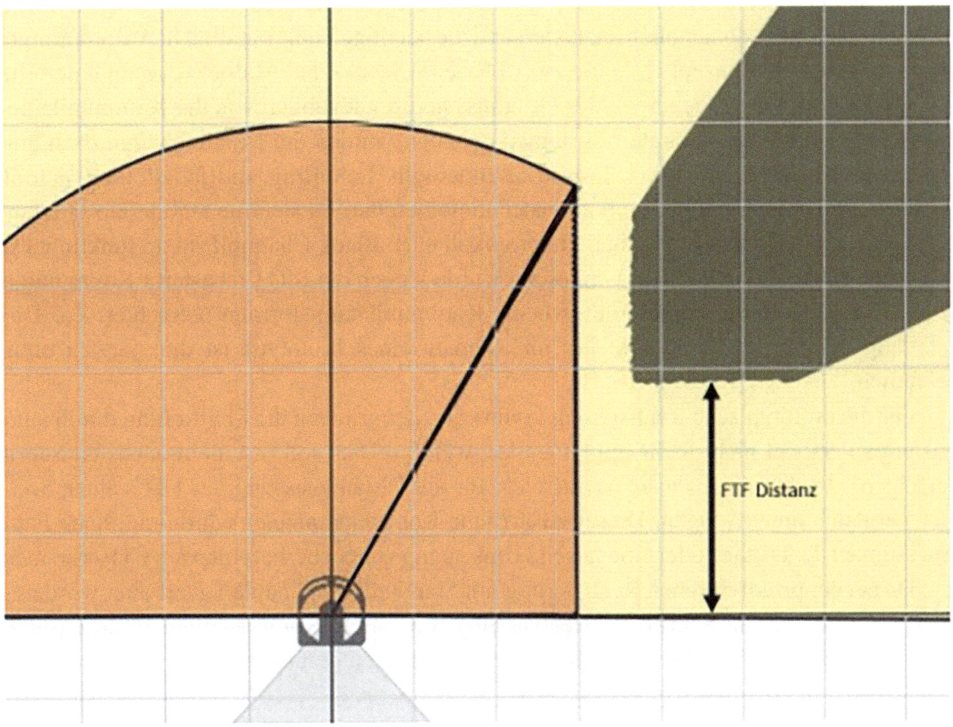

Abb. 13.9 Distanzberechnung

sollte, werden alle verfügbaren Distanzwerte der Daten auf Unterbrechungen analysiert. Dies geschieht wie bei den FTF-Daten über eine praktisch identische Funktion.

Sobald der Korridor gemutet ist, beginnt das FTF in den Gefahrenbereich hineinzufahren. Um das FTF korrekt zu steuern und rechtzeitig zu stoppen, muss in dieser Phase die Distanz zwischen den beiden Systemen bestimmt werden. In Abb. 13.9 ist ein

Laserscan-Ausschnitt des Korridors zu sehen, in dem ein rechteckiges Objekt ähnlich des FTFs platziert wurde. Die linke und untere Kante lässt sich anhand der Abbildung gut identifizieren, die rechte und obere Kante sind jedoch durch den Schatten der anderen beiden Kanten verdeckt. In Abb. 13.9 ist anhand eines Pfeils die benötigte Distanz zu sehen.

Ist der Andockvorgang abgeschlossen, startet zeitverzögert der Abdockvorgang. Hierbei wird das FTF aus dem Gefahrenbereich des RBG in den Warnbereich manövriert. Sobald das FTF dort angekommen ist wird die Steuerung wieder vom FTF selbst übernommen und die Veröffentlichung der Laserscannnerdaten gestoppt.

13.5 Zusammenfassung und Ausblick

Ziel war es für die Interaktion zweier mobiler Produktionseinheiten – einem Regalbediengerät und einem FTF – ein Konzept für eine verbesserte Absicherung durch Kombination beider Sicherheitseinrichtungen zu erarbeiten. Zu diesem Zweck wurden beide Systeme anhand von Anwendungsfällen analysiert und die benötige Funktionalität in Anforderungen festgehalten. Das Konzept ist in die zwei Phasen Andock- und Abdockvorgang unterteilt.

Da die funktionale Sicherheit des Gesamtsystems maßgeblich von der Kommunikation zwischen den beiden separaten Systemen abhängt, wurden die Möglichkeiten dazu analysiert und bewertet. IWLAN, Industrial Bluetooth, EchoRing und 5G stellten sich als potenzielle kabellose Kommunikationstechnologien dar, da sie eine stabile Übertragung ermöglichen und durch ein Sicherheitsprotokoll nach Black-ChannelPrinzip funktional sicher gemacht werden können. Umgesetzt wurde jedoch die MQTT-basierte Kommunikation. Konzeptuell wurden allerdings beide Kommunikationsformen betrachtet. Zur Darstellung des Shared-Safety-Ablaufs im Rahmen eines Prototyps ist dies jedoch unbedenklich.

Für die prototypische Realisierung konnte aus Zeitgründen die Quittierung durch autorisiertes Personal nicht mehr implementiert werden. Dies soll in einem nächsten Schritt erfolgen. Darüber hinaus wäre es hilfreich, für die Distanzmessung des FTFs einen Soll-/Ist-Vergleich hinzuzufügen. Dieser zusätzliche Kontrollparameter würde mögliche Fehlmessungen der Distanz oder eine falsche Umsetzung von Steuerbefehlen am FTF erkennen.

Da bei der prototypischen Realisierung mit Standardkomponenten gearbeitet wurde, ist der logische nächste Schritt die Realisierung mit Safety-Komponenten. Erste Tests zu Kommunikationsmöglichkeiten haben hierzu bereits stattgefunden.

Literatur

1. Fries C, Al Assadi A, Fechter M et al (2019) Fluide Fahrzeugproduktion.: BMBF-geförderter Forschungscampus für die Mobilität der Zukunft. VDI-Z integrierte Produktion 161:78–81. https://doi.org/10.37544/0042-1766-2019-12-78
2. Bozkurt A, Fries C, Tasci T et al (2023 [in print]) Cyber-physical-systems for fluid manufacturing systems. In: Proceedings of the conference on production systems and logistics

14 Datenmehrwertdienste in der Fluiden Produktion

Tobias Stahl, Florian Grabi, Lara Waltersmann und Urs Leberle

14.1 Einführung

Der Maschinen- und Anlagenbau steht vor der Herausforderung sinkender Margen im Neumaschinengeschäft. Dies liegt zum einen an der steigenden Wettbewerbsintensität und zum anderen an den veränderten Marktanforderungen hin zu Systemlösungen, die nicht nur das Produkt, sondern dessen Nutzung in den Vordergrund stellen [1]. Der Automobilbau wird mit einer zunehmenden Unsicherheit durch höhere Individualisierung, kürzere Produktlebenszyklen und schwankende Marktnachfrage konfrontiert. Die innere Komplexität muss der zunehmenden Marktkomplexität angepasst werden: Die kurzfristige Anpassungsfähigkeit durch Interoperabilität von Produktionsanlagen, Produkten, Wertschöpfungsketten und Geschäftsprozessen wird notwendig [2–4]. Die Anforderungen an dieses Produktionssystem sind eine flexible und kostengünstige Anpassung der Produktionsanlagen hinsichtlich Produktvariabilität und Produktionskapazität [5]. Mit den bestehenden Produktionskonzepten in der industriellen Fertigung können diese Anforderungen bisher nicht erfüllt werden [2, 6, 7]. Mit dem Konzept der Fluiden Produktion wird eine rekonfigurierbare und digital vernetzte Produktionsumgebung angestrebt, die

T. Stahl (✉) · F. Grabi · L. Waltersmann
Fraunhofer-Institut für Produktionstechnik und Automatisierung IPA, Stuttgart, Deutschland
E-Mail: tobias.stahl@ipa.fraunhofer.de; florian.grabi@ipa.fraunhofer.de; lara.waltersmann@ipa.fraunhofer.de

U. Leberle
Zentralbereich Forschung und Vorausentwicklung Robert Bosch GmbH, Renningen, Deutschland
E-Mail: urs.leberle@de.bosch.com

T. Bauernhansl, A. Al Assadi (Hrsg.), *Fluide Fahrzeugproduktion für die Mobilität der Zukunft*, ARENA2036, https://doi.org/10.1007/978-3-662-70847-7_14

diesen Anforderungen gerecht wird [8]. Das Konzept dieser Produktionsumgebung wird im Rahmen der ARENA2036 als Fluide Produktion untersucht.

Die etablierten Geschäftsmodelle des Maschinen- und Anlagenbaus werden durch den Ansatz der „Fluiden Produktion“ in Frage gestellt, denn neben dem Verkauf werden wichtige Umsätze durch Integrations- und Anpassungsaktivitäten generiert. Die Anbieter, Maschinen- und Anlagenbauer, haben nur eine geringe Motivation, Produktionskonzepte zu entwickeln, die disruptiv auf die bestehenden Geschäftsmodelle wirken. Sie bevorzugen häufig den Anlagenverkauf mit umfangreichen Serviceverträgen.

Der Druck zur Anpassung von Produktionsanlagen wird durch den übergeordneten Megatrend Industrie 4.0. verstärkt: In einer Studie der Friedrich-Alexander-Universität haben sich 24 Unternehmen aus dem Maschinen- und Anlagenbau mit der Frage beschäftigt, wie sich ihre Geschäftsmodelle durch diesen Trend verändern. Geschäftsmodelle werden als „das grundlegende Prinzip, wie eine Organisation Werte schafft, bereitstellt und erfasst“ [9] beschrieben und sind Gegenstand einer intensiven Begriffsdiskussion [10]. 88 % der befragten Unternehmen sehen ihr Nutzenversprechen durch I4.0 betroffen. Weitere 67 % gaben an, dass I4.0 ihre Kernaktivitäten, Kernressourcen und Kundenbeziehungen verändert. Damit werden laut dieser Studie die Geschäftsmodelle des Maschinen- und Anlagenbaus von Industrie 4.0 stark beeinflusst [11]. Die Relevanz von I4.0 für die Branche ergibt sich aus dem Innovationspotenzial der neu entstehenden Technologien. Zum einen bietet sich die Chance, traditionelle Geschäftsmodelle durch komplementäre Dienstleistungen und neue Produktinnovationen zu erweitern, zum anderen ermöglicht die zunehmende Digitalisierung und Vernetzung ganzer Produktionssysteme die Entstehung disruptiver, d. h. grundlegend neuer, wettbewerbsverändernder Geschäftsmodelle. Diese Veränderungen werden den Wettbewerb unter den Anbietern insbesondere im Hinblick auf Differenzierungsvorteile stark beeinflussen. Allerdings sind die Veränderungen im Geschäftsmodell des Maschinen- und Anlagenbaus häufig kundeninduziert und werden nur reaktiv umgesetzt. Zudem wird das Potenzial der Geschäftsmodell-Innovationen von den Maschinen- und Anlagenbauern häufig unterschätzt [12, 13]. Damit der Maschinen- und Anlagenbau das Potenzial der Geschäftsmodell-Innovationen erkennt, müssen rückläufige Einnahmen aus den Integrations- und Anpassungsaktivitäten durch neue Umsatzquellen kompensiert werden. Hierfür bedarf es einer Offenheit für Innovationen [14, 15]. Eine Geschäftsmodell-Innovation findet statt, wenn mehrere Elemente, wie z. B. das Wertangebot oder der Zielkunde, verändert werden, um bessere Ergebnisse zu erzielen [16]. Dieses Themenfeld wird unter anderem durch die Forschung von Gassmann et al. [17] und anderen Initiativen vorangetrieben [18–20].

Die Entwicklung und Erprobung von innovativen Geschäftsmodellen ist eine notwendige Voraussetzung, damit die Fluide Produktion in der Praxis bestehen kann: Die Implementierung der Fluiden Produktion ist kosten- und arbeitsaufwändig. Damit die Systemintegratoren die Erforschung und Anwendung der Fluiden Produktion in der Praxis unterstützen, sind daran anknüpfende Mehrwertangebote nötig, die neue Einnahmequellen ermöglichen. Eine Lösung stellt der Einsatz von datenbasierten Mehrwertdiensten dar. Zur Einführung wird in Abschn. 14.2 auf Basis bestehender Geschäftsmodellmuster (55 Muster des BMI-Lab) und der Value Proposition Canvas aufgezeigt, welche Arten von Geschäftsmodellen für die Fluide Produktion sinnvoll sind. In Abschn. 14.3 wird die RAMI4.0-Verwaltungsschale, insbesondere die Entwicklung von Daten-Teilmodellen eingeführt. In Abschn. 14.4 wird nachfolgend eine Demonstrationsumgebung auf Basis der Montagezellen CESA³R zur Validierung der Teilmodelle vorgestellt. In Abschn. 14.5 werden drei Smart Services, die prototypisch implementiert wurden, ausführlicher vorgestellt. Im Abschn. 14.6 rundet ein Fazit den Beitrag ab.

14.2 Geschäftsmodell-Innovation in der Fluiden Produktion

In diesem Kapitel werden vielversprechende Ansätze für Geschäftsmodell-Innovationen im Kontext der Fluiden Produktion aufgezeigt. Adressat der Innovationen ist der Maschinen- und Anlagenbau. Als Ausgangspunkt wurden die vom BMI-Lab entwickelten 55 Geschäftsmodellmuster herangezogen [16]. Hierfür wurden die Geschäftsmodellmuster auf relevante Ansätze konsolidiert und mit Hilfe der Value Proposition Canvas [21] auf ihre Eignung für die Fluide Produktion bewertet. Anschließend wurde das Potenzial der Ansätze durch Interviews mit den Konsortialpartnern der Fluiden Produktion bewertet.

14.2.1 Ansätze zur Innovation von Geschäftsmodellen

14.2.1.1 Notwendigkeit der Geschäftsmodell-Innovationen

Die Fluide Produktion innerhalb der ARENA2036 verfolgt das Ziel, die Lebenszykluskosten in Bezug auf die Rekonfiguration der Produktion zu reduzieren. Ziel ist die Senkung der Kosten in indirekten Bereiche um 50 %, die Senkung der Integrationskosten um 60 % sowie die Einführung von Maschinen und Anlagen mit einer Wiederverwendungsquote von 80 % der Ausrüstung ohne Neuprogrammierung [8]. Am Beispiel eines Punktschweißroboters in der Automobilindustrie werden die wirtschaftlichen Potenziale aufgezeigt: 35 % des Anschaffungspreises entfallen auf systemtechnische Aufgaben wie Programmierung und Installation [22]. Dieser Anteil wird exemplarisch herangezogen, um die Auswirkungen der Fluiden Produktion auf die Einnahmen der Ausrüstungslieferanten abzuschätzen. Hierfür werden die Lebenszykluskostenelemente der VDMA 34160 herangezogen [23]. Die Zielsetzung zur Senkung der Integrationskosten (Installations-, Inbetriebnahme- und Schulungskosten) um 60 % wird anteilig auf 35 % der Anschaffungskosten des Punktschweißroboters angesetzt. Die Erreichung dieses Ziels würde die Anschaffungskosten eines Industrieroboters dieser Schätzung nach um circa 21 % für den Lieferanten senken. Tab. 14.1 zeigt, dass die Zielerreichung die Ausrüstungslieferanten in weiteren Kostenelementen entlasten würden. Diese Kostenreduktion, z. B. die Reduktionen von Wartungen durch den Lieferanten, muss auch durch den Kunden als Mehrwert wahrgenommen werden. Deshalb sind Dienstleistungen notwendig, die den Kunden zur selbstständigen Wartung befähigen und gleichzeitig gegenüber einer Fremdvergabe

Tab. 14.1 Beziehung zwischen LCC-Elementen und den Zielen der Fluiden Produktion [8, 23, 24]

LCC – Elemente		Reduzierung
E1 Akquisition	E1.5 Einbau	– 60 %
	E1.6 Anlaufkosten	– 60 %
	E1.9 Ausbildungskosten	– 60 %
E2 Infrastrukturkosten		– 60 %
IH1 Wartung und Inspektion		– 50 %
IH2 Instandhaltungen		– 50 %
IH3 Außerplanmäßige Instandhaltungen		– 50 %
V1 Demontage	V1.1 Demontage und Außerbetriebsetzung	– 60 %
	V1.5 Renovierung	– 60 %

wirtschaftlich besserstellen. Die Entwicklung dieser Dienstleistungen erfordern eine Abkehr vom bestehenden, hardwareorientieren Geschäftsmodell. Es bedarf also der Innovation des bestehenden Geschäftsmodells.

14.2.1.2 Screening von Geschäftsmodellmustern

Als Basis für die Geschäftsmodell-Innovation wurden die 55 Geschäftsmodellmuster aus dem BMI-Lab untersucht, um vielversprechende Ansätze im Kontext der Fluiden Produktion zu identifizieren [16]. In Anlehnung an den explorativen Ansatz von Gassman et al. [16, 20] wurden. In einem zweiten Schritt Geschäftsmodellmuster ausgewählt, die mögliche Mechanismen zur Abfederung von Umsatzeinbußen der Anbieter beinhalten. Dieser Prozess führte zu elf Mustern, die anschließend zu acht Mustern kombinierten wurden (Tab. 14.2). Die Kombination von Geschäftsmodellmustern ist eine der grundlegenden Strategien zur Generierung neuer Geschäftsideen [16].

Angesichts des explorativen Charakters dieses Ansatzes stellt die Vorauswahl der Muster zur Geschäftsmodell-Innovation nur einige der möglichen Wege zur Förderung einer größeren Vielseitigkeit von Produktionssystemen im Maschinenbau dar.

14.2.1.3 Anforderungen an die Fluide Produktion

Im nächsten Schritt wurde die Value Proposition Canvas [21] herangezogen, um zu bewerten, inwieweit die Muster den Zielen und Herausforderungen der Fluiden Produktion gerecht werden. In Übereinstimmung mit dem Value Proposition Canvas wurden die Ziele und Herausforderungen der Fluiden Produktion in Form von Kundenaufgaben (Customer Jobs), -schmerzen (Customer Pains) und -nutzen (Customer Gains) aufbereitet (Tab. 14.3). Dies erleichtert die anschließende Zuordnung der Geschäftsmodellmuster [21]. Die Anforderungen wurden im Wesentlichen den Zielen der Fluiden Produktion entnommen [8].

Tab. 14.2 Ansätze zur Innovation von Geschäftsmodellen [16, 24]

Muster	Beschreibung	Quellen
Cross Selling & Solution Provider	Das Angebot wird um ergänzende Produkte und Dienstleistungen bis hin zu einer integrierten Komplettlösung erweitert. Das Kundenunternehmen reduziert die Beschaffungskosten und das mit neuen Lieferanten verbundene Risiko. Außerdem kann er sich voll auf sein Kerngeschäft konzentrieren, was in der Regel zu einer Leistungssteigerung führt. Der Lieferant strebt einen höheren Umsatz an, ohne in die Akquisition neuer Kunden, verstärkte Kundenbeziehungen und Differenzierungsvorteile zu investieren, da er häufig zum „Single Point of Contact" wird.	[12, 25–27]
Mass Customization & Add On	Die kundenspezifische Anpassung von Produktionsanlagen wird durch die Kombination von standardisierten Modulen ermöglicht. Extras werden separat in Rechnung gestellt. Das Kundenunternehmen profitiert von maßgeschneiderten Produkten, ohne für Funktionen bezahlen zu müssen, die er nicht benötigt. Gleichzeitig wird der Kunde für das maßgeschneiderte Endprodukt wahrscheinlich mehr bezahlen, als ein ähnliches Angebot auf dem Markt kosten würde.	[12, 27]
Guaranteed Availability	Die Geräte werden zusammen mit einer Verfügbarkeitsgarantie angeboten, in der Regel in Form einer vertraglichen Vereinbarung. Das Kundenunternehmen profitiert von der garantierten Funktionalität der Geräte und möglichen Einsparungen durch die Auslagerung der Wartung. Der Lieferant generiert wiederkehrende Einnahmen und stärkt gleichzeitig seine Beziehung zum Kunden. [28].	[25, 26]
Fractionalized Ownership	Bei diesem Ansatz werden Produktionsanlagen von mehreren Unternehmen erworben, die bereit sind, sie gemeinsam zu nutzen. Die Anteile werden in der Regel in unterschiedlicher Höhe angeboten und berechtigen den Eigentümer zu einer bestimmten Quote von Nutzungsstunden oder produzierten Einheiten. Das Kundenunternehmen kann Anlagen nutzen, die er sich sonst nicht leisten könnte, während der Anbieter neue Kundensegmente erschließt. Der Anbieter kann die Vereinbarung auch verwalten und durch Verwaltungsgebühren neue Einnahmen erzielen.	[29]
Digitalization & Leverage Customer Data	Die Produktionsanlagen sind mit Sensoren ausgestattet und mit dem Internet verbunden, sodass durch die analytische Auswertung der Datenströme und internetbasierte Dienste ein Mehrwert für den Kunden entsteht. Das Kundenunternehmen profitiert von einer breiten Palette neuer und verbesserter Dienstleistungen, die es wiederum dem Anbieter ermöglichen sich zu differenzieren. Das Potenzial datenbezogener Geschäftsmodelle für alle beteiligten Akteure beruht auch auf der hohen Messbarkeit, Reichweite und Skalierbarkeit [30–32].	[12, 19, 25, 27, 33, 34]
Rent Instead of Buy	Das Kundenunternehmen erwirbt das Recht, die Produktionsmittel für einen bestimmten Zeitraum zu nutzen, wodurch er Investitionskosten vermeidet und Zugang zu bestimmten Ressourcen erhält, die er sich sonst vielleicht nicht leisten könnte. Der Lieferant erzielt wiederkehrende Einnahmen, die eine mögliche Steigerung des Umsatzes pro Maschine ermöglichen. Außerdem kann er seinen Kundenstamm erweitern, indem er sich an kleinere Unternehmen wendet.	[26, 29]

(Fortsetzung)

Tab. 14.2 (Fortsetzung)

Muster	Beschreibung	Quellen
Pay-per-Use	Das Kundenunternehmen zahlt auf der Grundlage seiner tatsächlichen Nutzung der Produktionsmittel, wobei er sich häufig auf einen Mindestbetrag festlegt. Seine Vorteile liegen in einer größeren finanziellen Flexibilität und Kostentransparenz. Wie beim vorherigen Ansatz profitiert der Lieferant von wiederkehrenden Einnahmen und dem Potenzial für einen höheren Umsatz.	[12, 25, 26, 29]
Performance-based Contracting	Das Kundenunternehmen zahlt nach den erzielten Ergebnissen. Anders als beim Pay-per-Use-Ansatz spielt es keine Rolle, wie oft oder wie intensiv die Ausrüstung genutzt wird. Die Dienstleistungen umfassen oft den gesamten Produktlebenszyklus [31].	[12, 25, 26, 29]

Tab. 14.3 Value Proposition Canvas – Customer Jobs, Pains und Gains der Fluiden Produktion [24]

Customer Jobs (Aufgaben, Probleme und Bedürfnisse)	a. Planung der Produktion, um der zunehmenden Produktindividualisierung und den kürzeren Produktlebenszyklen gerecht zu werden, mit dem Ziel, die höchstmögliche Rentabilität zu erreichen [35–37]. b. Die Produktionskapazität so schnell und wirtschaftlich wie möglich an die ständig schwankende Marktnachfrage anzupassen [5].
Customer Pains (Ärgernisse, Hindernisse und Risiken)	c. Die Produktionsanlagen werden durch monolithische Strukturen eingeschränkt, die ihre Anpassungsfähigkeit an sich ändernde Bedingungen behindern [37]. d. Sinkende Reaktionsfähigkeit durch häufiges, komplexes und zeitaufwendiges Einrichten, Anfahren und Umparametrieren der Produktionsanlagen nach Anpassungen. Dies führt zu einer höheren Komplexität in der Produktionsplanung und -steuerung [37]. e. Feste Reihenfolge in der Produktionslinie [38].
Customer Gains (Nutzen und gewünschte Ergebnisse)	f. Die Produktion reagiert schnell und kostengünstig auf Änderungen und Abweichungen [2, 38]. g. Leichtere Umgestaltung von Fabrikanlagen [35, 38]. h. Verringerung des Integrationsaufwands durch Software-Tools für die automatische Systemkalibrierung, die die „Plug and Produce"-Fähigkeit von Produktionsanlagen ermöglichen [38–40]. i. Leichteres Hochfahren und Reduzieren von indirekten Prozessen zur Steuerung automatisierter Produktionsprozesse [38, 41]. j. Lernprozesse durch Feedback und vollständige Datentransparenz [14, 36, 42]. k. Zerlegung von monolithischen Systemen in intelligente Module in Form von cyber-physischen Systemen [38, 39, 42].

14.2.1.4 Problem-Lösungs-Fit

Geschäftsmodell-Innovationen können Umsatzeinbußen bei den Lieferanten von Produktionsanlagen auffangen. Zum Beispiel in Folge einer längeren Lebensdauer oder Wiederverwendung der Anlagen. Sie sind daher eine wirtschaftliche Voraussetzung für die Beteiligung der Lieferanten an der Entwicklung und Umsetzung der Fluiden Produktion [8]. Deshalb wurde auf Basis bestehender Literatur analysiert, auf welche der zuvor ausgewählten Geschäftsmodellmuster aus Tab. 14.2 die Einflussgrößen aus den Customer Jobs, Pains und Gains in Tab. 14.3 einwirken. Die Zuordnung der Geschäftsmodell-Muster

Tab. 14.4 Übereinstimmung zwischen Ansätzen zur Geschäftsmodell-Innovation und rekonfigurierbaren Produktionssystemen [16, 21, 24]

Wert-Angebote	Customer Jobs		Customer Pains			Customer Gains					
	a	b	c	d	e	f	g	h	i	j	k
Cross Selling & Solution Provider[1]	■	■				■					
Mass Customization & Add On[2]		■				■	■				
Guaranteed Availability[3]									■		
Fractionalized Ownership[4]		■									
Digitalization & Leverage Customer Data[5]	■	■	■	■	■	■	■	■	■	■	■
Rent Instead of Buy, Pay-per-Use and Performance-based Contracting[6]	■	■				■					

[a]Der Ansatz Solution Provider umfasst mehrere Konzepte, darunter „Factory within Factory", „Fence-to-Fence" und „Factory-as-a-Service". [43], die verschiedene Optionen bieten, um mit den zunehmenden Anforderungen an die Individualisierung, den kürzeren Produktlebenszyklen und der schwankenden Marktnachfrage umzugehen

[b]Die Modularisierung der Produktionsanlagen erhöht ihre Flexibilität und die allgemeine Skalierbarkeit der Produktionskapazität [38, 12, 27]

[c]Ein größeres Know-how der Zulieferer führt zu einer Steigerung der Instandhaltungseffizienz [38, 26]

[d]Sharing-Konzepte sind eine Option zur Maximierung der Auslastung oder zur Sicherstellung von Back-up-Produktionskapazitäten [29]

[e]Erhöhte Datentransparenz und Interoperabilität bieten eine Vielzahl neuer Möglichkeiten zur Prozessoptimierung [38, 33, 12]

[f]Alternativen zu Investitionsausgaben verringern das Investitionsrisiko und berücksichtigen kürzere Produktlebenszyklen sowie Änderungen der erforderlichen Produktionskapazität [44, 26]

zur Value Proposition Canvas wird in Tab. 14.4 dargestellt. Die Kombination aus „Digitalization & Leverage Customer Data" sticht hierbei besonders hervor.

14.2.2 Identifizierte Anwendungsfälle für die Fluide Produktion

Die acht Ansätze zur Geschäftsmodell-Innovation aus Tab. 14.2 wurden anhand von Interviews mit den Konsortialpartnern evaluiert. Auf Basis der Evaluation wurden die nachfolgenden Thesen aufgestellt:

- Die technologieorientierten Ansätze haben das größte Potenzial. Diese sind Digitalization & Leverage Customer Data und Pay-per-Use [34, 45].
- Externe Finanzierung spielt eine Schlüsselrolle für die Durchführbarkeit von Ansätzen, die auf einer Verlagerung weg von den Kapitalkosten basieren. Dazu gehören Rent Instead of Buy, Pay-per-Use und Performance-based Contracting [26].

- Eine der größten Herausforderungen für die Anbieter von Produktionsanlagen bei der Umsetzung von Datenmehrwertdiensten besteht in der Preispolitik. Die Preispolitik muss in einem angemessenen Verhältnis zu dem vom Kunden wahrgenommenen Wert stehen, um die Akzeptanz der Datenmehrwertdienste zu fördern [30, 46].
- Das Erreichen des angestrebten Flexibilitätsniveaus in der Fluiden Produktion stellt ohne Anpassung der damit verbundenen Geschäftsmodelle ein Risiko für die Zulieferer von Maschinen und Anlagen dar.

Drei der acht Ansätze wurden von den Konsortialpartnern der ARENA2036 als besonders vielversprechend eingeordnet. Diese Ansätze sind:

1. die Digitalisierung von Fabrikanlagen (Digitalization),
2. die Analyse von Prozessdaten (Leverage Customer Data) und
3. alternative Preismodelle, wie z. B. Pay-per-Use and Performance-based Contracting

Für diese Ansätze wurden potenzielle Geschäftsmodell-Innovationen entwickelt. Das Ergebnis dieses Innovationsprozesses wird in Tab. 14.5 vorgestellt.

Tab. 14.5 Geschäftsmodell-Innovationen für die Fluide Produktion der ARENA2036

Geschäftsmodell-Muster	Geschäftsmodell	Kurzbeschreibung
Digitalisierung von Fabrikanlagen	Ökobilanzierung	CO_2-Tracking in Echtzeit mit verursachungsgerechter Zuordnung und Monitoring der CO_2-Äquivalente über Produkt oder Produktionsressource
Solution Provider	Predictive Development	Erfassung und Auswertung der Einsatzfrequenz, der Umrüstzeit und der Fehlerquote bestehender Anlagen in Echtzeit. Produktverbesserungen oder neue Funktionalitäten können so in den Entwicklungszyklus integriert werden.
Analyse von Prozessdaten	Optimierung des Betriebsmitteleinsatzes	Automatisiertes Erkennen von Leistungsverlusten in einer Produktionslinie. Anzeige in einem Live-Dashboard.
Alternative Preismodelle	Pay-per-Use	Die Anlagenbetreiber bezahlen nicht für die Beschaffung, sondern für die Nutzung einer Produktionsressource. Sie können damit flexibel auf wirtschaftlich unsichere Zeiten reagieren.
Analyse von Prozessdaten	LeanDA	LeanDA ist ein autarkes „all-in-one"-Sensorset mit integrierter Prozessschritterkennung. Das Gesamtsystem ist in der Lage, durch Onboard-Sensorfusion und Algorithmen Prozessschritte, wie z. B. das Bewegen (Aufheben und Umdrehen) von Bauteilen oder den Einsatz von Elektrowerkzeugen wie bspw. Akkuschraubern, aufzunehmen.

(Fortsetzung)

Tab. 14.5 (Fortsetzung)

Geschäftsmodell-Muster	Geschäftsmodell	Kurzbeschreibung
Solution Provider	Pitasc	Die Programmierung der Montagebewegungen von Robotern mit Pitasc erfolgt durch den Einsatz eines umfangreichen Montageprozessbaukastens. Die einzelnen Bausteine können frei parametrisiert werden. Der modulare Aufbau passt sich jedem Roboter an – unabhängig von Marke und Technologie.
Digitalisierung von Fabrikanlagen	Menschenzentrierte Logistik	Bereitstellung einer gemeinsamen Planungsoberfläche für Flurförderzeuge und cyber physischer Produktionssysteme in der Logistik (Route, Spezifikationen (Gewicht, Anzahl usw.), Verfügbarkeit)
Digitalisierung von Fabrikanlagen	Flottenmanagement	Analysetool zur Optimierung des Einsatzes von fahrerlosen Transportsystemen, insbesondere der Reduzierung nicht wertschöpfender Routen (z. B. Leerfahrten)
Analyse von Prozessdaten	Smarte Ladungsträger	Verbesserte Verteilung der Maschinenstundensätze auf die Herstellkosten eines Produkts über den intelligenten Ladungsträger. Dieser kennt den zugehörigen Auftrag zum Inhalt.

14.3 Datenbereitstellung auf Basis von RAMI4.0

14.3.1 Entwicklung von RAMI4.0-Teilmodellen

Die für Smart Services notwendigen Daten können über die RAMI4.0-Teilmodelle spezifiziert und über Merkmale extrahiert werden. Merkmale sind Eigenschaften wie Parameter, Methoden, Fähigkeiten oder Zustände und werden in themenspezifischen Paketen, den sogenannten Submodellen, zusammengefasst [47]. RAMI4.0-Teilmodelle stellen die Merkmale über den gesamten Wertschöpfungsprozess zur Verfügung [42, 47] und bieten Vorteile wie verteilte Entwicklung, Erweiterbarkeit, Anpassbarkeit, Flexibilität, Modularität und Wiederverwendbarkeit [42].

In Abb. 14.1 wird die Verbindung zwischen Geschäftsmodellen, Smart Services und Merkmalen als m:n:p-Beziehung dargestellt. Merkmale, z. B. die Leistungsaufnahme eines Gerätes in Watt, können in mehreren Smart Services und Geschäftsmodellen verwendet werden [48].

Zur Beschreibung von Betriebsmitteln wurde die I4.0-Komponente eingeführt (DIN SPEC 91345:2016-04) [49]. Die I4.0-Komponente ist definiert als Kombination aus Betriebsmittel, Verwaltungsschale und digitaler Anbindung an ein I4.0-System [50]. Die Verwaltungsschale kategorisiert die Betriebsmittel im RAMI4.0-Schichtenmodell. Gemäß

Abb. 14.1 Beziehung zwischen Geschäftsmodellen, Smart Services und Merkmalen

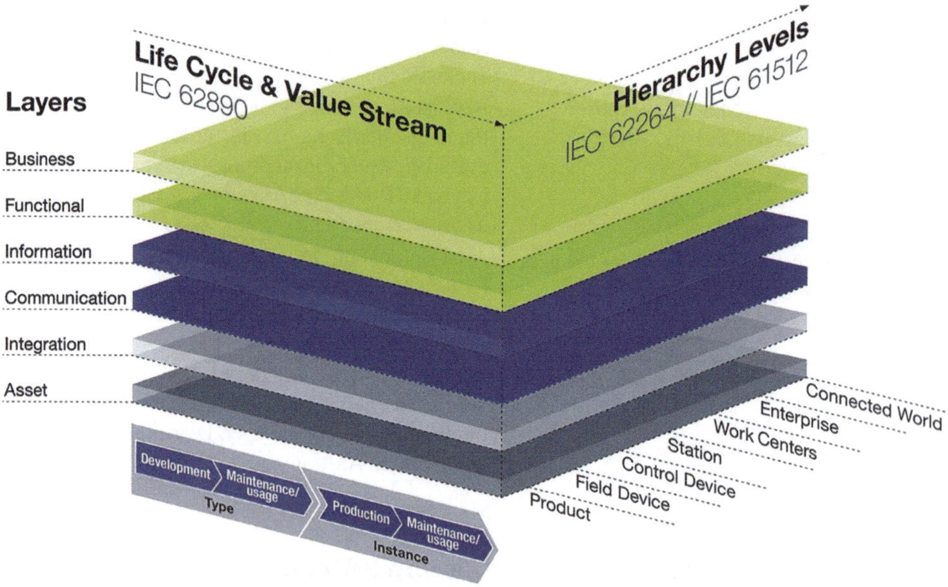

Abb. 14.2 Referenzarchitekturmodell Industrie 4.0 (RAMI4.0)

DIN SPEC 91345:2016-04 ist RAMI4.0 ein dreidimensionales Modell, das komplexe Zusammenhänge in handhabbare Pakete unterteilt, um eine gezielte Einordnung in Industrie 4.0 zu ermöglichen [49, 51]. Ziel ist es, eine hinreichende Beschreibung eines Objektes für Industrie-4.0-Anwendungen in drei Dimensionen zu erreichen [49, 52]. Die Architekturachse ermöglicht die Erfassung relevanter Informationen auf mehreren funktionalen Ebenen. Die Lebenszyklusachse stellt die Position des Objekts in der Wertschöpfungskette dar. Die Hierarchieachse beinhaltet die Einordnung des Objektes hinsichtlich der Reichweite der digitalen Informationen (Abb. 14.2) [49, 52].

14.3.2 Aggregation von Merkmalen aus Smart Services

Die aus den Geschäftsmodellen und Smart Services abgeleiteten Informationen werden in der Verwaltungsschale einer I4.0-Komponente definiert. Dies wird nachfolgend anhand von zwei Geschäftsmodell-Innovationen (Automatisierte Ökobilanz [G1] und Pay-per-Use [G2]) erläutert, siehe Tab. 14.6. Innovation G1 bezieht sich auf die automatisierte

Tab. 14.6 Ableitung von Smart Services D1 bis D9 und Merkmalen M1 bis M13 aus den Geschäftsmodellen G1 „Automatisierte Ökobilanz“ und G2 „Pay-per-Use“ [53]

G_n	Geschäftsmodell	D_n	Smart Services	M_n	Merkmal
G_1	Automatisierte Ökobilanz *Value Proposition*: CO_2-Bilanz mit CO_2-Fußabdruck pro Maschine oder Produkt *Value Chain*: Erfassung der Energie- und Betriebsstoffverbräuche, Multiplikation mit der CO_2-Äquivalenten *Profit Mechanism*: Abonnentenmodell	D_1	CO_2-Äquivalente: pro Betriebsmittel	M_1	Emissionsfaktor u. Energie-Mix
				M_2	Leistung
				M_3	Bearbeitungszeit Prozess
				M_4	Produkt-/ Auftragszuordnung
				M_5	Betriebsstoff-Input
		D_2	CO_2-Äquivalente: pro Produkt	M_3	Bearbeitungszeit Prozess
				M_2	Leistung
				M_4	Produkt-/ Auftragszuordnung
				M_5	Betriebsstoff-Input
		D_3	Prognose der CO_2e-Abgabe	M_6	Zukünftiges Produktionsprogramm
				M_7	∅ CO_2 Äquivalente pro Produkt
				M_8	∅ CO_2 Äquivalente pro Betriebsmittel
				M_9	Prognose Veränderung des Energie-Mixes
G_2	Pay-per-Use *Value Proposition*: Reduzierung des Investitionsrisikos in Anlagen und Maschinen *Value Chain*: Erfassung der Nutzungsdauer direkt über das Asset *Profit Mechanism*: Nutzungsdauer multipliziert mit kundenindividuellem Stundensatz	D_4	Betriebsmittelnutzung über Zeit	M_{10}	Betriebsmittelnutzung
		D_5	∅ Betriebsmittelauslastung	M_{10}	Betriebsmittelnutzung
				M_{11}	Betriebsdauer
		D_6	Umsatz pro Betriebsmittel	M_{10}	Betriebsmittelnutzung
				M_{12}	Angebotsstundensatz
		D_7	Kosten pro Betriebsmittel	M_{10}	Betriebsmittelnutzung
				M_{13}	Maschinenstundensatz
		D_8	Gewinn pro Betriebsmittel	M_{13}	Maschinenstundensatz
				M_{10}	Betriebsmittelnutzung
				M_{12}	Angebotsstundensatz
		D_9	Herstellkosten	M_{13}	Maschinenstundensatz
				M_{10}	Betriebsmittelnutzung

Erstellung einer Ökobilanzierung, in der prognostizierte CO_2-Fußabdrücke und CO_2-Einsparpotenziale einer Anlage ermittelt werden. Diese Informationen werden in Echtzeit aus den Anlagen und Betriebsmitteln gewonnen und mit den CO_2-Emissionen multipliziert. Die Ökobilanz wird dem Betreiber zur Verfügung gestellt. Innovation G2, Pay-per-Use, beabsichtigt die Möglichkeit für den Betreiber, Maschinen ohne Anschaffungskosten zu nutzen. Stattdessen wird die Nutzung mit einem Kostensatz multipliziert und dem Betreiber in Rechnung gestellt. In Tab. 14.6 wurden auf Basis von G1 und G2 die zugehörigen Smart Services und Merkmale explorativ abgeleitet. Merkmale, die in mehreren Smart Services verwendet werden, können ohne weitere Spezifikation unterschiedlich interpretiert werden.

14.3.3 Digitale Abbildung der Betriebsmitteldaten

Um eine hersteller- und nutzerübergreifende Interoperabilität zu erreichen, müssen Merkmale mit Attributen, Definitionen und Qualifiern (dt.: Kennzeichnungen) spezifiziert werden. Es können mehrere Merkmalstypen verwendet werden, um Parameter, Fähigkeiten und Zustände zu unterscheiden. Um einen Merkmalstyp zu erstellen, muss ein gemeinsames Minimum an Attributen festgelegt werden. Der Qualifier bestimmt, ob ein Attribut obligatorisch, optional oder freiwillig ist. Es wird empfohlen, die ermittelten Merkmale mit bestehenden Standards zu vergleichen. Ein Beispiel ist das Merkmal M2 (Leistung), das in ISO 14955-3:2020 als „Leistungsaufnahme" definiert ist (Tab. 14.7). Für andere Merkmale wie M1 (Energiemix) und M5 (Betriebsmitteleinsatz) konnten ebenfalls bestehende Normen gefunden werden. Daher wurde das Merkmal M5 „Betriebsstoff-Input" in zwei Merkmale „Kühlmittelverbrauch" und „Schmiermittelverbrauch" unterteilt.

Tab. 14.7 Attribute, Definitionen und Qualifier zur Standardisierung von Teilmodell-Merkmalen des Typs „property" am Beispiel des Merkmals M2 [Leistung] [53–56]

Attribut	Definition	Qualifier	Beispiel: M_2, Leistung
Property Name	Mensch- und maschinenlesbare Bezeichnung des Merkmals als „string" aus dem Namensraum des Assets. Das Attribut wird als Bezeichnung in der Serialisierung verwendet.	Verpflichtend	power_consumption [Leistungsaufnahme] (vgl. ISO 14955-3, 2020, S. 9)
Description	Beschreibung und Erklärung des Merkmals in Volltext zur Bereitstellung benötigter Informationen.	Verpflichtend	Beschreibt die aktuelle Leistungsaufnahme des Betriebsmittels
Semantic ID	Semantische Beschreibung des Merkmals zur Hersteller- und Lebenszyklus, übergreifenden Interoperabilität und eindeutigen Identifikation.	Optional	0173-1#02-AAG332#002 (ECLASS ID)
Data Type	Definiert den Datentyp des Merkmals.	Basis	float [Fließkommazahl]
Value List	Definiert erlaubte Werte bzw. Zustände, die das Merkmal repräsentieren kann.	Frei	Value > 0
Value Format	Legt das Format, Dezimalstellen, Zahlensystem oder Anzahl an Zeichen des Merkmalwerts fest.	Frei	2 Dezimalstellen
Unit of Messure	Definiert die Einheit des Merkmals nach DIN EN ISO 80000 (2013) bspw. SI-Einheiten.	Optional	W [Watt]

14.3.4 Entwicklung der Teilmodelle

Inhaltlich nahestehende Merkmale werden in Teilmodellen zusammengeführt. Bei der Bildung der Teilmodelle wird auf bestehende Normen und Standards zurückgegriffen, um eine einheitliche Zuordnung der Merkmale zu den Teilmodellen zu erleichtern [55]. In Tab. 14.8 sind Beispiele für Teilmodelle aus bestehenden Normen und praktischen Anwendungen aufgeführt. Am Beispiel des Teilmodells „Energieeffizienz“ wird nachfolgend beschrieben, wie Teilmodelle entwickelt werden [57, 58]. Die diskutierten Merkmale (power_consumption, coolant_consumption, lubricant_consumption und energy_mix) werden dem Teilmodell „Energy Efficiency“ zugeordnet, da sie inhaltlich mit der Leistungsaufnahme (Energie und Betriebsstoffe) verknüpft sind. Durch die Standardisierung der Merkmale in Tab. 14.7 und die Zusammenführung der Merkmale ergibt sich die Spezifikation des Teilmodells „energy_efficiency“ (Abb. 14.3). Die Merkmale werden angepasst oder unverändert übernommen. Das Teilmodell wird entweder für alle Betriebsmittel verbindlich oder als betriebsmittelabhängig (z. B. nur für Drehmaschinen) klassifiziert. Für jedes Teilmodell wird eine JSON-Serialisierung erzeugt, um eine direkt implementierbare Vorlage der Teilmodelle zu erhalten [59].

14.3.5 Methodisches Vorgehen zur Entwicklung der Teilmodelle

Die Entwicklung von Teilmodellen stellt eine große Herausforderung dar, weil Betriebsmittel in der Regel nicht standardisiert und nicht interoperabel sind. Im Umfeld der Flui-

Tab. 14.8 Beispiele für bestehende Teilmodelle aus der Wissenschaft, Normung und Praxis [53]

Teilmodel-bezeichnung	Teilmodell-Beschreibung	Norm
Identification	Teilmodell zur eindeutigen Identifikation und Beschreibung des Betriebsmittels bzw. Assets. Stellt alle benötigten Informationen bereit	DIN SPEC 91345:2016-04, ISO/TS 29002-5:2009
Technical Data	Teilmodell, das die technischen Eigenschaften eines Betriebsmittels bzw. Asset bereitstellt. Nimmt die Funktion des digital technischen Datenblatts ein	VDI 2770 Blatt 1:2020
Documentation	Teilmodell zur Bereitstellung der für die Dokumentation relevanten Dokumente. Wie Betriebsanleitungen, Wartungsanleitungen, Sicherheitszertifikate usw.	VDI 2770 Blatt 1:2020
Digital Nameplate	Stellt alle Informationen bereit, die für die Kennzeichnung von Betriebsmitteln verpflichtend sind.	Maschinenrichtlinie 2006/42/EG
Energy Efficiency	Teilmodell zur Bereitstellung von Energie- und Verbrauchswerten eines Betriebsmittels z. B. zur Ermittlung der CO_2-Emmissionen pro Betriebsmittel	DIN EN ISO 14044:2018-05, ISO 20140-1:2019

Teilmodellbeschreibung								
Name	energy_efficiency							
SemanticID	NA							
Revision	0.0.1							
Qualifier	generic							
Description	Beschreibt die Energiekennzahlen eines Betriebsmittels in Anlehnung an DIN EN ISO 50001:2018 sowie DIN EN ISO 14044:201							
Merkmalsbeschreibung: Property								
Property Name	Description	SemanticID	Data Type	Complex Properties	Data Type	Value Format	Unit of Messure	Qualifier
power_consumption_actual	Beschreibt die aktuelle Leistungsaufnahme des Betriebsmittels	0173-1#02-AAG332#002	number	NA	NA	NA	W	basic
coolant_consumption	Beschreibt Kühlmittelverbrauch der letzten Stunde	NA	number	NA	NA	NA	l/h	optional
lubricant_consumption	Beschreibt den Schmierstoffverbrauch der letzten Stunde	NA	number	NA	NA	NA	l/h	optional
energy_mix	Beschreibt den Strommix des Betriebsmittels. Prozentualer Anteil der jeweiligen Erzeugungsart. Unterscheidung in Braunkohle, Steinkohle, Kernenergie, Erdgas, Mineralöl, Windkraft onshore, Windkraft offshore, Wasserkraft, Biomasse, Photovoltaik, Hausmüll, Geothermie	NA	object	Braunkohleanteil	number	0...1	%	basic
				Steinkohleanteil	number	0...1	%	basic
				Kernenergieanteil	number	0...1	%	basic
				Erdgasanteil	number	0...1	%	basic
				Mineralölanteil	number	0...1	%	basic
				Windkraft onshore Anteil	number	0...1	%	basic
				Windkraft offshore Anteil	number	0...1	%	basic
				Wasserkraftanteil	number	0...1	%	basic
				Biomasseanteil	number	0...1	%	basic
				Photovoltaikanteil	number	0...1	%	basic
				Hausmüllanteil	number	0...1	%	basic
				Geothermieanteil	number	0...1	%	basic

Abb. 14.3 Exemplarische Teilmodell-Spezifikation (Energy Efficiency)

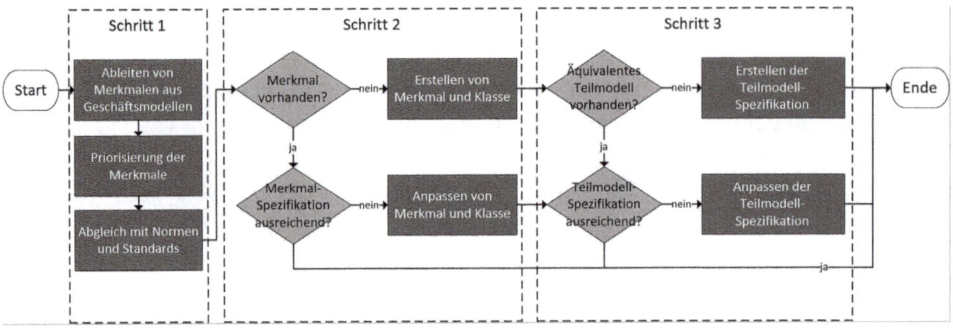

Abb. 14.4 Methode zur Entwicklung von Teilmodellen aus Smart Services

den Produktion wurde eine Methode entwickelt, um Teilmodelle, insbesondere die Merkmale, aus Geschäftsmodellen abzuleiten. Diese Merkmale werden in einer eigenen Teilmodell-Spezifikation zusammengefasst. Die Methode umfasst drei Schritte: Aggregation, Verifikation und Zuordnung zu Teilmodellen. Diese Schritte werden in Abb. 14.4 visualisiert.

Schritt 1: *Aggregation* von Merkmalen aus Smart Services

Der erste Schritt besteht darin, Merkmale aus bereits geplanten Smart Services zu identifizieren und zu priorisieren. Die Merkmale werden anhand aktueller Normen überprüft und an diese angepasst, um Redundanzen zu vermeiden. Standardisierte Teilmodelle werden z. B. durch die Plattform Industrie 4.0 [18] sowie das Forschungsprojekt InterOpera veröffentlicht [60].

Schritt 2: *Überprüfung* von vorhandenen Merkmalsausprägungen

Der zweite Schritt besteht darin, die Merkmale aus dem ersten Schritt auf ihr Vorhandensein im Digitalen Zwilling zu überprüfen. Bestehende Merkmale werden angepasst, während neue Merkmale standardisiert werden. (Tab. 14.7).

Schritt 3: *Zuordnung* beabsichtigter Merkmale zu Teilmodellen des Digitalen Zwillings

Im dritten Schritt werden beabsichtigte Merkmale dem Digitalen Zwilling zugeordnet. Dies kann entweder durch Integration in bestehende Teilmodelle oder durch die Entwicklung neuer Teilmodelle erfolgen. Der Nutzen und die wirtschaftliche Relevanz jedes Teilmodells müssen hervorgehen, und die finalisierte Teilmodell-Spezifikation wird in einer JSON-Serialisierung bereitgestellt [42].

Dieses Vorgehen wurde auf die Geschäftsmodell-Innovationen Ökobilanzierung, Pay-per-Use und Optimierung des Betriebsmitteleinsatzes aus Tab. 14.5 angewendet. Neben dem bereits vorgestellten Teilmodell „energy_efficiency" wurden vier weitere Teilmodelle entwickelt. Diese sind „financial_kpi", „machinestat", „nameplate" und „process_information". Die genannten Teilmodelle werden nachfolgend in Tab. 14.9 nach ihrer Bezeichnung, einer Kurzbeschreibung und exemplarischer Merkmale zusammengefasst.

Tab. 14.9 Entwickelte Teilmodelle für die Verwaltungsschale der ARENA2036

Bezeichnung (name)	Beschreibung (description)	Exemplarische Merkmale (properties)
energy_ efficieny	Das Teilmodell beschreibt die Energiekennzahlen eines Betriebsmittels in Anlehnung an DIN EN ISO 50001:2018 sowie DIN EN ISO 14044:2018-05	• powersource, • power_ consumption, • battery_capacity
financial_kpi	Wirtschaftliche Kennzahlen des Assets für das Rechnungswesen.	• payperuse_rate • machinehourly_ rate
machinestate	Betriebsstatus des Assets	• active_state
nameplate	Statische Geräteinformationen gemäß der Definition in E DIN VDE V 0170-100 VDE V 0170-100:2019-10, DIN SPEC 91345, 2016, S. 91; ISO/TS 29002-5, 2009.	• manufacturer • supplier • operator • location
process_ information	Bereitstellung von Produktionsprozessdaten für die Bildung von Kennzahlen und Verwendung von betriebswirtschaftlichen Anwendungen. Auf Grundlage von VDMA 24582, VDMA 66412 und ISO 22400.	• machine_ capability • process_start • process_end • process_duration • order_id

14.4 Demonstrator CESA³R-Montagesystem

Die entwickelten Teilmodelle wurden vom Konsortialpartner Robert Bosch GmbH prototypisch implementiert. Als Basis wurde das Produktionssystem CESA³R herangezogen. Hierzu wurde auf die bestehende Infrastruktur der ARENA2036 zurückgegriffen: Im Netzwerk der ARENA2036 wird ein gemeinschaftlicher MQTT-Broker betrieben. Auf dem CESA³R-Produktionssystem wurde ein MQTT-Client aufgesetzt, der die Betriebsmitteldaten entsprechend der Standardisierung in den Teilmodellen auf dem MQTT-Broker publiziert.

14.4.1 Einführung CESA³R

Mit dem „Concept for an Engineering free Scalable Advanced Automated Assembly system for rapid Ramp-up", kurz CESA³R, wurden die technischen Grundlagen für die Modularisierung einer Maschine und eines Produktionssystems geschaffen. Die Modularisierung sowohl in der Hardware als auch in der Software ermöglicht eine einfachere (Re-) Konfiguration und schnellere (Re-)Inbetriebnahme von Maschinen. Die Prozessmodule des CESA³R-Konzepts (Mechatronische Objekte) bestehen aus einem standardisierten Prozessträger und einer Prozesseinheit, die wiederum aus einem bauteilunabhängigen Teil und bauteilspezifischen Komponenten besteht. Jeder Prozessträger enthält eine Spannvorrichtung, ein Lokalisierungssystem sowie eine eigene kleine Steuerung und die Möglichkeit zur Selbstbeschreibung des aus Prozessträger und Prozessmodul bestehenden Mechatronischen Objekts (MO).

Die integrierte Steuerung ermöglicht eine vollständige Kapselung der Funktionalität des MO und über das integrierte Lokalisierungssystem ist das MO in Verbindung mit einem geeigneten Codefeld in der Lage, seine Position im Arbeitsraum der Maschine selbst zu bestimmen und an andere MO, wie z. B. einen Roboter weiterzugeben. Damit ist unabhängig von der Position des MO in der Maschine eine schnelle Inbetriebnahme ohne zusätzliches Teachen des Handlingsystems (z. B. Roboter) möglich.

In modularen wandlungsfähigen Montageanlagen können in Verbindung mit MO unterschiedlichste Montageaufgaben schnell und einfach realisiert werden. Die MO können dabei frei kombiniert, ergänzt und ausgetauscht werden. Nur Eigenschaften der Basis-Zelle, wie z. B. Zellengröße, Robotertraglast etc. begrenzen die Wandlungsfähigkeit und die Produktivität des Systems. Der Montageablauf wird dabei über Prozessbausteine konfiguriert. Diese können durch den Anwender in der gewünschten Reihenfolge angeordnet werden.

Durch die Anbindung der Mechatronischen Objekte des CESA³R-Systems an den MQTT-Broker können die Daten über den Produktionsvorgang und z. B. den Energieverbrauch des CESA³R Systems für die Mehrwertdienste zur Verfügung gestellt werden. Für die Erfassung des Energieverbrauchs wurde das CESA³R-System um das Energiemesssystem SmartPi 2.0 der nD-enerserve GmbH erweitert (Abb. 14.5). Dieser erlaubt es, Ströme, Spannungen und die abgerufene Leistung zu erfassen. Das System verfügt außerdem über eine bereits integrierte MQTT-Schnittstelle, die eine einfache Übermittlung der Daten an den MQTT-Broker ermöglicht.

In Abb. 14.6 ist eine Übersicht über die aktuell auf dem MQTT-Broker bereitgestellten Daten dargestellt. Neben den bereits tatsächlich am System erfassten Daten, wie z. B. dem Energieverbrauch („power_consumption_actual") oder dem Status der Maschine („machinestate"), werden aktuell auch noch zusätzliche Dummy Daten, wie z. B. der Kühl- und Schmiermittelverbrauch („coolant_consumption" und „lubricant_consumption") an den Broker gesendet. Darüber hinaus besteht die Möglichkeit, maschinenspezifische Prozess-

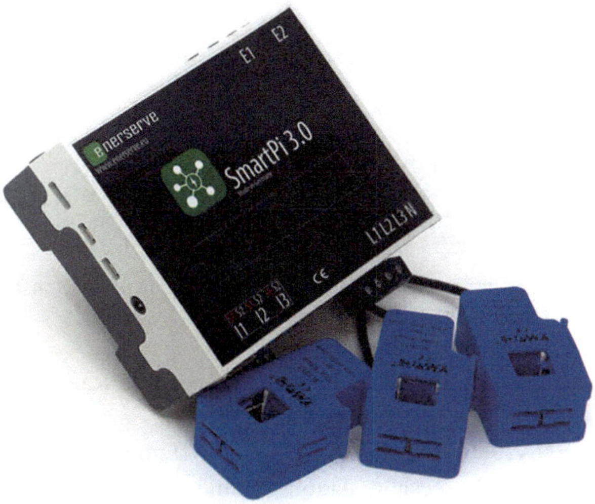

Abb. 14.5 Energiemesssystem SmartPi 2.0 der nD-enerserve GmbH

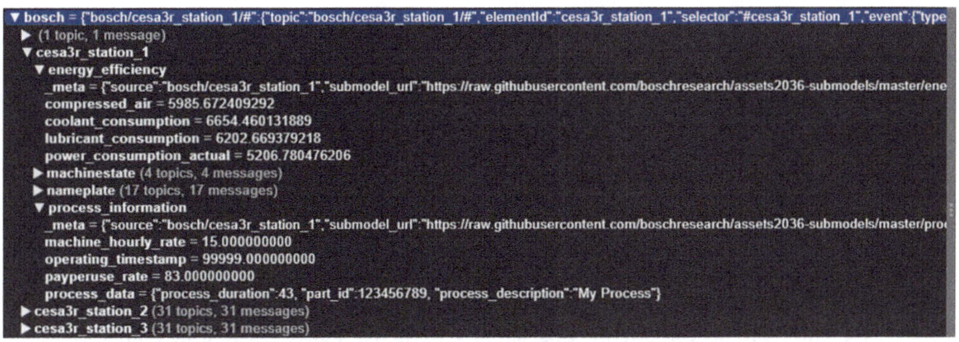

Abb. 14.6 Screenshot aus dem MQTT-Broker mit denbereitgestellten Daten des CESA^{3}R-Systems

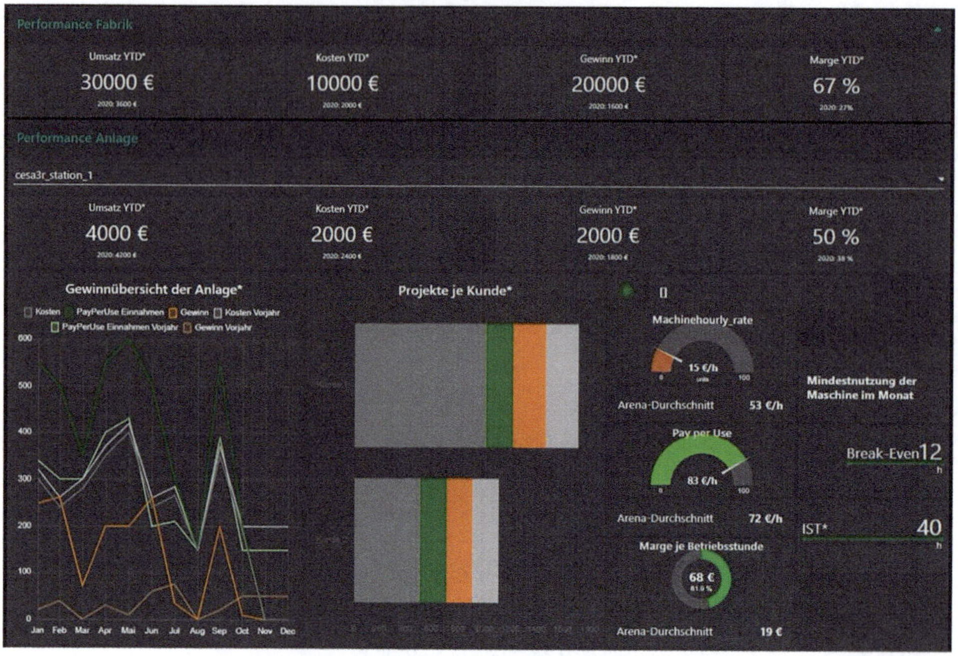

Abb. 14.7 Entwicklungsstand des Dashboards für den Datenmehrwertdienst zur Analyse und Optimierung des Produktionsprozesses

daten, wie den Maschinenstundensatz oder eine Pay-per-Use-Rate an den Broker zu übermitteln („machine_hourly_rate" und „payperuse_rate").

Das auf der ARENA2036 vorhandene CESA³R-System wurde um zwei weitere virtuelle Stationen ergänzt (vgl. „cesa3r_station_2" und „cesa3r_station_3" in Abb. 14.6). Damit stand eine ausreichende Datengrundlage für die Entwicklung der Mehrwertdienste zur Verfügung.

Anschließend erfolgte eine prototypische Implementierung der ausgewählten Mehrwertdienste, die auf die im MQTT-Broker bereitgestellten Daten zurückgreifen. In Abb. 14.7 wirddas Dashboard zur Analyse und Optimierung des Produktionsprozesses dargestellt. Der Fokus dieses Dienstes liegt auf der Bereitstellung von Kennzahlen, wie Umsatz, Kosten oder auch Verfügbarkeiten. Die Kennzahlen können dabei auf unterschiedlichen Ebenen wie der Fabrik, der Anlage oder auch einem einzelnen Maschinenmodul (nicht in Abb. 14.7 dargestellt) in Echtzeit angezeigt werden.

14.4.2 Anbindung CESA³R via Smart Pi

Abb. 14.8 zeigt einen Screenshot des MQTT-Brokers. Darin enthalten sind die Assets „ceas3r_station_1", „ceas3r_station_2" und „ceas3r_station_3". Alle Fertigungszellen überliefern die Merkmale der Teilmodelle „nameplate", „energy_efficiency", „process_in-

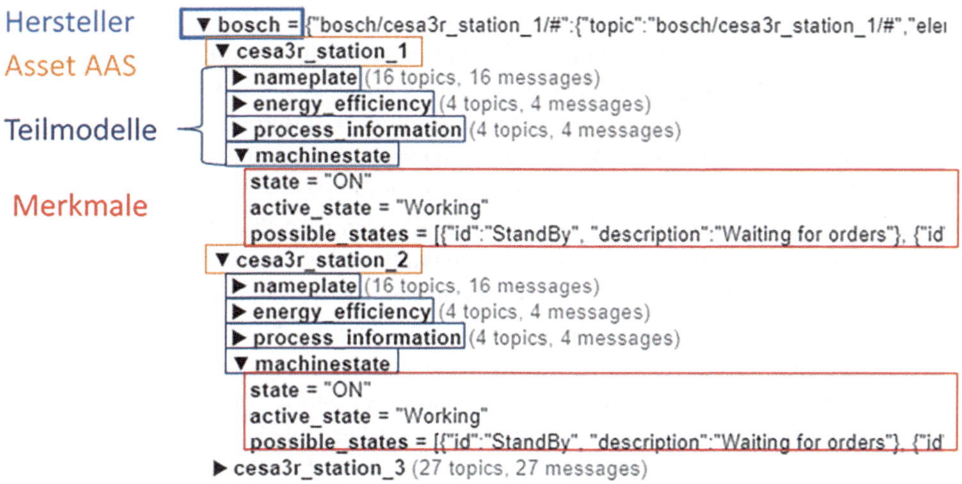

Abb. 14.8 Screenshot aus dem MQTT-Broker

formation" und „machinestate". Die Merkmale „state", „active_state" und „possible_states" aus dem Teilmodell „machinestate" beschreiben den Zustand der Ressource. Die Echtzeitüberwachung wurde damit bereits rudimentär möglich.

14.5 Datenmehrwertdienste für ausgewählte Anwendungsfälle

Aufbauend auf der prototypischen Implementierung der Teilmodelle mit dem CESA³R-Montageystemen wurden für ausgewählte Datenmehrwertdienste (Echtzeitüberwachung, Pay-per-Use, Ökobilanzierung, LeanDA) Dashboards konzipiert. Die Auswahl dieser Datenmehrwertdienste basiert auf der Regelkommunikation zwischen den Konsortialpartnern der Robert Bosch GmbH und den Wissenschaftlern des Fraunhofer IPA. Im Rahmen der Regelkommunikation wurden die Teilmodelle iterativ angepasst. Im Anschluss wurden die Teilmodellbeschreibungen an weitere Entwicklungspartner verteilt (KUKA, Bär, Faro, Daimler) und schrittweise in die Verwaltungsschale (MQTT-Broker) implementiert.

14.5.1 Pay-per-Use

14.5.1.1 Problemstellung

Die Individualisierung von Produkten, kürzere Produktlebenszyklen und zunehmende Absatzschwankungen erfordern reaktionsschnelle und hocheffiziente Produktionssysteme mit flexiblen Losgrößen [2, 61]. Um diesen Anforderungen gerecht zu werden und erfolgreich am Markt bestehen zu können, müssen Unternehmen kontinuierlich die innere Komplexität, in Form von Prozessen, Wertschöpfungsketten und Unternehmensbereichen, der äußeren Marktkomplexität anpassen [5] Das unter diesen Bedingungen geeignete Produktionssystem wird mit der Fluiden Produktion erforscht. Produktionsmittel werden in ortsflexible Module aufgebrochen, um dynamisch Maschinensysteme bilden und auflösen zu können [62]. Die Anschaffung und Bereitstellung von Betriebsmitteln sind mit Investitionen verbunden. Wird die Anschaffung von vorgehaltenen Produktionskapazitäten zu früh oder gar unnötigerweise getroffen, fallen Fixkosten wie z. B. Abschreibungen an, die die Anlagenrentabilität schmälern. Bei freiwerdenden Betriebsmitteln, z. B. in Folge einer reduzierten Ausbringungsmenge, fallen ebenfalls Fixkosten an. In der Betriebswirtschaft wird in diesem Fall von der Kostenpermanenz gesprochen: „Kostenpermanenz: Kostenverlauf im Fall rückläufiger Beschäftigung, bei der die Gesamtkosten vielfach nicht auf der gleichen Kostenkurve zurücklaufen, mit der sie vorher bei steigender Beschäftigung zugenommen haben." [63] Während der Corona-Krise haben viele Unternehmen ihre Produktionskapazitäten heruntergefahren. Dies hatte zur Folge, dass Fertigungsunternehmen ihre Produktion flexibler gestalten mussten [64]. Kostenseitig fallen die fixen Kosten, z. B. die Abschreibungen auf Betriebsmittel, auch bei kleineren Ausbringungsmengen weiterhin an. Dies gefährdet die Liquidität der Unternehmen. Produzierende Unternehmen müssen Ihre Wertschöpfungssysteme daher überdenken und in eine leistungsorientierte Produktionsplanung übernehmen [65]. Die Investitionskosten in die Fluide Produktion sind verglichen mit der konventionellen Fließbandfertigung bedeutend höher. Demgegenüber kann die Fluide Produktion mit einer schnelleren Anpassungsfähigkeit punkten. Die Flexibilität und die kurzfristige Anpassungsfähigkeit der Produktionsanlage bei schwankenden Ausbringungsmengen ist nicht unmittelbar auf die Fixkosten der Anlage übertragbar. Vor allem bei einer Reduzierung der Ausbringungsmenge und gleichbleibenden Fixkosten sinkt die Rentabilität. Produzierende Unternehmen mit einem überdurchschnittlichen Fixkostenanteil sind davon besonders betroffen. Sie müssen, um wettbewerbsfähig zu bleiben, jedoch eine hohe Kostenflexibilität aufbringen können. Diese ist über den traditionellen Anlagenkauf bis dato nicht zu erwirken, siehe Abb. 14.9.

14.5.1.2 Wertversprechen und Ansatz

Produzierende Unternehmen suchen Optionen, um die Kosten in der Produktion flexibel an die Komplexität des Marktes anzupassen. Die Kostenflexibilität ist erreicht, wenn der

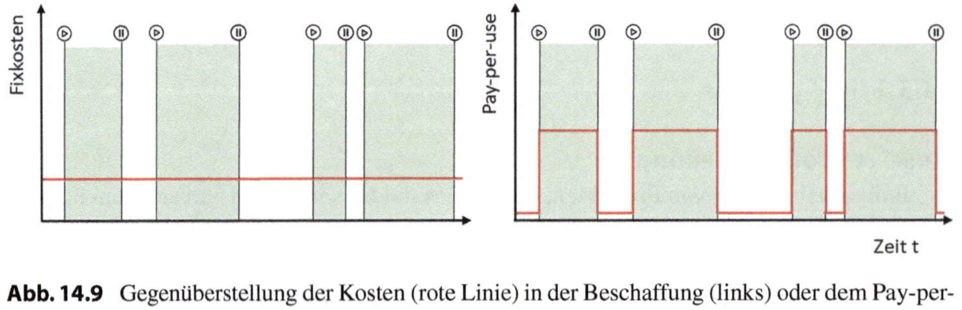

Abb. 14.9 Gegenüberstellung der Kosten (rote Linie) in der Beschaffung (links) oder dem Pay-per-Use-Ansatz (rechts) für Betriebsmittel abhängig von der Maschinennutzung (grün)

Anteil der beschäftigungsvariablen Kosten an den Gesamtkosten hoch ist [66]: Fixkosten werden in variable Kosten überführt [67]. Das heißt, die Anlagenkosten steigen und sinken proportional zur Ausbringungsmenge, sodass produzierende Unternehmen auch in volatilen Märkten ihre Rentabilitätsziele erreichen können. Der Anteil der Kosten des indirekten Leistungsbereichs an den Gesamtkosten wird geringer [66], denn Maschinenstundensätze können in Echtzeit über die Verwaltungsschalen auf die Herstellkosten von Aufträgen oder Batches zugeschlagen werden. Eine bereits in der Praxis etablierte Bezeichnung eines zutreffenden Geschäftsmodells ist das Pay-per-Use-Konzept. Pay-per-Use beabsichtigt, dass der Anlagenbetreiber nicht für die Beschaffung, sondern für die Nutzungsdauer der Anlage die Kosten in Rechnung gestellt bekommt. Sie können damit flexibel auf wirtschaftliche Situationen und unsichere Zeiten reagieren [68, 69]. Die Betriebsmittel bleiben während des Betriebs im Besitz des Systemintegrators. Bei einer Beendigung der Kundenbeziehung kann das Betriebsmittel einem anderen Interessenten zur Verfügung gestellt werden. Die Nutzungsdauer kann über diesen Ansatz gegenüber dem Produktionslebenszyklus hinaus verlängert werden. Eine Verlagerung des Kostenrisikos vom Betreiber zum Anbieter ist eine gängige Kritik an diesem Geschäftsmodell. Verglichen mit der Abschreibung und unter Berücksichtigung der längeren Lebensdauer können die Gesamterträge aus der Verwendung jene des Kaufpreises übersteigen.

Die Reduzierung des gebundenen Kapitals durch geringere Investitionen in Betriebsmittel führt zu einem höheren Anteil an frei verfügbaren finanziellen Ressourcen, dem sogenannten Working Capital. Ein höheres Working Capital bringt folgende Vorteile mit sich [64, 70]:

- Aufbau von Rücklagen, Senkung des Fremdkapitals, neue Investitionen
- Höhere Unternehmensrentabilität
- Bessere Bilanzkennzahlen
- Fertigungsunternehmen sind besser auf schwierige Zeiten vorbereitet

14.5.1.3 Markt und Kundenumfeld

Das Geschäftsmodell „Pay-per-Use“ ist für Branchen relevant, die in einem volatilen Markt agieren [71, 72]. Spätestens seit der Corona-Krise und dem Stillstand der industriellen Produktion ab März 2020 sind die Mehrwerte einer anpassungsfähigen Produktion mit hoher Kostenflexibilität nicht mehr von der Hand zu weisen. Das Geschäftsmodell „Pay-per-Use“ setzt vernetzte Betriebsmittel voraus, damit diese Nutzungsdaten erfassen und dem Anbieter zur Verfügung stellen können. Vernetzte Betriebsmittel sind Enabler der Smart Factory. Pay-per-Use wird für Unternehmen relevant, die in die Intelligente Fabrik investieren. Seit 2017 haben 49 % der Unternehmen der Automobilindustrie mehr als 250 Mio. € in die Intelligente Fabrik investiert [73]. Tendenz steigend: Die Branche beabsichtigt ihre Investitionen in Intelligente Fabriken zukünftig um mehr als 60 % zu steigern [74]. Neben der Automobilindustrie haben auch andere Industriezweige ehrgeizige Ziele, ihre bestehenden Fabriken in Intelligente Fabriken umzuwandeln, siehe Tab. 14.10.

Tab. 14.10 Industriezweige und beabsichtigte Zielgrößen bei der Umwandlung der Fabriken in Smarte Fabriken bis 2025 [74]

Industriezweig	Zielgröße (2025)
Automobilindustrie	44 %
Diskrete Fertigung	42 %
Prozessindustrie	41 %
Energie- und Versorgungswirtschaft	40 %
Konsumgüterindustrie	37 %

Automobilbau

Investitionsentscheidungen im Automobilbau werden mehrere Jahren im Vorlauf getroffen. Die Investitionsentscheidung fällt dabei häufig zugunsten der Lösung mit der höchsten Planungssicherheit aus. Zur Messung der Planungssicherheit wird der Erwartungswert herangezogen, eine monetäre Einheit, die auf der prognostizierten Ausbringungsmenge basiert. Der Erwartungswert setzt allerdings voraus, dass zukünftige Produktions- und Absatzszenarien plausibel sind. Wenn der Erwartungswert nicht bestimmt werden kann, z. B. aufgrund zu hoher Volatilität der Absatzprognosen, gewinnt die Flexibilität und Anpassungsfähigkeit an Bedeutung – z. B. die Skalierung der Anlage auf kleinere oder größere Produktionskapazitäten bei gleichzeitiger Anpassung der Kosten, sodass die Rentabilität erhalten bleibt. Unter der Prämisse, dass Fixkosten (z. B. Abschreibungen) in variable Kosten (z. B. nutzungsabhängige Gebühren) umgewandelt werden können, federt dieses Konzept das Risiko hoher Volatilität ab, verlagert aber das Kostenrisiko auf den Anbieter. Das Geschäftsmodell „Pay-per-Use" kann daher eine Alternative zur „klassischen" Investition darstellen.

Klein und Mittelständische Unternehmen

Mittelständische Unternehmen verfügen häufig nur über begrenzte liquide Mittel für Investitionen in Betriebsmittel und Produktionsanlagen. Mit Hilfe von Pay-per-Use und einem planbaren Kostenrisiko könnten auch mittelständische Unternehmen zum Aufbau weiterer Produktionskapazitäten überzeugt werden [75]. Um die Fixkostenproblematik nicht vollständig auf den Anbieter auszulagern, kann Pay-per-Use in der Praxis in Kooperation mit Kreditinstituten abgewickelt werden. Banken verfügen über die notwendige Infrastruktur und Expertise für Ratenzahlungen: Ein Pay-per-Use-Kredit eröffnet (…) völlig neue Finanzierungs- und Investitionsmöglichkeiten, die auf flexiblen Tilgungsraten basieren. Auf der anderen Seite rücken bei Pay-per-Use Fragen der Datennutzung und Datensicherheit in den Vordergrund. Sie erfordern vom kreditnehmenden Unternehmen ein hohes Maß an Offenheit gegenüber dem kreditgebenden Institut [76].

14.5.1.4 Technische Realisierbarkeit

Um das Geschäftsmodell einer Echtzeit-Betriebsmittelabrechnung umsetzen zu können, muss für jedes Betriebsmittel ein Abrechnungssatz in €/Zeiteinheit hinterlegt werden. Dieser Wert muss entsprechend einer vorab definierten Zeiteinheit mit der Nutzung (0 oder 1) multipliziert und über die Zeit integriert werden. Der Kern-Service beschreibt demnach die Kosten pro Betriebsmittel über die Zeit. Um diesen Service können weitere Services aufgesetzt werden:

- Über die Nutzung kann die Auslastung eines Betriebsmittels (OPE) bestimmt werden.
- Verglichen mit dem Maschinenstundensatz kann der Anbieter den Umsatz über die Zeit aufzeichnen und ggf. mit Prognosen über den Einnahmeverlauf versehen.
- Eine Erweiterung der Betriebsmittelnutzung um die Auftragsnummer ermöglicht die direkte Verteilung der Betriebsmittelkosten auf die Produkte und Aufträge.

Die Ausgangslage für die Services 1 bis 4 ist die Betriebsmittelnutzung als Boolean innerhalb einer Zeiteinheit. Dieser Wert kann aus vielerlei Parametern eines Betriebsmittels entnommen werden und ergibt sich über eine Änderung in einem Zeitintervall t.

Ein Betriebsmittel wurde in einem Intervall t verwendet falls:

- der gemessene Stromwert in t mindestens einmal über dem Bias lag,
- mindestens eine Koordinate im dreidimensionalen Raum (x, y, z) sich in t geändert hat (z. B. bei fahrerlosen Transportsystemen),
- die Achsstellung von mindestens einer Achse sich geändert hat (vor allem bei Industrierobotern).

Innerhalb der ARENA2036 und des Verbundprojektes FluPro ist eine rudimentäre Infrastruktur etabliert. Bereits eine Handvoll Betriebsmittel senden über MQTT in regelmäßigen Intervallen Daten zur Selbstbeschreibung. Achsstellungen der Robotik und Koordinaten der Transportsysteme sind auch implementiert, ebenso wie die Stromverbräuche. Eine InfluxDB-Datenbank sichert die Aufnahme der Werte über die Zeit ab. Bezüglich der Aussage, ob ein Betriebsmittel verwendet wurde (Boolean aus 0 oder 1) ist eine technische Implementierung möglich. Wirtschaftliche Kennzahlen werden über externe Quellen eingelesen. Darunter der Maschinenstundensatz und der Pay-per-Use-Satz.

14.5.2 Montagedatenerfassung mit dem System „LeanDA"

14.5.2.1 Problemstellung

Innerhalb der Automobilindustrie in Deutschland beabsichtigen die großen Hersteller (OEMs) wie Daimler, BMW und Audi bis 2025 35 % ihrer Produktionskapazitäten „smart" zu gestalten, d. h. unter Nutzung moderner Datenerfassungstechniken und datengetriebener Dienstleistungen. Als Weiterentwicklung der Smart Factory zeichnet sich das Konzept der Fluiden Produktion durch eine hohe Flexibilität und schnelle Rekonfigurierbarkeit aus. Hierfür und nicht zuletzt für die Implementierung von Datenmehrwertdiensten ist jedoch eine möglichst umfassende Prozess- und Betriebsmitteltransparenz erforderlich, um eine dynamische Planung zu ermöglichen. Für moderne Arbeitsmaschinen ist dies hinreichend gegeben, hier können die notwendigen Verfügbarkeits- und Kapazitätsdaten über geeignete Schnittstellen direkt aus den Maschinen ausgelesen werden. Für manuelle Arbeitsplätze, die auch in Zukunft benötigt werden (vor allem im Bereich der komplexen Montage, für die keine einfachen Automatisierungslösungen möglich sind), gibt es keine umfassende Lösung zur echtzeitnahen Erfassung des Verfügbarkeitszustandes und der Kapazität/Bestückung. Diese Lücke soll durch das flexible sensorbasierte Aktivitätserfassungssystem LeanDA geschlossen werden.

14.5.2.2 Wertversprechen und Ansatz

LeanDA erfasst Aktivitätsdaten am Montagearbeitsplatz, um einzelne Arbeitsschritte zu unterscheiden und z. B. Zeitstempel und Werkzeug-Nutzungsstatistiken aufzuzeichnen.

Die so erfassten Informationen erzeugen Transparenz in der Arbeit an Montagearbeitsplätzen und können unter anderem für folgende Auswertungen benutzt werden:

- Prozessoptimierung (z. B. Verschwendungs- und Zeitanalysen)
- Erzeugen von Montageanleitungen aus der Praxis bei fehlender Datengrundlage
- Finden von optimalen Montagevorgängen
- Ergonomiechecks
- Werkzeugtracking/Arbeitsplatzzuordnung

Zusätzlich dient die Datenerfassung an Montagearbeitsplätzen der Schließung von Datenlücken für alle anderen digitalen Geschäftsmodelle und der schnellen Einbringung von manuellen Arbeitsplätzen in eine digitale Verwaltungsschale.

Dazu greift LeanDA auf ein „All-in-One"-Sensorset mit integrierter Machine-Learning-Aktivitätserkennung zurück.

Es benutzt kleine drahtlose Sensorpakete, verbunden mit einem Datenempfangs- und Verarbeitungsgerät („Edge Device") über ein Bluetooth-Sternnetzwerk. Die batteriebetriebenen Sensorpakete werden an Bauteilen, Werkzeugen, Arbeitstischen und anderen Produktionsmitteln befestigt und nehmen Lage- und Bewegungsdaten zur Auswertung im Edge Device auf, siehe Abb. 14.10. Das Gesamtsystem ist in der Lage, durch Onboard-Sensorfusion und Machine-Learning Prozessschritte wie z. B. das Aufheben und Umdrehen von Bauteilen oder den Einsatz von Elektrowerkzeugen wie

Akkuschraubern Daten aufzunehmen. Dies schafft Prozesstransparenz und verbessert die Übersicht bei vorhandener Datenlage. Das Gesamtsystem ist kostengünstig und auf einfache Bedienung ausgelegt. Es kann temporär oder permanent installiert an manuellen Arbeitsplätzen zur Erfassung von Werkzeugplatzierungen, Wartungsdaten und Prozesszuständen eingesetzt werden.

14.5.2.3 Markt und Kundenumfeld

Weltweit werden die möglichen Einsparpotenziale durch Industrie 4.0- bzw. Internet of Things (IoT)-Technologien in der produzierenden Industrie durch Industrielle Automatisierung auf 230,5 Mrd. € geschätzt [2]. Die manuelle Montage wird allerdings nicht aus dem Portfolio der industriellen Fertigung verschwinden, sondern nur an Spezialisierung

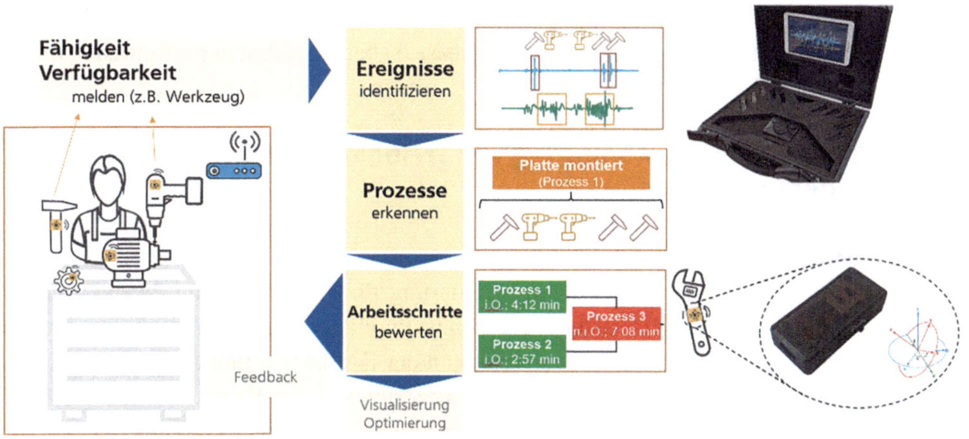

Abb. 14.10 Prozessoptimierung mit LeanDA

und Komplexität zunehmen, während die einfacheren Prozesse automatisiert werden. Durch den steigenden Komplexitätsgrad und den zunehmenden Fachkräftemangel steigt der Bedarf an transparenten, dokumentierten und gut trainierbaren Prozessen in der manuellen Montage. Assistenzsysteme an Montagearbeitsplätzen können hier Abhilfe schaffen, die meisten Systeme sind aber nicht einfach nachrüstbar oder erfordern sogar einen kompletten und kostenintensiven Umbau des Arbeitsplatzes, einschließlich Veränderung des Montageprozesses an sich. LeanDA bietet eine einfache Möglichkeit, vorhandene Prozesse mit Sensorik auszustatten und transparent zu machen.

Somit gehören zu den potenziellen Kunden alle Unternehmen, die komplexe Montageprozesse durchführen und die die Kosten einer kompletten Umrüstung auf digitalisierte Montagearbeitsplätze nicht tragen können oder nur einen kurzzeitigen Einsatz benötigen. Dazu gehören kleine und mittelständische Unternehmen (Kosten) ebenso wie größere Unternehmen (Kurzzeiteinsatz).

14.5.2.4 Technische Realisierbarkeit

LeanDA ist eine Stand-alone-Anwendung. Daher sind für einen Einsatz in der Produktion keine externe Datengrundlage oder bereits verfügbare Services in der Verwaltungsschale notwendig. Zur Verknüpfung mit Verwaltungsschalen besitzt LeanDA MQTT-, Kafka-Datenschnittstellen sowie eine Anbindung an gängige Datenbanken.

Die Sensorpakete werden mittels Steck- und Klebeadaptern an den Produktionsmitteln verwendet und können batteriebetrieben und mit verkabelter Stromversorgung genutzt werden.

Um eine dauerhafte Prozesstransparenz sicherzustellen, ist eine verkabelte Installation statt einer temporären, batteriebetriebenen notwendig. Außerdem muss vor der Installation sichergestellt werden, dass die Sensorpakete den Werker nicht bei der Arbeit behindern (z. B. keine Anbringung an Griffflächen von Werkzeugen).

Die Aktivitätserkennung benötigt eine anfängliche Einlernphase, die kurz ist (5–60 min, je nach Komplexität des zu beobachtenden Prozesses) aber unter Aufsicht stattfinden muss.

14.5.3 Echtzeitfähiges Monitoring von Treibhausgasemissionen in der Produktion

14.5.3.1 Problemstellung

Nachhaltigkeit wird zur inhärenten Herausforderung für die industrielle Produktion der Zukunft. Eine der planetaren Belastungsgrenzen ist durch das heutige Wirtschaften bereits überschritten worden [77–79]. Die Auswirkungen der Klimakrise und des Biodiversitätsverlusts sind bereits beobachtbar und spürbar. Angesichts dieser Herausforderungen sind die öffentliche Aufmerksamkeit sowie die Anforderungen der Gesetzgebungen und Kunden im Bereich Nachhaltigkeit stark gestiegen und müssen durch Unternehmen adressiert werden. So haben die Vereinten Nationen z. B. 2016 nachhaltige Produktion und nachhaltigen Konsum zu einem ihrer 17 Ziele für nachhaltige Entwicklung (SDGs) erklärt [80]. Es ist für Unternehmen also immer wichtiger, ihre Treibhausgasemissionen zu erfassen und im Anschluss zu reduzieren. Die Erhebung von solchen Daten verursacht in Unternehmen jedoch noch immer erheblichen Aufwand. Dieses ist auf die manuelle Erfassung der Daten im Unternehmen zurückzuführen.

Gleichzeitig erfährt die Industrie durch die Digitalisierung und die Integration intelligenter Technologien große Veränderungen. Verschiedene Autoren betonen daher, dass Digitalisierung zur effektiven Operationalisierung einer nachhaltigen Produktion beitragen kann, z. B. durch die Erhöhung der Verfügbarkeit relevanter Daten oder die Verbesserung der Entscheidungsgrundlagen [81, 82]. In der deutschen Normungs-Roadmap zu Industrie 4.0 wird zwar das generelle Potenzial angedeutet, eine detaillierte Diskussion über das Potenzial eines automatisierten Monitorings von Treibhausgaremissionen in der Produktion mithilfe eines digitalen Zwillings bzw. einer Verwaltungsschale findet jedoch nicht statt [83]. Zusätzlich existieren keine Lösungen zur automatisierten und echtzeitfähigen Überwachung der Treibhausgasemissionen, daher wird in den folgenden Unterkapiteln ein Ansatz dargestellt, der ein Monitoring von Treibhausgasemissionen in der Produktion mithilfe der Verwaltungsschale ermöglichen soll. Für diesen Datenmehrwertdienst wird nachfolgend auf die Value Proposition, das Markt- und Kundenumfeld sowie die technische Realisierbarkeit eingegangen.

14.5.3.2 Wertversprechen und Ansatz

In Unternehmen bietet die Verwendung einer Verwaltungsschale für das Monitoring von Treibhausgasemissionen eine Reihe von Vorteilen. Es ermöglicht die Echtzeitfähigkeit einer Steuerung, Entscheidungsfindung und Modifikation während der laufenden Produktion und ein schnelleres Erkennen von Anomalien oder Fehlern, was zu einer umweltorientierten Produktionsplanung und -steuerung führen kann. Eine höhere Datenverfügbarkeit in der Produktion und in den Phasen des Produktlebenszyklus, wie z. B. der Nutzung oder dem Ende der Lebensdauer, kann eine umweltorientierte Produktentwicklung ermöglichen. Durch die detaillierte und strukturierte Datenerfassung können Ressourcenverbräuche und monetäre sowie ökologische Kosten den entsprechenden Kostenstellen zugeordnet werden. Weitere Anwendungen sind Nachhaltigkeitsberichte und innerbetriebliche Wettbewerbe, z. B. zur Minimierung der Emissionen.

Überbetriebliche Anwendungen im Rahmen einer ökologischen Betrachtung können der Datenaustausch für Regulierungen (z. B. REACh, RoHS, WEEE) oder die Identifikation von industriellen Symbiosen sein. Auch kann durch die verfügbaren Daten im Ausblick eine automatisierte Ökobilanzierung von Produkten ermöglicht werden, die auf Echtdaten beruht, und der manuelle Aufwand kann drastisch reduziert werden. Durch die Bereitstellung von Informationen über die Produktzusammensetzung kann die Kreislaufwirtschaft beschleunigt werden.

Für die Umsetzung des Monitorings von Treibhausgasemissionen müssen automatisiert Daten erhoben werden, welche innerhalb der Fluiden Produktion vorhanden sind, siehe Abb. 14.11. Diese Daten können als Grundlage für ein Tracking und Monitoring von Treibhausgasemissionen in Echtzeit mit verursachungsgerechter Zuordnung genutzt werden. Im Rahmen des Geschäftsmodells soll dies in Form einer Software mit Beratung zur Datenerhebung und Nutzung umgesetzt werden. Durch die Beratung zur Datenerhebung wird sichergestellt, dass dieses Geschäftsmodell nicht nur im Rahmen der Fluiden Produktion, sondern auch in bestehenden Produktionen erfolgreich werden kann. Mithilfe des automatisierten Monitorings wird eine Aufschlüsselung der CO_2-Äquivalente nach Produkt, Auftrag, Kunde und Prozess sowie eine automatische Berechnung der potenziell zu zahlenden Abgaben für Treibhausgasemissionen ermöglicht. Eine Erprobung dieses Geschäftsmodells wurde in der ARENA2036 zunächst auf Basis des Energieverbrauchs umgesetzt, da diese Kennzahl einfach zu erheben ist.

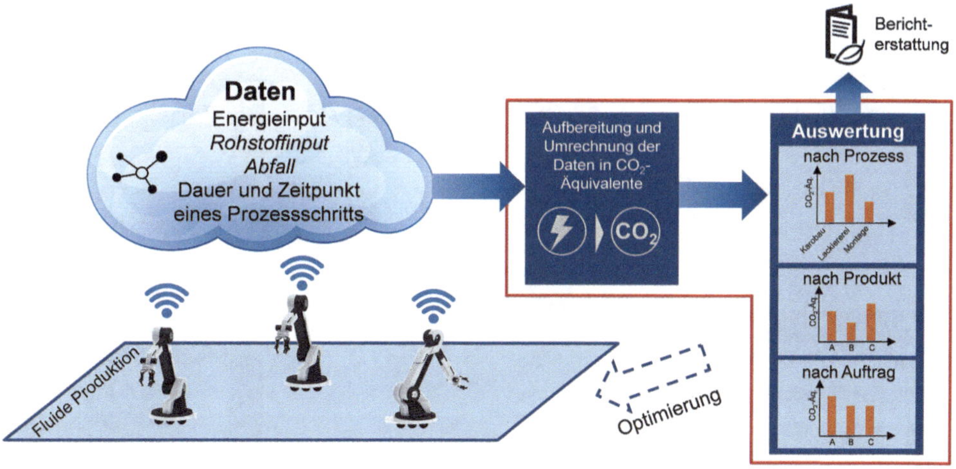

Abb. 14.11 Darstellung der automatisierten Ökobilanzierung

Die Vorteile für den Anwender ergeben sich durch die Erhöhung der Transparenz nach innen und gegenüber Kunden, eine Minimierung der Aufwände zur Datenerhebung und die Erhöhung der Datenqualität durch die automatisierte Aufnahme. Die erhobenen und verarbeiteten Daten können für die Nachhaltigkeitsberichtserstattung und für eine Produkt- und Produktionsprozessoptimierung nach Nachhaltigkeitskriterien verwendet werden. Durch die Echtzeitfähigkeit ist auch eine direkte Produktionssteuerung denkbar.

14.5.3.3 Markt und Kundenumfeld

Potenzielle Kunden sind produzierende Unternehmen, die in Zukunft Abgaben für Treibhausgasemissionen zahlen müssen oder Vorgaben durch ihre Kunden erhalten. Davon sind wahrscheinlich alle Unternehmen des verarbeitenden Gewerbes betroffen. Durch den zunehmenden Fokus auf Klimaneutralität werden OEMs auch ihre Zulieferer in Zukunft in die Pflicht nehmen, ihre Treibhausgasemissionen zu reduzieren. Ansprechpartner in diesen Unternehmen sind zum einen das Energie- und Umweltmanagerment, welches die gesetzlichen Regelungen umsetzen muss, und die Produktionsleitungen, die Transparenz über ihre Produktion erhalten möchten oder müssen.

Bei Einführung einer CO_2-Steuer oder auch bei Vorgaben durch Kunden müssen die verursachten Emissionen zunächst erfasst werden.

14.5.3.4 Technische Realisierbarkeit

In der ARENA2036 stehen für das Monitoring der Treibhausgasemissionen die notwendigen Daten zur Verfügung. Abb. 14.12 verdeutlicht das Zusammenspiel der benötigten Verwaltungsschalen und die zur Verfügung stehenden Informationen. Um eine automatisierte produktbezogene Zuordnung von CO_2-Äquivalenten und Energieverbrauch zu ermöglichen, werden drei Verwaltungsschalen benötigt: eine für den Roboter und eine für den Energielogger, eine dritte als Dienst, bei dem der Leistungs- und Energie-

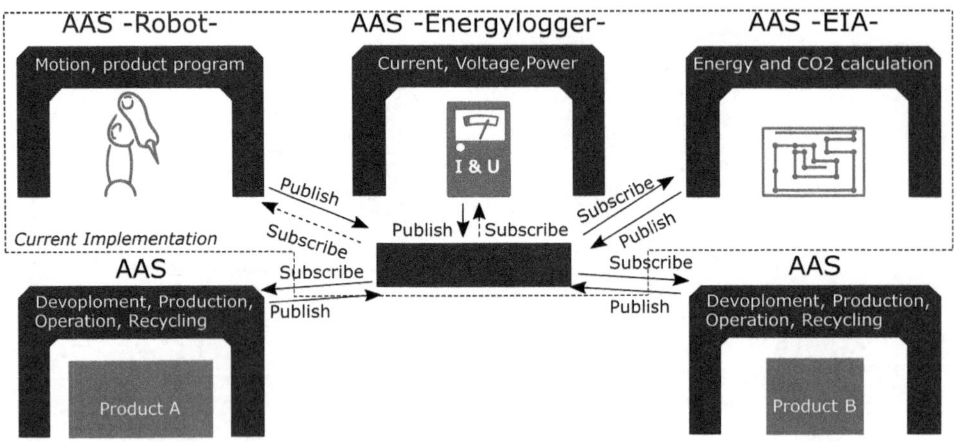

Abb. 14.12 Aufbau und beinhaltete Daten der verwendeten Verwaltungsschalen (AAS)

verbrauch sowie der CO_2-Fußabdruck berechnet wird. Die Verwaltungsschale des Roboters enthält die prozessbezogenen Eigenschaften des Roboters, wie z. B. Gelenkpositionen. Diese Zusatzinformationen dienen als Zuordnungspunkt für den produktbezogenen Energieverbrauch und die CO_2-Äquivalente. Nur der durchschnittliche Emissionsfaktor des Strommix wird von außerhalb der ARENA2036 bezogen und fließt in die Verwaltungsschale EIA (Environmental Impact Assessment) ein. Alle weiteren Informationen können direkt vom Roboter, vom Energiemessgerät (Energylogger) oder den Produkten bezogen werden. MQTT dient als Kommunikationsprotokoll für den gezeigten Anwendungsfall. Die verschiedenen Assets sind publizierende bzw. abonnierende MQTT-Themen.

Für die Bilanzierung der CO_2-Äquivalente werden gegenwärtig statische Daten für den Emissionsfaktor herangezogen. Es ist jedoch geplant, auch hier in Zukunft mit Echtzeitdaten zu arbeiten und diese vom Energielieferanten anzufragen. Falls eine komplette Ökobilanzierung durchgeführt werden soll, fehlen noch Materialdaten zu [85]:

- Rohstoffinput [kg/Prozessschritt inkl. Materialart (z. B. Eisenwerkstoffe, Nichteisenwerkstoffe, Halbleiter, anorganische nichtmetallische Werkstoffe (Keramik, Glas), Polymere – erdölbasiert, Polymere – biobasiert, Naturstoffe (Mineralien, Holz, Grafit))],
- Betriebsstoff-Input [kg/Prozessschritt inkl. Betriebsstoffart (z. B. Kühl- & Schmierstoffe, Reinigungsmittel, Verpackung)],
- Abfall (kg/Prozessschritt).

Die Materialdaten des Produktes und der Komponenten werden von den Zulieferern und damit aus der Lieferkette benötigt. Prinzipiell ist die Verwaltungsschale auch für einen Datenaustausch in der Lieferkette geeignet und könnte somit zukünftig den angedachten digitalen Produktpass unterstützen bzw. als technologische Umsetzung dienen [72]. Hierfür sind jedoch noch Arbeiten zur Standardisierung der zugrunde liegenden Daten zu leisten, um diesen Datenaustausch zu ermöglichen. Erste Ansätze finden sich in den Standardisierungsbestrebungen der International Digital Twin Association (IDTA) und der International Organization for Standardization (ISO) bzw. der International Electrotechnical Commission (IEC) [86].

14.6 Zusammenfassung und Ausblick

Maschinen- und Anlagenbauer müssen sinkenden Margen sowie den Herausforderungen durch I4.0 und Digitalisierung durch neue, innovative Geschäftsmodelle und Services begegnen. Die durchgehende Datenverfügbarkeit in der Fluiden Produktion ermöglicht dies mittels Datenmehrwertdienste: Smart Services, die durch Datenverarbeitung Mehrwert generieren und als in sich geschlossenes Geschäftsmodell direkt angewendet werden können. Als Grundlage dienen Daten-Teilmodelle des RAMI4.0-Schemas. Da Betriebsmittel in der

Regel nicht standardisiert und nicht interoperabel sind, wurde im Rahmen der Fluiden Produktion eine Methode entwickelt, um Teilmodelle aus Geschäftsmodellen abzuleiten. Basierend auf dem Caes3r-Demonstrator der Robert Bosch GmbH wurden Teilmodelle implementiert und getestet. Nach der erfolgreichen Bereitstellung der Daten aus den Teilmodellen wurden drei Datenmehrwertdienste als Demonstratoren erfolgreich umgesetzt:

- **Pay-per-Use** ist ein Ansatz, der die Anpassungsfähigkeit der Produktionsanlage für den Betreiber auch in finanzieller Hinsicht ermöglicht. Damit hat dieses Geschäftsmodell ein hohes Potenzial, das Konzept der wandlungsfähigen Produktion bzw. der Fluiden Produktion auch aus ökonomischer Sicht zu legitimieren. Dass dieses Geschäftsmodell bereits heute auf großes Interesse stößt, ist durch die vielfache Erwähnung in anderen Publikationen unstrittig. Für die Automobilproduktion ist dieses Konzept aufgrund der bisher starren Verkettung der Betriebsmittel zur Fertigungslinie noch keine lukrative Investition. Die Vorteile der Fließfertigung – Ad-hoc-Auflösung und Neubildung von Maschinensystemen – können die Wahrnehmung deutlich erhöhen. Auf technischer Ebene ist das Geschäftsmodell ohne zusätzlichen Forschungsbedarf mit bereits vorhandenen Werkzeugen umsetzbar. IT-seitig ist mit der Verwaltungsschale, der InfluxDB und der Datenübertragung über MQTT der Grundstein bereits gelegt. Aus den Positionen, Koordinaten oder Stromwerten kann die Auswertung abgeleitet werden, ob ein Betriebsmittel in einem Betrachtungszeitraum genutzt wurde. Hierfür ist die Entwicklung eines einheitlichen und übergreifenden Teilmodells für alle Betriebsmittel von Vorteil.
- **Echtzeit-Monitoring von Treibhausgasemissionen in der Produktion** wird für Unternehmen in Zukunft immer wichtiger. Insbesondere in einer bereits digitalisierten Fabrik, wie es bei FluPro der Fall ist, ist der Aufwand für die Umsetzung sehr gering. Die benötigten Daten sind hier in der Regel vorhanden. Demgegenüber steht ein großer Nutzen durch die Möglichkeit, die eigene Produktion und Produkte hinsichtlich CO_2-Äquivalenten oder auch genereller Umweltbelastungen zu überwachen und so Verbesserungen anzustoßen. Im Projekt FluPro wurde gezeigt, dass ein echtzeitfähiges Monitoring von Treibhausgasemissionen in der Produktion möglich ist und auch prototypisch anhand eines Roboters in der ARENA2036 umgesetzt. Auch eine Produktionsplanung und -steuerung auf Basis ökologischer Kennzahlen wie CO_2-Emissionen ist zukünftig denkbar und angesichts der sich verschärfenden ökologischen Krisen sinnvoll. Für eine Erweiterung der Betrachtung hin zu einer vollständigen Ökobilanz, die mit Hilfe einer Verwaltungsschale erstellt werden soll, besteht aufgrund der benötigten Daten der Zulieferer noch Forschungs- und Standardisierungsbedarf.
- **LeanDA** besitzt als Smart Service zwei Hauptanwendungen: Die Anwendung als Mehrwertdienst zur flexiblen, günstigen und einfach einsetzbaren Prozessoptimierung und die Anwendung als Datenlieferant für die Verwaltungsschale und andere Mehrwertdienste. Wird LeanDA an einem Montagearbeitsplatz angebracht, können integrierte Dienste wie verschwendungsbasierte Prozessoptimierung und Prozesszeiterfassung genutzt werden, um direkt Optimierungspotenziale in manuellen Montage-

prozessen aufzuzeigen. Gleichzeitig werden die rohen Aktivitätsdaten über ein RAMI4.0-Teilmodell veröffentlicht. Montagearbeitsplätze, die nicht oder nur unzureichend in einer Verwaltungsschale angeschlossen sind, können so mit einer digitalen Schnittstelle versehen werden, und so z. B. Werkerassistenzsysteme, MES oder andere Datenmehrwertdienste mit Daten versorgen.

Die im Projekt entwickelten und demonstrierten Ansätze zeigen, dass die Übertragung der Vorgehensweise zur Umsetzung von Smart Services auf weitere Anwendungsbereiche nicht nur möglich, sondern vielversprechend ist. Insbesondere vor dem Hintergrund einer zunehmend datengetriebenen Produktionswelt bieten sich Potenziale für die Skalierung standardisierter Teilmodelle in verschiedenen Industriezweigen. Zukünftig wird es entscheidend sein, die Interoperabilität zwischen unterschiedlichen Betriebsmitteln und Systemen weiter zu verbessern, um die flächendeckende Anwendung von Smart Services auf Basis der Verwaltungsschale zu ermöglichen. Parallel dazu sollten geeignete Geschäftsmodelle und Betreiberkonzepte entwickelt werden, die nicht nur den technischen, sondern auch den wirtschaftlichen Erfolg solcher datenbasierter Services sicherstellen.

Literatur

1. Kammler F, Acik E, Brinker J et al (2019) Digitale Plattformstrategien für hybride Wertschöpfungssysteme: Exploration und Wirkungsanalyse im Maschinen- und Anlagenbau. In: Stich V, Schumann JH, Beverungen D et al (Hrsg) Digitale Dienstleistungsinnovationen, Bd 6. Springer, Berlin/Heidelberg, S 579–599
2. Delbrügger T, Döbbeler F, Graefenstein J et al (2017) Anpassungsintelligenz von Fabriken im dynamischen und komplexen Umfeld. ZWF 112:364–368. https://doi.org/10.3139/104.111731
3. Steegmüller D, Zürn M (2017) Wandlungsfähige Produktionssysteme für den Automobilbau der Zukunft. In: Vogel-Heuser B, Bauernhansl T, ten Hompel M (Hrsg) Handbuch Industrie 4.0: Bd. 1: Produktion, 2., erw. u. bearb. Aufl. Springer Vieweg, Berlin, S 27–44
4. Bauernhansl T, Tzempetonidou M, Rossmeissl T et al (2018) Requirements for designing a cyber-physical system for competence development. Proc Manuf 23:201–206. https://doi.org/10.1016/j.promfg.2018.04.017
5. Bauernhansl T (2014) Die Generation Smart Factory: Fraktal, wandlungsfähig, nachhaltig: Konzept einer zukunftsfähigen Fabrik. Fraunhofer IPA Interakt 3:26–29
6. Bauernhansl T (2014) Die Vierte Industrielle Revolution – Der Weg in ein wertschaffendes Produktionsparadigma. In: Bauernhansl T, ten Hompel M, Vogel-Heuser B (Hrsg) Industrie 4.0 in Produktion, Automatisierung und Logistik. Springer Fachmedien, Wiesbaden, S 5–35
7. Pallasch C, Wein S, Hoffmann N et al (2018) Edge powered industrial control: concept for combining cloud and automation technologies. In: 2018 IEEE international conference on edge computing. IEEE, Piscataway, S 130–134
8. Forschungscampus ARENA2036 e.V. (2018) Fluide Fahrzeugproduktion für die Mobilität der Zukunft. Rahmenplan, Stuttgart
9. Osterwalder A, Pigneur Y (2013) Business model generation: a handbook for visionaries, game changers, and challengers. Wiley&Sons, New York
10. Wirtz BW, Pistoia A, Ullrich S et al (2016) Business models: origin, development and future research perspectives. Long Range Plan 49:36–54. https://doi.org/10.1016/j.lrp.2015.04.001

11. Kiel D, Voigt K-I (2015) Innovative Geschäftsmodelle durch Industrie 4.0: Eine branchenübergreifende Analyse aus strategischer perspektive. Hannover Messe 2015
12. Demont A, Paulus-Rohmer D (2017) Industrie 4.0-Geschäftsmodelle systematisch entwickeln. In: Schallmo D, Rusnjak A, Anzengruber J et al (Hrsg) Digitale Transformation von Geschäftsmodellen: Grundlagen, Instrumente und Best Practices, Bd 3. Springer Gabler, Wiesbaden, S 97–125
13. Stahl T, Schreiber M, Mayer F et al (2023) Kooperative Smart Services in der smarten Fabrik: Anforderungen an die Bewirtschaftung von Daten für Smart Services im Wertschöpfungsnetzwerk. wt:282–292. https://doi.org/10.37544/1436-4980-2023-07-08-22
14. Jerman A, Pejić Bach M, Aleksić A (2020) Transformation towards smart factory system: examining new job profiles and competencies. Syst Res Behav Sci 37:388–402. https://doi.org/10.1002/sres.2657
15. Klostermeier R, Haag S, Benlian A (2020) Geschäftsmodelle digitaler Zwillinge. Springer Fachmedien, Wiesbaden
16. Gassmann O, Frankenberger K, Csik M (2017) Geschäftsmodelle entwickeln: 55 innovative Konzepte mit dem St. Galler Business Model Navigator, 2., überarb. u. erw. Aufl. Hanser, München
17. Gassmann O, Frankenberger K, Csik M (2019) The St. Gallen business model navigator. https://bmilab.com/resources. Zugegriffen am 09.03.2020
18. (2018) Improving your business posture. Strateg Dir 34:31–33. https://doi.org/10.1108/SD-02-2018-0025
19. Hoerlsberger M (2019) Innovation management in a digital world. J Manuf Technol Manag 30:1117–1126. https://doi.org/10.1108/JMTM-12-2019-461
20. Shakeel J, Mardani A, Chofreh AG et al (2020) Anatomy of sustainable business model innovation. J Clean Prod 261:121201. https://doi.org/10.1016/j.jclepro.2020.121201
21. Osterwalder A, Pigneur Y, Bernarda G et al (2014) Value proposition design: how to create products and services customers want, Strategyzer series. Wiley, Hoboken
22. Statista (2015) Prognose zur Preisentwicklung eines Industrieroboters in den USA nach Posten bis zum Jahr 2025. https://de.statista.com/statistik/daten/studie/416525/umfrage/preisentwicklung-eines-industrieroboters/. Zugegriffen am 12.02.2020
23. VDMA (2006) VDMA 34160: 2006-06: Prognosemodell für die Lebenszykluskosten von Maschinen und Anlagen. Frankfurt
24. Cano AM, Stahl T, Bauernhansl T (2021) Business model innovation in manufacturing equipment companies. In: Weißgraeber P, Heieck F, Ackermann C (Hrsg) Advances in automotive production technology – theory and application. Springer, Berlin/Heidelberg, S 53–62
25. Bollhöfer E, Buschak D, Moll C (2016) Dienstleistungsbasierte Geschäftsmodelle für Industrie 4.0 – aktueller Stand und Potenziale für KMU. In: Nissen V, Stelzer D, Straßburger S et al (Hrsg) Multikonferenz Wirtschaftsinformatik (MKWI) 2016: Technische Universität Ilmenau, 09.–11. März 2016, Bd 3. Universitätsverlag Ilmenau, Ilmenau, S 1287–1298
26. Schuh G, Gudergan G, Grefrath C (2016) Geschäftsmodelle für industrielle Dienstleistungen. In: Schuh G, Gudergan G, Kampker A (Hrsg) Management industrieller Dienstleistungen: Handbuch Produktion und Management 8, 2. Aufl. Springer, Berlin/Heidelberg, S 65–104
27. Born H-J (2018) Geschäftsmodell-Innovation im Zeitalter der vierten industriellen Revolution: Strategisches Management im Maschinenbau. Springer Vieweg, Wiesbaden
28. Granig P, Hartlieb E, Lingenhel D (2016) Geschäftsmodellinnovationen. Springer Fachmedien, Wiesbaden
29. Scholl G, Gossen M, Grubbe M et al. (2013) Alternative Nutzungskonzepte – Sharing, Leasing und Wiederverwendung: PolRess AP2 – Politikansätze und -instrumente. https://www.ioew.de/publika-

tion/alternative_nutzungskonzepte_sharing_leasing_und_wiederverwendung/. Zugegriffen am 07.04.2020.

30. Acatech (2018) Smart Service Welt 2018: Wo stehen wir? Wohin gehen wir? https://www.acatech.de/publikation/smart-service-welt-2018-wo-stehen-wir-wohin-gehen-wir/. Zugegriffen am 13.04.2020
31. Oberländer AM, Übelhör J, Häckel B (2019) IIoT-basierte Geschäftsmodellinnovation im Industrie-Kontext: Archetypen und praktische Einblicke. HMD 56:1113–1125. https://doi.org/10.1365/s40702-019-00570-1
32. Cagle MN, Yılmaz K, Doğru H (2020) Digitalization of business functions under industry 4.0. In: Hacioglu U (Hrsg) Digital business strategies in blockchain ecosystems. Springer International Publishing, Cham, S 105–132
33. Kagermann H, Riemensperger F, Hoke D et al (2015) Smart Service Welt: Umsetzungsempfehlungen für das Zukunftsprojekt Internetbasierte Dienste für die Wirtschaft. Abschlussbericht. https://www.acatech.de/publikation/abschlussbericht-smart-service-welt-umsetzungsempfehlungen-fuer-das-zukunftsprojekt-internetbasierte-dienste-fuer-die-wirtschaft/. Zugegriffen am 17.04.2020
34. Dremel C, Herterich M (2016) Digitale Cloud-Plattformen als Enabler zur analytischen Nutzung von operativen Produktdaten im Maschinen- und Anlagenbau. HMD 53:646–661. https://doi.org/10.1365/s40702-016-0250-9
35. Möller N (2008) Bestimmung der Wirtschaftlichkeit wandlungsfähiger Produktionssysteme, Zugl.: München, Techn. Univ., Diss., 2008. Forschungsberichte IWB, Bd 212. Utz, München
36. Pallasch C, Wein S, Hoffmann N et al (Hrsg) (2018) 2018 IEEE international conference on edge computing. IEEE, Piscataway
37. Huber W (2019) Konzeption und Realisierung eines Produktionssystems für die modulare Fertigung in der Automobilindustrie. HMD 56:1250–1267. https://doi.org/10.1365/s40702-019-00572-z
38. Bauernhansl T, ten Hompel M, Vogel-Heuser B (Hrsg) (2014) Industrie 4.0 in Produktion, Automatisierung und Logistik. Springer Fachmedien, Wiesbaden
39. Abele E, Berkholz D, Bredow M von et al. (2008) Wandlungsfähige Produktionssysteme: Heute die Industrie von morgen gestalten. TEWISS Verlag, Garbsen
40. Kobzan T, Boschmann A, Althoff S et al. (2018) Plug&Produce durch Software-defined Networking Thomas. https://publica-rest.fraunhofer.de/server/api/core/bitstreams/e1933d1c-2eb2-448b-b6d0-6fa304d14d5c/content. Zugegriffen am 12.06.2025
41. Hamm J (2019) Vom Shopfloor bis ins ERP mit einer Sprache sprechen. MM – Maschinenmarkt. Das IndustrieMagazin, S 60–62
42. Boss B, Bader S, Orzelski A et al (2019) Verwaltungsschale. In: ten Hompel M, Vogel-Heuser B, Bauernhansl T (Hrsg) Handbuch Industrie 4.0. Springer Vieweg, Berlin/Heidelberg, S 1–27
43. Lay G, Meier H, Schramm J et al. (2003) Betreiben statt Verkaufen: Stand und Perspektiven neuer Geschäftsmodelle für den Maschinen- und Anlagenbau. Industrie Management
44. Lay G, Meier H, Schramm J et al (2003) [Doublette] Betreiben statt Verkaufen: Stand und Perspektiven neuer Geschäftsmodelle für den Maschinen- und Anlagenbau. Ind Manag 19:9–14
45. Lachenmaier JF, Haußmann C, Kemper H-G et al (2019) Entwicklung, Produktion und Einsatz von Industrie 4.0-Komponenten – Betriebswirtschaftliche Potenziale des digitalen Zwillings in der Produktion. In: Obermaier R (Hrsg) Handbuch Industrie 4.0 und Digitale Transformation, Bd 28. Springer Fachmedien, Wiesbaden, S 317–337
46. Björkdahl J (2020) Strategies for Digitalization in Manufacturing Firms. Calif Manag Rev 62:17–36. https://doi.org/10.1177/0008125620920349
47. Heidel R, Hoffmeister M, Hankel M et al. (2017) Industrie 4.0: Basiswissen RAMI4.0 Referenzarchitekturmodell mit Industrie 4.0-Komponente, 1. Auflage. VDE Verlag GmbH; Beuth Verlag GmbH, Berlin, Wien, Zürich

48. Bauernhansl T (2014) [Doublette] Die Generation Smart Factory: Fraktal, wandlungsfähig, nachhaltig. Fraunhofer IPA Interaktiv 2014(3):26–29
49. DIN 91345 (2016) Referenzarchitekturmodell Industrie 4.0 (RAMI4.0)(91345). https://www.beuth.de/de/technische-regel/din-spec-91345/250940128
50. Hankel M (2015) ZVEI-Faktenblatt Industrie 4.0: Das Referenzarchitekturmodell RAMI 4.0. https://www.zvei.org/fileadmin/user_upload/Themen/Industrie_4.0/Das_Referenzarchitekturmodell_RAMI_4.0_und_die_Industrie_4.0-Komponente/pdf/ZVEI-Faktenblatt-Industrie4_0-RAMI-4_0.pdf. Zugegriffen am 26.09.2020
51. Adolphs P, Bedenbender H, Dirzus D et al. (2015) Referenzarchitekturmodell Industrie 4.0: Statusreport. https://www.vdi.de/ueber-uns/presse/publikationen/details/referenzarchitekturmodell-industrie-40-rami40. Zugegriffen am 12.06.2025
52. IEC (2020) Industrial-process measurement, control and automation – Life-cycle-management for systems and components: Englische Fassung (IEC 62890). https://webstore.iec.ch/en/publication/30583
53. Stahl T, Beisswenger M, Bauernhansl T (2022) Merkmalsableitung aus Smart Services für den Digitalen Zwilling: Eine Methode für die Erstellung von AAS-Teilmodellen aus geschäftsmodellorientierten Smart Services. wt:114–121. https://doi.org/10.37544/1436_4980_2021_3_12
54. Hoffmeister M (2016) Die Industrie 4.0-Komponente. https://www.zvei.org/fileadmin/user_upload/Presse_und_Medien/Publikationen/2015/april/Die_Industrie_4.0-Komponente/Faktenblatt-Die-Industrie-4_0-Komponente.pdf. Zugegriffen am 22.11.2021
55. Bedenbender H, Bock J, Boss B et al (2020) Verwaltungsschale in der Praxis: Wie definiere ich Teilmodelle, beispielhafte Teilmodelle und Interaktion zwischen Verwaltungsschalen (Version 1.0). https://www.bmwk.de/Redaktion/DE/Publikationen/Industrie/industrie-4-0-verwaltungsschale-in-der-praxis.pdf?__blob=publicationFile&v=8. Zugegriffen am 27.03.2023
56. ISO 14955-3 (2020) Machine tools - Environmental evaluation of machine tools – Part 3: Principles for testing metal-cutting machine tools with respect to energy efficiency(14955-3). https://www.beuth.de/de/norm/iso-14955-3/327293116
57. DIN 14044 (2018) Umweltmanagement – Ökobilanz – Anforderungen und Anleitungen; Deutsche Fassung(14044). https://www.beuth.de/de/norm/din-en-iso-14044/325953813. Zugegriffen am 31.08.2023

    ISO 20140-1 (2019) Automation systems and integration – Evaluating energy efficiency and other factors of manufacturing systems that influence the environment – Part 1: Overview and general principles(20140-1). https://www.beuth.de/de/norm/iso-20140-1/313560116
58. Barnstedt E, Bedenbender H, Billmann M et al (2018) [Doublette] Details of the Asset Administration Shell – Part 1 The exchange of information between partners in the value chain of Industrie 4.0 (Version 1.0). https://www.plattform-i40.de/IP/Redaktion/DE/Downloads/Publikation/Details_of_the_Asset_Administration_Shell_Part1_V3.pdf?__blob=publicationFile&v=5. Zugegriffen am 29.04.2020
59. Interopera (2021) Mehr digitale Interoperabilität für die Industrie 4.0. https://www.sci40.com/interopera/. Zugegriffen am 11.01.2022
60. Westkämper E, Zahn E (2009) Wandlungsfähige Produktionsunternehmen: Das Stuttgarter Unternehmensmodell. Springer, Berlin/Heidelberg
61. ARENA2036 e.V (2020) Menschzentriertes, cyberphysisches Produktionskonzept. Fluide Produktion. https://www.arena2036.de/de/flupro. Zugegriffen am 31.08.2023
62. Weber J (2018) Kostenpermanenz. https://wirtschaftslexikon.gabler.de/definition/kostenremanenz-40509/version-263890. Zugegriffen am 12.06.2025
63. Sonnenberg V (2020) Covid drängt zu mehr Flexibilität in der Produktion. https://www.maschinenmarkt.vogel.de/covid-draengt-zu-mehr-flexibilitaet-in-der-produktion-a-949211/?cmp=nl-97&uuid=. Zugegriffen am 31.08.2023

64. Kneifel G (2020) [Doublette] Resiliente Produktion für die Zeit nach der Corona-Krise. https://nachrichten.idw-online.de/2020/05/05/resiliente-produktion-fuer-die-zeit-nach-der-corona-krise/. Zugegriffen am 11.01.2021
65. Schild U (2005) Lebenszyklusrechnung und lebenszyklusbezogenes Zielkostenmanagement: Stellung im internen Rechnungswesen, Rechnungsausgestaltung und modellgestützte Optimierung der intertemporalen Kostenstruktur, @Göttingen, Univ., Diss., 2004, Gabler Edition Wissenschaft. Deutscher Universitätsverlag, Wiesbaden
66. Eriksdotter H (2011) Keiper bezahlt SAP nur noch nach Verbrauch. Keine Fixkosten mehr. https://www.cio.de/a/keiper-bezahlt-sap-nur-noch-nach-verbrauch,2266506. Zugegriffen am 08.06.2020
67. Mittelstand 4.0 Kompetenzzentrum Augsburg (o.J.). https://kompetenzzentrum-augsburg-digital.de/pay-per-use-datengetriebene-finanzierungsmodelle/. Zugegriffen am 08.06.2020
68. Henckel L (2020) Pay-per-Use: Flexible Bürolösungen in unsicheren Zeiten. https://www.contora.de/blog/pay-per-use-flexible-bueroloesungen-in-unsicheren-zeiten. Zugegriffen am 08.06.2020
69. Bethge I (2014) Working Capital Management
70. Friedli T, Schuh G (2012) Wettbewerbsfähigkeit der Produktion an Hochlohnstandorten, 2. Aufl. Springer, Berlin
71. Huber W (2016) Industrie 4.0 in der Automobilproduktion: Ein Praxisbuch. Springer Vieweg, Wiesbaden
72. Capemini (2020) Anteil der in Smart Factories investierenden Unternehmen der Automobilindustrie weltweit nach Investitionsvolumen in den Jahren 2017 und 2018. https://de.statista.com/statistik/daten/studie/872505/umfrage/umfrage-zu-den-investitionen-in-smart-factories-in-der-automobilindustrie-weltweit/. Zugegriffen am 11.01.2021
73. Michel S (2020) Investitionen in smarte Fabriken zahlen sich noch nicht aus. Zugegriffen am 20.02.2020
74. Digital Workplace (2019) So schonen Sie Ihr Budget bei Tech-Investitionen. Pay-per-Use-Modelle. https://digitalworkplace.computerwoche.de/a/so-schonen-sie-ihr-budget-bei-tech-investitionen,3610682. Zugegriffen am 08.06.2020
75. Westermann Gruppe Eine digital vernetzte Finanzierungsmethode im Kreditgeschäft setzt sich durch (o.J.). https://www.westermann.de/landing/Fluegelstift/Pay-per-use. Zugegriffen am 08.06.2020
76. Steffen W, Richardson K, Rockström J et al (2015) Sustainability. Planetary boundaries: guiding human development on a changing planet. Science 347:1259855. https://doi.org/10.1126/science.1259855
77. Persson L, Carney Almroth BM, Collins CD et al (2022) Outside the safe operating space of the planetary boundary for novel entities. Environ Sci Technol 56:1510–1521. https://doi.org/10.1021/acs.est.1c04158
78. Wang-Erlandsson L, Tobian A, van der Ent RJ et al (2022) A planetary boundary for green water. Nat Rev Earth Environ 3:380–392. https://doi.org/10.1038/s43017-022-00287-8
79. UNDP (2021) The sustainable development goals. https://www.undp.org/sustainable-development-goals
80. Beier G, Niehoff S, Xue B (2018) More sustainability in industry through industrial internet of things? Appl Sci 8:219. https://doi.org/10.3390/app8020219
81. Beier G, Reißig M, Niehoff S et al (2020) Betriebliches Nachhaltigkeitsmanagement 4.0. I40M 2020:57–60. https://doi.org/10.30844/I40M_20-1_S57-60
82. DIN/DKE Deutsche Normungsroadmap Industrie 4.0 – Version 3
83. Al Assadi A, Waltersmann L, Miehe R et al (2021) Automated environmental impact assessment (EIA) via asset administration shell. In: Weißgraeber P, Heieck F, Ackermann C (Hrsg) Advances in automotive production technology – theory and application. Springer, Berlin/Heidelberg

84. DIN (2021) Umweltmanagement – Ökobilanz – Anforderungen und Anleitungen 13.020.10(14044). Zugegriffen am 18.07.2022
85. ISO (2017) Automation systems and integration – evaluating energy efficiency and other factors of manufacturing systems that influence the environment: Part 5: Environmental performance evaluation data(20140–5). Zugegriffen am 24.12.2019

Wirtschaftliche Bewertung einer Fluiden Produktion

15

Urs Leberle und Tobias Stahl

15.1 Einführung

Ein zunehmend unsicheres Marktumfeld sowie eine steigende Produktvarianz aufgrund kundenseitiger Individualisierungswünsche und stark verkürzte Innovations- bzw. Produktlebenszyklen stellen heute große Herausforderungen für produzierende Unternehmen dar. Hoch wandlungsfähige Produktionssysteme, wie die Fluide Produktion, können einen Ansatz liefern, um auf kurzfristige Produkt- und Nachfrageveränderungen schnell reagieren und damit im internationalen Wettbewerb bestehen zu können. Dabei werden die Produktionsressourcen nicht mehr nur ausschließlich für eine Produktfamilie oder einen Produktionsprozess genutzt, sondern permanent neu beurteilt und bei Bedarf rekonfiguriert, um sie an neue Produkte, Prozesse und Technologien anzupassen.

Die herkömmlichen Methoden der Wirtschaftlichkeitsbetrachtung und Unternehmensstrategien sind für diese Art der Betriebsmittelnutzung jedoch nicht geeignet, da diese Vorteile nicht mit in die Rechnung einfließen. Ferner erweist sich die Wirtschaftlichkeitsbetrachtung eines solchen Produktionssystems vor dem Hintergrund der damit zunächst verbundenen höheren Investitionskosten mit den herkömmlichen Methoden als schwierig.

U. Leberle (✉)
Zentralbereich Forschung und Vorausentwicklung, Robert Bosch GmbH, Renningen, Deutschland
E-Mail: urs.leberle@de.bosch.com

T. Stahl
Fraunhofer-Institut für Produktionstechnik und Automatisierung IPA, Stuttgart, Deutschland
E-Mail: tobias.stahl@ipa.fraunhofer.de

T. Bauernhansl, A. Al Assadi (Hrsg.), *Fluide Fahrzeugproduktion für die Mobilität der Zukunft*, ARENA2036, https://doi.org/10.1007/978-3-662-70847-7_15

In diesem Beitrag wird zunächst die gängige Praxis zur Wirtschaftlichkeitsbetrachtung und zum Treffen von Investitionsentscheidungen analysiert. Auf Basis des Stands der Technik und Forschung werden anschließend geeignete Ansätze für das Treffen von Investitionsentscheidungen und für das betriebliche Rechnungswesen in der Fluiden Produktion entwickelt. Letztere werden in geeigneten Modellen für den Betrieb von Anlagen (vgl. Leasing, Pay-per-Use, etc.) abgebildet. Die letzten Teilkapitel beinhalten zwei Fallbeispiele anhand derer die erarbeiteten Methoden für das Treffen von Investitionsentscheidungen und die Wirtschaftlichkeitsbetrachtung erprobt werden sowie einer Diskussion und Bewertung der dabei erzielten Erkenntnisse.

Der Beitrag endet mit einer kurzen Zusammenfassung und einem Ausblick hinsichtlich der weiteren noch erforderlichen Entwicklungsschritte aus Sicht der beteiligten Unternehmen.

15.2 Zielsetzung

Das Ziel ist die Bewertung wandlungsfähiger Montagetechnik in der Fluiden Produktion, um verschiedene Planungsvarianten und -konzepte miteinander zu vergleichen und die wirtschaftlichste Investitionsalternative zu identifizieren. Als Grundlage für den wirtschaftlichen Vergleich der Konzepte wird eine methodische Bewertung des Investitionsvorhabens (Abschn. 15.3) und ergänzend das betriebliche Rechnungswesen (Abschn. 15.4) vorgestellt.

Zunächst wird darauf hingewiesen, dass bei der Fluiden Produktion die folgenden Besonderheiten vorherrschen, die diese von einer klassischen konventionellen Produktion unterscheiden und eine Adaption der bestehenden Bewertungsmethoden erforderlich machen:

- **Betriebsgewöhnliche Nutzungsdauer** – Als betriebsgewöhnliche Nutzungsdauer gilt die Zeitspanne, über welche Vermögensgegenstände des Anlagevermögens wie z. B. Maschinen genutzt werden. Heutzutage werden Montageanlagen häufig am Ende des Produktlebenszyklus demontiert und zu großen Teilen verschrottet. Lediglich einzelne ausgewählte oder hochwertige Komponenten wie zum Beispiel Roboter werden wiederaufbereitet und anderweitig eingesetzt. Der modulare Aufbau der Fluiden Produktion erlaubt dagegen prinzipiell die Nutzung eines jeden Moduls bis zu dessen tatsächlichem Lebensdauerende.
- **Investitionskosten** – Als Investitionskosten wird der Kapitalaufwand betrachtet, der für die Realisierung einer Produktion eines bestimmten Produktes bzw. einer Produktfamilie erforderlich ist. Bei der Fluiden Produktion sind die Kosten für die Einzelmodule höher. Auf der anderen Seite müssen jedoch geringere Vorhalte hinsichtlich Kapazität und Fläche für zukünftige Entwicklungen berücksichtigt werden. Vereinfacht kann gesagt werden, dass nur die Kapazitäten gekauft werden, die aktuell tatsächlich

erforderlich sind. Damit sollte mit der Fluiden Produktion eine geringere Kapitalbindung und somit ein reduziertes Investitionsrisiko einhergehen.
- **Produktionsplanung** – Die Produktionsplanung umfasst die Planung, Steuerung und Kontrolle aller Vorgänge, die bei der Produktion von Waren und Gütern notwendig sind. Bei der Fluiden Produktion wird aufgrund der häufigen Veränderungen von einem wesentlich höheren Planungs- und Steuerungsaufwand ausgegangen.

15.3 Bewertung von Investitionsvorhaben

Ziel ist die Erarbeitung einer Methode zur Bewertung wandlungsfähiger Montagetechnik im Umfeld der Fluiden Produktion. Den Schwerpunkt der Bewertung soll die Ermittlung der Wirtschaftlichkeit des Produktionssystems darstellen, da die Wahl der kosteneffizientesten Investitionsalternative eine herausragende Rolle bei der Sicherstellung des langfristigen und nachhaltigen Unternehmenserfolgs einnimmt [1]. Die Vorteilhaftigkeit von wandlungsfähigen Systemen stellt sich aufgrund höherer Anfangsinvestitionen in der Regel erst im Verlauf der Betriebsphase ein, weshalb die Methode alle im Rahmen der Investitionsentscheidung anfallenden Kosten berücksichtigen soll. Um die Fluide Produktion anderen Produktionskonzepten gegenüberstellen zu können und Vor- bzw. Nachteile der jeweiligen Alternativen untersuchen zu können, bedarf es zudem der gezielten Berücksichtigung von Unsicherheit im Produktionsumfeld.

Um dieses Ziel zu erfüllen, müssen folgende Teilziele erreicht werden:

- Analyse des Stands der Forschung und Technik zur Bewertung von Investitionsvorhaben (Abschn. 15.3.1).
- Ableitung der Anforderungen an eine Methode zur Bewertung wandlungsfähiger Montagetechnik in der Fluiden Produktion (Abschn. 15.3.2).
- Erarbeitung einer Methode für eine ganzheitliche monetäre Bewertung der zu vergleichenden Investitionsalternativen über einen gewählten Betriebszeitraum unter Berücksichtigung der Unsicherheit durch die volatile Produktionsumgebung (Abschn. 15.3.3).

15.3.1 Stand der Technik

Zur Bewertung langfristiger Investitionsvorhaben werden in der Industrie häufig dynamische Anlageberechnungsmethoden wie der interne Zinsfuß (IRR) und der Kapitalwert (NPV) verwendet. Im Gegensatz zu statischen Methoden betrachten diese Ansätze den Zeitwert des Geldes unter Berücksichtigung der Zeitzahlungen. Darüber hinaus ermöglichen das Life-Cycle Costing (LCC) und das Total Cost of Ownership (TCO) es, Kosten und Erträge über alle Lebensphasen einer Investition hinweg zu berücksichtigen. Leider fehlt es bei der Anwendung dieser Methoden an der Möglichkeit, die Flexibilität und Anpassungsfähigkeit der Produktionssysteme zu berücksichtigen [2].

Die bisherige Forschung zur Ermittlung und Bewertung der Wirtschaftlichkeit anpassungsfähiger Produktionssysteme konzentriert sich auf die Bestimmung des optimalen Wandlungspotenzials [3–7]. Dieser Ansatz geht davon aus, dass der Grundsatz des abnehmenden Grenznutzens auch für die Veränderungsfähigkeit gilt, weshalb Kosten und Nutzen nicht linear miteinander verbunden sind [7]. Das Verfahren eignet sich nicht für sehr anpassungsfähige Produktionssysteme, da die Maximierung der Wandlungsfähigkeit ein wesentlicher Bestandteil des Konzepts der Fluiden Produktion ist. Es wird dabei als notwendig erachtet, in einem sehr volatilen und unsicheren Produktionsumfeld nachhaltig zu agieren. Die enge Einbindung des Menschen sowie die dynamische und bedarfsgerechte Konfiguration sollen dabei die Kosten der Produktion senken [8].

Lebenszyklusorientierte Bewertungen auf Basis der VDMA34160, die nicht nur die Beschaffungskosten, sondern auch Betriebs- und Entsorgungskosten umfassen, werden von Schweiger [9] und Pachow-Frauenhofer [1] vorgestellt. Die Ressourcen von hoch anpassbaren Produktionssystemen setzen sich jedoch aus einzelnen Modulen zusammen, die lösungsneutral und nicht mit einem bestimmten Produkt verknüpft sind, um Vorbestimmungen und Komplexitätskosten zu minimieren. Zusätzlich werden die einzelnen Module und ihre jeweilige Zusammensetzung kontinuierlich verändert, was zu Schwierigkeiten bei der Berechnung der Lebensdauer des Systems führt, da jedes Modul seine eigene Nutzungsdauer hat. Daher können weder der Produktlebenszyklus noch die Lebensdauer des Systems als Grundlage für Kostenüberlegungen herangezogen werden [10].

Die Unsicherheit künftiger Entwicklungen stellt eine weitere Herausforderung bei der Bewertung anpassungsfähiger Produktionssysteme dar. Möller [4] wendet den aus der Finanzmathematik bekannten Ansatz der realen Optionstheorie auf das Problem der Bestimmung der wirtschaftlichen Machbarkeit wandlungsfähiger Produktionssysteme unter Unsicherheit an. Dies ermöglicht die zeitabhängige Berücksichtigung von Unsicherheiten, aber aufgrund des Rechenaufwands können nur wenige Parameter berücksichtigt werden. Da hoch anpassungsfähige Produktionssysteme die Handlungsfähigkeit in einem partikulär volatilen Marktumfeld verbessern wollen, müssen jedoch viele unterschiedliche Parameter analysiert werden.

Zusammenfassend lässt sich feststellen, dass die Bestimmung des optimalen Wandlungspotenzials für eine hoch anpassungsfähige Fluide Produktion mit den hier vorgestellten Ansätzen nicht durchführbar ist, da der Planungsrahmen zu unsicher ist und die notwendige Anpassungsfähigkeit stark von den jeweiligen Betriebsphasen abhängt. Zudem wurden die Anforderungen an die Bewertung eines variablen Bewertungszeitraums und die Berücksichtigung kurzfristiger und dynamischer Ressourcenveränderungen in der Produktion bisher kaum betrachtet. Schließlich muss ein geeigneter Ansatz entwickelt werden, um die monetäre Messung über einen variablen Beobachtungszeitraum zu ermöglichen und Unsicherheit im Produktionsumfeld zu berücksichtigen.

15.3.2 Anforderungen an eine Methode

Die Bewertung soll als Grundlage für Investitionsentscheidungen dienen und die Vor- und Nachteile eines Fluiden Produktionssystems in einem unsicheren und höchst dynamischen Produktionsumfeld aufzeigen. Für diesen Zweck muss die Methode die folgenden Anforderungen erfüllen:

Monetäre Bewertung: Die Auswahl der kostenoptimalen Investition bildet die Voraussetzung für einen nachhaltigen Unternehmenserfolg. Aus diesem Grund soll der zu erarbeitende Ansatz die Wirtschaftlichkeit von Produktionskonzepten bewerten, um diese vergleichbar zu machen und um als Entscheidungshilfe bei Planungs- und Investitionsentscheidungen herangezogen werden zu können.

Eignung zur ganzheitlichen Betrachtung von Produktionssystemen: In der Fluiden Produktion verschwimmen die Grenzen zwischen einzelnen Produktionsbereichen wie Logistik, Fertigung oder Montage. Die zu erarbeitende Methode muss deshalb die Betrachtung einzelner Bereiche sowie ganzheitlicher Produktionssysteme ermöglichen.

Berücksichtigung der Zielgröße Wandlungsfähigkeit: Die Wandlungsfähigkeit beeinflusst die technischen Eigenschaften von Produktionssystemen sowie die durch die Nutzung anfallenden Kosten. Zudem können wandlungsfähige Produktionssysteme auf veränderte Marktbedingungen reagieren, weshalb die Wandlungsfähigkeit bei der Bewertung verschiedener Planungsvarianten als Zielgröße berücksichtigt werden muss.

Bewertung eines variablen Betrachtungszeitraums: Durch die Entkopplung von Produkt und Betriebsmittel in der Fluiden Produktion können deren Lebenszyklen nicht als Planungsgrundlage für das Produktionssystem herangezogen werden. Zudem führen die dynamische Anpassung sowie unterschiedlich lange Betriebszeiten zu einer sich kontinuierlich verändernden Kostengrundlage. Die Methode muss daher die variable Anpassung des Betrachtungszeitraums an operative oder strategische Ziele ermöglichen.

Berücksichtigung des kurzfristigen und dynamischen Zusammenschlusses von Komponenten zu Betriebsmitteln: Eine Besonderheit der Fluiden Produktion ist der kurzfristige und dynamische Zusammenschluss von Produktionsmodulen zu Betriebsmitteln. Dieses Verhalten des Produktionssystems erfordert eine komponentenweise Betrachtung der einzelnen Module, um deren Anteil an den anfallenden Kosten zu ermitteln. Hierfür muss die Zusammenstellung bzw. der Zustand des Produktionssystems in den zu betrachtenden Perioden dynamisch abgebildet werden.

Berücksichtigung von Planungsunsicherheiten: Es ist davon auszugehen, dass die Wirtschaftlichkeit starrer und wandlungsfähiger Produktionssysteme stark von dem Maß an Unsicherheit im Umfeld der Produktion abhängt. Um den Entscheider bei der Wahl einer Investitionsalternative zu unterstützen, müssen deshalb zu erwartende Einflüsse aus dem Produktionsumfeld berücksichtigt werden.

Transparenz und einfache Nachvollziehbarkeit der Ergebnisse: Um ein aussagekräftiges und konsensfähiges Ergebnis zu liefern, muss die Vorgehensweise der Methode transparent und nachvollziehbar sein.

15.3.3 Methode zur Bewertung von Investitionsvorhaben in einer Fluiden Produktion

Als Grundlage für den wirtschaftlichen Vergleich der Konzepte bietet sich die dynamische Investitionsrechnung an. Diese ermöglicht die Bewertung der Wirtschaftlichkeit anhand der zu erwartenden Zahlungsströme [11]. Da vergleichbare Planungsvarianten zur Herstellung desselben Produktes untersucht werden sollen, wird für die Investitionsalternativen eine einheitliche Einnahmesituation angenommen. Alle untersuchten Systeme weisen somit neben derselben Produktionsmenge die gleiche Effizienz bezüglich im Herstellungsprozess verwendeter Materialien auf. Aufgrund dieser Einschränkung bei der Betrachtung der Einnahmen kann der Aufwand für die Berechnung deutlich reduziert werden. Somit lässt sich zwar nur die relative und nicht die absolute Vorteilhaftigkeit ermitteln, dies ist jedoch für den hier angestrebten Vergleich verschiedener Investitionsalternativen ausreichend.

Da sich die Zahlungen verschiedener Investitionsalternativen auf unterschiedliche Phasen im Lebenszyklus verteilen können, müssen neben den Anschaffungskosten auch Betriebskosten, Wandlungskosten und Entsorgungskosten berücksichtigt werden. Es gilt also die über den gesamten Nutzungszeitraum kosteneffizienteste Alternative zu identifizieren. Hierfür bietet sich eine Lebenszyklusanalyse der zu betrachtenden Investitionsalternativen an. Zum Zeitpunkt der Planung des Produktionssystems kann jedoch keine sichere Prognose über die Entwicklung des Produktionsumfelds im Verlauf des Lebenszyklus der Anlage getroffen werden, wodurch die Ermittlung möglicher Kosten erschwert wird.

Einen Ansatz zur Lösung dieser Problemstellung bietet die betriebswirtschaftliche Entscheidungstheorie. Diese unterstützt den Entscheider im Entscheidungsprozess durch verschiedene Entscheidungstechniken zur Abstimmung von Unternehmenszielen, Handlungsalternativen und Umweltbedingungen [11]. Da bei der vorliegenden Problemstellung die Eintrittswahrscheinlichkeit der Wandlungstreiber sowie deren Ausprägung und der daraus resultierende Wandlungsdruck auf das Produktionssystem nicht eindeutig bestimmt werden können, handelt es sich um eine Entscheidung bei unsicheren Erwartungen. Entscheidungen bei unsicheren Erwartungen zeichnen sich durch das Bekanntsein der Handlungsalternativen aus, während Konsequenzen sowie deren Eintrittswahrscheinlichkeit unbekannt sind. Aufgrund der großen Planungsunsicherheit können Einflussgrößen nicht vollständig berücksichtigt werden, weshalb die Wahl der optimalen Handlungsalternative in diesem Fall stark von der Risikobereitschaft des Entscheiders abhängt. Durch subjektive Gewichtung von Szenarien und Auswirkungen können die meisten Entscheidungen unter Unsicherheit in Entscheidungen unter Risiko überführt werden. Dies kann jedoch zu modellbedingten Einschränkungen und Ungenauigkeiten führen [11]. Um ein belastbares Ergebnis zu erhalten, muss der Faktor Unsicherheit daher bei der Bewertung der Investitionsalternativen berücksichtigt werden.

Letztlich hat die Wandlungsfähigkeit großen Einfluss darauf, wie ein System auf Veränderungen reagiert und wie hoch der Aufwand für die Anpassung des Produktionssystems ausfällt. Die Zusammensetzung und Höhe der Wandlungskosten verändern sich in

Abhängigkeit des Wandlungspotenzials eines Produktionssystems. Aus diesem Grund muss die Wandlungsfähigkeit ebenfalls als Zielgröße in der Bewertungsmethode berücksichtigt werden.

Die Problemstellung kann somit als Investitionsbewertung unter Unsicherheit, Lebenszyklusanalyse und Wandlungsfähigkeitsbewertung charakterisiert werden kann. Der zu erarbeitende Ansatz muss somit neben der ganzheitlichen monetären Bewertung über den Betrachtungszeitraum in der Lage sein, den durch die Wandlungstreiber induzierten Wandlungsdruck innerhalb des Planungshorizonts darzustellen und die Fähigkeit der untersuchten Alternativen auf diese zu reagieren, berücksichtigen.

Beschreibungsmodell der Fluiden Produktion

Aus den Eigenschaften der Fluiden Produktion und den Anforderungen geht hervor, dass ein Modell zur Beschreibung der Fluiden Produktion insbesondere den Wandel bzw. den Umbau zwischen einzelnen Konfigurationszuständen beschreiben können muss. Dies resultiert aus den technischen und wirtschaftlichen Auswirkungen des Wandlungsprozesses, welche die Eigenschaften des Produktionssystems beeinflussen. Da die Fluide Produktion aus Modulen mit gekapselten Fähigkeiten besteht, ist nicht davon auszugehen, dass bei einem Wandel die technischen Eigenschaften durch Wirkzusammenhänge negativ beeinflusst werden. Zudem liegt der Fokus der Bewertung auf den wirtschaftlichen Aspekten, um eine nachhaltige Investitionsentscheidung zu unterstützen. Für diesen Zweck ist die Abbildung technischer Aspekte und Eigenschaften nicht notwendig, weshalb im Beschreibungsmodell der Fluiden Produktion nur monetäre Aspekte berücksichtigt werden.

Für diese Art der Modellierung eignet sich das Black-Box-Modell. Diesem Modell liegt zugrunde, dass die Funktion eines Systems von dessen Input- und Outputgrößen bestimmt wird. Dies gilt unter anderem für den betriebswirtschaftlichen Leistungserstellungsprozess bzw. den Produktionsprozess. Inhalt und Vorgänge innerhalb des Systems werden von der Black Box gekapselt und nicht betrachtet. (Hartmann 2018) Die Inputgrößen stellen die zuvor erläuterten Kostenbausteine der Produktionssysteme dar. Als Outputgrößen werden die Erzeugnisse und der Restwert der im Konfigurationszustand verwendeten Komponenten festgelegt. Die Differenz der In- und Outputgrößen ergibt den durch das Produktionssystem erwirtschafteten Gewinn [12].

Als relevante Inputgrößen wurden die Anschaffungskosten für Betriebsmittel, Kosten für Planung- und Inbetriebnahme sowie Personal- und Flächenkosten identifiziert. Die Outputgrößen sind neben den produzierten Erzeugnissen die Restwerte der verwendeten Komponenten. Da das Modell im Folgenden zum Vergleich mehrerer Handlungsalternativen herangezogen werden soll, welche zur Herstellung derselben Produkte genutzt werden, wird die Outputgröße Erzeugnisse nicht näher betrachtet. Der Restwert des Systems bzw. die verwendeten Komponenten spielen insbesondere in der Fluiden Produktion eine wichtige Rolle, weshalb eine detaillierte Betrachtung im Zusammenhang mit dem Wandlungsprozess erforderlich ist. Abb. 15.1 stellt das für die Fluide Produktion abgeleitete Black-Box-Modell dar.

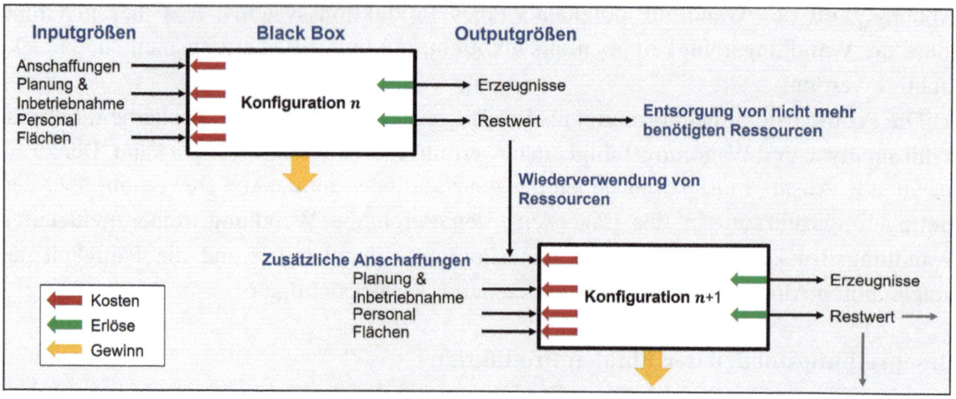

Abb. 15.1 Black-Box-Modell zur Beschreibung der Fluiden Produktion

Der Wandlungsprozess kann durch den Übergang eines als Black Box beschriebenen Systems in ein neues, ebenfalls als Black Box beschriebenes System dargestellt werden. Dabei können die Komponenten aus dem bisherigen Konfigurationszustand entweder weiterverwendet oder entsorgt werden. Sofern Komponenten entsorgt werden, verschwindet deren Anteil an der Outputgröße Restwert aus dem System und es entstehen Kosten durch die Entsorgung oder Abschreibung. Wenn Komponenten weiterverwendet werden, bilden sie eine Inputgröße für den neuen Konfigurationszustand und mindern den Aufwand für zu tätigende Investitionen in Anlagen- und Betriebsmittel. Eine zentrale Frage zur Bestimmung der Wirtschaftlichkeit von wandlungsfähigen Produktionssystemen ergibt sich somit aus dem Anteil der wiederverwendbaren Komponenten.

Das entwickelte Modell ermöglicht die Beschreibung eines fluiden Produktionssystems durch Betrachtung der relevanten Kosten innerhalb eines Konfigurationszustands. Zudem bildet das Modell den Wandlungsprozess beim Übergang von einem Konfigurationszustand „n" in den darauffolgenden Konfigurationszustand „n+1" ab, indem es Übergang und Entsorgung bestehender Produktionsressourcen berücksichtigt. Mit Hilfe des Beschreibungsmodells können auch andere Produktionskonzepte untersucht werden, weshalb es für den Vergleich verschiedener Planungsalternativen geeignet ist und im Folgenden als Grundlage zur Ermittlung der Kosten verwendet wird.

Aufbau und Ablauf der Methode

In diesem Kapitel wird aufbauend auf den bisher erarbeiteten Erkenntnissen die Methode zur Bewertung der Fluiden Produktion vorgestellt. Dabei werden die als relevant identifizierten Kosten mit Hilfe des entwickelten Beschreibungsmodells einzelnen Perioden zugewiesen, um abschließend eine Bewertung verschiedener Planungsalternativen über den gesamten Betriebszeitraum zu ermöglichen.

Der Aufbau der erarbeiteten Methode zur wirtschaftlichen Bewertung einer Fluiden Produktion ist in Abb. 15.2 dargestellt. Im Rahmen der Bewertung sollen unterschiedliche Investitionsalternativen anhand von verschiedenen Szenarien verglichen werden. Der erste

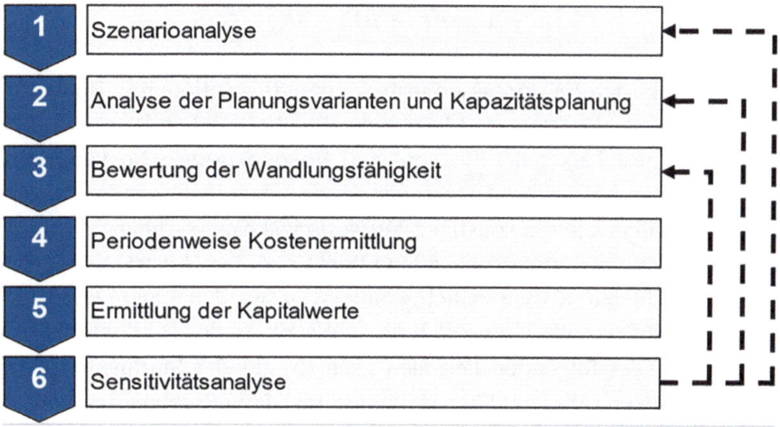

Abb. 15.2 Aufbau der Methode zur wirtschaftlichen Bewertung einer Fluiden Produktion

Schritt umfasst deshalb die Ermittlung eines möglichen Produkt- und Stückzahlszenarios sowie die Definition der Rahmenbedingungen der Produktion. Das Szenario umfasst die jährlichen Stückzahlen sowie Produkte und Produktvarianten, mit denen das Unternehmen bzw. dessen Vertrieb in einem bestimmten Betrachtungszeitraum rechnet. Die Rahmenbedingungen beinhalten beispielsweise das Schichtmodell, die Arbeitstage pro Jahr und die Stundensätze des Personals.

Gegenstand des zweiten Schritts ist die Planung der Produktion. Diese beinhaltet die Kapazitätsplanung in Form der Bestimmung der in jeder Periode des Betrachtungszeitraums für das Produktionssystem erforderlichen Produktionsmittel und Mitarbeiter. Die Grundlage hierfür bilden das in Schritt eins ermittelte Produkt- und Stückzahlszenario sowie die zur Herstellung der Produkte notwendige Prozesstechnik und der Ablauf der Montage.

Im nächsten Schritt wird das Wandlungspotenzial des Produktionssystems ermittelt. Der nach Heger [3] ermittelte Wandlungspotenzialwert ermöglicht eine Abschätzung des prozentualen Anteils eines Produktionssystems, der unter Einhaltung bestimmter Rahmenbedingungen wie beispielsweise der Robotertraglast oder der Größe der Montagezelle an neue Produkte, Prozesse oder Technologien angepasst werden kann. Die Methode von Heger wurde jedoch auf wesentliche Aspekte zur Bewertung der Produktionsmittel eines Produktionssystems reduziert. Der Wandlungspotenzialwert eines Fabrikobjekts, wie beispielsweise eines Produktionsmittels oder eines ganzen Produktionssystems, ergibt sich aus der Summe der einzelnen normierten und gewichteten Wandlungspotenzialwerte der Komponenten des betrachten Objekts.

Der vierte Schritt beinhaltet die periodenweise Aufstellung der in jeder Periode anfallenden Kosten. Diese erfolgt in Anlehnung an die Vorgehensweise beim Life-Cycle-Costing (LCC) aus der VDMA 34160 anhand des zuvor vorgestellten Beschreibungsmodells. Die Kosten einer Periode A_t setzen sich aus den Entstehungskosten EK_t sowie den Betriebskosten BK_t und den Verwertungskosten VK_t zusammen.

$$A_t = EK_t + BK_t + VK_t$$

Die Entstehungskosten EK_t umfassen insbesondere Investitionen in Betriebsmittel und Werkzeuge sowie die Enineering- und Inbetriebnahmekosten. Die Betriebskosten BK_t beinhalten beispielsweise Personal-, Flächen- und Energiekosten. Die Verwertungskosten VK_t setzen sich zusammen aus den Entsorgungskosten, dem Restwert der Produktionsmittel und gegebenenfalls weiteren sonstigen Verwertungskosten. Abhängig von der Datenverfügbarkeit sowie dem zu untersuchenden Objekt und dem Abstraktionsgrad kann der Umfang der betrachteten Kosten beliebig angepasst werden kann. Der Restwert der Produktionsmittel RW_t ergibt sich im Fall einer Wandlung des Produktionssystems zwischen zwei aufeinander folgenden Perioden nach [5] aus der Summe der Produkte der Wandlungspotentialwerte WP_y der Fabrikobjekte y und deren Buchwerten $BW_{y,t}$ zum Ende der entsprechenden Periode. Findet zwischen den einzelnen Perioden keine Wandlung statt, ergibt sich der Restwert der Produktionsmittel RW_t aus der Summe der Buchwerte aller verwendeten Fabrikobjekte zum Ende der betrachteten Periode.

$$RW_t = \sum_{y=1}^{z} WP_y * BW_{y,t}$$

Im fünften Schritt wird der Kapitalwert des betrachteten Produktionssystems auf Basis der in jeder Periode anfallenden Kosten berechnet. Der Wert ergibt sich aus der Summe aller Zahlungsein- und Zahlungsausgänge pro Periode innerhalb des Betrachtungszeitraums, abgezinst auf den Betrachtungszeitpunkt.

Im letzten Schritt sind die Ergebnisse der Bewertungsmethode mittels einer lokalen Sensitivitätsanalyse [13] auf ihre Richtigkeit und Stabilität zu überprüfen. Durch die Untersuchung der Abhängigkeit der Planungsvarianten von Änderungen im Produktionsumfeld oder von anfänglich getroffenen Annahmen kann die resultierende Investitionsentscheidung abgesichert werden.

Evaluierung der Methode

In diesem Kapitel wird die erarbeitete Bewertungsmethode anhand der zu Beginn des Abschn. 15.3.2 erläuterten Anforderungen evaluiert. Ziel ist es, den Erfüllungsgrad der Anforderungen durch das zuvor beschriebene Vorgehen der Bewertungsmethode festzustellen.

Monetäre Bewertung: Die Anforderung der monetären Bewertung eines Produktionssystems wird durch die Bewertungsmethode erfüllt. Die Ermittlung der Wirtschaftlichkeit erfolgt durch die Anwendung der LCC-Methode sowie die Ermittlung der Kapitalwerte als Vergleichsgröße.

Eignung zur ganzheitlichen Betrachtung von Produktionssystemen: Die Bewertungsmethode wurde hier an die wichtigsten Aspekte zur Bewertung wandlungsfähiger Produktionstechnik in der Fluiden Produktion angepasst. Neben dem Bereich Montage wird dabei unter anderem die Logistik zur Verkettung einzelner Montageschritte berücksichtigt. Bei Bedarf können auch andere Bereiche der Produktion, wie z. B. die Fertigung, berücksichtigt werden. Die Methode erfüllt somit die Anforderung, eine ganzheitliche Betrachtung von Produktionssystemen zur ermöglichen.

Berücksichtigung der Zielgröße Wandlungsfähigkeit: Die Wandlungsfähigkeit wird durch die in Schritt 3 der Bewertungsmethode durchgeführte Wandlungspotenzialwertanalyse berücksichtigt. Das Ergebnis der Wandlungsfähigkeitsbewertung wird in den darauffolgenden Schritten zur Ermittlung des Restwertes bzw. zur Bestimmung der Wandlungskosten herangezogen, wodurch die Wandlungsfähigkeit direkten Einfluss auf das Gesamt-Bewertungsergebnis nimmt.

Bewertung eines variablen Betrachtungszeitraums: Mit Hilfe der Bewertungsmethode kann die Wirtschaftlichkeit eines Produktionssystems innerhalb eines variablen Betrachtungszeitraums analysiert und bewertet werden. Dabei ermöglicht das erarbeitete Beschreibungsmodell die Anwendung der LCC-Methode, wobei jede Periode als abgeschlossener Betriebszeitraum mit Anschaffungs-, Betriebs und Verwertungskosten analysiert wird. Dadurch kann bei einer sehr unsicheren Produktionsumgebung eine ganzheitliche Wirtschaftlichkeitsbetrachtung über einen variablen Betriebszeitraum durchgeführt werden.

Berücksichtigung des kurzfristigen und dynamischen Zusammenschlusses von Komponenten zu Betriebsmitteln: Durch den modularen Aufbau der Bewertungsmethode kann der Detaillierungsgrad in jedem Schritt an die Bedürfnisse der Bewertung angepasst werden. So können bspw. für die Bewertung der Fluiden Produktion auch einzelne Komponenten des Produktionssystems getrennt untersucht und bewertet werden. Durch die Berücksichtigung der Wandlungskosten und die geschlossene Betrachtung einzelner Perioden bzw. Betriebszustände können zudem die Kosten eines Zusammenschlusses analysiert werden.

Berücksichtigung von Planungsunsicherheiten: Die in Schritt 1 durchgeführte Szenarioanalyse ermöglicht die Berücksichtigung von Unsicherheitsfaktoren im Planungsprozess. Je nach Bedarf können verschiedene Szenarien mit abweichenden Prognosen ausgearbeitet und in der Bewertung berücksichtigt werden. Auch die in Schritt 6 durchgeführte Sensitivitätsanalyse erlaubt die Berücksichtigung von Unsicherheit, indem das Bewertungsergebnis auf seine Stabilität bzgl. variierender Eingangsparameter überprüft wird. Die Bewertungsmethode eignet sich durch die Berücksichtigung von Planungsunsicherheiten insbesondere für die Betrachtung von Produktionssystemen in einem unsicheren Produktionsumfeld.

Transparenz und einfache Nachvollziehbarkeit der Ergebnisse: In der Bewertungsmethode werden weitverbreitete und bekannte Ansätze kombiniert, was die Transparenz und Praxistauglichkeit der erarbeiteten Methode erhöht. Zudem sichert der stufenweise Aufbau die Nachvollziehbarkeit des Gesamt-Bewertungsergebnisses mit Hilfe der Teilergebnisse. Der modulare Aufbau ermöglicht zudem die Anpassung der Bewertung an den Betrachtungsgegenstand, wodurch der Aufwand an die jeweiligen Bedürfnisse angepasst und die Transparenz gesichert werden kann.

Abschließend kann festgehalten werden, dass die erarbeitete Bewertungsmethode alle zuvor abgeleiteten Anforderungen erfüllt. Um die Praxistauglichkeit der erarbeiteten Bewertungsmethode analysieren zu können, wird diese in Abschn. 15.5.1 zur Bewertung eines konkreten Fallbeispiels herangezogen.

15.4 Betriebliches Rechnungswesen

Zur Steuerung eines Unternehmens und des Leistungserstellungsprozesses werden Informationen über den Verbrauch und die Erstellung von Gütern und Leistungen sowie die damit verbundenen finanziellen Auswirkungen benötigt [14]. Die Kostenrechnung bildet diese Aktivitäten ab, die zur Erstellung und Vermarktung der Unternehmensleistungen notwendig sind [15].

Der über die Verwaltungsschale realisierte Digitale Zwilling ist Enabler für eine optimierte Kostenrechnung und die Nutzung der Daten zur Steuerung der Produktion nach ganzheitlichen Kriterien. Mit Hilfe des Digitalen Zwillings können neue Potenziale zur Steigerung der Wirtschaftlichkeit erschlossen werden. Im Rahmenplan der Fluiden Produktion werden diesbezüglich folgende Größen adressiert [16]:

- Reduzierung des Integrationsaufwandes um 60 % im Vergleich zu konventionellen Anlagen,
- Reduzierung der indirekten Funktionen (Betriebsmittelbau, Instandhaltung) um 50 %,
- Wiederverwendung von 80 % der eingesetzten Betriebsmittel.

Neben den im Rahmenplan genannten wirtschaftlichen Zielgrößen lassen sich weitere Ziele ableiten:

- Kostenstellenrechnung: Umwandlung von Fertigungsgemeinkosten in Einzelkosten
- Erhöhung der Kostenflexibilität
- Deckungsbeitragsrechnung: Umwandlung von Fixkosten in variable Kosten
- Opportunitätskosten: Berechnung entgangener Gewinne

15.4.1 Kostenrechnung

Die Kostenrechnung liefert den Entscheidungsträgern Informationen über die Entstehung und Beeinflussung von Kosten. Dies wird durch die Erfassung, Verteilung und Zurechnung der Kosten, die bei der Betrieblichen Leistungserstellung entstehen erreicht [14]. Das interne Rechnungswesen unterscheidet dabei drei Teilbereiche: Der Kostenartenrechnung, der Kostenstellenrechnung und der Kostenträgerrechnung [17].

Kostenartenrechnung

In der Kostenartenrechnung werden die Kosten nach ihrem Verhalten bei einer Beschäftigungsänderung gegliedert [15]. Dabei wird in Theorie und Praxis zwischen variablen und fixen Kosten unterschieden:

- Variable Kosten: Kosten, die mit steigender Beschäftigung zu- oder abnehmen: Rohstoffkosten, Stromkosten
- Fixe Kosten: Kosten, die bei unterschiedlicher Auslastung konstant bleiben: Abschreibungen, Mieten, Personalkosten. Man unterscheidet absolute Fixkosten und sprungfixe Kosten. Fixe Kosten sind immer Gemeinkosten.

Die Anschaffung und Bereitstellung von Betriebsmitteln ist mit Investitionen verbunden. Werden vorgehaltene Produktionskapazitäten zu früh oder gar unnötig angeschafft, entstehen Fixkosten, z. B. Abschreibungen, die die Rentabilität der Anlage mindern. Werden Anlagen frei, z. B. aufgrund einer reduzierten Produktionsmenge, fallen die Fixkosten der Anlage noch über einen längeren Zeitraum an, bevor sie im Rahmen von Umbaumaßnahmen reduziert werden können. In der Betriebswirtschaft spricht man in diesem Fall von Kostenpermanenz.

> „Kostenpermanenz: Kostenverlauf im Fall rückläufiger Beschäftigung, bei der die Gesamtkosten vielfach nicht auf der gleichen Kostenkurve zurücklaufen, mit der sie vorher bei steigender Beschäftigung zugenommen haben." [18]

Auf der Kostenseite fallen auch bei geringeren Produktionsmengen weiterhin Fixkosten wie z. B. Abschreibungen auf Betriebsmittel an. Dies gefährdet die Liquidität der Betriebe. Produzierende Unternehmen müssen daher ihre Wertschöpfungssysteme überdenken und in eine leistungsorientierte Produktionsplanung überführen (Kneifel 2020). Unternehmen sind grundsätzlich bestrebt, ihre Fixkostenbelastung gering zu halten. Klassische Ansätze hierzu sind

- *Zinsen*: Reduzierung der Kapitalbindung durch Ansätze aus dem Lean Management (geringere Lagerbestände, schlankere Prozesse)
- *Löhne und Gehälter*: Senkung der Personalkosten durch Arbeitnehmerüberlassung; Umwandlung von fixen Lohnkosten in variable Kosten/Sprungfixkosten [19]
- *Abschreibungen*: Senkung/Erhöhung der Fixkosten nach der Grundmietzeit bzw. als voll zurechenbare variable Kosten durch Pay-per-Use-Abrechnung [20]
- *Mieten für Standorte oder Betriebsmittel*: Durch die Auftragsfertigung entfallen die Kosten für die Anschaffung neuer Maschinen und deren Produktionsstätten. Es müssen also keine Fixkosten getragen werden [21].

Produktionsmittel werden in der Fluiden Produktion in ortsflexible Module aufgebrochen, um dynamisch Maschinensysteme bilden und auflösen zu können [22]. Nach der Auflösung und der Neubildung von Maschinensystemen sind gegebenenfalls zusätzliche oder weniger Betriebsmittel notwendig. Im Vergleich zur Fließbandfertigung können Betriebsmittel in der Fluiden Produktion auch kurzfristig aus dem Fertigungsprozess entfernt werden, ohne den Gesamtablauf zu gefährden. Die Beschaffung von Betriebsmitteln über den Pay-per-Use-Ansatz ermöglicht es im weiteren Schritt die Kosten durch das Stilllegen auf ein Minimum zu reduzieren.

Während der Corona-Krise haben viele Unternehmen diese Option (Fixkosten in variable Kosten) zu überführen schmerzlich vermisst: Ihre Produktionskapazitäten mussten deutlich reduziert werden. Die notwendige Flexibilität, um die Produktion kurzfristig anzupassen und die Fixkosten zu senken, war nicht gegeben. Die Lehre: Produzierende Unternehmen müssen ihre Produktion künftig flexibler gestalten [23].

Kostenträgerrechnung

Innerhalb der Kostenträgerrechnung wird zwischen der Vollkostenrechnung und der Teilkostenrechnung unterschieden. Die Deckungsbeitragsrechnung ist eine Teilkostenrechnung, die im Gegensatz zur Vollkostenrechnung nicht die Vollkosten, sondern nur die variablen Kosten auf die Kostenträger verrechnet [24]. Sie gibt an, in welchem Umfang ein Produkt zur Deckung der fixen Kosten und gegebenenfalls darüber hinaus zur Erwirtschaftung eines Gewinns beiträgt [14]. Je höher der Anteil der variablen Kosten an den Gesamtkosten ist, desto aussagekräftiger ist die Deckungsbeitragsrechnung.

Bisher werden Fertigungsgemeinkosten häufig nur über einen Verteilungsschlüssel auf Produkte oder Produktvarianten umgelegt. Zu den Fertigungsgemeinkosten zählen beispielsweise folgende Kostenblöcke: Mieten, Löhne, Transporte, Abschreibungen, Leasing, Instandhaltung, Werkzeuge, Energie [25, 26]. Die Verteilung dieser Kosten über einen Schlüssel kann zu Abweichungen zwischen den kalkulierten Herstellkosten und den tatsächlich angefallenen Herstellkosten führen. Mit Hilfe der Verwaltungsschale können die Fertigungsgemeinkosten mit höherer Genauigkeit auf Produkte, Varianten, Aufträge oder Lose verteilt werden. Die Herstellkosten können somit auch bei hoher Variantenvielfalt und kleinen Losgrößen exakt quantifiziert werden. Beispiele für die Umwandlung von fixen in variable Kosten liegen in Abb. 15.3 vor.

Kostenstellenrechnung

Innerhalb der Verwaltungsschale können Fähigkeiten und Zustände eines Betriebsmittels in Echtzeit erfasst und weitergegeben werden. Für die Kostenstellen hat die Echtzeiterfassung ein hohes Potenzial: Viele Kostentreiber können nur über Gemeinkostenzuschläge auf die Herstellkosten und Kostenstellen verteilt werden. So werden z. B. die Kosten der innerbetrieblichen Logistik auf die Fertigungseinzelkosten verteilt, oft auf Basis veralteter Annahmen. Dies kann zu erheblichen Abweichungen zwischen Soll- und Ist-Herstellkosten führen. Im Rahmen der Wirtschaftlichkeitsbetrachtung stellt sich die Frage, ob die Gemeinkosten verursachungsgerechter auf die Kostenstellen verteilt werden. Im Rahmen der Fließfertigung stehen die Fertigungsgemeinkosten im Mittelpunkt der Betrachtung.

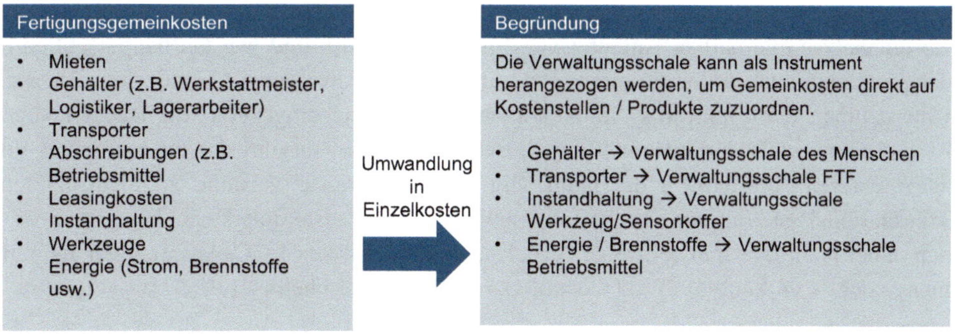

Abb. 15.3 Beispiele zur Umwandlung von Gemein- zu Einzelkosten in Anlehnung an. (Mellerowicz 1963)

15.4.2 Lebenszykluskosten

Die Fluide Produktion muss durch die Vermeidung von Mehrkosten über die gesamte Lebensdauer der Produktionsanlage legitimiert werden [27]. Eine konventionelle Investitionsplanung und -entscheidung betrachtet daher häufig nur die Spitze des Kosteneisbergs. Eine Reihe relevanter Kostenpositionen wird bei dieser Betrachtung selektiv ausgeblendet, was zu signifikanten Fehlentscheidungen führen kann (Schweiger 2009, S. 23). Die in der Praxis häufig angewandte Kapitalwertmethode kann für die Fluide Produktion nicht uneingeschränkt angewendet werden. Der Mehrwert der Fluiden Produktion besteht darin, ein Produktionssystem zu entwickeln, das sich an eine unsichere Zukunft anpassen kann. Es handelt sich also um eine Investition unter Unsicherheit [28]. Unter diesen Bedingungen kann kein verlässlicher Erwartungswert für zukünftige Erträge gebildet werden.

Im Spannungsfeld von Investitionskosten, Zuverlässigkeit, Verfügbarkeit und Lebensdauer fordern Kunden der Investitionsgüterindustrie daher immer häufiger belastbare Aussagen zu Folgekosten und Qualitäts- bzw. Zuverlässigkeitskriterien von Maschinen und Anlagen. Sie tun dies nicht zuletzt deshalb, weil die Beeinflussbarkeit der gesamten Lebenszykluskosten in der Planungs- und Beschaffungsphase besonders hoch ist. Erst in späteren Umbauphasen ergeben sich weitere nennenswerte Einflussmöglichkeiten auf die Prozesskosten im Lebenszyklus von Maschinen/Anlagen [29]. Generell wird davon ausgegangen, dass die Anfangsinvestition in die fließfähige Produktion höher ist als in die konventionelle Produktion. Gleichzeitig werden im Rahmenplan der ARENA2036 ambitionierte Ziele hinsichtlich der Wiederverwendbarkeit, der indirekten Aufwendungen und des Integrationsaufwandes genannt. Diese Positionen haben keinen direkten Einfluss auf die Anfangsinvestition, können aber im Rahmen der Lebenszykluskosten berücksichtigt werden, sofern die Anschaffungskosten nur einen Bruchteil der Gesamtkosten ausmachen, die während der Betriebszeit und des Rückbaus der Anlage anfallen [30].

Lebenszykluskosten sind definiert als „die Summe aller zum bestimmungsgemäßen Gebrauch einer geeignet ausgelegten Maschine oder Anlage erforderlichen Aufwendungen von der Anschaffung bis zur Entsorgung". LCC konzentrieren sich vor allem auf die Kostenanalyse alternativer Anbieter von Investitionsgütern und werden hauptsächlich in der produzierenden Industrie eingesetzt. Am häufigsten werden LCC mit über 25 % in Unternehmen der Elektronik- und Fahrzeugbauindustrie eingesetzt. Im Rahmen einer LCC-Analyse werden die Herstellungs-, Betriebs- und Entsorgungskosten betrachtet, um aus mehreren Alternativen die langfristig kostengünstigste Variante zu identifizieren. Transaktionskosten in der Beschaffung sowie andere Transaktionskostenkategorien werden dabei nicht oder nur teilweise berücksichtigt, sodass der LCC-Ansatz auch als Teilmenge der TCO-Analyse (Total Cost of Ownership) anzusehen ist [30, 31].

15.4.3 Opportunitätskosten

Die Opportunitätskosten beinhalten entgangene Deckungsbeiträge nicht realisierter Handlungsmöglichkeiten. Sie sind daher keine direkten Kosten im Sinne der Leistungsrechnung, sondern von Konzept zur Quantifizierung nicht wahrgenommener Alternativen. Damit werden theoretische Vergleiche zwischen getätigten und nicht getätigten Investitionen möglich.

Abb. 15.4 illustriert diesen Zusammenhang: Die Nachfrageentwicklung übersteigt die maximale Ausbringungsmenge. Die nicht realisierte Umsatzpotenziale können auf Basis der Reaktionszeit des Produktionssystems und der Opportunitätskosten ermittelt werden.

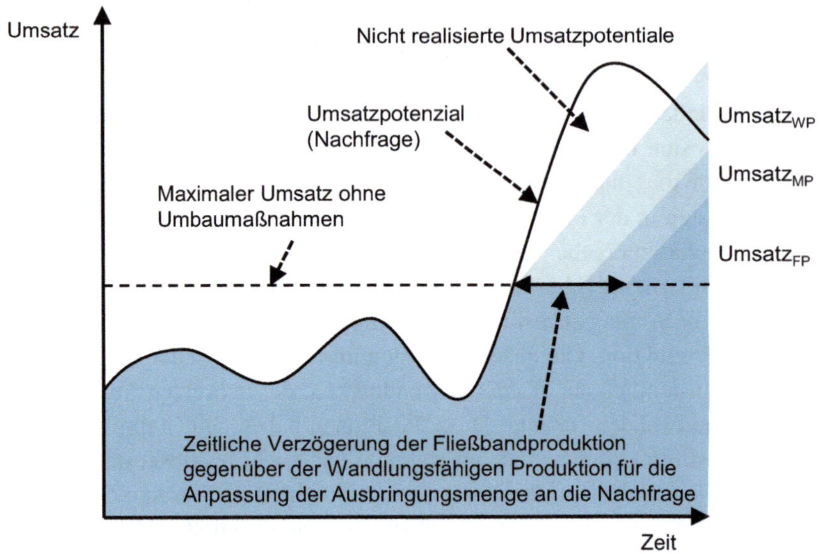

Abb. 15.4 Opportunitätskosten am Beispiel des nicht realisierten Umsatzes und der Beispielszenarien Wandungsfähige Produktion (WP), Matrixproduktion (MP), Fließbandproduktion (FP)

Übertragen auf das Konzept der Fluiden Produktion können die Opportunitätskosten wie folgt erläutert werden: Die Fluide Produktion wird geringere Aufwände zur Umsetzung und zum Umbau ermöglichen. Verglichen mit konventionellen Produktionsanlagen kann der Start of Production (SoP) zu einem früheren Zeitpunkt stattfinden. Die Opportunitätskosten sind im direkten Vergleich der Produktionssysteme die entgangenen Gewinn durch ein verspätetes Roll-Out [32].

15.4.4 Wandlungspotenzial

Die Auswirkungen der Coronakrise auf den Automobilbau zeigen deutlich, dass neue Kennzahlen zur Bewertung der Wirtschaftlichkeit von Produktionsanalagen hilfreich sind. Vor allem die Anpassungsfähigkeit bzw. ein hoher Wandlungspotenzialwert sind in Ausnahmesituationen von Vorteil: Als sich ein Rückgang der Automobilproduktion in Folge der Coronakrise anbahnte, prüften die US-Autobauer General Motors und Ford, ob anstatt von Autos auch Beatmungsgeräte hergestellt werden können [33]. Bei Volkswagen wurde geprüft, ob Kunststoffteile für Beatmungsgeräte produziert werden können, beispielsweise Schläuche oder Gesichtsmasken. Im Fokus dieser Prüfung: 150 moderne 3D-Drucker [34]. Dass der Einsatz von 3D-Druckern hierfür in Erwägung gezogen wurde, erscheint angedacht der hohen Anpassungsfähigkeit dieser Geräte wenig überraschend. Dennoch stellt sich die Frage, ob der Anteil an Betriebsmitteln mit einer hohen Anpassungsfähigkeit, auch in Hinblick auf zukünftige Ausnahmesituationen und das Wandlungspotenzial, erhöht werden sollten. Abb. 15.5 zeigt den Vorteil der wandlungsfähigen Produktion auf Basis des Wandlungspotenzialwertes. Da in der wandlungsfähigen Produktion einige Betriebsmittel wiederverwendet werden können, Zielwert 80 %, hat die Anlage nach einer Periode t einen Restwert. In der konventionellen Produktion wird der Umbau in

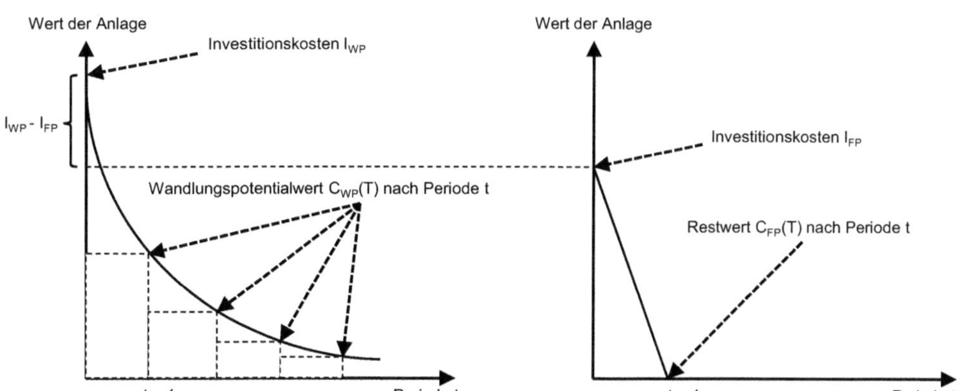

Abb. 15.5 Wandlungspotenzialwert der Wandlungsfähigen Produktion nach t Perioden (links) gegenüber der konventionellen Produktion (rechts), eigen Darstellung in Anlehnung an. (Heger 2007)

der Regel mit Investitionen in neue Maschinen und Anlagen durchgeführt, sodass der Restwert nach einer Periode t im Extremfall 0 beträgt.

15.5 Fallbeispiele

Um die Praxistauglichkeit der erarbeiteten Bewertungsmethoden analysieren zu können, werden sie zur Bewertung von zwei Fallbeispielen herangezogen. Im ersten Abschn. 15.5.1 wird die Methode zur wirtschaftlichen Bewertung einer Fluiden Produktion für den Vergleich einer Fluiden Produktion und einer Variantenfließmontage anhand eines beispielhaften Produkt- und Mengenszenarios angewendet. Der zweite Abschn. 15.5.2 bezieht sich auf das betriebliche Rechnungswesen und umfasst ein Beispiel zur Erhöhung der Kostenpermanenz.

15.5.1 Methode zur wirtschaftlichen Bewertung einer Fluiden Produktion

Die Anwendung der Methode wird durch den Vergleich einer Fluiden Produktion und einer Variantenfließmontage anhand eines beispielhaften Produkt- und Mengenszenarios demonstriert. Der Vergleich basiert auf einem einfachen Demo-Produkt eines Batterie-Management Systems (BMS), das im Rahmen dieses Projekts entwickelt wurde und mit den in der Automobilindustrie weit verbreiteten kleinen elektrischen Steuergeräten vergleichbar ist. Das Produkt besteht aus einem Gehäuse mit Deckel, einer Leiterplatte (PCB) und einem Batteriehalter, der im Gehäuse montiert ist. Während die Montage der Leiterplatte und des Batteriehalters automatisiert ist, werden die übrigen Prozesse an einem manuellen Arbeitsplatz durchgeführt. Dazu gehören das Einlegen der Batterien in den Halter, das Anschließen der Kabel an die Leiterplatte, das Flashen der Software, das Einstellen des integrierten Potenziometers und die abschließende Prüfung und Montage des Gehäuses mit dem angebrachten Kundenetikett.

Es wird davon ausgegangen, dass das Produkt innerhalb eines Zeitraums von zehn Jahren in drei Varianten verfügbar sein wird. Bei Produktvariante A werden alle Komponenten durch Schrauben im Gehäuse befestigt. Eine zweite Produktvariante B wird auf den Markt gebracht, bei der Teile des Schraubverfahrens durch ein Klebeverfahren ersetzt werden und die Software schneller geflasht wird, um kürzere Zykluszeiten und niedrigere Prozesskosten bei hohen Stückzahlen zu erreichen. Später wird durch eine technologische Innovation die Variante C eingeführt, die ein Reibschweißverfahren zur weiteren Verbesserung des Verbindungsprozesses und eine automatische Einstellung des integrierten Potenziometers beinhaltet. Die Vorgängervarianten müssen jedoch für einen gewissen Zeitraum auch weiterhin hergestellt werden. Die angenommenen Stückzahlszenarien orientieren sich dabei an den klassischen vier Phasen eines Konjunkturzyklus (Expansion, Boom, Rezession, Depression). Als Rahmenbedingungen für die Produktion wurden 17

Schichten pro Woche mit 7 h Arbeitszeit je Schicht bei 272 Arbeitstagen im Jahr am Standort Deutschland angenommen. Die jeweils zu produzierenden Batchgrößen werden in diesem Szenario als konstant angenommen. Sie betragen für die Produktvariante A 3000 Stück, für die Variante B 1000 Stück und für Produkt C insgesamt 2500 Stück.

Bei der Fluiden Produktion kommen eine Automatikzelle in Form des hoch wandlungsfähigen CESA^{3}R-Systems [35] sowie der modulare Handarbeitsplatz Active-Assist von Bosch Rexroth in loser Verkettung mit Zwischenpuffer (Reihenverkettung) zum Einsatz. Das Modulare Konzept des CESA^{3}R-Systems, bestehend aus standardisierten Hard- und Softwareschnittstellen, erlaubt die Entfernung, den Austausch oder die Ergänzung einzelner Prozesse beziehungsweise Technologien innerhalb der Zelle sowie auch ganzer Zellen im Produktionssystem. Lediglich Eigenschaften der Basis-Zelle, wie z. B. Zellengröße, Robotertraglast, etc., begrenzen die Wandlungsfähigkeit und die Produktivität des CESA^{3}R-Systems. Für die Bedienung und das Rüsten des Systems ist allerdings eine kontinuierliche Anpassung der Qualifikationsanforderungen erforderlich [36]. Dafür erlaubt das Konzept eine einfache und beschleunigte Inbetriebnahme, z. B. in Form einer assistierten Risikobeurteilung [37], die keine zusätzlichen Spezialisten erfordert. Eine schrittweise Erhöhung des Outputs wird bei Bedarf durch die Parallelschaltung von Zellen erreicht. Dabei wird dic Montage auf weiteren parallelen Stationen durchgeführt, und zwar in jeweils gleichen Montageschritten (Reihen-Parallel-Verkettung).

Bei der Variantenfließmontage kommen eine klassische Automatikstation sowie je nach Produktvariante zwei bis drei Handarbeitsplätze zum Einsatz. Die Montage erfolgt ebenfalls in einem arbeitsteiligen Prozess, jedoch mit einer elastischen Verkettung über ein gurtgetriebenes Transfersystem (Reihenverkettung). Die produktspezifische Prozesstechnik und die arbeitsteilige Montage ermöglichen eine hohe Produktivität in Form von geringen Takt- und teilweise auch Rüstzeiten sowie einer einfachen Bedienbarkeit durch angelernte Hilfskräfte. Die Herstellung neuer Varianten eines bestehenden Produkts beziehungsweise neuer Produkte erfordert jedoch einen Um- oder teilweise sogar Neubau von Mechanik, Elektrik und Software aufgrund der produktspezifischen Prozesstechnik und Reihenfolge der Arbeitsschritte. Darüber hinaus erfordern Veränderungen an einzelnen Stationen oder der Montagelinie eine aufwendige erneute Inbetriebnahme und Prozessfreigabe durch Spezialisten. Eine Erhöhung des Outputs über die maximale Kapazität der Linie hinaus kann nur durch eine zusätzliche zweite Linie erreicht werden.

Die in diesem Beispiel angenommenen Investitions- und Betriebskosten sowie die Takt- und Rüstzeiten sind in Abb. 15.6 gegenübergestellt. Die Kapazitätsplanung basiert auf der Annahme, dass eine neue Konfiguration der Produktion immer dann erforderlich ist, wenn entweder eine neue Produktvariante eingeführt wird oder die maximal mögliche verfügbare Kapazität der aktuellen Konfiguration überschritten wird.

Die Bestimmung des Wandlungspotenzialwertes nach [3] ergab für die Variantenfließmontage ein Wandlungspotenzial von 30 %. Die Fluide Produktion ist aufgrund der geringen Abhängigkeit von bestimmten Produkten sehr anpassungsfähig, jedoch begrenzen produktspezifische Anforderungen, wie z. B. Bauteilnester oder Greiferbacken, das Wandlungspotenzial auf 90 %.

Konfiguration		Investitionskosten: Anlagen [EUR/Stück]	Investitionskosten: Engineering [EUR]	Investitionskosten: Inbetriebnahme [EUR]	Betriebskosten: Personal [EUR/MA*a]	Betriebskosten: Fläche [EUR/Stück*a]	Taktzeit Variante [s] A	Taktzeit Variante [s] B	Taktzeit Variante [s] C	Rüstdauer Variante [min] A	Rüstdauer Variante [min] B	Rüstdauer Variante [min] C
Fluide Produktion	CESA3R Schrauben	100.000 €	21.385 €		96.300 €	540 €	96			30		
	CESA3R Schrauben + Kleben	120.000 €					96	76		30	60	
	CESA3R Schrauben + Reibschweißen	135.000 €					96		59	30		90
	Handarbeitsplatz (HA)	25.000 €				291 €	83	78	68	0	0	0
Variantenfließmontage	Linie Schrauben	225.000 €	30.662 €	10.621 €	70.600 €	1.328 €	48			30		
	Linie Schrauben + Kleben	260.000 €					48	31		30	60	
	Linie Schrauben + Reibschweißen	275.000 €					48		29	30		60

Abb. 15.6 In diesem Beispiel angenommene Investitions- und Betriebskosten sowie die Takt- und Rüstzeiten

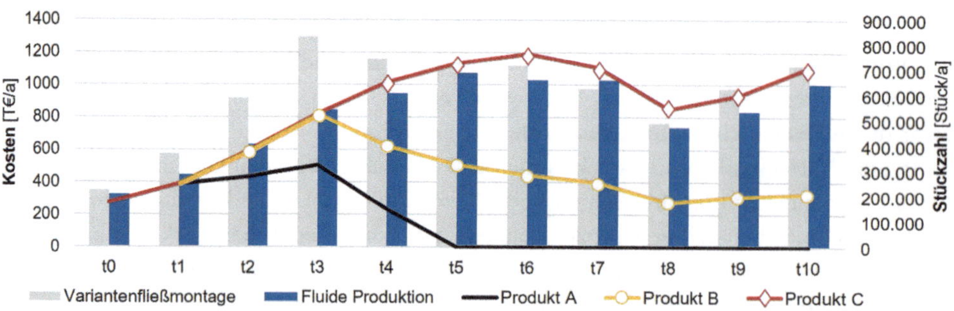

Abb. 15.7 Periodische Gegenüberstellung der Kosten und kumulierte Stückzahlen des Beispielszenarios

In Abb. 15.7 sind die Betriebskosten der beiden Produktionskonzepte und die kumulierten Stückzahlen der drei Produktvarianten für jede Periode des Beispielszenarios dargestellt. Die zunächst niedrigeren Betriebskosten für die Fluide Produktion resultieren aus den deutlich kleineren Skalierungseinheiten je Modul. Diese erhöhen zusammen mit der schnelleren Inbetriebnahme den Nutzungsgrad der Fluiden Produktion bei geringen Stückzahlen. Auf der anderen Seite müssen bei hohen Stückzahlen aufgrund des fehlenden Skaleneffekts sehr viele dieser Module angeschafft und betrieben werden, wodurch die Wirtschaftlichkeit der Fluiden Produktion mit steigenden Stückzahlen gemindert wird und in Periode sieben schließlich die Kosten der Variantenfließmontage geringer ausfallen.

Die im Vergleich zur Fluiden Produktion hohen Kosten der Variantenfließmontage in der dritten Periode resultieren aus einer außerordentlichen Abschreibung, die in dieser Periode aufgrund des im Szenario angenommenen Technologiewandels durch die Einführung des Reibschweißprozesses beim Übergang von der dritten in die vierte Periode anfällt. Bei der Fluiden Produktion ist dagegen die Wiederverwendung der meisten Komponenten auch bei einem Technologiewandel möglich, was zu reduzierten Anschaffungskosten führt. Während die Variantenfließmontage in der siebten Periode aufgrund der optimalen

Auslastung ihr volles Potenzial erreicht, fehlt ihr die Fähigkeit, sich an den Mengenrückgang in der achten Periode anzupassen. Die Fluide Produktion kann mit diesen Veränderungen besser umgehen und ermöglicht es, die Produktion auch bei sinkenden Stückzahlen nachhaltig zu betreiben.

In Anbetracht der periodischen Kosten dieses Beispielszenarios könnte die Fluide Produktion eine geeignetere Alternative als die Variantenfließmontage darstellen. Die kumulierte Kapitalwertdifferenz beträgt bei einem internen Zinsfuß von 9 % insgesamt 1.075.000 €. Der Unterschied in der Wirtschaftlichkeit ergibt sich vor allem aus der Fähigkeit der Fluiden Produktion, kostengünstiger auf Stückzahlschwankungen oder die Einführung neuer Produkte bzw. Technologien zu reagieren.

In der Sensitivitätsanalyse wurden exemplarisch der Wandlungspotenzialwert sowie die Planungs- und Anlaufzeiten variiert und eine stärkere Ausprägung der Extremszenarien analysiert. Es konnte gezeigt werden, dass die Stabilität der Ausgangsgröße in Bezug auf die betrachteten Eingangsvariationen gewährleistet ist. Dennoch ergaben sich durch die Variation Veränderungen, die den Einfluss der gewählten Eingangsgrößen belegen.

15.5.2 Erhöhung der Kostenpermanenz

Die Datentransparenz mit Hilfe des digitalen Schattens kann als Enabler genutzt werden, um die Ziele in der Fluidproduktion zu erreichen: Die Analyse und Optimierung von Maschinen mit Hilfe von Daten [38]. Dies entspricht einem Trend, der der Industrie 4.0 zugeordnet wird und den Wandel zur Smart Factory vorantreibt [39]. dieser Trend kann der mangelnden Geschäftsmodellinnovation in Bezug auf den Wandel von der konventionellen zur intelligenten Fabrik [40] und der Fluiden Produktion entgegenwirken, indem Produkte durch datenbasierte Dienstleistungen ergänzt werden (Servitization). Dazu gehört beispielsweise der Verkauf von Betriebszeit anstelle von Betriebsmitteln [41]. Diese Dienstleistungen können sich in zweierlei Hinsicht auf die Profitabilität auswirken. Entweder als Kostensenker oder als Mittel zur Erschließung neuer Einnahmequellen [39]. Für letzteres wird auf das folgende Pay-per-Use-Fallbeispiel verwiesen.

Pay-per-Use zur Steigerung der Kostenflexibilität

Pay-per-Use ist die Bezeichnung für ein Geschäftsmodell, bei dem die Nutzung eines Produkts gemessen wird. Die Bezahlung erfolgt dementsprechend nach Verbrauch. Anbieter dieser Lösung können mit diesem Geschäftsmodell neue Kunden gewinnen, die die Kostenflexibilität schätzen [42]. Das Pay-per-Use-Modell wird erst mit einer ausreichenden Datenbasis möglich [38], die im Rahmen des Konzepts der Fluiden Produktion vorgesehen ist.

Im Rahmen des Arbeitspakets 1.4 wurde das Pay-per-Use-Konzept in Zusammenarbeit mit der Firma Bär und dem Fraunhofer IPA untersucht. Dabei wurde das Konzept anhand einer praxisnahen Bewertung von Betriebsmitteln und Betriebsstunden berechnet. Der Einfachheit halber und aus Datenschutzgründen werden in Tab. 15.1 gerundete Eingangsgrößen verwendet.

Tab. 15.1 Eingangsgrößen für ein Fahrerloses Transportsystem

Eingangsgrößen	
Wiederbeschaffungswert [EUR]	50.000
Nutzungsdauer [Jahre]	5
Durchschnittliche Auslastung [%]	50
Durchschnittliche Geschwindigkeit [m/s]	0,8
Arbeitstage [d/Jahr]	220
Anzahl Schichten pro Tag	1
Arbeitszeit pro Schicht [h]	8
Kalkulatorischer Zinssatz [%]	9
Instandhaltungskosten [in % des Anschaffungswertes]	15

Tab. 15.2 Verfügbare FTF-Nutzungszeiten pro Jahr

Kalkulierte Nutzungszeiten	
Maximal verfügbare Zeit [h/Jahr]	1760
Tatsächliche Nutzungszeit [h/Jahr]	880

Tab. 15.3 Kalkulierte FTF-Fahrstrecke

Kalkulierte Fahrstrecken	
Fahrstrecke [m/Stunde]	2880
Fahrstrecke [m/Jahr]	2.534.400
Fahrstrecke im Monat [m/Monat]	211.200

Tab. 15.4 Kalkulierte FTF-Kosten

Kalkulierte Kosten	
Abschreibungen [€/Jahr]	10.000
Instandhaltung [€/Jahr]	7500
Kalkulatorische Zinsen [€/Jahr]	2250
Gesamtkosten [€/Jahr]	19.750
Gesamtkosten [€/Monat]	1646

Bei 220 Arbeitstagen pro Jahr und einem Einschichtbetrieb von 8 h ergibt sich eine maximale Betriebszeit von 1760 h pro Jahr. Bei einer geschätzten Auslastung von 50 % wird von einer tatsächlichen Betriebszeit von 880 h pro Jahr ausgegangen (Tab. 15.2).

Bei einer Durchschnittsgeschwindigkeit von 0,8 m/s kann das FTF 2880 m pro Stunde zurücklegen. Bei einer Auslastung von 50 % und hochgerechnet auf ein Jahr mit 220 Arbeitstagen sind dies 2534,4 km oder 211,2 km pro Monat (Tab. 15.3).

Im nächsten Schritt werden die Kosten des Betriebsmittels ermittelt. Bei einer Nutzungsdauer von fünf Jahren, Instandhaltungskosten von 15 % des Anschaffungswertes und einem kalkulatorischen Zinssatz von 9 % ergeben sich die in Tab. 15.4 berechneten Werte.

Im weiteren Verlauf gibt es zwei Möglichkeiten, die Pay-per-Use-Berechnung fortzuführen. Entweder werden die Kosten pro gefahrenen Meter oder die Betriebsstunden des

FTF als Basis genommen. Bei der Berechnung pro Meter entstehen dem Nutzer nur dann Kosten, wenn das FTF seine Position im Raum verändert. Bleiben seine Koordinaten konstant, werden dem Kunden keine Kosten in Rechnung gestellt. Dieses Bezahlmodell ist wahrscheinlich einfach zu erklären und für viele potenzielle Kunden attraktiv, könnte aber für den Anbieter einige Bedenken mit sich bringen. Ein modernes fahrerloses Transportsystem, insbesondere wie es in der Flüssigproduktion benötigt wird, unterliegt nicht nur im Fahrwerk, sondern auch in der Elektronik einem Verschleiß. Letztere macht oft sogar den größeren Teil des Produktwertes aus. Beim Kunden ist das FTF wahrscheinlich ständig in Bereitschaft, empfängt und sendet Daten, auch ohne direkten Transportauftrag. Aus diesem Grund wird im Folgenden auch die Verfügbarkeit in Stunden berechnet.

Modell 1: Abrechnung pro Meter
Der Quotient aus den Gesamtkosten pro Jahr und der Fahrleistung in Metern pro Jahr ergibt die Kosten pro Meter. Diese betragen im Fallbeispiel gerundet 0,8 ct pro Meter. Auf diesen Betrag muss nun ein Renditezuschlag und ein Risikozuschlag addiert werden. Der Risikoaufschlag ist notwendig, da die Kapitalbindung beim Pay-per-Use-Modell auf den Anbieter ausgelagert wird (Tab. 15.5). Wesentliche Faktoren, die den Risikoaufschlag begründen, werden in der kritischen Betrachtung des Geschäftsmodells untersucht.

Modell 2: Abrechnung nach Verfügbarkeit pro Stunde
Für dieses Modell wird zunächst die Nutzungszeit pro Monat abgeschätzt: Bei einer geschätzten durchschnittlichen Auslastung von 50 % wurden 880 h pro Jahr im Einschichtbetrieb ermittelt. Dies ergibt eine Nutzungszeit von 73,33 h pro Monat. Bei Gesamtkosten von 1646 € pro Monat ergeben sich Kosten von 22 € pro Stunde. Die Rendite und der Risikozuschlag sind hier aus Gründen der Vergleichbarkeit identisch (Tab. 15.6). Die Abrechnung der Kosten pro Stunde ist im Vergleich zur Abrechnung pro Meter eine vertraute Größe, die vor allem beim ersten Kontakt mit dem Geschäftsmodell aussagekräftiger sein kann.

Tab. 15.5 Pay-per-Use nach Nutzung pro Meter

Pay-per-Use (€/m)	
Kosten [pro Meter]	0,008
Rendite und Risikoaufschlag [%]	60 %
Kosten inkl. Rendite [€/Meter]	0,013

Tab. 15.6 Pay-per-Use nach Nutzung pro Stunde

Pay-per-Use (€/Stunde)	
Gesamtkosten [pro Stunde]	22
Rendite und Risikoaufschlag [%]	60 %
Kosten inkl. Rendite [€/Stunde]	35,2

Gedanken zum Pay-per-Use-Modell

Die oben genannten Vorteile des Pay-per-Use-Modells zur Generierung zusätzlicher Kunden durch die Senkung der hohen Investitionshürde liegen auf der Hand. Gleichzeitig gibt es eine Vielzahl von Fragen und Hindernissen, die einer erfolgreichen Einführung eines Pay-per-Use-Modells derzeit im Wege stehen. Zum einen würde ein solches Modell sehr viel Kapital erfordern, das über Jahre in gemieteten Anlagen gebunden wäre. Dies ist für ein mittelständisches Unternehmen nur schwer zu stemmen. Zum anderen müsste der Hersteller erhebliche zusätzliche Risiken übernehmen (oder sich dagegen versichern). Diese Probleme könnten möglicherweise durch neue Finanzierungsmodelle (s. u.) gelöst werden. Insbesondere fehlen die Kapazitäten und der zeitliche Rahmen, um Langlebigkeit und Instandhaltungskosten über viele Jahre zu prognostizieren.

Im Bereich der Montage steht weiterhin die Individualisierung der FTF im Vordergrund. Ein Pay-per-Use-Modell ist hier für den Hersteller nur dann sinnvoll, wenn eine sehr gut abgestimmte Modulpalette die Wiederverwendung von FTF oder Komponenten nach Rückgabe finanziell attraktiv macht. Dies ist insbesondere bei Individuallösungen sehr schwierig zu realisieren. Weiterhin wäre zu klären, wie ein Pay-per-Use-Modell mit den zu erwartenden hohen Verfügbarkeiten umgehen müsste. Schließlich stehen hier die Interessen des Kunden, viele Fahrzeuge vorzuhalten, um die Verfügbarkeit auch bei Vollauslastung und Ausfall zu gewährleisten, den Interessen des Anbieters gegenüber, möglichst wenige Fahrzeuge zu liefern, die möglichst oft ausgelastet sind. Als letzter Punkt sind Wartung und Service zu nennen. Derzeit wird die Wartung in der Regel vom Betreiber durchgeführt. Bei einem Pay-per-Use-Modell müsste dies ggf. durch den Anbieter erfolgen, da dieser ein direktes Interesse an der Einsatzbereitschaft der Fahrzeuge hat. Darüber hinaus müsste die ordnungsgemäße Nutzung der Fahrzeuge im Störungsfall regelmäßig überprüft werden, da Fremdeigentum in der Regel weniger sorgfältig gewartet wird als eigene Betriebsmittel.

Das Pay-per-Use-Konzept eröffnet insbesondere mittelständischen Unternehmen völlig neue Finanzierungs- und Investitionsmöglichkeiten auf der Basis flexibler Rückzahlungsraten. Andererseits rücken bei Pay-per-use Fragen der Datennutzung und der Datensicherheit in den Vordergrund. Sie erfordern vom kreditnehmenden Unternehmen ein hohes Maß an Offenheit gegenüber dem kreditgebenden Institut.

15.6 Diskussion und Bewertung

In diesem Kapitel soll ein abschließender Blick auf die in diesem Kapitel erarbeiteten Methoden zur wirtschaftlichen Bewertung einer Fluiden Produktion geworfen werden. Zunächst wird dabei die erarbeitete Methode zur Bewertung von Investitionsvorhaben in einer Fluiden Produktion betrachtet. Anschließend werden die Lösungsansätze für die Anwendung des betriebswirtschaftlichen Rechnungswesens in der Fluiden Produktion diskutiert und bewertet.

15.6.1 Methode zur Bewertung von Investitionsvorhaben in einer Fluiden Produktion

Die im Rahmen der Arbeiten zu diesem Kapitel entwickelte Methode ermöglicht die Bewertung fluider Produktionssysteme unter Berücksichtigung eines unsicheren Produktionsumfeldes. Schwerpunkt der Betrachtung ist die Analyse von wandlungsfähigen Produktions- und Montagelösungen. Das Ergebnis der Bewertungsmethode bildet der Kapitalwert, anhand welchem die Wirtschaftlichkeit verschiedener Produktionskonzepte verglichen und eine Investitionsentscheidung getroffen werden kann. Dabei werden die Aspekte bisheriger Arbeiten aufgegriffen und um Elemente zur Bewältigung der Herausforderungen in der Fluiden Produktion ergänzt.

Zur Erfüllung der in der Zielsetzung definierten Ziele wurde das Produktionskonzept der Fluiden Produktion zunächst analysiert, um relevante Eigenschaften und Kostenbausteine für den Vergleich fluider und klassischer Produktionssysteme zu ermitteln. Die identifizierten Aspekte beschreiben Unterscheidungsmerkmale, welche als Grundlage für ein Beschreibungsmodell sowie als Bewertungsgrößen in der Bewertungsmethode herangezogen werden können. Das Beschreibungsmodell ermöglicht die Abbildung der dynamischen Eigenschaften der Fluiden Produktion und die Zuweisung von Kosten, welche im Rahmen eines Konfigurationszustandes anfallen. Mit Hilfe dieses Beschreibungsmodells können in der Bewertungsmethode variable Betrachtungszeiträume sowie dynamische und kurzfristige Zusammenschlüsse von Komponenten zu Betriebsmitteln berücksichtigt werden. Im Rahmen der sechs Schritte umfassenden Methode werden Aspekte bestehender Arbeiten verknüpft und um diese Erkenntnisse zur Bewältigung der Kernherausforderungen bei der Bewertung Fluider Produktionssysteme erweitert.

Gegenüber bisherigen Ansätzen kann die erarbeitete Bewertungsmethode anhand der Betrachtung variabler Betrachtungszeiträume, der Abbildung dynamischer Eigenschaften von Produktionssystemen und der Berücksichtigung der Unsicherheit im Rahmen einer Kombination aus Szenarioanalyse und Sensitivitätsanalyse abgegrenzt werden. Aufgrund der dynamischen Konfiguration und dem Wegfall der Produktbindung der Betriebsmittel in der Fluiden Produktion kann keine einheitliche Anlagenlebensdauer mehr definiert werden. Stattdessen werden die gebildeten Zusammenschlüsse als getrennte Konfigurationszustände betrachtet und anhand der verwendeten Komponenten die anfallenden Kosten ermittelt. Dieses Vorgehen ermöglicht die Analyse variabler Betrachtungszeiträume, wodurch die Bewertung der Alternativen losgelöst von Produkt- und Anlagenlebenszyklen erfolgen kann. Die Kombination einer Szenarioanalyse mit einer Sensitivitätsanalyse erlaubt die Überprüfung der erarbeiteten Szenarien durch die Variation von Einflussparametern auf Plausibilität und Stabilität. So kann ohne den Einsatz aufwendiger Verfahren zur Bewertung und Quantifizierung der Unsicherheit das Risiko minimiert werden, eine falsche Investitionsentscheidung auf Basis weniger diskreter Szenarien zu treffen.

Um den Bewertungsaufwand zu reduzieren, werden in der Methode ausschließlich die Kosten der zu vergleichenden Planungsalternativen berücksichtigt. Eine Betrachtung der Erlöse findet nicht statt, da für alle Alternativen dieselbe Einnahmesituation angenommen wird. Die Analyse möglicher Erlöse liefert für den Vergleich verschiedener Konzepte unter dieser Annahme keinen Mehrwert. Somit wirkt sich diese Eingrenzung nicht auf die Anwendbarkeit der Bewertungsmethode zur Ermittlung der wirtschaftlichsten Investitionsalternative aus. Es wird jedoch keine Aussage darüber getroffen, ob das Produktionsvorhaben im Allgemeinen wirtschaftlich ist, also Gewinne erzielt werden können.

Zur Analyse variabler Betrachtungszeiträume, wurde die Vereinfachung getroffen, dass die Produktionssysteme auch nach dessen Ablauf weiterbetrieben werden können. Dies betrifft insbesondere Komponenten, deren Lebensdauer den eigentlichen Betrachtungszeitraum überschreitet. Abhängig von der Möglichkeit zur Weiterverwendung der Komponenten entstehen ohne die Annahme zusätzliche Kosten analog zur Kostenbetrachtung bei einem Wandel. Aufgrund des höheren Wandlungspotenzials der Fluiden Produktion würde dieses Vorgehen jedoch zu einer prinzipiellen Vorteilhaftigkeit gegenüber der Variantenfließmontage führen, ohne den anschließenden Betriebszeitraum analysiert zu haben. Da das Ziel der Bewertungsmethode die Ermittlung der während des Betrachtungszeitraums anfallenden Kosten ist, wirkt sich diese Einschränkung nicht auf deren Anwendbarkeit aus. Falls Unklarheit über die Weiterverwendung oder zukünftige Entwicklungen über den betrachteten Zeitraum hinaus besteht, sollte dieser Aspekt jedoch näher untersucht werden.

Der Betrachtungsgegenstand der Bewertungsmethode wurde auf die wesentlichsten Aspekte zum Vergleich der Planungsalternativen reduziert. Durch den modularen Aufbau der Methode kann der Detaillierungsgrad jedoch an die spezifischen Bedürfnisse verschiedener Investitionsentscheidungen angepasst werden und dabei über den Gegenstand dieser Arbeit hinaus erweitert werden. Es kann festgehalten werden, dass die getroffenen Einschränkungen die Anwendbarkeit der Bewertungsmethode nicht behindern. In Einzelfällen sollten die Annahmen jedoch überprüft und ggf. genauer untersucht werden.

Das untersuchte Anwendungsbeispiel wurde zur Reduzierung des Aufwands auf einige relevante Aspekte beschränkt. Trotz dieser Einschränkungen kann die Anwendbarkeit der erarbeiteten Bewertungsmethode anhand des Beispiels nachgewiesen werden. Es sind weitere Erkenntnisse über fluide Produktionssysteme und wandlungsfähige Automatisierungstechnik zu erwarten, weshalb in zukünftigen Untersuchungen weitere Einflussgrößen analysiert werden sollten. Des Weiteren wurden zur Reduzierung der Komplexität in der Fluiden Produktion konfigurierte Module bzw. Arbeitsstationen berücksichtigt. Für eine tiefer gehende Bewertung der Fluiden Produktion kann das Anwendungsbeispiel den komponentenweisen Aufbau einzelner Zellen berücksichtigen. Zudem wurden die Rezeptoren Stückzahl, Produkt und Technologie berücksichtigt. Durch eine weiterführende Betrachtung der Rezeptoren Zeit, Kosten und Qualität können mit Hilfe der Bewertungsmethode zusätzliche Erkenntnisse über die Effizienz sowie mögliche Anwendungsgebiete der Fluiden Produktion gewonnen werden.

Anhand des untersuchten Anwendungsbeispiels konnte die Eignung der Bewertungsmethode für die Problemstellung einer Investitionsentscheidung unter Unsicherheit nachgewiesen werden. Die Ergebnisse liefern zudem wichtige Erkenntnisse bzgl. der Eigenschaften fluider Produktionssysteme. Außerdem konnten zuvor getroffene Annahmen durch die Bewertungsergebnisse bestätigt werden, wodurch Potenziale für weitere Untersuchungen der Fluiden Produktion aufgedeckt werden konnten. Diese können durch die Untersuchung weiterer Investitionsentscheidungen und Anwendungsfälle analysiert werden.

15.6.2 Betriebswirtschaftliches Rechnungswesen

Kostenstellenrechnung, Deckungsbeitragsrechnung, Opportunitätskostenrechnung und Lebenszykluskostenrechnung sind wichtige Instrumente zur Steuerung und Optimierung betrieblicher Prozesse, insbesondere in der Fluiden Produktion. Durch den Einsatz des Digitalen Zwillings als Enabler für eine optimierte Kostenrechnung können diese Instrumente verursachungsgerecht eingesetzt werden, um neue Potenziale zur Steigerung der Wirtschaftlichkeit zu erschließen.

Die Kostenstellenrechnung ermöglicht die Zuordnung von Kosten auf verschiedene Kostenstellen innerhalb eines Unternehmens, um die Kostenverursachung transparent zu machen. In der Fluiden Produktion, die auf vernetzten Systemen und flexiblen Produktionsprozessen basiert, können mit Hilfe des Digitalen Zwillings genaue Daten über den Ressourcenverbrauch und die Leistungserstellung erfasst und den entsprechenden Kostenstellen zugeordnet werden. Dies ermöglicht eine genaue Kostenzuordnung und die Überführung von Fertigungsgemeinkosten in Einzelkosten für eine detaillierte Kostenanalyse und -steuerung.

Die Deckungsbeitragsrechnung ist ein weiteres wichtiges Instrument der Kostenrechnung, um die Rentabilität von Produkten oder Produktionsprozessen zu analysieren. Der digitale Zwilling ermöglicht die Erfassung von Verbrauchs- und Leistungsdaten in Echtzeit und damit eine genauere Ermittlung der variablen Kosten. Dies ermöglicht eine genaue Umwandlung von fixen in variable Kosten und eine verbesserte Deckungsbeitragsrechnung, um die Rentabilität von Produkten oder Produktionsprozessen zu optimieren.

Opportunitätskosten sind Kosten, die entstehen, wenn eine bestimmte Entscheidung getroffen wird und dadurch auf Alternativen verzichtet wird. In der Fließfertigung, die auf agilen und flexiblen Entscheidungsprozessen basiert, können mit Hilfe des Digitalen Zwillings verschiedene Szenarien und Entscheidungsoptionen simuliert und analysiert werden. Dies ermöglicht die Berechnung entgangener Gewinne bei der Wahl einer bestimmten Alternative und ermöglicht eine fundierte Entscheidungsfindung, um Opportunitätskosten zu minimieren und die Wirtschaftlichkeit zu verbessern.

Lebenszykluskosten sind die Gesamtkosten eines Produktes oder einer Anlage über die gesamte Lebensdauer. In der Fluiden Produktion, die ebenfalls den gesamten Lebenszyklus von Produkten oder Anlagen betrachtet, kann der Digitale Zwilling als Datenquelle dienen, um die Kosten über den gesamten Lebenszyklus zu erfassen und zu analysieren. Dies ermöglicht eine ganzheitliche Kostenbetrachtung und erlaubt es, langfristige Kostenpotenziale zu identifizieren und auszuschöpfen.

Ein weiterer wichtiger Aspekt, der in der schlanken Produktion und mit Hilfe des Digitalen Zwillings an Bedeutung gewinnen wird, ist der sogenannte Wandlungspotenzialwert.

Dabei handelt es sich um eine neue Kennzahl, die die Wandlungsfähigkeit von Produktionsprozessen und -anlagen misst, also die Fähigkeit, sich flexibel an veränderte Anforderungen anzupassen. Mit dem Digitalen Zwilling können Daten über Produktionsprozesse in Echtzeit erfasst und analysiert werden, um die Wandlungsfähigkeit zu bewerten. Der Wandlungspotenzialwert ermöglicht es Unternehmen, die Flexibilität ihrer Produktion zu bewerten und gegebenenfalls Anpassungen vorzunehmen, um auf veränderte Marktbedingungen, Kundenanforderungen oder technologische Entwicklungen zu reagieren. Durch die Nutzung des Digitalen Zwillings als Datenquelle können Unternehmen Schwachstellen in ihren Produktionsprozessen identifizieren und optimieren, um die Wandlungsfähigkeit zu verbessern und damit wettbewerbsfähig zu bleiben.

Insgesamt ermöglicht der Einsatz des Digitalen Zwillings in der schlanken Produktion eine verursachungsgerechte Anwendung von Kostenstellenrechnung, Deckungsbeitragsrechnung, Opportunitätskostenrechnung und Lebenszykluskostenrechnung. Durch die exakte Datenerfassung in Echtzeit und die genaue Zuordnung von Kosten zu Kostenstellen oder Produkten können Unternehmen fundierte Entscheidungen zur Optimierung der Wirtschaftlichkeit treffen. Darüber hinaus ermöglicht der Digitale Zwilling die Bewertung der Wandlungsfähigkeit von Produktionsprozessen und die Nutzung des Wandlungspotenzials als neue Kennzahl zur Bewertung der Flexibilität und Anpassungsfähigkeit in einem agilen und sich schnell verändernden Produktionsumfeld.

15.7 Zusammenfassung

Die Fluide Produktion und die damit einhergehende Wandlungsfähigkeit des Produktionssystems erlauben es, Betriebsmittel deutlich länger und insbesondere universeller zu nutzen. Die herkömmlichen Methoden der Wirtschaftlichkeitsbetrachtung und Unternehmensstrategien sind für diese Art der Betriebsmittelnutzung jedoch nicht geeignet, da diese Vorteile nicht mit in die Rechnung einfließen.

Das Ziel der Arbeiten zu diesem Kapitel war die Erarbeitung von Grundlagen für die Bewertung wandlungsfähiger Montagetechnik in der Fluiden Produktion, um verschiedene Planungsvarianten und -konzepte miteinander zu vergleichen und die wirtschaftlichste Investitionsalternative identifizieren zu können.

Die gängige Praxis zur Wirtschaftlichkeitsbetrachtung und zum Treffen von Investitionsentscheidungen wurde zu Beginn des Kap. 15 analysiert. Auf Basis des Stands der Technik und Forschung wurden anschließend eine geeignete Methode für das Treffen von Investitionsentscheidungen und verschiedene Ansätze das betriebliche Rechnungswesen in der Fluiden Produktion entwickelt. Letztere wurden auch in geeigneten Modellen für den Betrieb von Anlagen, wie Pay-per-Use abgebildet. Sowohl die erarbeitete Methode für das Treffen von Investitionsentscheidungen als auch die Ansätze für das betriebliche Rechnungswesen wurden anhand zweier konkreter Fallbeispiele erprobt. Die dabei gewonnenen Erkenntnisse wurden gemeinsam mit den Projektpartnern diskutiert und bewertet.

15.8 Ausblick

Das Konzept der Fluiden Produktion bietet viele neue Freiheitsgrade, die bei der Gestaltung und Planung zukünftiger Produktionssysteme berücksichtigt werden müssen. Darüber hinaus wird die zunehmende Unsicherheit im Produktionsumfeld dazu führen, dass sich die Zeitabstände zwischen Umplanungen weiter verkürzen. Dies wird den Planungsaufwand in Zukunft erhöhen und neue Planungsansätze erfordern. Diese müssen auch Aspekte der optimalen Auslegung einzelner Konfigurationszustände und der Skalierung von Systemen entlang relevanter Freiheitsgrade berücksichtigen. Darüber hinaus muss bei steigender Umrüsthäufigkeit der Aufwand für Prozess- und Kundenfreigaben reduziert werden, um die Stillstandszeiten der Produktionsressourcen zu minimieren.

Darüber hinaus wird eine weitergehende Analyse von Entscheidungssituationen unter Unsicherheit empfohlen, um die Qualität der erzielten Bewertungsergebnisse zu erhöhen. Da die bisherigen Ansätze zur Analyse und Quantifizierung von Unsicherheit im Produktionsumfeld auf wenige Aspekte beschränkt sind und diese Beschränkung für die Fluidproduktion nicht sinnvoll ist, werden sie in der Bewertungsmethodik nicht berücksichtigt. Die Verfahren können jedoch insbesondere durch die Quantifizierung der Unsicherheit und der verschiedenen Einflüsse einen Mehrwert liefern, weshalb eine weitergehende Analyse sinnvoll ist. Ziel des Ansatzes muss es sein, alle Freiheitsgrade, die die Fluide Produktion bietet, zu berücksichtigen.

Die Komplexität von Investitionsentscheidungen wird durch die zunehmenden Möglichkeiten zukünftiger Produktionssysteme weiter erhöht. Wenngleich die Wirtschaftlichkeit das oberste Ziel dieser Entscheidung bleiben wird, sollte vor diesem Hintergrund geprüft werden, welche weiteren qualitativen Parameter den Entscheidungsprozess sinnvoll unterstützen können. Hierzu bietet sich z. B. die Erstellung einer Balanced Scorecard an, in der neben monetären Aspekten z. B. auch strategische oder kundenorientierte Überlegungen berücksichtigt werden können. Zur besseren Einbindung des Kunden können u. a. alternative Geschäftsmodelle betrachtet werden, um die Attraktivität wandlungsfähiger Produktionssysteme weiter zu erhöhen.

Es wird deutlich, dass das digitale Abbild der Fluiden Produktion einen Mehrwert bietet, indem es Unternehmen dabei unterstützt, eine verursachungsgerechte Kostenrechnung umzusetzen und gleichzeitig die Wandlungsfähigkeit ihrer Produktionsprozesse zu verbessern. Unternehmen, die einen Digitalen Zwilling in ihrer Produktion einsetzen, profitieren von einem optimierten Kostenmanagement, einer verbesserten Wirtschaftlichkeit von Produkten oder Produktionsprozessen, einer fundierten Entscheidungsfindung unter Berücksichtigung von Opportunitätskosten und einer ganzheitlichen Betrachtung der Lebenszykluskosten. Darüber hinaus ermöglicht die Bewertung des Wandlungspotenzials den Unternehmen, ihre Produktion agil und anpassungsfähig zu gestalten, um den Anforderungen eines dynamischen und sich wandelnden Geschäftsumfelds gerecht zu werden. Insgesamt wird die Fluide Produktion dazu beitragen, dass die Kostenrechnungs- und Kennzahlensysteme der Unternehmen noch aussagekräftiger und effektiver werden.

Literatur

1. Pachow-Frauenhofer J (2012) Planung veränderungsfähiger Montagesysteme. Dissertation, Universität Hannover, Hannover
2. Forschungscampus ARENA2036 e.V (2018) Fluide Fahrzeugproduktion für die Mobilität der Zukunft: Rahmenplan. Rahmenplan, Stuttgart
3. Heger CL (2007) Bewertung der Wandlungsfähigkeit von Fabrikobjekten. Zugl.: Hannover, Univ., Diss., 2006. Berichte aus dem IFA, Bd 2007,1. PZH Produktionstechn. Zentrum, Garbsen
4. Möller N (2008) Bestimmung der Wirtschaftlichkeit wandlungsfähiger Produktionssysteme. Zugl.: München, Techn. Univ., Diss., 2008. Forschungsberichte IWB, Bd 212. Utz, München
5. Staehr T (2020) Methodik zur Planung und Konfigurationsauswahl skalierbarer Montage-systeme : Ein Beitrag zur skalierbaren Automatisierung. Karlsruhe, Karlsruher Institut für Technologie, wbk Institut für Produktionstechnik. Dissertation. https://publika-tionen.bibliothek.kit.edu/1000117748 – Überprüfungsdatum 2020-09-21
6. Eilers J (2015) Methodik zur Planung skalierbarer und rekonfigurierbarer Montagesysteme. Zugl.: Aachen, Techn. Hochsch., Diss., 2014, 1. Aufl. Fertigungsmesstechnik & Qualitätsmanagement, Bd 2015,9. Apprimus-Verl., Aachen
7. Schuh G, Harre J, Gottschalk S et al (2004) Design for Changeability (DFC): Das richtige Maß an Wandlungsfähigkeit finden. wt Werkstatttech online 94:100–106
8. Bauernhansl T (2014) Die Generation Smart Factory: Fraktal, wandlungsfähig, nachhaltig: Konzept einer zukunftsfähigen Fabrik. Fraunhofer IPA Interakt 3:26–29
9. Schweiger S (2009) Nachhaltige Wettbewerbsvorteile für Anbieter und Nutzer von Maschinen/Anlagen durch Lebenszykluskostenoptimierung schaffen. In: Schweiger S (Hrsg) Lebenszykluskosten optimieren: Paradigmenwechsel für Anbieter und Nutzer von Investitionsgütern, 1. Aufl. Gabler, Wiesbaden, S 15–34
10. Dietz T, Fechter M (2020) Einleitung. In: Bauernhansl T, Fechter M, Dietz T (Hrsg) Entwicklung, Aufbau und Demonstration einer wandlungsfähigen (Fahrzeug-)Forschungsproduktion, 1. Aufl. Springer, Berlin, S 5–10
11. Wöhe G, Döring U (2013) Einführung in die allgemeine Betriebswirtschaftslehre, 25., überarb. u. akt. Aufl. Vahlens Handbücher der Wirtschafts- und Sozialwissenschaften. Vahlen, München
12. Ehrlenspiel K, Kiewert A, Lindemann U et al (2014) Kostengünstig Entwickeln und Konstruieren. Springer, Berlin/Heidelberg
13. Siebertz K, van Bebber D, Hochkirchen T (2010) Statistische Versuchsplanung. Springer, Berlin/Heidelberg
14. Müller D (2006) Grundlagen der Betriebswirtschaftslehre für Ingenieure. Springer, Heidelberg
15. Joos-Sachse T (2014) Controlling, Kostenrechnung und Kostenmanagement: Grundlagen – Anwendungen – Instrumente, 5. Aufl. Springer Gabler, Wiesbaden
16. ARENA2036 e.V (2018) Fluide Fahrzeugproduktion für die Mobilität der Zukunft: Rahmenplan. Rahmenplan, Stuttgart
17. Kneifel G (2020) Resiliente Produktion für die Zeit nach der Corona-Krise. https://nachrichten.idw-online.de/2020/05/05/resiliente-produktion-fuer-die-zeit-nach-der-corona-krise/. Zugegriffen am 31.08.2023
18. Weber J (2018) Kostenpermanenz. https://wirtschaftslexikon.gabler.de/definition/kostenremanenz-40509/version-263890. Zugegriffen am 12.06.2025
19. Jit GmbH Personalüberlassung (o.J.) „Just in Time Personaldienstleistungen". https://www.jit-gmbh.eu/jit-gmbh/unternehmen/personaluberlassung-zeitarbeit. Zugegriffen am 24.09.2020
20. Mindermann T (2005) Fixkosten-Controlling. https://www.iww.de/bbp/archiv/kostenrechnung-fixkosten-controlling-f24272. Zugegriffen am 31.08.2023

21. ruhlamat Auftragsfertigung – Informationen (o.J.). https://www.ruhlamat.com/de/auftragsfertigung-die-vorteile-fuer-den-auftraggeber. Zugegriffen am 31.08.2023
22. ARENA2036 e.V (2020) Menschzentriertes, cyberphysisches Produktionskonzept. Fluide Produktion. https://www.arena2036.de/de/flupro. Zugegriffen am 31.08.2023
23. Sonnenberg V (2020) Covid drängt zu mehr Flexibilität in der Produktion. https://www.maschinenmarkt.vogel.de/covid-draengt-zu-mehr-flexibilitaet-in-der-produktion-a-949211/?cmp=nl-97&uuid=. Zugegriffen am 31.08.2023
24. sevdesk.de (2020) Deckungsbeitrag – Alles was du wissen solltest. https://sevdesk.de/lexikon/deckungsbeitrag/. Zugegriffen am 24.09.2020
25. Mellerowicz K (1963) Kosten und Kostenrechnung. De Gruyter, Berlin/Boston
26. Welt der BWL Gemeinkosten Definition und Beispiele; indirekte Kosten | Kostenrechnung – Welt der BWL (o.J.). https://welt-der-bwl.de/Gemeinkosten. Zugegriffen am 02.12.2020
27. Abele E, Berkholz D, Bredow M von et al. (2008) Wandlungsfähige Produktionssysteme: Heute die Industrie von morgen gestalten. TEWISS Verlag, Garbsen
28. Möller N (2007) Bestimmung der Wirtschaftlichkeit wandlungsfähiger Produktionssysteme. Dissertation, Technische Universität München, München
29. Schweiger S (Hrsg) (2009) Lebenszykluskosten optimieren: Paradigmenwechsel für Anbieter und Nutzer von Investitionsgütern, 1. Aufl. Gabler, Wiesbaden
30. Verband Deutscher Maschinen- und Anlagenbau e. V (2006) Prognosemodell für die Lebenszykluskosten von Maschinen und Anlage 13.020.60(34160)
31. Cano AM (2020) Identifizierung und Evaluierung alternativer Ansätze zur Geschäftsmodellinnovation für den Anlagenbau im Kontext einer wandlungsfähigen Produktion: Verbundprojekt Fluide Produktion, Forschungscampus ARENA2036. Masterarbeit, Universität Stuttgart, Stuttgart
32. Rauch E (2013) Konzept eines wandlungsfähigen und modularen Produktionssystems für Franchising-Modelle. Dissertation, Universität Stuttgart
33. Buchenau M-W, Kort K (2020) Beatmungsgeräte statt Autos: Corona lässt Autobauer kreativ werden. https://app.handelsblatt.com/unternehmen/industrie/industrie-beatmungsgeraete-statt-autos-corona-laesst-autobauer-kreativ-werden/25661338.html. Zugegriffen am 31.08.2023
34. Menzel S (2020) Volkswagen bereitet Teileproduktion für Medizingeräte vor. https://amp2.handelsblatt.com/unternehmen/industrie/coronakrise-volkswagen-bereitet-teileproduktion-fuer-medizingeraete-vor/25666274.html. Zugegriffen am 23.03.2020
35. Vorderer M, Junker S, Lechler A et al (2016) CESA 3 R: highly versatile plug-and-produce assembly system. In: 2016 IEEE international conference on automation science and engineering (CASE). IEEE, S 745–750
36. Bauernhansl T, Fechter M, Dietz T (2020) Entwicklung, Aufbau und Demonstration einer wandlungsfähigen (Fahrzeug-)Forschungsproduktion, ARENA2036, 1. Aufl. Springer, Berlin
37. Koo CH, Schröck S, Vorderer M et al (2020) A model-based and software-assisted safety assessment concept for reconfigurable PnP-systems. Proc CIRP 93:359–364. https://doi.org/10.1016/j.procir.2020.03.076
38. Grupp M (2019) Vorteile von Pay-per-Use im Maschinenbau. https://industrieanzeiger.industrie.de/management/vorteile-von-pay-per-use-im-maschinenbau/. Zugegriffen am 31.08.2023
39. Oztemel E, Gursev S (2020) Literature review of Industry 4.0 and related technologies. J Intell Manuf 31:127–182. https://doi.org/10.1007/s10845-018-1433-8
40. Stahl T, Schreiber M, Mayer F et al (2023) Kooperative Smart Services in der smarten Fabrik: Anforderungen an die Bewirtschaftung von Daten für Smart Services im Wertschöpfungsnetzwerk. wt:282–292. https://doi.org/10.37544/1436-4980-2023-07-08-22
41. Michel S (2018) SERVICE ALS GESCHÄFTSMODELL. MM – Maschinenmarkt. Das IndustrieMagazin 2018:28–30
42. Granig P, Hartlieb E, Lingenhel D (2016) Geschäftsmodellinnovationen. Springer Fachmedien, Wiesbaden

Zusammenfassung 16

Anwar Al Assadi und Christian Pollmann

16.1 Zusammenfassung

Klassische Produktionssysteme basierten weitgehend auf Fließbandfertigung und produktspezifischen Maschinen. Die steigende Produktvielfalt und Marktvolatilität führten nun zur Entwicklung flexiblerer Systeme wie der Matrix- und der Fluiden Produktion. In einem fluiden Produktionssystem bestehen die Prozessmodule aus mobil einsetzbaren cyber physischen Systemen (CPS), die sich spontan zu neuen Betriebsmitteln kombinieren lassen. Die intelligente Vernetzung dieser CPS ermöglicht die Umsetzung eines fluiden Produktionssystems. Die Fluide Produktion nutzt neuartige Ansätze der Automatisierung, Robotik und IoT sowie innovative Organisationsstrukturen und Geschäftsmodelle, um einen flexiblen und effizienten Produktionsprozess zu ermöglichen. Das Produktionssystem passt sich schnell an Veränderungen in Angebot und Nachfrage an und kann eine breite Palette von Produkten und Produkttypen verarbeiten. So können Hersteller rasch auf Veränderungen in der Kundennachfrage reagieren.

In der Fluiden Produktion sind auch flexible Anpassungen von Arbeitsplätzen, Abläufen und Kompetenzen der Mitarbeitenden aufgrund des volatilen Umfelds essenziell. Die Aus- und Weiterbildung muss daher an die digitalisierte Produktionsumgebung

A. Al Assadi (✉)
Institut für Industrielle Fertigung und Fabrikbetrieb IFF, Universität Stuttgart,
Stuttgart, Deutschland
E-Mail: anwar.alassadi@ipa.fraunhofer.de

C. Pollmann
Fraunhofer-Institut für Produktions-technik und Automatisierung IPA Fraunhofer-Gesellschaft,
Stuttgart, Deutschland

T. Bauernhansl, A. Al Assadi (Hrsg.), *Fluide Fahrzeugproduktion für die Mobilität der Zukunft*, ARENA2036, https://doi.org/10.1007/978-3-662-70847-7_16

angepasst werden, wobei agiles Qualifikationsdesign für die fluiden Kompetenzanforderungen entscheidend ist. Die erfolgreiche Transformation erfordert innovative Lernprozesse, die Faktoren wie Lernleistung, Technologieakzeptanz und die wahrgenommene Arbeitsbelastung der Mitarbeitenden berücksichtigen. Es müssen agile und individualisierte Qualifikationsprozesse entwickelt und validiert werden, die formale sowie On-Demand-Lernansätze integrieren.

Das Konzept der Fluiden Produktion gewinnt in der Industrie aufgrund unvorhersehbarer Marktentwicklungen, kürzerer Produktlebenszyklen und einer zunehmenden Variantenvielfalt an Bedeutung, da es eine hohe und schnelle Rekonfigurierbarkeit der Produktionsprozesse ermöglicht. Allerdings bringt der Einsatz fluider Produktionssysteme auch Herausforderungen mit sich, etwa in Bezug auf die Maschinensicherheit. Hierfür wurde ein neues Konzept für ein durchgängiges Safety Management vorgestellt, das mit digitalen Werkzeugen einen sicheren Betrieb gewährleistet.

Neben der Rekonfiguration und den Maschinenanforderungen spielen neue Geschäftsmodelle eine große Rolle. Der steigende Wettbewerb und die Anforderungen durch die fortschreitende Digitalisierung im Maschinen- und Anlagenbau erfordern die Anpassung bestehender Geschäftsmodelle und Serviceangebote, wobei Datenmehrwertdienste eine wichtige Rolle spielen. Diese Dienste basieren auf Industrie-4.0-Ansätzen und der Datentransparenz, wie sie beispielsweise in der Fluiden Produktion vorherrscht. Die Grundlagen und Definitionen dieser Dienste werden im Buch erläutert und am Beispiel des Caesa3r-Montagesystems von Bosch praktisch demonstriert. Als beispielhafte Datenmehrwertdienste werden Smart Services wie Pay-Per-Use, LeanDA zur Optimierung von Montageprozessen und ein Echtzeit-Monitoring von Treibhausgasemissionen vorgestellt.

GPSR Compliance

The European Union's (EU) General Product Safety Regulation (GPSR) is a set of rules that requires consumer products to be safe and our obligations to ensure this.

If you have any concerns about our products, you can contact us on ProductSafety@springernature.com

In case Publisher is established outside the EU, the EU authorized representative is:

Springer Nature Customer Service Center GmbH
Europaplatz 3
69115 Heidelberg, Germany

Batch number: 09159734

Printed by Printforce, the Netherlands